有趣的
数学旅行

〔韩〕金容国　〔韩〕金容云 著

杨竹君 译

1

数的世界

九州出版社
JIUZHOUPRESS

图书在版编目（CIP）数据

有趣的数学旅行. 1，数的世界 / （韩）金容国，
（韩）金容云著 ；杨竹君译. -- 北京 ：九州出版社，
2014.7（2024.8重印）

ISBN 978-7-5108-3162-1

Ⅰ. ①有⋯ Ⅱ. ①金⋯ ②金⋯ ③杨⋯ Ⅲ. ①数学—
普及读物 Ⅳ. ①O1-49

中国版本图书馆CIP数据核字(2014)第179492号

有趣的数学旅行

作　　　者	（韩）金容国　　（韩）金容云 著　　杨竹君 译
责 任 编 辑	陈春玲
出 版 发 行	九州出版社
地　　　址	北京市西城区阜外大街甲35 号（100037）
发 行 电 话	（010）68992190/3/5/6
网　　　址	www.jiuzhoupress.com
印　　　刷	固安兰星球彩色印刷有限公司
开　　　本	880毫米×1230毫米 32开
印　　　张	31.75
字　　　数	800千字
版　　　次	2014年9月第1版
印　　　次	2024年8月第13次印刷
书　　　号	ISBN 978-7-5108-3162-1
定　　　价	148.00元（全四册）

　　孔子说过："知之者不如好之者，好之者不如乐之者。"基础教育阶段的数学教学，应当充分注重帮助学生提高学习数学的兴趣，增强学好数学的自信心。国内当前正在推进的基础教育改革十分重视这一点，并采取了一系列措施，其中包括加强数学史和数学文化的教育，以帮助学生了解数学的文化价值，提高学习数学的兴趣。

　　在这方面，借鉴一些国外的经验也不无裨益。韩国数学教育界历来注重编写一些引导学生从小热爱数学、学好数学，辅助教师加强数学历史文化修养的数学文化读物。《有趣的数学旅行》是其中值得推荐的一套。如其中《有趣的数学旅行3 几何的世界》一书，分"历史上的几何学"和"生活中的几何学"两大部分。"历史上的几何学"介绍相关数学知识的历史发展与数学家的故事，"生活中的几何学"则以贴近学生生活实际的事例，阐述数学在现实生活中的广泛应用。全书图文并茂，文字生动，读之趣味盎然，是一本有助于启迪智慧、开阔视野、提升数学素养的数学文化与历史读物。

　　希望本书的出版能激励更多由国内学者编写的适合基础教育的数学文化与历史优秀读物问世。

中国科学院数学与系统科学研究院　李文林

2011 年 10 月 16 日

数学是中学里的一门主课，每学期都有。单从能力培养来讲，数学可以培养学生的四种能力：逻辑推理能力、空间想象能力、解决问题的能力和创新能力。有了这四种能力，不管将来做什么工作都能得心应手。

但是，数学给人的印象是枯燥和困难？是这么回事吗？

枯燥？数学真的枯燥吗？其实不是，枯燥不是数学的特征，而是讲授者的弊病。同一堂数学课可以讲得引人入胜，也可以讲得令人生厌，这要看谁来讲了。书也是这样，摆在你面前的这套书就写得生动活泼，智趣盎然。翻开书，你就进入了一座数学知识的宝库。作者不仅注重基本知识，更注重数学思维、数学观念的培养，正如作者所言，"授人以鱼，不如授人以渔"。

困难？诚然，学数学会遇到困难，但是，你鼓起勇气面对困难时，它就后退，并给你智慧。书中作者并没有刻意避讳数学的深奥，数学的不惑，但它能激起你往上爬，征服它的欲望，这就是这本书的魅力所在。

本书既可通读，也可选读。时间充裕的读者，可通读全书，时间有限的读者，可以选取自己有兴趣的部分去读。作者的意图是，致广大而尽精微，是想尽最大的努力将数学的整个面貌展现出来。

目前这类书在市场上比较少，是值得珍视的。

著名数学教育家 北大数学教授 张顺燕

2011 年 10 月 30 日

《有趣的数学旅行》以它独特的视角，生动活泼的语言，带领读者在数学世界的海洋中游弋。沿途我们可以领略古代数学的熠熠光彩，亦可看到现代数学的巨大成就。这套书内容丰富，史料翔实。它涵括了古今中外的许许多多重大的数学研究成果，以及数学发展史上的种种传奇事件。这是一套难得的好书！

——北京八十中教师 数学特级教师 毛彬湖

此丛书在兼顾数学知识的趣味性与严肃性的同时，把现代数学和经典数学中诸多看似古怪实则富有思想和哲理的内容，最大限度大众化，让人切身感受到，数学的严肃与趣味并没有一道泾渭分明的鸿沟，是可以在欢悦轻松的阅读中体会、思考数学的本质。它适合阅读的人群广大，不同的读者可以从中择取不同的乐趣和益处。

——北京十一学校教师 数学特级教师 崔君强

有趣的数学，等待有好奇心的同学们来探险！无论是一步一个脚印地走完全程，还是兴之所至地走马观花，都能让你在数学方面，有更开阔的视野，更深入的体验，更灵动的想象……

——北京四中教师 数学特级教师 谷丹

中韩的教育有某些相似性，如学生分数很高，经常在大赛中拿奖，却缺少提出问题的意识，学习动机和质疑意识明显较差，创造力表现不足。从基础教育层面反思：我们为中学生提供了什么样的教育？在课堂上我们又是怎样引导与训练他们的呢？这套《有趣的数学旅行》做出了可贵的探索……

——北京十一学校教师 数学特级教师 李锦旭

再版序言上说得很好，适合数学专业的人阅读，偏向培养兴趣。作者试图从一些生活化，童趣化的角度介绍数学。虽然书中有些不足之处，但我们依然可以从中领略到数学的真正魅力！

——湖南高考理科状元

自然界究竟由多少种几何图形交错构成？浩瀚宇宙又隐藏多少秘密？翻开这本书，你会发现真实世界里蕴藏着数学与宇宙的神秘关系。

——北大学生

开始一段全新的数学旅行

韩国学生的数学分数很高，经常在国际数学大赛上获奖。但是有国际数学教育专家认为，韩国学生的学习动机和好奇心在世界上不占上风，这是无法用分数计算的。这个问题被提出后受到关注，韩国学生的创造性能力令人堪忧。

关于国家各领域创造能力，经常在诺贝尔奖上有所体现。但是，一直以掀起世界顶尖教育热潮为傲的韩国，却从来没有人摘得过诺贝尔科学奖。而犹太人中，获得诺贝尔医学、生理、物理和化学奖项的共有119人，诺贝尔经济学奖获奖者也超过了20人。这个现象和与创造性有很大关系的深度数学教育息息相关。

中国有一句古话："授人以鱼，不如授之以渔。"有创造性的数学便起到了一个"渔具"的作用。笔者着笔写这本书，也是由衷地希望能有后来人通过阅读本书走上一条正确的数学学习之路。

之前有过很多学生对我说："读过老师的书后，在数学方面大开眼界。"这对我来说是最大的鼓励，也是我最珍惜的。从此，我似乎感觉到身上的责任又重了一些。

本书于1991年初版，作于16年前，虽然这许多年数学的基本方向没有改变，但是数学，尤其是电脑方面的很多新知识如雨后春笋般不断为人所掌握，之前困扰着我们的一些难题也已经被解开了。因此，笔者对原版进行了修改和完善，希望阅读本书后，能有读者成为可以"驾驭渔具，垂钓大鱼"的人才。

金容云
2007 年

登山过程中，越往高处攀爬，氧气越稀薄，登山者很容易患上高山病。同样，日趋复杂的数学体系随着时间的推移，变得愈发抽象。如果是一般人，绝大部分开始接触到现代数学的时候，会像患高山病一样患上一种抽象病。

但是，无论多高的山都会有树木丛生，都会有生命存活并奔跑。即使空气稀薄的悬崖陡峭，还是会有潺潺流水，生机盎然。

之前大家在学校学到的数学，就好像高地的山峰被局部扩大，仅仅是一个夸张了的构造。如果给一个人缓缓呈现陡峭的山崖和高不可攀的山峰，他必然会心生恐惧，掉头而去。这是因为他们没有看到在那山崖之外，存在着的清澈溪水和那生机勃勃的一片景象。

笔者常看到很多学生不明这座"山"的本来面目而受到打击和挫折，不由心生遗憾。

笔者执笔此书的最大动机，是想要尽最大能力将数学的整个面貌展现出来。目前，有太多暂时只是靠将数学公式熟记于心而掌握了数学的学生，他们还无法领略数学文化的博大精深。笔者希望通过本书，帮助学生最大程度理解数学的本来面貌。

并且，本书将站在一个比较高的层次，以俯瞰的角度讲解各个阶段的意义。这样可以向读者展示很多课堂上学习不

到的重要内容和活生生的数学知识。

对于心中没有想法的人，夜空虽然神秘，也只不过是有一些星星在没有秩序地闪耀罢了。其实，每颗星星都有自己的轨道，遵循着自己在世界上起到的作用而前行。而整个宇宙，却是一个神秘的难以完全破解的谜。

数学，就是一个人工的宇宙。它可以与自然界的宇宙媲美，隐藏着无数秘密。这其中的秘密又与真实世界紧密相连，蕴藏着深深的智慧，被广泛应用。

本书既适合数学专业的学生阅读，同时也能给有着深深好奇心的数学爱好者带来乐趣。在这样一个信息化时代，人们越来越需要一个合理的思考方式，本书可以培养读者的数学素养，在这一方面带来帮助。

如若读者能从本书中对数学的真相有进一步的了解，作者也就别无所求了。

金容国　金容云
1991 年

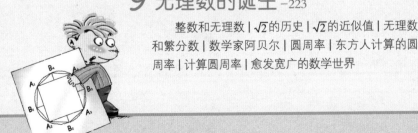

1. 数是什么

纵观数字概念的诞生和发展，我们看到了人类智慧闪耀的光芒。在文明发展的过程中，人类不断开拓视野，数字的领域也不断延伸。从数字世界的发展中我们可以理解"需求是发展的前提"这句话。数字是从人类的需求中诞生的产物。

2. 计数法

当数字领域出现计数法后，数字的发展日趋迅速。人类在简练计数法的帮助下将数字世界不断拓展。

3. 整数

数字有很大的用途。数字相互间有一种美妙的关系。人类对数字的关心和对数字之美的迷恋，让数字在人类面前显得神秘，同时也变成了一种迷信。

4. 倍数和约数

倍数、约数、小数等等构成了数字世界，它们之间存在着微妙的关系。其中看似简单的问题，人类却为其奋斗了 10000 年。

5. 费尔马定理

曾经的"连魔鬼都无法解答"的问题，连一个反例都无法找出来的问题，300 年后终于被人类征服。

6. 整数的秘密

数字是人类智慧的结晶。世界上的大数学家费尽心思研究出来的数学知识和问题展示了数字世界的奥妙。数字世界的神秘问题也帮助人类一步步接近数字世界的本质。

7. 负数 | 8. 分数和小数

从自然数到整数到分数的研究过程中，我们细观其相互之间的关系，发现数字不仅仅是为人类提供便利的工具，其中还蕴含着一种美妙的秩序。

9. 无理数的诞生

无理数的发现是人类在数字世界迈出新的一步的里程碑。虽然无理数是神秘又令人恐惧的，但是挑战无理数却是人类挑战全新领域的起跑线。

1

数是什么

数是无形的，是独特世界中的标记。数和影子一样，是一种记号，但是又有着独特的生命，是一种幻想与现实世界中共有的具有两面性的存在。

数的概念诞生的秘密

数字诞生之前

阅读历史书籍是了解历史的最快途径。但是，拥有百万年历史的人类记录下来的历史却不过几千年。之前的历史仅仅被用一些独特的方式记录下来，被人们发现。我们通过这种稀缺的记录了解到了几千年前人类计算的方式。

"符木 (tally)"是古代刻痕计数的木签。其英文也有计算、清点的意思。很久以前，人们就开始用这种

道具来计算自己的财产。比如，古代的人们会用符木来一对一计算家里最重要的财产——羊和牛等家畜的数量。这种标记方法在当时起着账薄的

作用。

还有一种计算道具比符木更加方便，那就是小石子。小石子虽然不方便用来做标记，但是却很方便被装到口袋里带着，随时可以拿出来扔掉。

后来人们找到了比用石头计算家畜数量更加便捷的方法，就是用石头换成贵重的宝石或者金属，开始用作同等价值的交换。

一对一交换

石头　　⟷　　牛

石头的数量　＝＝　牛的数量

就这样，小石子和牛一对一的关系形成。小石子的数量和牛的数量之间的关系发展到了用宝石交换同等价值的牛，钱币由此而形成。

"人类是万物之灵长"，因为人类有思考的能力。虽然动物也可以进行思考，可以记忆、识路、寻找食物，但是却不能像人类一样进行复杂的脑部活动。只有人类可以有选择地进行记忆、思考。也正因为如此，人类才得以被称为"万物之灵长"，占据统治地位。人类有一种能力，可以在很多个事物、很多种情况中总结出某些共同的性质，通过这些性质了解到更多，这就是人类力量的源泉。比如，"2"这个数可以让人联想到所有可以成为一对的事物。

由此可见，掌握数的概念是只有人类才具有的卓越能力，这是经过实践的积累被我们掌握的能力。著名的数学家、哲学家伯特兰·罗素曾经说过："人类了解到两只中的'2'和两天中的'2'是同一个概念，花去了几千年时间。"

类似，如果一只鸟儿有 4 个蛋，失去了 1 个很快会

发现，但是它却无法意识到天上闪耀的 4 颗星星和自己怀中的 4 颗蛋是同一个数量。

说到这儿，大家也就会有所了解了，我们在幼儿园里学的"1、2、3、4"，是几千年来老祖宗积累下来的智慧。

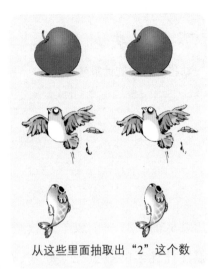

从这些里面抽取出"2"这个数

不用数去计算

幼稚但有效的计算法

从前，有一个放羊的牧童，他不会数数，那么他是怎样计算羊的数量呢？原来，每当他把一只羊从羊圈里赶出来的时候，就会捡起一个小石子装到口袋里，到最后，赶出来的羊的数量和口袋里的小石子的数量就会是一样的。

傍晚，牧童将羊群赶回羊圈过夜，每当一只羊进到羊圈里，他就扔掉口袋里的一个小石子。如果羊全部赶回去后，口袋里还剩有小石子，那就说明有和剩下的小石子同等数量的羊还没有回来。相反，如果小石子不够了，那就说明他不小心将别人家的羊赶了回来，或者自己家的羊在外面生下了小羊。就这样，只要有小石子或者小木棍，无论多大的数量，都可以一一对应地计算清楚。这就是不用数去计算的方法。

但是，如果需要计算的时候，周围没有小石子怎么办呢？

别着急，还可以用上自己的手指头。人类两只手加起来一共有 10 个手指。而"10"恰好也是一种计算单位。

即十（10），百（100）……所有的数字都用 10 个基本的符号表示，满十进一。历史上流传下来的十进制暗示了数字是由手指计算而来的。

人们认为，用小石子与物品对应计算是一种幼稚的计算方法，但是这种方法在很久以前却比十进制计算有效得多。不信，就请看下面这个历史小故事。

一则历史小故事

从前，有一个不知名的国家。国王有一个女儿，很多年后，公主出落得楚楚动人。国王发布公告，决定将公主许配给这个国家最聪明的青年。

"在我的大宫殿里有很多不同高矮的树，谁能分别数清各种树的数量，谁就可以成为驸马。但是，不许在大树上乱划，不许伤害大树。"

国王贴出告示后，这个国家所有聪明的青年都前来应征。有一个青年在宫殿里跑前跑后数树的时候，一不小心就忘记了之前数过的数量。还有一个青年跑来跑去，不小心摔伤了腿。

一个，两个，三个……青年们尝试了很多方法，但是都失败了。这时，有一个青年站了出来，这个青年带来了很多木棍，木棍有长有短。这个青年开始数了。他在大树下面放了一根长一点的木棍，在小树下面放一根短一点的木棍，在不高不矮的树下面放一根不长不短的木棍。然后再将这些木棍收集起来，不同木棍的数量，就是不同高矮大树的数量。这个青年用这种方法准确地数出了宫殿里各种大树的数量，成为了驸马。

这个故事告诉我们：首先，有智慧的人不要心机不走捷径。其次，有时候简单但是有条理的行动更加重要。

无论多么复杂的数学理论，都是由最简单的原理开始的。就像上面故事中聪明的青年，采用一对一的简单方法，却得出了最精确的结果。古代人用手指或者小石子对应羊的数量进行计算，看似简单，却是我们现在使用计算机理论的源头。

动物的数学分数

真的存在会计算的动物吗

　　T. 丹齐克在其著作《数：科学的语言》里讲述了下面这个故事。

　　从前，有一个村子里住着一个有钱的贵族。这个贵族建造了一个塔。可是有一天，人们发现有一只乌鸦在塔上建了窝。贵族很生气，希望能够弄走这只乌鸦。但是，这只乌鸦很聪明，只要有人接近塔，它就"呼"地一下飞走，停在远处的树上看着这边，等到这个人离开塔后它就会飞回去。

　　所以，人们没有办法碰到这只乌鸦。于是有人想了一个办法，先让两个人进到塔里，一个人先出来，另一个躲在塔里。

　　但是，乌鸦却不上圈套，直等到另一个人出来才肯飞回去。于是，又有三个人走到塔里等着，先分别走出来两个人，乌鸦还是不受骗。一直增加到四个人进去，

乌鸦都还是不等到最后一个人出来不回到塔上。

最后，进塔的人增加到了五个。等第四个人出来的时候，没有计算清楚的乌鸦回家了。

但是，我们不能就此判断乌鸦会数到四。虽然有些动物对和自己相关的物品有一个"数的感觉"，但是这和人类拥有的"数的概念"不一样。让我们再来看看乌鸦的故事。虽然这只乌鸦可以区别3个人和4个人，但是乌鸦却不能将4个人和4只乌鸦的数量等同起来。

有很多马戏团中都有小狗算术的经典节目。其实，这其中的奥秘和下面这个故事大同小异。

从前，一个村子里有一只马远近闻名。因为这匹马的主人把它训练成了一匹会算术的马。在主人出题后，如果答案是 1，马就用蹄子在地上踏 1 下；如果答案是 2，马的蹄子就会踏 2 下。

但是，这匹马并不会真正的计算，只是在看主人的脸色。在蹄子踏地次数和答案吻合的时候，马可以从主人的表情中看出端倪。比如，如果答案为 3，马蹄子踏到 3 的时候，一直在心里暗数次数的主人表情就会发生一些微妙的变化，马看出来后，就会立刻停止了。

因此，主人训练的其实并不是马的计算能力，而是动物观察主人的脸色、并迅速做出反应的能力。

数的特征

超越幻想与现实——数的两面性

　　天真的孩子经常会有特别的想法。有时候他们的一个问题，会搞得大人一时无法作答。比如，"数是什么？"

　　当然，有些大人会很快给出答案，一边掰着手指一边数"1、2、3……"或者数一数餐盘上的水果。他们只是不想让孩子再继续问下去，并很满足于自己这样自作聪明的回答。但是，他们并没有真正解答出这个问题，或者连他们自己都不知道真正的答案是什么。

　　除数学家外，大部分人对数都没有一个明确的概念。比如，他们认为1、2、3……这样的自然数是存在的，而负数则是空想出来的。大概是因为他们认为"0"代表"无"，那么比"无"还少的情况在他们的头脑中便是不合理的。

但是，正数、负数就好比左右手之间的关系，两只手各有各的位置，各有各的特性和代表性。

人类研究数学两千余年后，得出了这样的结论：数的世界特有一种规则，从自然世界的眼光来看，"0"代表无，但是"0"也是正数和负数的分界点，起着一个重要的作用。

数的世界是一个像影子一样起着标记作用的世界，与被实际观察着的物质世界不同，不可混淆。因此，对数的特殊规则的研究——数学这一科目的研究成果不论最终是否适用于物质世界，数学最终只是一个"影子世界"中的问题而已。

由此可见，数（数学）有以下两点重要特征。

第一点，数绝对不是物体的一部分，更不是物体的特征，即数与物体的物理性质毫无关系，只是与物体有一些关系的标记。比如，我们在超市买东西，每个物品上面都贴有一个数字（价签），无论谁去买什么，最后在收银员那里这些数字只是方便用来计算的记号。也可以看出，数字虽然只是一个标记，但是却能起到很大的作用。

第二点，这个记号（数）会被用来做加减乘除的计算。当然，这是谁都知道的，但是数的运算却与物品没有关系，不代表物品发生了变化。比如，超市收银员计算出价签，并不代表水果、蔬菜之类的就都加一块儿去了。数的运算在这里只是代表数所标记的物品的价签之间的运算。

数是看不见摸不着的"虚拟世界"中的记号，通过运算互相结合。数拥有物质世界里没有的生动而独特的性质。数超越了虚拟世界和物质世界的局限，拥有魔术师一样的神奇力量。

严格来说，数的世界属于人类思考的产物——观念世界，但是数的运算加工给现实世界带来了很大的便利。

也就是说，数是看不见摸不着无法确认的，即数不属于我们密切接触的现实世界。但是，却与现实世界有着密不可分的联系。

数不属于现实世界，却从现实世界的媒介体上体现其神秘性。

数也有性格（1）

关于数字1、2、3的迷信

　　1月1日是新年伊始，是开始全新梦想的日子。这种观念在现在看来并不算是迷信。但是，很久以前，人们确实认为数字有各自的"性格"，对某些数字肃然起敬。这种思想已然成为迷信，是东西方都存在的现象。

　　英语中有一句话"There is one above（上面有东西存在，也有"1"在上面的意思）。"这句话是指有神的存在。而人们对数字的特殊意义的追求过于执著也同样会成为一种迷信。认为"万物皆数"的毕达哥拉斯赋予了数字很多特殊的意义。

　　"1"代表善、光芒、秩序、幸福。"2"则相反是恶、黑暗、无秩序、不幸的象征。他认为，"1"是神的代表数字，那么恶魔的代表就应该是接下来的"2"。因为2月2日可以看成是与1月1日完全对立的日子，所以，2月2日是冥王哈迪斯的日子。到现在西方都认为

2月2日是一个不吉利的日子。

3则代表了平衡与合作。这来源于1+2=3，即3是1与2的平衡点。可以说，这算是有关"正（1）——反（2）——合（3）"辩证法的最初观念了。自然界分为动物、植物、矿物三种物质，人类由心灵、灵魂、肉体构成，神的世界、人类世界、魔的世界构成了三界，三位一体说，一个月分为上旬、中旬、下旬三个部分，成绩有上、中、下三个等级……这所有的理论或现象都和3这个数字有关。

毕达哥拉斯时代，人们认为世界有三个神：天神宙斯、海神波塞冬、冥王哈迪斯。三个神各管各地，不相干涉。

而有趣的是，天界管事儿的宙斯头上散发出三束光，海神波塞冬手持一个三叉戟，统治地下世界的哈迪斯养了一只名为凯贝罗斯的三头犬。韩国古代也有关于三角兽的传说，人们

地下世界宫殿里的凯贝罗斯

以为头上长有三个角的动物是非常神圣的。另外，莎士比亚的四大悲剧之一《麦克白》中有一段描写三个女巫唱歌的场面。

三女巫

（合）手携手，三姊妹，

沧海高山弹指地，

朝飞暮返任游戏。

姐三巡，妹三巡，

三三九转蛊方成。

这段台词的意思是，"3"这个神圣的数字出现 3 次的时候，女巫的预言便会实现。

数也有性格（2）

关于数字4、5的迷信

毕达哥拉斯本人和他的学派经常将数字与图形联系起来思考，如1是一个点，代表起源和定位，点则代表数字1。两点成为一直线，三点成一平面，四点则构成一个基本的四面体立体空间。他们认为图形由点、线、面、体构成。

在中国，4的发音与死亡的死相似，因此，人们认为4是一个不吉利的数字。但在古希腊4却享有截然相反的地位，在那里4是一个神圣的数字。毕达哥拉斯认

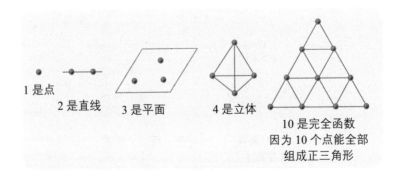

1是点

2是直线　　3是平面　　4是立体

10是完全函数
因为10个点能全部
组成正三角形

为，1、2、3、4这4个数字可以衍生出代表完整的10这个数字。

从上面我们可以看出，东西方对于数字都有吉利与不吉利的看法。但是，希腊却不是从发音上进行区分的。古希腊通过1+2+3+4=10这个等式解释了"4"的稳固与神圣。

实际上，赋予数字各种意义的毕达哥拉斯式迷信最终衍生出了《整数论》。我们对4的忌讳不过是一种单纯的迷信，而毕达哥拉斯的数学式迷信却成为了一种思想。

毕达哥拉斯学派的人们知道，正多面体有正四面

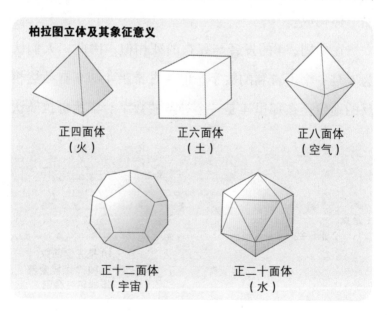

柏拉图立体及其象征意义

正四面体
（火）

正六面体
（土）

正八面体
（空气）

正十二面体
（宇宙）

正二十面体
（水）

体、正六面体、正八面体、正十二面体、正二十面体5种。以此联想到，人的一只手有5个手指，当时勘测到的行星有火星、水星、木星、金星和土星，也是5个（肉眼观测到的行星）。因此他们认为，这与正多面体一共有5种有着神秘的联系。后来的人们给5种正多面体赋予了很多神秘的意义，其中柏拉图正多面体最广为人知。

哲学家柏拉图认为4种正多面体分别象征宇宙的4种元素"土、水、空气、火"，即正四面体象征火，正六面体象征土，正八面体象征空气，正二十面体象征水。而余下的一个正十二面体则象征了包括这4种元素在内的宇宙。

落后地方的数学

几内亚原住民与数学

　　非洲和东南亚有很多地方的文明开化程度很一般，其中有些地方还在用身体来表现数字。他们接触的数字基本上局限于 1 和 2，最多到 3。如果再多，他们就会用"很多"来表示。但是，我们不能因此嘲笑他们不懂数学。

　　他们之所以对数学如此不在乎，是因为生活中基本上不会用到。比如，古代文明非常发达的埃及，接触的数字会达到百万以上，却经常用到"天文数字"这个表达方式。

　　虽然如此，这些人中，也有一些可以将仅有的几个会数的数字运用得非常熟练。澳大利亚和新几内亚的原住民的数学观念中，1 代表"urapan"，2 代表"okosa"，再没有其余数字。当需要表述更多的数字的时候，他们也有自己的办法。

3：okosa·urapan（2+1）

4：okosa·okosa（2+2）

5：okosa·okosa·urapan（2+2+1）

6：okosa·okosa·okosa（2+2+2）

商品社会日渐发展，除 urapan 和 okosa 之外，也许还会有有更多的代名词出现。

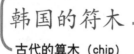

韩国的符木
古代的算木（chip）

鲁滨逊漂流记的故事广为人知。他在无人岛上的时候，每度过一天，都会用刀子在木头上刻下一道作为标记。

古时候，很多人都用相似的方法——在木棍上标记来进行计算，这个大家很容易理解。但是，如果告诉你，韩国高丽时代的官员还在用这个方法，你会有什么想法？

当时，宋代的中国使臣徐兢出访韩国后写下的《高丽图经》（1123 年）中有这样一段话：

> 高丽的风俗习惯里计算不用算木，账房里的会计官用刀在木棍上刻画作为标记。标记上事情的木棍不会得到保存，会被丢掉。账房记录十分松懈。

已经有算士（算士，主要进行财政会计业务，具有一定计算能力的管理人员）制度的高丽王朝竟然还在用如此原始的方法计算，而且还是在官方机构里，更别说地方机构的账房会是什么样子了。

符木 (tally) 是中世纪欧洲社会常见的计算工具，一直到 1812 年，英国的财政部都还在使用符木。这真是让人无法想象的。

直到现在，韩国农村还有部分地区有使用符木的风俗。如果你去过农村，就会看到人们在进行买卖的时候，会在农家的柱子上刻画出所要交换物品的价钱，物品交换出去后，刻画的内容就会被清除。这种方式可以算是表示数字的比较方便的一种方法。进行投票的时候，人们会用画"正"字的方法进行计算，这也是符木计算的一种。比起书写阿拉伯数字发生错误要擦去重写的麻烦，用符木的方式，只要增加或减少刻画的数量就可以了，这也算是方便至极。

最初的数字

古代国家的数字故事

　　世界文明的四大发源地分别是古埃及的尼罗河流域，古巴比伦的底格里斯河与幼发拉底河流域，古印度的印度河流域和古中国的黄河流域。其中，位于巴格达和巴拉那加尔中间的美索不达米亚（古巴比伦）在约一万年前就出现了全球最早的农业技术。除此之外，此

古巴比伦文明

古埃及文明　　　古印度文明　　　古中华文明

地也是最早研究数学、研究得最发达的地区。

美索不达米亚的数字

历史上最早的数字出现
在美索不达米亚地区。古代
的美索不达米亚流传至今的
泥板上有楔子模样的文字，
这种文字被称为"楔形文
字"或者"钉头文字"。记

**古代美索不达米亚记录楔形文
字的泥土板**

录美索不达米亚数字的楔形文字参考上方照片。我们从
下面图中也可以看出美索不达米亚原始人书写的数字与
现在数字的巨大差别。

古埃及的数字

古埃及的数字与美索不达米亚数字有一点相似，同单位（1、10、100⋯⋯）的数字只在图形个数上做增减以区分，不同单位有不同的标记图形。但是，比起美索不达米亚将数字写在泥土板上的记录方式，埃及的数字是写在用纸莎草制作的一种纸上的。

古埃及数字中，个位数用一条好似木棍的竖直的线表示，十位数则将这条竖直的线弯曲，百位数字的样子有些类似于当时测量用的草绳。这是因为当时人们制作测量用的草绳的长度是以百位为单位。

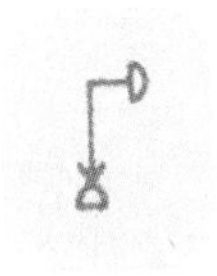

千位数的样子看似一朵莲花。古代的尼罗河畔有很多莲花，因此人们将数量比较多的"千位"用莲花表示。

万位数的样子如左图。有人说这个图形来源于食指，也有说法表示这个图形来源于尼罗河畔生长的纸莎草。后者似乎是正解。

左图是代表十万的数字。这个图形有很多种解释，其中最被认同的一种是此图从蝌蚪的外观演变而来。因为水塘里蝌蚪云集的样子看起来密密麻麻的，数不胜数。

百万是一个非常大的数字，所以百万的样子是一个受到惊吓举起双手的人形。

千万的样子像一个太阳，代表神。因为千万可以算是当时人类的智慧无法理解的"无限大"了。

古代中国的数字

古代中国的数字中，从 1 到 4，图形上就是单纯的横线条的增长。从 5 开始就有了不同的记录符号。这与美索不达米亚、埃及、希腊和罗马的记录方式相似。

一　二　三　三　五
1　　2　　3　　4　　5

但是，接下来的 6、7、8、9 却有很大的变化。参考下图。

人　十　ᔇ　ᔊ
6　　7　　8　　9

后来，4、6、8 逐渐演变成了下图的样子；7 和 9 没有太大变化。

四　穴　八
4　　6　　8

从上面三个图片上可以看到，双数数字下面都有两个"腿"，而单数数字则是"单脚着地"的。似乎从这里就可以看出，中国从古代对单双数之间的区分就很敏感。比如，中国传统阴阳哲学中双数为"阴"，单数为"阳"。10、100、1000 的写法如下图所示。

10   100   1000

10、20、30、40 也有独特的写法，参考下图。其中，20 和 30 的写法近代也有沿用。

10   20   30   40

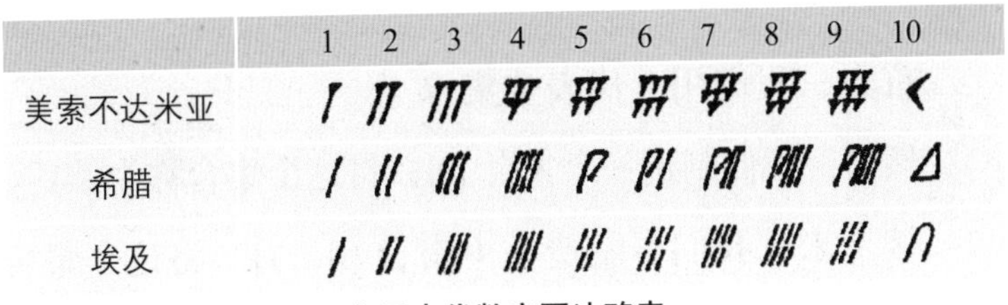

	1	2	3	4	5	6	7	8	9	10
美索不达米亚										
希腊										
埃及										

各国古代数字写法略表

空 集

无中生有

三十六计中有一计是"无中生有"。1、2、3……这些数字也可以说是从无中生出来的。

我们用"0"代表无。创世纪中神凭空造出世界，让我们也从头开始。ϕ 表示不含任何元素的集合。

首先，我们用 0 代表空集 ϕ。

然后，我们制造一个集合 {0}，将这个集合称为"1"。

接下来，我们再制造一个集合 {0, 1}，将这个集合称为"2"。

以此类推，接下来的集合就有了一一对应的名字，如下表示：

ϕ , {0}, {0, 1}, {0, 1, 2}…

0,　 1,　　 2,　　　 3 …

由此我们可以看到自然数诞生的过程。自然数（这种情况下的自然数，我们称之为"顺序数"）从无中衍

生出不含任何元素的集合，我们称为 0。

不含任何元素的"无"中竟然可以衍生出无限多的数字！这就是数学这个科目的魅力所在。

计数法

数字可以记录或表示特别大和特别小的各种数。我们一直理所当然地运用这些数字，它们给我们的生活带来便利，我们一直以为他们和空气、水一样是自然存在的。其实不然……

各种各样的计数法

加法计数法和乘法计数法

关于数字，有"读数法"和"计数法"两种表达方式。读数法是将数字用语言表述出来的方法，计数法则是用记号表现数字的方法。

比如，一、二、三……，one、two、three……便是读数法。世界上每个国家都有自己的读数法。而计数法，世界各国都用阿拉伯数字计数法。在印度·阿拉伯式计数法通用之前，各国的计数法也是不同的。每个国家都有根据一些原理推出来的计数法，让我们一起去了解一下这些原理吧。

加法原理计数法

计数法中最原始的是从加法原理中来的计数法，名为"加法的计数法"。最有代表性的加法计数法是罗马计数法。如下页图。

I	1	X	10	XX	20	XXX	30	C	100
II	2	XI	11	XXI	21	XXXX	40	CC	200
III	3	XII	12	XXII	22	(=XL 40)		CCC	300
IIII	4	XIII	13	XXIII	23	L	50	CCCC	400
(=IV 4)		XIV	14	XXIV	24	LI	51	(=CD 400)	
V	5	XV	15	XXV	25	LII	52	D	500
VI	6	XVI	16	XXVI	26	……		DC	600
VII	7	XVII	17	XXVII	27	……		DCC	700
VIII	8	XVIII	18	XXVIII	28	LX	60	DCCC	800
IX	9	XIX	19	XXIX	29	LXX	70	DCCCC	900
						LXXX	80	(=CM 900)	
						LXXXX	90	M	1000
						(=XC 90)			

上图中数字相加的计数法便是加法的计数法。举例来说，234 用罗马计数法表现出来是这样的——

C C X X X IV

(100+100+10 + 10 + 10 + 4)

上面的数字表现中，有两个百，三个十，一个四，加起来就是 234。

再举一例，用罗马计数法表现 317，要有三个百，一个十和一个七。即

C C C X VII

(100+100+100+10 + 7)

XXXV Ⅲ   ▷

XL Ⅲ   ▷

LXX Ⅸ   ▷

LXXX Ⅶ   ▷

LXXX Ⅸ   ▷

CLXX Ⅶ   ▷

CCCLXX Ⅸ   ▷

CDLXXX Ⅵ   ▷

DCCLXXX Ⅸ   ▷

MMDCCLX Ⅳ   ▷

乘法原理计数法

有一种从乘法原理中衍生来的计数法，名为"乘法的计数法"。比如中国的汉字。

1	▷	一	6	▷	六	100	▷	百
2	▷	二	7	▷	七	1000	▷	千
3	▷	三	8	▷	八	10000	▷	万
4	▷	四	9	▷	九			
5	▷	五	10	▷	十			

基本数字 1 → 一，10 → 十，100 → 百，1000 → 千……这是几倍位数的计数方法。当某一位数数字

不为 1 时，标记形式也会不同。比如，234 用汉字标记为

二百三十四

$(2×100+3×10+4)$

这种计数方式中，将 100 乘以 2 后，加上 10 乘以 3 再加上 4 得 234。其实，就是二 × 百（+）三 × 十（+）四，省去了乘号和括号中的加号。

这就是从乘法原理中找到的计数法，即乘法的计数法。准确地说，应该是"乘法·加法原理的计数法"。如果用汉字和罗马式加法的计数法进行标记，则是

百百十十十四

比较来说，汉字计数法用起来还是比罗马式计数法简单方便一些。

但是如果与目前通用的印度·阿拉伯计数法相比较，汉字计数法和罗马式计数法还是有一些共同点的。阿拉伯数字中，数字占的位不一样，标记的大小就有所不同。但是在上述的汉字和罗马式计数法中，无论数字占哪一个位，表述的大小都是相同的。

让我们再来看看 234 这个数字，2 占百位，表示 200。但是如果 2 占十位或者个位，那么表述的大小就变成 20 或者 2 了。而用罗马数字表现的时候，

C C X X X IV 中，需要 C 这个字符，汉字计数法中的二百三十四中则需要百这个字符来标记 100。

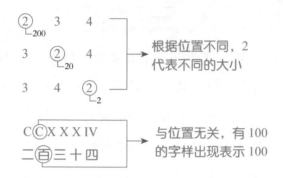

从上面比较可以看出，罗马数字中每个数字代表的大小与位置无关，因此称为"绝对的计数法"，而阿拉伯数字中的数字根据不同位置的数字，代表不同的大小，称为"位值制计数法"

简单方便的十进制计数法

十进制最大的秘密——0

我们刚开始学习数学的时候就了解到，数字是由0、1、2、3、4、5、6、7、8、9这十个数字组成的。无论多大多小的数字，用这十个数字都可以表示出来，非常方便。这些就好像流水和空气一样，在我们日常生活中经常接触。

中国从很早以前就用十、百、千、万这些单位了。这种满十进一的计数法叫做十进制计数法。过去，很多国家都采用十进制计数法，因为人两只手的手指加起来刚好有10个。如果人类的手上有6个或者8个手指，那么也许现在通用的就是六进制或者八进制计数法了。

现在国际上通用的印度·阿拉伯计数法就是十进制计数法。印度·阿拉伯计数法之所以如此受欢迎，和它的特别与便利有着密不可分的关系。

除了印度·阿拉伯计数法，其他计数法每进位一次，就需要有一个全新的数字。而印度·阿拉伯计数法数字无论有多大、多少位，只用 0、1、2……9 这 10 个数字就都可以轻松表示出来。

在印度·阿拉伯计数法中，数字随着位置不同，可以代表很多种数量。所以，印度·阿拉伯计数法不是一种普通的计数法，它是数字根据位置不同代表不同大小的"十进制位值制计数法"。

这种"十进制位值制计数法"最大的特点就是方便计算，有了这种计数法，连小学三年级学生也可以轻易计算出 3646+3006 这样的算式。

用逗号把每三位数标记开后，数字读起来更加方便了。比如，246,627,231 这个数字中，第一个逗号前的 7 是千位数，第二个逗号前的 6 是百万位。所以，我们很快就能分辨出这个数字为：2 亿 4662 万 7231。

十进制计数法是印度人发明的。后来，这种简单方便的计数法被阿拉伯人乃至全西方使用，传入中国后，又普及到韩国。

阿拉伯数字不但标记方便，用来做加减乘除运算也非常简单。比如，我们要做下面一个运算，右边的阿拉

伯数字比左边的罗马数字要方便计算得多，一眼便可以
看出两者间的差距。

DCCLXXVII	777
+　 CC　X　VI	+ 216
DCCCCLXXXXIII	993
DCCLXXVII	777
−　 CC　X　VI	− 216
D　LX　I	561

印度·阿拉伯计数法的方便真是让人叹为观止！那么，这么方便的秘密是什么呢？原来，就是"0"这个数字。

1、2、3……这些数字可以和一个、两个、三个物体对应起来。但是，代表无的"0"却是看不见摸不着的，虽然看不到，却是10个数字中最复杂的一个数字。

有些学生，乘法口诀经常说错，但是遇到 $5 \times x$ 的时候，却记得很牢。这是因为，$5 \times x$ 的乘法口诀中，得出的数的个位不是0就是5。

而"0"被发现——准确地说应该是被发明——却是一个艰难复杂的过程。在数学发展史上，0是落后于别的一些数（整数，分数）被发现的。

按照想象中的顺序，人类会首先关注第一眼看到的东西，当存在的东西不见后，才会意识到没有的状态。

TIP 美国式读数法和英国式读数法

美国和英国的读数法存在一些差异。美国读数法中，采用一种"千进制"的方法。

1，000（千，thousand）

1，000，000（百万，million）

1，000，000，000（十亿，billion）

1，000，000，000，000（兆，trillion）

而英语中的billion代表一兆（美语中的trillion），英语中的trillion则代表1，000，000，000，000，000，000（百京）。这源于英国中世纪（14世纪左右）的传统。从读数法上，我们就可以看出来彻底的合理主义国家——美国和传统的英国——之间思考方式的差异了。

假设这里有 5 个苹果，小明吃了一个、两个、三个……
当小明回想吃了几个的时候，想到的会是 1、2、3……
这样的数字。当苹果被全部吃光后，小明会想到，现在
剩下多少个苹果呢？ 0 个。

　　这种情况下，0 才会被意识到。所以，0 是整数被
发现后才为人所知的。

　　比起眼前明摆着的东西，看不到的东西想象起来
总是困难的。只有原本见到过的事物不见后，回想起
来才会反应到此物已经消失。"0" 的发现，就是这样
的过程。

从0和1衍生出来的世界

二进制把东西方联结起来

很久以前，中国和韩国都倾向于将东西分为阴阳两极，到如今，这个传统还深深保留着。中国的太极图就象征了阴阳八卦。古时候人们用两根木棍占卜未来的好坏，这是"易"，中国的太极图四角分布的图形就是"易"的一部分。

乾　兑　离　震
巽　坎　艮　坤

太极八卦图

上图中的八个图形就是八卦。如果将"—"（阳）看作1，将"– –"（阴）看作0，上图可以写成

111, 011, 101, 001,

110, 010, 100, 000

这八个数字就是二进制中的 0 到 7。首次发现这个玄妙关系的是德国的哲学家莱布尼茨（Leibniz, 1646~1716）。

在阴阳学说中，太阳和月亮，男人和女人，单数和双数等等都可以分为阴和阳。阴阳学说传入欧洲后，伟大的哲学家和科学家们受到了不小的影响。最有代表性的例子就是莱布尼茨利用阴阳学说发明了二进制。有趣是：二进制被广泛应用于电脑语言中，而二进制数学却是西方科学家受到东方阴阳学说的启发而发明出来的。

如果不考虑负数，所有整数都可以按照单数和双数分开。双数的代表是 0，单数的代表是 1。这两个数字相加或者相乘后得出下表。除 1+1=2 的情况外，所有的结果不是 0 就是 1。

我们将 1+1 得出的 2 用双数的代表 0 代替，那么

+	0	1
0	0	1
1	1	2

×	0	1
0	0	0
1	0	1

图左边的表就变成了下面的样子。

+	0	1
0	0	1
1	1	0

让我们再将上页两个表转换成单数和双数，得出下表。

+	双数	单数
双数	双数	单数
单数	单数	双数

×	双数	单数
双数	双数	双数
单数	双数	单数

由此，我们发现，一个只包括 0 和 1 的集合：

$$\{0,\ 1\}$$

中的所有元素进行相加和相乘时，最终得出的结果仍然属于这个集合。

让我们再看看整数集合 Z：

$$Z=\{\cdots,\ -4,\ -3,\ -2,\ -1,\ 0,\ 1,\ \cdots\}$$

从上面的图表中，我们得出了一个集合 Z_2

$$Z_2=\{0,\ 1\}$$

我们可以将 Z_2 看成将 Z 分类成单数和双数后的集合。

如果这个所有物品都可以与数字对应起来，用 0 和 1 代表双数和单数，那么所有的物品就都有了阴阳之分。可惜的是，历史上的东方人没有将阴阳学说研究到底，只是局限于迷信。现在，电子计算机中的 Yes 指令为 1，No 指令对应 0；我们用之前做出的表格，还可以接通电路。所有的命题都可以用 0 和 1 两个数字解决。

可见，同一个现象，可以引出科学的发展，也可以成为迷信的对象。

魔法牌

根据二进制原理发明的游戏

　　圣诞前夜，圣诞老人经常将一种西方魔法牌当做礼物塞进孩子们枕边的袜子里。这套魔法牌一共有6张，是写有1到63的数字纸牌，用这6张牌可以得知一个人的年龄。

1

1	9	17	25	33	41	49	57
3	11	19	27	35	43	51	59
5	13	21	29	37	45	53	61
7	15	23	31	39	47	55	63

2

2	10	18	26	34	42	50	58
3	11	19	27	35	43	51	59
6	14	22	30	38	46	54	62
7	15	23	31	39	47	55	63

3

4	12	20	28	36	44	52	60
5	13	21	29	37	45	53	61
6	14	20	30	38	46	54	62
7	15	23	31	39	47	55	63

4

8	12	24	28	40	44	56	60
9	13	25	29	41	45	57	61
10	14	26	30	42	46	58	62
11	15	27	31	43	47	55	63

5

16	20	24	28	48	52	56	60
17	21	25	29	49	53	57	61
18	22	26	30	50	54	58	62
19	23	27	31	51	55	59	63

6

32	36	40	44	48	52	56	60
33	37	41	45	49	53	57	61
34	38	42	46	50	54	58	62
35	39	43	47	51	55	59	63

游戏过程是这样的。首先询问对方"哪张牌上有你的年龄?"假设对方选择了 **1**、**2**、**4**、**5** 号牌,那将 **1**、**2**、**4**、**5** 号牌的第一个数字相加(1+2+8+16)得出的 27 就是对方的年龄。这里面隐藏着什么样的秘密呢?

这副魔法牌利用了二进制的原理。二进制计数法中只涉及 0 和 1 两个数字。如果将十进制的 1 到 63 转换成二进制会得出上一页(60 页)图表里的 63 个数字。

我们先将上页 6 张纸牌上的数字转换成 62 页表中的二进制计数法。即从 1 到 63 的二进制写法中,右边第一位是 1 的写到第 **1** 号纸牌上,右边第 2 位是 1 的写在第 **2** 号纸牌上;以此类推,右边第 3、4、5、6 位上是 1 的分别写到第 **3**、**4**、**5**、**6** 号纸牌上。这就是简单的纸牌了。

比如说,27 这个数字转换成二进制,$27_{(10)} = 11011_{(2)}$ 中,右边第 1 位、第 2 位、第 4 位和第 5 位上是 1,所以将 27 写在第 **1**、**2**、**4**、**5** 号纸牌上。27 的二进制也可以分解成下列等式:

$$11011_{(2)} = 10000_{(2)} + 1000_{(2)} + 10_{(2)} + 1_{(2)}$$

将这个等式转换成十进制后,得出:

$$27 = 16 + 8 + 2 + 1 = 2^4 + 2^3 + 2^1 + 2^0$$

$2^0=$	1=1	22=10110	43=101011
$2^1=$	2=10	23=10111	44=101100
	3=11	24=11000	45=101101
$2^2=$	4=100	25=11001	46=101110
	5=101	26=11010	47=101111
	6=110	27=11011	48=110000
	7=111	28=11100	49=110001
$2^3=$	8=1000	29=11101	50=110010
	9=1001	30=11110	51=110011
	10=1010	31=11111	52=110100
	11=1011	$2^5=$ 32=100000	53=110101
	12=1100	33=100001	54=110110
	13=1101	34=100010	55=110111
	14=1110	35=100011	56=111000
	15=1111	36=100100	57=111001
$2^4=$	16=10000	37=100101	58=111010
	17=10001	38=100110	59=111011
	18=10010	39=100111	60=111100
	19=10011	40=101000	61=111101
	20=10100	41=101001	62=111110
	21=10101	42=101010	63=111111

　　所以，27 刚好可以分解成第 1 、 2 、 4 、 5 号纸牌上的第一个数字。

算盘是几进制

珠算和书算的简单原理

之前我们已经说过十进制计数法的便利之处，也了解了十进制计数法来源于人类双手有 10 个手指的原因。但是，很久以前我们还没有想到十进制计数法和手指的数量有关，历史上有些人就曾经想过，为什么不能以 5 为进位单位呢？比起 10，5 的数量更少，处理起数字来会更加简单。

最近珠算又渐渐流行起来，珠算的道具——算盘就是根据五进制设计的。算盘改良前，是下图这个样子的，算盘上半部有 2 个珠子，每拨下 1 个上半部的珠子等于拨起下部的 5 个珠子。

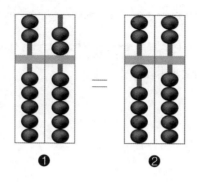

①　　　　　　②

　　如上图❶、❷，将图❶中上半部的 2 个珠子全部拨下来，与拨起图❷中左边一排珠子下半部的 1 个珠子一样都等于 $5 \times 2 = 10$。所以，上半部的珠子改良后只剩下一个了，如下图❸。而下半部的 5 个珠子全部拨上去时，刚好等于拨下上半部的一个珠子，所以，下半部的珠子改良后只剩下 4 个，如下图❹。

　　按理来说，算盘上下部分应该分别有 2 个和 5 个珠子。但是，实际使用起来并不方便，因此算盘有了一

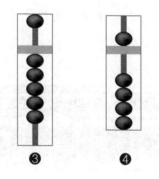

③　　　　　④

些改良。这就好似我们去买价值 1300 元的东西，理论上要支付 13 张 100 元的硬币。但是实际支付起来过于麻烦，所以后来产生了 1000 元面值的纸币，使用 1 张 1000 元的纸币和 3 个 100 元的硬币支付，就变得方便多了。

珠算的原理不但方便计算，还可以运用到生活中，给人们带来便利。如"书算"小道具。

中国古人很喜欢读书，很早以前，考生迎接考试前，至少要背下几十本书。所以，考生每天都要坐在桌子前读书，不，是背书。后来，人们为了能够给这种枯燥的学习带来一些趣味，发明了名为"书算"的小道具。这个道具是用来记录读书的次数，并不用来做计算。有趣的是，书算是根据算盘的原理制成的，它同样是五进制计数法。

下页图小棍上中间都有一个"））↓（（"形状的图案。这是区分上部分代表 5 的单位和下部分代表 1 的单位的标记。书每读过一次，就拨上下部分一个珠子，当读过 5 次，便将上部分一个珠子拨下。如果书读了 3 遍，书算记录如图❶；如果书读了 8 遍，书算记录如图❷。

如果读过 5 遍，不需要将下部分的 5 个珠子全部拨

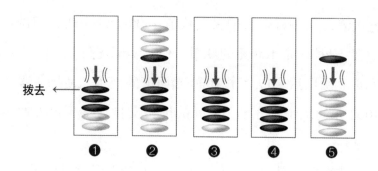

拨去 ←

❶　❷　❸　❹　❺

上来。如图❸是读过 4 遍的情况，当读过 5 遍时，记录如图❹，但是图❺也表示读过 5 遍的情况。相比起来，5 更加简单明了，因此，省略图❹的步骤，从图❸直接过渡到图❺就可以了。

　　刚开始，人们还是会将下面的 5 个珠子全部用到，慢慢地，就只用 4 个了。于是，书算和算盘一样，经过改良，下部分的珠子就只剩下 4 个了。

　　这种改良原理，在朝鲜语的发展过程中也可以窥见。在现在看来，算盘并不算是方便的计算工具，但是却大大推动了人类数学的发展。由此可见，有时候"不必要的发明"的力量也可以很强大。

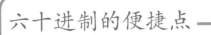

六十进制的便捷点

美索不达米亚使用六十进制计数法的原因

4000 多年前，美索不达米亚地区使用一种奇特的计数法，这种计数法与满十进一的十进制计数法不同，是满六十进一的六十进制计数法。

虽然现在看来六十进制计数法只体现在 1 个小时 60 分钟、1 分钟 60 秒这种时间单位上面，但是在欧洲一直被广泛使用到十七世纪。如果说现在人类使用十进制计数法是因为人类两只手有 10 根手指头，那么当时人们使用六十进制计数法的原因是什么呢？

过了几千年以后，这个原因我们已经无法明确地获知，但是让我们来推测一下。如果单从流通性上来说，十会比六十简单一些。但是如果谈到约数的话，十只有 2 和 5 两个约数，而六十却有如下 10 个约数：

2，3，4，5，6，10，12，15，20，30

另外，将圆等分成 360 份，每份为 1° 角，也是最

先从美索不达米亚开始的。并且，60° 刚好是正三角形每个角的度数，画起来非常方便。

我们目前使用的印度·阿拉伯数字的十进制计数法不仅能处理很大的数字，也能用于很小的数字。比如，设线段 AB 两端分别为 0 和 1，将这个线段等分成 10 份，就会出现 0.1、0.2……0.9、1.0 等数字。我们也可以继续十等分，就会出现 0.01、0.02……0.09、0.1。继续等分还会出现 0.001、0.002……0.009、0.01 等等数字。如果你有时间的话，可以继续将线段 AB 等分下去，在上面画无数个点。

　　但是再仔细想一想，这似乎是不太容易实现的，比如 $\frac{1}{3}$ 这个数字，懂因式分解原理的人都知道，是无论怎样十等分都分不出来的。

　　小数是指以 10 的 n 次方（10、10^2、10^3、10^4……）为分母的分数。同样，小数适当地乘以 10 的 n 次方后会变为整数。让我们拿 0.625 为例：

$$0.625 = \frac{625}{1000} = \frac{5}{8}$$

0.625 乘以 1000 以后，会得到整数 625。

　　如果 $\frac{1}{3}$ 能以小数的形式表现出来的话，那么这个小数乘以 10 的 n 次方就会变成一个整数。但是一个数除了它的约数外，不能被其他数整除。10 只有 2 和 5 两个约数，所以 10 不能被 3 整除。

　　下面是以 2 和 5 为约数的数字：

$$2,\ 4,\ 8,\ 16,\ 32\cdots\cdots$$
$$5,\ 25,\ 125,\ 625\cdots\cdots$$

　　上下任意一个数，或者任意两个数相乘作为分母都可以写成小数。比如，1250=2×625，所以 1250 作为分母可以写成小数。

$$\frac{1}{1250} = \frac{1}{(2 \times 625)} = \frac{8}{10000} = 0.0008$$

古代美索不达米亚使用的六十进制计数法中 60 不但有 2 和 5 两个约数，还有 3 这个约数，所以除上面的数字外还有：

3，9，27，81……

作为分母也可以成为小数。

由此可见，60 比 10 的因数多很多，所以当时美索不达米亚选择了六十进制计数法。

3

整　数

自从完全数 6 被发现后，希腊人对数字的探索兴趣有增无减。并且，这种兴趣已经超越了迷信和好奇，上升到了科学的层次。

数学会带来迷信吗

古希腊人的数字观念

持有"万物皆数"观念的古希腊哲学家、数学家毕达哥拉斯（Phthagoras，B.C.580?～B.C500?）认为数是有体积有形状的。比如，有一种数叫做"三角形数"。

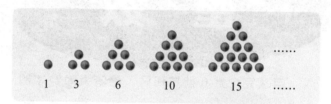

正三角形中有几个正三角形排列的●，●的总数就是三角形数。因此，三角形数按顺序为：

$$1=1,\ 1+2=3,\ 1+2+3=6,$$
$$1+2+3+4=10,\ 1+2+3+4+5=15,\ \cdots\cdots$$

那么，第 6 个三角形数是多少呢？这个数字等于1+2+3+4+5+6，我们按照下面的计算方法得出这个数字。首先，将这组数字正反顺序相加。

$$1+2+3+4+5+6$$
$$+)\ \underline{6+5+4+3+2+1}$$
$$=\ 7+7+7+7+7+7$$
$$=\ 6\times(6+1)$$

将这个数除以 2，得出第 6 个三角形数。

$$6\times(6+1)\div 2=3\times(6+1)=21$$

另外，还有一种数字叫做"正方形数"。正方形中有几个正方形排列的小点或者圆或者正方形等物体，物体总数就是正方形数。因此，正方形数按顺序为：

$1^2=1$，$2^2=4$，$3^2=9$，$4^2=16$，$5^2=25$，$6^2=36$，……

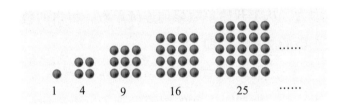

1　　　4　　　9　　　16　　　25　　……

让我们来看一个有趣的现象：将相邻的两个三角形数相加，刚好是一个正方形数。

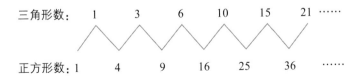

为什么会出现这种"巧合"呢？将边长为 4 个单位的三角形和边长为 5 个单位的三角形按右图方式摆放，刚好是一个边长为 4+1 的正方形。

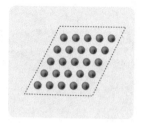

$$(4+1) \times 5 = 5 \times 5 = 5^2$$

刚好等于一个正方形数。另外，如果从 1 开始，单数相加：

$$1=1=1^2 \qquad 1+3=4=2^2$$
$$1+3+5=9=3^2 \qquad 1+3+5+7=16=4^2 \cdots\cdots$$

按这个方式计算下去，答案永远是正方形数。这又是因为什么呢？

因为，从 1 开始单数累加连续单数，得出的数永远是某个数的 2 次方，即

$$1+3+5+7+9+\cdots\cdots+(2n-1)=n^2$$

毕达哥拉斯通过上面的图形发现了这个规律。

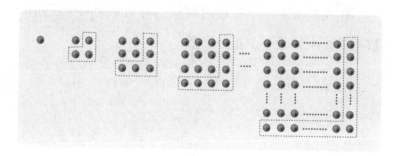

由此得出，三角形数为从 1 开始累加连续自然数 1+2+3+……+n 的和。毕达哥拉斯用下面的图形证明出，边长为 n 的三角形数是 n（n+1）的一半。即

$$1+2+3+\cdots\cdots+n=\frac{n(n+1)}{2}$$

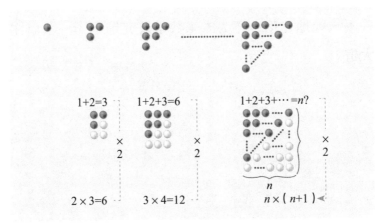

人们在这个规律中，感受到了数字中隐藏的神秘。

除此之外，数字和音节也有着玄妙的关系。比如，

当我们探索数字与数字之间的规律和关系时，也感受到了宇宙的规则和秩序。

三角形数 10 是由 1、2、3、4 四个自然数累加得出的，

4：3（4音阶），3：2（5音阶），2：1（8音阶）

发现这个规律的人，也会因此认为 1、2、3、4 有一定特性而产生迷信心理。而毕达哥拉斯和他的数论并不单纯地迷信，还为未来数学研究铺平了一条康庄大道。

下面我们了解一下 5 以后的数字特性吧。

希腊人发现，6 这个数字有一些特别性质。即 6 刚好是除自身外所有约数 1、2、3 的和（6=1+2+3）；而其他数字，比如 8 或者 9，不等于除自身外所有约数的和。8 除自身外的约数 1、2、4 的和是 7，9 除自身外的约数 1、3 的和是 4。

像 6 这种除自身以外约数的和，恰好等于它本身的数字，我们称之为完全数。

除完全数外，希腊人给其他数字也起了名字。像 8 和 9 这样所有除自身外的约数的和小于它本身的数字叫做不足数。2、3、4、5、7、8、9、10、11 都是不足数。

像 12 这种除自身以外约数的和，大于它本身的数字，叫做丰沛数（1+2+3+4+6=16）。所以，除 1 外，所有自然数都可以归类于完全数、不足数和丰沛数之中。

自从完全数6被发现后，希腊人对数字的探索兴趣有增无减。并且，这种兴趣已经超越了迷信和好奇，上升到了科学的层次。完全数被发现后，完全数的概念给欧几里得研究自然数、约数的过程带来了几点重大发现，这是后话。

欧几里得的故事我们将会在后面提到。欧几里得（Euclid， B.C 330~B.C 275）证明了一条重要的法则，那就是求最大公约数的算法。虽然现在看来这是一个再简单不过的法则，但是在当时却起着重要基石的作用。除最大公约数的计算外，欧几里得对完全数也有着很深的研究。

6、28、496、8128……完全数一个比一个大，我们现在还在用计算机计算着无比巨大的完全数。但是，从古希腊开始经过了

欧几里得｜通过完全数总结出分解值因数的相同规律。

两千多年，我们甚至动用了计算机，还是没有找到一个单数完全数。这是为什么呢？以目前求完全数的复杂情况来看，起始于古希腊的"完全数"这个名字真的是非常地贴切。

非完全数中，也有很多性质奇特的数字。比如 220 这个数字，它的所有除去本身的约数 1、2、4、5、10、11、20、22、44、55、110 相加为 284；相反，284 除去它本身的所有约数 1、2、4、71、142 相加的和为 220。希腊人将这种互相为对方除去本身的约数的和的数字成为亲和数。

有人向毕达哥拉斯提问说，"朋友是什么？"毕达哥拉斯给出的答案与数字有关："朋友是你的灵魂的伴侣，要像 220 和 284 一样亲密。"毕达哥拉斯生活的公公元前 6 世纪已经有很多人在研究约数并进行求和运算，着实让人惊叹。

数之美

数字影响着音乐世界

人的五官无论眼睛、鼻子、嘴巴长得有多漂亮，只有大小合适才能组成一张漂亮的脸。各个器官有一定的大小比例，距离也要适当才能算好看。同样，"魔鬼身材"也是要身体各个部分之间遵循一定的比例才能好看。

音乐中美妙的音调中也有一定的比例。

当年世宗大王规范音律时，曾以一定程度的黄钟管发出的音为基准，测定其他音阶。

坚信"万物皆数"的哲学家毕达哥拉斯将数的原理与音乐联系了起来。

有一天，毕达哥拉

斯经过一个打铁铺，里面传来打铁的声音。一瞬间，毕达哥拉斯被吸引住了。他突然想到，声音靠空气的震动传播，声音和空气的震动频率一定有着密切的联系。回去后，他开始研究"音阶和数字"的关系。他发现将竖琴的琴弦长度变为原来的 $\frac{2}{3}$ 时，发出的音阶刚好比原来高出 5 度。这两个音在一起听起来非常和谐。

如果将一个音定为"do"，那么 $\frac{2}{3}$ 长度的琴弦发音为"so"，$\frac{1}{2}$ 长度的琴弦刚好与原来的"do"之间的音程为 8 度（见上图）。毕达哥拉斯通过实验发现，"do"和"so"、"do"和"do'"是两对和谐音。另外，当竖琴琴

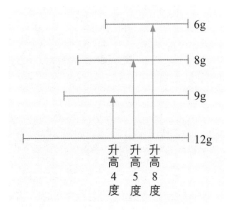

弦乐和谐音的弦长比
（其中 g 是古代希腊的
长度，1g=1.85cm）

弦的长度比分别为 1、$\frac{2}{3}$、$\frac{1}{2}$时，发音时的震动次数比为倒数，即 1、$\frac{3}{2}$、2。

　　希腊人认为，数学是世界上如同理性一般美好的事物，因此将数字称为 logos，有"理性"之意。

　　发现行星运动规律即"开普勒三定律"的天文学家开普勒曾说：如果自己当初没有热衷于寻找宇宙方面的数学和音乐之间的关系，就不会发现开普勒三定律。

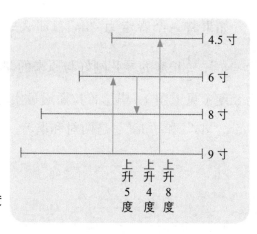

中国根据笛子长度总结出的和谐音。

在人的墓碑上，大多数都刻有名字和生卒年月。人生与数字密切相关，就好似这一块墓碑，从数字开始，又以数字结束。

众多数字中，365 这个数字是很特别的，它代表了一年的天数，生活以 365 为一个大周期循环反复。

但是，365 还有很多特殊的性质，来自于它本身。让我们来了解一下这个有趣的性质。首先，将 365 分成两个数字的和：

$$365=100+265$$
$$=100+121+144$$
$$=10^2+11^2+12^2$$

即 365 是联系三个自然数 10、11、12 的平方的和。另外，

$$365=73 \times 5$$

$$=(72+1)\times 5$$
$$=(8\times 9+1)\times 5$$
$$=(2^3+3^2+1)\times(2+3)$$

可见，365 这个数字可以用 1、2、3 这三个数字按上面的方式表示出来。365 确实是一个有着奇特性质的数字。

类似以上，有一个关于印度天才数学家拉马努金和数字特性的小故事。

有一个数学家来探望生病的拉马努金时，抱怨自己的车牌号"1729"没有一点特别之处。拉马努金回答他说："这分明是一个很特别的数字。$1729=10^3+9^3=12^3+1^3$，可以用两个立方之和来表达，而且有两种表达方式。并且这样的数中，1729 是最小的。"

可见，不论哪个数字，都会有自己的独特之处，电话号码也不例外。

倍数和约数

倍数和约数的关系，就像父与子的关系，是相互的关系。两个整数之间，可能互为倍数和约数，也可能不然。

最小公倍数和最大公约数（1）

十天干十二地支和互除法

　　关于公倍数，有一个很早的例子，就是"天干地支"。天干地支发源于中国，传到韩国后，经常用作记录人的出生年份，比如"甲子生""戊戌生"等等。

　　天干地支列表如下。

十天干	甲	乙	丙	丁	戊
	己	庚	辛	壬	癸

十二地支	子	丑	寅	卯
	辰	巳	午	未
	申	酉	戌	亥

　　天干 10 年一个轮回，地支以 12 年为变换周期。那么，两个"甲子年"之间相隔多久呢？

　　"甲"属于天干，10 年一轮回，因此这个年数一定是 10 的倍数。"子"属于地支，12 年轮回一次，所以这个年数也是 12 的倍数。每经过 10 和 12 共同的倍数的年数，会经历一次甲子年。

十天干：10，20，30，40，50，（60），70，80，90，100，110，（120）……

十二地支：12，24，36，48，（60），72，84，96，108，（120），132……

可以看到，两组倍数列中，60 是最小的公倍数。即 60 是 10 和 12 的最小公倍数。也就是说，天干地支 60 年轮回一次。

第二个甲子年在 60 年后到来，第三个甲子年在 120 年后，接下来的是 180 年以后……可以看到，10 和 12 的公倍数 60、120、180、240……都是 60 的倍数。所以，若求公倍数，只要算出来最小公倍数，接下来的计算就易如反掌了。

最重要的公倍数是最小公倍数。那么，共同的约数，即公约数中最重要的就是最大公约数了。公约数中的最小公约数永远是 1，没有什么实质性意义。

让我们先来试求两个整数的公约数，比如 21 和 48。

首先，如下页图❶中所示，设 48 和 21 分别为长方形的长和宽；然后减掉最大的正方形。

接下来，如图❷所示，可以剪掉 2 个边长为 21 的正方形；剩下 1 个长和宽分别为 21 和 6 的长方形。接

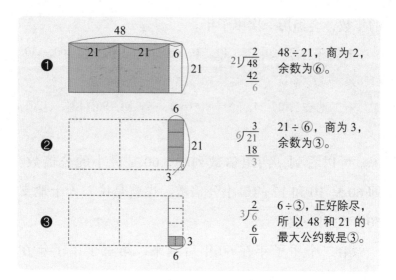

❶ 48 / 21 21 6 21

$$21\overline{\smash)48}\atop{\underline{42}\atop 6}\atop{2}$$

48 ÷ 21，商为 2，
余数为 ⑥。

❷ 6 / 21 / 3

$$6\overline{\smash)21}\atop{\underline{18}\atop 3}\atop{3}$$

21 ÷ ⑥，商为 3，
余数为 ③。

❸ 3 / 6

$$3\overline{\smash)6}\atop{\underline{6}\atop 0}\atop{2}$$

6 ÷ ③，正好除尽，
所以 48 和 21 的
最大公约数是 ③。

下来，再次剪掉最大的正方形。如此反复后，最后刚好
剩下 2 个边长是 3 的正方形（如图❸）。所以，这个 3
就是 6、21 和 48 的公约数。再没有比 3 更大的数字是
6 和 21 的公约数，也没有比 3 大的 21 和 48 的公约数。
也就是说，不存在比 3 大的 21 和 48 的公约数。

利用这种方法，便可以求出最大公约数了。这种计
算方法被称为互除法。这种方法在欧几里得的书中被提
到过。

之前我们在学校学习到的互除法只是一种机械的运
算方法。为什么这种方法可以得出两个数的最大公约数
呢？2300 年前，就已经有人证明过了。

最小公倍数和最大公约数（2）

最小公倍数和最大公约数之间的关系

数学世界中，所有的可能都可以用记号记录下来。比如，前面的最大公约数也可以用记号来表示。整数 a 和 b 的最大公约数用下面的记号表示：

$$(a,\ b)$$

那么，21 和 48 的最大公约数就可以表示为：

$$(21,\ 48)=3$$

如果将前面一个小节中的长方形（长 48、宽 21 的长方形）长宽同时乘以 2，变成 96 和 42，那么减去正方形时正方形边长也会变为 2 倍，最后的正方形的边长也会是 3 的 2 倍：6。因此，

$$(42,\ 96)=2(21,\ 48)=2 \times 3=6$$

由此可以推出公式：

$$(ac,\ bc)=c(a,\ b)$$

另外，通过最大公约数也可以求出最小公倍数，只

要你弄清楚了两者的关系。

|定理1| 两个数的最小公倍数与最大公约数的乘积等于这两
个数的乘积。

两个数 a、b 的最大公约数和最小公倍数分别为 G、L 时，这个定理可以写为：

$$G \times L = a \times b$$

$$L = \frac{a \times b}{G}$$

即如果知道最大公约数 G，就能简单地求出最小公倍数了。比如，两个数分别为 21 和 48，最大公约数是 3，那么，利用上面的公式：

$$L = \frac{21 \times 48}{3} = 336$$

从方法和内容上看，这个方法与我们在学校里学到的分解质因数的方法相似。

$$21 = 3 \times 7$$

$$48 = 3 \times 2 \times 2 \times 2 \times 2$$

$$3 \times 7 \times 2 \times 2 \times 2 \times 2 = 336$$

定理 1 可以由定理 2 推出。

|定理2| $(a，n) = 1$（a 和 n 的最大公约数是1，那么，a 和 n
是互质数）时，如果 ab 可以被 n 整除，那么 b 可以被
n 整除。

证明：ab、bn、n 三个数的最大公约数是（ab，

bn，n）。其中，前两个数 ab，bn 的最大公约数

$$(ab，bn)=b(a，n)=b\times 1=b$$

那么（ab，bn，n）是 b 和 n 的最大公约数。即

$$(ab，bn，n)=(b，n)\cdots\cdots(1)$$

又因 ab，bn 也是 n 的倍数，

$$(ab，bn，n)=n\cdots\cdots(2)$$

根据 (1)、(2)，得出（b，n）$=n$

所以，b 可以被 n 整除。

根据定理 2，可以推出下一个定理。

| 定理3 | 当（a，b）$=1$ 时，a 和 b 的最小公倍数是 ab。

证明：a 和 b 的最小公倍数一定是 a 的

倍数，设最小公倍数为 ac。同时，

ac 也可以被 b 整除。因为 a 和 b 的

最大公约数是 1，a 不可能是 b 的

倍数。

不经过证明，死记硬背的定理，不算是真正掌握的数学知识。

从定理 3 中，我们可以轻松证明定理 1。

设两个数 a，b 最大公约数是 G，最小公倍数是 L。

那么 $\dfrac{L}{G}$ 是 $\dfrac{a}{G}$ 和 $\dfrac{b}{G}$ 的最小公倍数。

因为 $\dfrac{a}{G}$ 和 $\dfrac{b}{G}$ 是互质数，

所以，根据定理 2 可以推出 $\dfrac{a}{G}$ 和 $\dfrac{b}{G}$ 的最小公倍数是

$\dfrac{a}{G} \times \dfrac{b}{G}$，即 $\dfrac{L}{G} = \dfrac{a}{G} \times \dfrac{b}{G}$

两边同时乘以 G^2，$GL=ab.$

乘法口诀的秘密

乘法口诀中数字的性质

提起乘法口诀，大部分人都会回忆起小学为了计算而死记硬背的日子。其实，如果你仔细研究一下乘法口诀，会发现是很有趣的。现在，让我们跳过乘法口诀枯燥单调的外表，去探索一下其中有趣的奥秘吧。

首先让我们来看一下 2 的倍数的个位数：

2, 4, 6, 8, 0, 2, 4, 6, 8, 0

一直都是 2、4、6、8、0 在重复，没有出现 1、3、5、7、9。

下面让我们来看看 3 的倍数的个位数：

3, 6, 9, 2, 5, 8, 1, 4, 7, 0

可以看到，从 0 到 9 所有数字都有出现。再来看看 7、9 和 1 的倍数个位数也一样：

7 的倍数个位数：7, 4, 1, 8, 5, 2, 9, 6, 3, 0

9 的倍数个位数：9, 8, 7, 6, 5, 4, 3, 2, 1, 0

1 的倍数个位数：1，2，3，4，5，6，7，8，9，0

可以总结出，乘法口诀中 2、4、5、6、8 的倍数个位数是几个数循环的，1、3、7、9 不是。为什么会出现这种情况呢？让我们现在来研究一下。

当两个数字除了 1 外没有其他公约数时，这两个数称为互质数。比如：

$$24=2 \times 2 \times 2 \times 3, \quad 35=5 \times 7$$

24 和 35 这两个数除了 1 没有其他公约数，称为互质数。虽然这两个数都不是质数。

再看看 10 和 5，10$=2 \times 5$，所以这两个数有公约数 5，所以不是互质数。可见，"互质数"和"质数"是没有直接关系的。

另外，1 不存在与其他数的互质数关系，因为 1 不存在分解因数的问题。

乘法口诀中，1、3、7、9 这些数字倍数的个位数从 1 到 0 全部出现，是因为 1、3、7、9 这些数字与 10（$=2 \times 5$）分别成互质数关系，而 2、4、5、6、8 不然。证明如下：

假设 7 的倍数尾数并不是从 1 到 0 所有数字都出现，那么，连续 10 个倍数中，至少有一个数字会在尾数出现 2 次。那么，这两个数的差值尾数应该为 0。也就是说，7 的倍数（10 倍以内）中有 10 的倍数（7 的两个倍数的差也应该是 7 的倍数）。但是，7 的倍数（10 倍以内）中不可能同时成为 10（=2×5）的倍数。所以，最初的假设不成立。

2、4、5、6、8 这些与 10 有除 1 外的共同约数的数字中，不适用于上述证明。

哈塞图

简单快速了解约数与倍数之间关系的方法

"出名"与"成功"是不同的概念。出名，是指让很多人知道你，和名誉、权利、财产一样是外在的东西。而成功却是内在的无形的东西。因此，不能以一个人的财产、穿着来判断一个人是否成功。如果说，出名有一部分幸运的因素，那么成功就只能靠努力来达成了。有些出名的数学家，在数学词典或者数学用语上，他们的名字曝光率很高。当然，其中大部分是成功的数学家，但是，也不乏一些幸运的人。

维恩（J.Venn，1834～1923）就是一个幸运儿。虽然他在一般的数学领域并没有什么贡献，但是却留下了以自己名字命名的著名图表——"维恩图"。

利用这个图表，可以清晰地将 A⊂B 这种集合之间的关系表示出来（如下页图）。图中很清晰地表示出如果 A⊂B，B⊂C，那么 A⊂C。

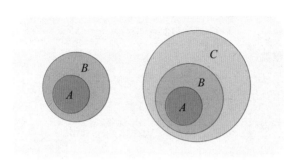

哈塞（H.Hasse，1898～1979）也是名字曝光率很高的数学家。与维恩不同，哈塞是做出了真正的贡献的数学家。"哈塞图"和他的名字一同流传下来。

倍数和约数的关系，就像父与子的关系，是相互的关系。两个整数之间，可能互为倍数和约数，也可能不然。用一种图形可以很快看出来。

下页图（上）很清晰地表示了从 1 到 12 的正数间倍数与约数的关系。一条线段两端的两个数字，上方数字为下方数字的倍数，下方数字为上方数字的约数。

倍数的倍数也是倍数，约数的约数也是约数。因此倍数和约数的关系可以通过这个图示简单明了地表现出来。这个图叫做"哈塞图"。

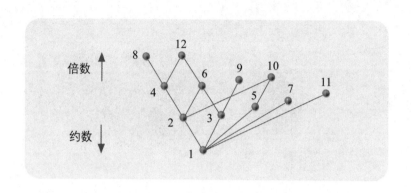

用这种方法来弄清倍数与约数的关系，就像用磁铁将地上的铁屑吸附上来一样简单。让我们再来举个例子，20 和 30 的约数可以用下面两个图表示。

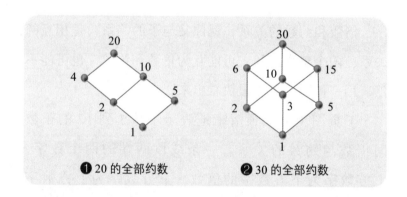

❶ 20 的全部约数　　　❷ 30 的全部约数

另外，哈塞图还有一些别的用法。

下页图中的大字 1、3、7、21 同为 105 和 126 的公约数，其中 21 是最大公约数。最大公约数 21 是其他所有公约数的倍数。一般情况下，两个数的最大公约数不

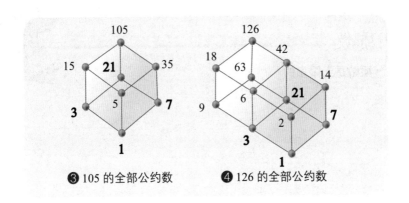

❸ 105 的全部公约数   ❹ 126 的全部公约数

但是公约数中最大的数字，还是其他公约数的倍数。

通过哈塞图，我们看出两个数的公约数就是最大公约数的约数。

质数

质数是无限多的

在前面的内容中提到过"质数"，这里我们要详细了解一下"质数"的概念。

大家都知道，所有的自然数以 1 为单位递增。所以自然数是一个加法递增的过程，即都可以换算成几个 1 的和。

$$\overset{\overbrace{\qquad\qquad}^{6 \text{个}}}{6=1+1+1+1+1+1}$$

$$\overset{\overbrace{\qquad\qquad}^{9 \text{个}}}{9=1+1+1+1\cdots+1+1+1}$$

$$\overset{\overbrace{\qquad\qquad}^{12 \text{个}}}{12=1+1+1+1\cdots+1+1+1+1+1}$$

但是，如果以乘法的思维方式看数字，就另有一番天地了。将一个自然数分解为多个自然数的乘积，会出现一个最小的乘法元素。比如：

$$6=2 \times 3$$

$$9=3 \times 3=3^2$$

$$12=2 \times 2 \times 3=2^2 \times 3$$

如 2、3、5、7……这些数字除了 1 和本身，不能被其他数字整除，这样的数叫做质数。所以，质数可以看成是乘法运算世界中的原子单位。如果说加法运算世界中的原子单位只有"1"一个，那么乘法运算世界中的原子单位——质数，就有 2、3、5……很多个。不，应该说是无限多个。

所谓"无限"，与我们经常说的"无数"还有一定的区别。"无数"经常用来形容数量非常多：天空中闪耀着无数的星星，海滩有无数粒沙子，仓库中储藏着无数的粮食等等，都用"无数"来形容数量的巨大。但是，这个"无数"还有一个尽头。如果一个人数不过来，可以两个人，两个人数不过来，那就三个人来数，总是能数出来的数量。

而"无限"不同。"无限"是没有尽头的，无论多少个人，用多少时间都数不过来。伟大的数学家欧几里得证明了质数是无限多的。

让我们来看看欧几里得证明质数是无限多的方法。首先，欧几里得假设质数是有限多的，然后反证明出自己最初的假设是不成立的，得出相反的结果，即"质数是无限多的"这个命题。

这个证明方法我们之前有接触过，就是"反证法"。

很久以前反证法在数学发展上就起到了重要的作用。但是同样应该注意的是，反证法在东亚数学中似乎未被使用过。

虽然质数是无限多的，但是质数的分布规律还是一个研究的课题。这个规律非常复杂。比如，从 90 到 100 间，只有 97 一个质数；但是从 100 到 110 间，有 101、103、107、109 四个质数存在。

很多数学家都对质数复杂的分布规律非常关注。人们迫切想寻找一个可以快速求出质数的方法，其中比较杰出的就是埃拉托色尼筛法。

埃拉托色尼筛法

质数的性质

数字和人一样，有自己独特的性质。其中最特别的就是"质数"。所谓质数，就是除了 1 和它本身，不能被其他数整除的自然数。

1 只能被 1 整除，虽然符合上面的条件，但是我们不将其归纳为质数，原因我们以后再进行说明。这里要说的是，如果将 1 归纳为质数，那么无论将什么数字分解质因数，都会包括 1 这个数字，就会生出很多麻烦。

所以，2、3、5、7……这些数字不能再分解成两个数字（除 1 和它本身）的乘积，是乘法运算中最基本的数字，所以叫做质数。

在归纳质数的众多方法中，有一种从古希腊时代流传下来的方法，叫做埃拉托色尼筛法。这是以古希腊数学家埃拉托色尼（Eratosthenes，B.C.275?~B.C.194?）的名字命名的。

将 1 到 100 的数字排列成横 10 竖 10 的方阵。首先，从 2 开始，留下质数 2，将所有比 2 大的 2 的倍数，即数字 4、6、8、10、12……划去。接下来，留下质数 3，将所有比 3 大的，3 的倍数 6、9、12、15……划去。4 因为是 2 的倍数，已经被划去。接下来是质数 5，将所有比 5 大的，5 的倍数 10、15、20、25……划去。

按这个方法以此类推进行下去，最后留下的就都是

1 不是
质数 →

日	月	火	水	木	金	土
①	2	3	4	5	6	7
8	9	10	11	12	13	14
15	16	17	18	19	20	21
22	23	24	25	26	27	28
29	30	31				

用一条线划去的数字代表一个质数的倍数，两条线划去的数字代表两个质数的倍数，没有被划去的数字代表质数。

100 以内的质数。这种方法就像用筛子进行筛选，所以叫做埃拉托色尼筛法。

用这种方法，不但可以筛选出从 1 到 100 之间的质数，还可以选出从 100 到 1000 之间，甚至更多的质数。虽然要花费一些时间，但是如果利用计算机来进行筛选，速度将会快很多。

但是，就算用计算机来筛选质数，最后也不会得出质数的数量。无限多到底有多少，这不是机器能解决的问题，是人类要亲自解决的课题。

这个课题，早在 2300 年前就已经被欧几里得攻克了。欧几里得证明了“质数是无限多的”。其证明方法如下。

证明：假设，质数是有限多的。那么，无论有多少，总会有一个数量。将所有质数相乘后得出的数字加1后的数字是不是质数呢？答案是肯定的。

因为这个数字无论除以哪一个质数，都会余1，即这个数字不能被任何质数整除，所以，又生出了一个更大的质数。因此，最初的假设"质数是有限多的"不成立，即质数是无限多的。

让我们用实际数字表示一下欧几里得的方法：

$$2 \times 3 + 1 = 7$$
$$2 \times 3 \times 5 + 1 = 31$$
$$2 \times 3 \times 5 \times 7 + 1 = 211$$

可见，质数的乘积加1后的数字7、31、211都是质数。211之前所有质数的乘积加1后也是质数。

虽然我们已经知道了质数是无限多的，但是这对求出一个一个的质数是没有帮助的。

比如，之前我们通过2、3、5、7求出了质数211，但是通过2、3、5、7无法求出7到211之间的11、13、17、19……的所有质数。目前为止，仍没有一种方法可以简单快捷地按顺序求出质数。

虽然人们目前无法掌握质数的整体性规律，但很早以前就发现了质数几点有趣的性质。

首先，除 2 以外的所有质数都是单数；其次，因为单数加 1 为偶数，所以，比 2 大的所有质数与下一个质数之间的差都大于等于 2。

其中，也有几组连续质数的差为 2。如：

(3，5)，(5，7)，(11，13)，(17，19)，(29，31)，
(41，43)，(59，61)，(71，73)，(101，103)，(107，109) 等等。
这种差为 2 的两个质数叫做"孪生质数"。

孪生质数是有限的还是无限的？目前我们还没有找出答案。可见，质数虽然表面看起来简单，却让数学家们钻研了两千多年仍显神秘。

质数之谜（1）
质数的个数及质数出现的方式

从下面图标中，我们一眼可以看出，随着数字的增大，一定数量的连续数字中质数的数量越来越少。减少的方式没有规律，并且随着数字区间越小，越没有规律。（参照图表＊部分）

	数字区间	质数的数量
	1~250	53
	250~500	42
	501~750	37
	751~1000	36
	1001~1250	36
	1251~1500	35
＊	1~50	15
	501~550	6
	1001~1050	8

因此，有人提出这样一个命题："能否列一个公式，

代表到数字 x 为止所有质数的个数？"

高斯（C. F. Gauss，1777~1855）和勒让德（M. Legendre，1752~1833）给出了近似公式。

勒让德的公式中，随着 x 值的增大，精确性越高。

$$N(x) = \frac{x}{(\log x - 1.08364)}$$

（其中，$\log x$ 是以 $e=2.71828\cdots$ 为底 x 的自然对数，$N(x)$ 代表 1 到数字 x 的质数个数。）

x	10	100	1000	10000	100000
勒让德公式中 $N(x)$ 值	8.20	28.40	171.70	1230.51	9588.38
$N(x)$ 正确值	4	25	168	1229	9592

后来，黎曼（B. Riemann，1826~1866）、狄利克雷（P. Dirichlet，1805~1859）、阿达玛（J. Hadamard，1865~1963）等人也对这个命题进行了研究，切彼雪夫（P. Chebyshov，1821~1894）的研究成果最为显著。

除此研究课题外，求质数的公式也是数学家们研究的重要内容。

狄利克雷认为，第一项为 r、公差为 m 的等差数列 r，$r+m$，$r+2m$，……的各项中存在无限多的质数；但是，数列中除质数外，仍有无限多的合数存在。

欧拉的公式 x^2+x+41 中包括了 $x=0$、1、2……39 的所有质数，但是 $x=40$、41 时，得出的数字为合数。

费尔马认为 $2^{(2n)}+1$ 一般会得出质数，但是当 $n=5$ 时，$2^{(2n)}+1=4294967297$（$=641×6700417$），是个合数。当 $n=6$、7、8……19 时得出的数字也不是质数。至今为止，费尔马的公式 $2^{(2n)}+1$ 除了 $n=0$、1、2、3、4，还没有找出其他使公式值为质数的数字。

数学家们对质数问题的研究极为热衷，并不是因为这个研究与现实问题有多大相关，只因为数学家看到了眼前没有解决的问题。虽然看似没有实际的追求，但是这与征服山峰的登山家又有些相似。购买高价的装备，冒着生命的危险，到底是为了什么？没有财富在眼前，没有名利在诱惑，更不是为了健康的身体。第一位征服珠穆朗玛峰的埃蒙德·希拉里曾经说过，"因为它在那里（等着我去征服）。"数学家们也是这样想的。

无法成为完全数的质数

将迷信变成一门学问的欧几里得

质数绝对不会成为完全数，这很简单。比如 3 的约数除了它本身外只有 1，5 的约数和 7 的约数也都是除了本身外只有 1。

质数的平方，比如 $3^2=9$ 的约数除了 1 和本身的约数外只有 3，所以也不是完全数。并且，质数的幂也不是完全数。此处证明过程过于复杂，故略去。

欧几里得用这种方式不断钻研，证明出当 2^n-1（n 是大于 2 的整数）是质数时，

$$2^{n-1} \times (2^n-1)$$

是完全数。

根据这个公式，我们可以推出

$n=2, 3, 5, 7, 13, 17, 19, 31, 61$

时，2^n-1 分别为

3, 7, 31, 127, 8191, 131071, 524287,

2147483647，2305854009213693951

这些数字都是质数，所以将 2^{n-1} 乘以（$2^{n}-1$）后得出下列完全数：

6，28，496，8128，33550036，8589869056，137438691328，2305843008139952128，265845599156983174465426156953842176

"完全数"由欧几里得命名，这位将数字迷信引导到数字理论的轨道上来的欧几里得可算是真正意义上的数学先驱了吧。

分解质因数

分解质因数与分解因式相似

　　混合物，就是由几种物质混合而成的物质。如果了解了混合物的构成物质，就能掌握这种混合物的性质和会引发的现象。

　　数学上的分解因式是同一个道理。把一个多项式化为几个最简整式的积的形式，这种变形叫做把这个多项式因式分解，也叫作分解因式。

　　例如下列方程式：

$$x^4-5x^3+5x^2+5x-6=0$$

将多项式分解为 4 个最简式子的乘积：

$$(x-1)(x-2)(x-3)(x+1)=0$$

因等式右边为 0，所以四项中至少有一项为 0，

$$x=1, \ x=2, \ x=3, \ x=-1$$

高斯 | 发现代数学基本定理，被称为"数学王子"。

中至少有一项成立，即这就是方程式的解。

有着"数学王子"美称的数学天才高斯有一条著名的定理（代数基本定理）："任意多项式都能够分解成一次和二次因式的乘积。"但是高斯并没有仔细地说明分解因式的方法。到现在，分解因式上还有一些难题困扰着人们。

"分解质因数"与分解因式相似，内容也有相似之处。什么是分解质因数，我们用一个例子来说明：

$$540=2^2 \times 3^3 \times 5$$

像这样把一个合数写成几个质数相乘的形式来表示，叫做分解质因数。分解质因数后，寻找公倍数或进行约分就会更加方便了。就像如果一个多项式分解因式后答案等于0，我们就可以很快求出方程式的根。

也就是说，多项式的分解因式和正整数的分解质因数是一个道理，只是被分解的一个是"多项式"，一个是"正整数"而已。

不经过分解因式，要求出多项方程式或不等式的根几乎是不可完成的任务。虽然二次方程式可以用求解公式解出，但是次幂再高些，就需要分解因式的技术来帮忙了。

质因数分解的惟一性

质因数分解方法只有一种

当一个数字不能再被 2、3、4、7……质数中任何一个整除时，这个数字也是质数；当可以整除时，便可以最后分解为质数的乘积。让我们拿 2520 这个数字做例子。

$$2520 \div 2 = 1260, \ 1260 \div 2 = 630, \ 630 \div 2 = 315,$$
$$315 \div 3 = 105, \ 105 \div 3 = 35, \ 35 \div 5 = 7$$

所以，2520 可以用下列质数乘积的形式表现出来。

$$2520 = 2 \times 2 \times 2 \times 3 \times 3 \times 5 \times 7 = 2^3 \times 3^2 \times 5^1 \times 7^1$$

如果不考虑顺序，将合数 2520 表示成若干个质因数乘积的形式是惟一的。之前我们有提到，将合数分解为质因数乘积的形式叫做分解质因数。而这种形式，就像将 2520 分解的结果，如果不计较顺序，2、3、5、7 的组成元素也是惟一的，元素的指数 3、2、1、1 也是一定的。用定理来总结：

任意一个大于 1 的正整数都能表示成若干个质数的乘积，

且表示的方法是惟一的（不考虑顺序的情况下）。

这就是"算术基本定理"。

按理说，1 不能被除 1 外的其他正整数整除，应该算是最有代表性的质数，但是它却不在质数之列。这是有原因的。如果 1 是质数，那么分解质因数的惟一性也就不存在了。例如：

$$10=2 \times 5=1 \times 2 \times 5=1 \times 1 \times 2 \times 5=\cdots\cdots$$

可见，如果 1 是质数，那么一个合数可以无限制地

将 2520 分解质因数的方法只有一种啊！

进行分解质因数，事情就会变得很麻烦了。

"质因数分解的惟一性"定理之所以被称为"算术基本定理"，是因为这个定理在很多方面都起着非常重要的作用。比如，$\frac{a}{b}$ 这个分数，如果分子和分母有公约数，那么进行约分后，就得到一个最简分数。

同一个分数，无论怎么相乘，分子分母都不会出现新的质因数，只是最初的质因数相乘的结果。所以同一个分数相乘得出的新分数，除了最初分数的公因数外，也不能被别的质数约分。归纳起来为：

TIP "质因数分解的惟一性" 的证明

让我们用反证法进行证明。

首先假设一个合数有两种分解质因数的方法，最后推出假设不成立，从而证明出质因数分解的惟一性。

设整数 N 有下列两种质因数分解方式。

$$N\begin{cases} a_1 \times a_2 \times \cdots \times a_3 & \cdots\cdots ❶ \\ b_1 \times b_2 \times \cdots \times b_3 & \cdots\cdots ❷ \end{cases}$$

假设两组数字中没有相同的数字，如果有，两组数字同时除以相同数字直到所有质因数都不同。

假设两个组相乘数字的最小质因数分别为 a_1 和 b_1，将❶和❷简化为

$$a_1 \times A$$
$$b_1 \times B$$

上下两组同时减去 a_1 和 b_1 的乘积。

$$a_1 A - a_1 b_1 = a_1 (A - b_1) \quad \cdots ❶'$$
$$b_1 B - a_1 b_1 = b_1 (B - a_1) \quad \cdots ❷'$$

分数的 n 次幂总是分数，不会成为整数。

也就是说，

任何整数的 n 次方根（平方根、3 次方根……）不
会出现分数。

这也是从"质因数分解的惟一性"总结出来的规律。

---

①′、②′小于①、②，同时①′不能被 b_1 整除，②′不能被 a_1 整除。所以①′、②′仍旧是两种不同形态的质因数分解方式。

接下来，分别找出①′、②′中最小的质因数，分别用①′和②′减去两个最小质因数的乘积，又会得出一个数的两种分解质因数的方式。

以此反复，最终会出现下列几种现象。
第一种，两组数都是合数。
第二种，两组数都是质数。
第三种，两组数中，一组是合数，一组是质数。
第四种，两组数都变成 1，既不是合数也不是质数。

第一种情况发生时，两组数还可以继续分解，直到出现下面三种情况之一。第二种情况发生时，如果剩下了两个相同的质数，不符合"用两种不同方式分解质因数"的前提；如果剩下了两个不同的质数，则不符合"将同一个数分解质因数"的前提。第三种情况发生时不符合"将同一个数分解质因数"的前提。第四种情况发生时，两组数最终剩下 1，"用两种不同方式分解质因数"的前提。

所以，四种情况都与前提矛盾，从而推出假设不成立。即每一个数都只有惟一一种分解质因数的方式。

1~10 中，完全数只有"6"一个；11~100 中，完全数只有"28"一个；101~1000 中，完全数只有"496"一个。

可见，完全数在整数中占的比例很少。所以希腊人非常重视完全数，并用其象征人世间少见的美德。而我们现在关注的重点，却在毕达哥拉斯及其学派发现的完全数都是双数这一点上。

"完全数"N 的性质我们在前面已经提到，包括 1 但不包括本身的所有约数之和等于它本身的数字 N 为完全数。如果包括本身，则和为 2N。

"克隆技术"是利用一部分生物细胞复制出一个相同的生命体的技术。对完全数非常着迷的希腊人，当时的心情就好像我们发现克隆技术时的心情。其实，约数就好像克隆技术中最小的细胞。所以，当初希腊人对

"6"这个数字发生兴趣，我们现在看来不但不会觉得荒谬，反而会有共鸣。中世纪学者还曾将"6"的完全数性质融合到迷信当中。

然而，希腊人对完全数的关注并不完全在它的神秘性上面。

除了提出"完全数公式"的欧几里得，梅森（M. Mersenne，1588~1648）和数学家欧拉（L. Euler，1707~1783）也在完全数研究上有很大建树。其中梅森将 2^n-1 与质数联系起来研究完全数，"梅森数"（2^n-1 为质数）与完全数有着一定关系的事情为人所知后，数学家们对梅森数也表现出了莫大的兴趣。

到 2005 年为止，人们发现了 43 个梅森数。这 43 个梅森数的 n 分别为：

$n=$2，3，5，7，13，17，19，31，61，89，107，127，

　　521，607，1279，2203，2281，3217，4253，4423

……13466917，20996011，24036583，25964951，30402457

其中，第 43 个梅森数当 $n=30402457$ 时，有 915 万 2052 位数字。后来，发现超过 1000 万位数的梅森数的人得到了 10 万美元的奖金。也许，在这个瞬间，正有人刚刚发现了一个全新的梅森数也说不定。如今电子科技迅速发展，如果有足够的时间，无论多大的数字最

后都会被发现。也许有一天，再去发现更多位的质数或者梅森数就不会有太大的意义了。

之前我们提到，毕达哥拉斯学派发现了完全数都是偶数的性质。我们到现在也确实还没有发现一个单数完全数。如果存在一个单数完全数，那么可以表示为：

$$p^{4k+1} \times q^2$$

（其中，p 的幂指数 $4k+1$ 为质数，

q 是不为 1 的单数，同时 q 不能被 p 整除。）

而双数完全数有一个有趣的特征：都以 6 或者 28 结尾，而除 6 外的所有双数完全数都可以表示为连续奇立方数之和。比如：

$$28=1^3+3^3$$
$$496=1^3+3^3+5^3+7^3$$
$$8128=1^3+3^3+5^3+7^3+9^3+11^3+13^3+15^3$$
······

那么，是否存在一个最大的完全数呢？或者，完全数是不是无限多呢？这些都是尚未解决的课题。

我们这样费尽心思去研究完全数，是因为它和我们的生活有着密切的关系吗？或者说，研究完全数会给数学其他领域的研究带来很大的便利吗？答案是否定的。

那么，为什么还有那么多的学者不遗余力地去研究完全数呢？答案也许是很无趣的，那就是："数学，只存在于有数学问题的地方！"

两个数学研究者的对话

分解质因数的方法只有一个

　　S 和 P 是两位心算高手。在一个数学大赛上，主持人出了一个题目：他将两个正整数的和告诉 S，将这两个数的乘积告诉 P，然后让两个人分别向对方问一句话，然后猜出这两个数字。当然，不能问对方知道的数字，也不能透露自己知道的数字。

　　两个人安静地想了一会儿，S 先开口了。他对 P 说：

　　"我只知道两个数的和，虽然很羡慕你知道这两个数的乘积，但是你只知道乘积也猜不出这两个数是什么吧？"

　　听了 S 的话，P 想了一下，自信地对 S 说：

　　"我知道了，多谢你的提醒。"

　　听了 P 的话，S 也笑了，说：

　　"你这么一说，我也知道了！"

　　现场的观众听了两位心算高手的一问一答，都摸不着头脑。那么，聪明的你，猜出什么了吗？

S 说"只知道乘积也猜不出这两个数是什么吧"时，S 心里肯定知道这两个数不都是质数，他也无形中将这个信息透露给了 P。著名的"哥德巴赫猜想"说，"比 2 大的双数都可以看成是两个质数之和。"事实上，比 50 小的所有双数都可以分解成两个质数之和。

因为 2 也是质数，所以可以知道，S 所知道的这个和是一个比 2 大的质数。如果这个和是双数，那么就会分解为"质数 + 质数"的形式。所以，S 所知道的和就是 11、17、23、27、29、35、37、41、47 中的一个。

但是，P 并不知道 S 心里知道的和是比 50 小的数字，所以他刚刚听到 S 的话后，只能分析出 S 知道的和除了上述可能数字，还有 51，53，57，59，65 等数字中的一个。让我们称这些数字为"想象中的和"。

最终的结果我们不妨先告诉大家，是 4 和 13 这两个数字。

现在让我们来证明。首先我们知道，如果这两个数是 4 和 13，那么 S 知道的和就是 17。

而 P 知道的乘积就是 52。因为双数的和也是双数，不属于"想象中的和"，所以这两个数字应该是乘积为 52 的比 1 大的双数和单数。那么经过分解因数我们知道，答案只有 4 和 17 这对数字。P 也由此猜出了答案。

再来看看 S，他从主持人那里得到的和是 17，当 P 听自己的一番话后回应说"知道了"，于是他进行了下列推理。

首先他猜测，这两个数是 2 和 15 吗？如果是的话，那么乘积为 30，30 还可以分解为 5 和 6 相乘，5 和 6 的和为 11，也属于 P 的"想象中的和"，那么如果是 2 和 15，P 应该不会判断出最终的答案。

那么，如果两个数为 3 和 14，乘积为 42，也可以分为 2 和 21 相乘，这两个数的和也属于 P 的"想象中的和"。

以此类推，除了 4 和 13 之外，所有两个和为 17 的数的乘积都可以分解为另两个数相乘，而另两个数的和恰巧属于 P 的"想象中的和"。

$$5 \times 12 = 60 = 3 \times 20, \quad 6 \times 11 = 66 = 2 \times 33$$
$$7 \times 10 = 70 = 2 \times 35, \quad 8 \times 9 = 72 = 3 \times 24$$

所以，当 S 心中的和为 17 时，透露给 P 一个有关"想象中的和"的信息，当 P 得到信息马上得出答案后，S 也很快分析出这两个数就是 4 和 13。

另外，当 S 心中的和不是 17 时，P 即使听到 S 的话，只能将答案锁定为两组数字上，不能最后判断出来。比如，当 S 知道的和为 11 时，两个数有可能是 3 和 8，也有可能是 4 和 7，它们的乘积分别为 24 和 28，以这两个数为"想象中的和"进行分解因数，得出的答案都是惟一的。从而无法判断 P 心中的乘积到底是 24 还是 28。

除 17 外的所有和也都是一样。

$$23=4+19=16+7$$

$$27=4+23=8+19=16+11$$

$$29=4+25=16+13$$

$$35=4+31=16+19$$

$$37=8+29=32+5$$

$$41=4+37=16+25$$

$$47=4+43=16+31$$

（4×25 还可以分解为 20×5，16×25 也可以分解为 80×5，所以因数的和不属于"想象中的和"）

所以，当 S 说"你这么一说，我也知道了"时，也就说明他所掌握的和是 17，从而推出这两个数是 4 和 13。

5 费尔马定理

"我对此有绝妙的证明,但此页边太窄写不下,所以就将证明过程省略了。"

——费尔马

有限代数

10＝0的同余式法则

当你看到"10=0"时，一定会想这是不通的。但是，自然界中确实存在着类似的等式。比如，波动有周期性，同时两个波动也会互相干涉。所以当两束光的波动互相干涉抵消时，黑暗就降临了。即

$$2=1+1=0 ！$$

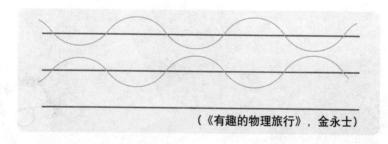

（《有趣的物理旅行》，金永士）

让我们再来想象一种情况。将一个圆周十等分，假设等分后每一段刚好是一个人一步的长度，一个人沿着圆周走 10 步后，就又回到了原点。

这个时候，代表"10"的点就与代表"0"的点重

叠了。这种情况下，"10=0"是成立的。

这时，就不存在所谓的无限了，最大的数字停留在数字9上。这种情况下的所有数字，也不过只有0、1、2、3、4、5、6、7、8、9这10个数字而已。这种用有限的数字进行的计算，是"有限代数"中最基本的法则。另外还有一点，就是10=0在有限代数中是成立的。

当然，无论是"10=0"，还是"5=0"，或者"7=0"，都是成立的，因为一个圆进行几等分都是可以的。

在有限代数中，还有一点是比较特殊的。一般的代数计算中，当不为0的两个数相乘时，结果肯定不为0。但是在有限代数中不然，比如当"10=0"时，4×10=0。所以有限代数中不为0的两个数相乘也可能得出的结果为0。

现在，我们暂时脱离和圆有关的几何图形，来看一下下面这个定义。两个数的差为另一个数的倍数时，前两个数对于第三个数同余。因此，我们假设第三个数为2，前两个数分别为6和4，那么6和4的差是2，所以我们称"6和4对于2同余"。这时候第三个数（例子中的2）就是"同余式中的模（mod）"。虽然名称有些奇怪，但是为尊重最先使用同余式概念的高斯，人们遵循了高斯的最初叫法。

a 与 *b* 关于 *m* 同余，意思是 *a* 和 *b* 的差是 *m* 的倍数。高斯使用了下列符号来表现：

$$a \equiv b(mod\ m)$$

（其中，mod 是模数 (modulus) 的简写。）

那么，前面的例子就可以写成

$$6 \equiv 4(mod\ 2)$$

这个式子有些类似于 "2=0" 的意思，但是看起来更舒服一些。

　　如果有一队人，按顺序拿了号码牌，现在要让他们分别走进 3 个会议室。可以这样做，将三个会议室分别贴上 "0、1、2" 三个数字，然后对人们说 "用你手中的号码除以 3，得到的余数就是你要进的房间号码"，很快，人们就可以走进应该走的房间了。

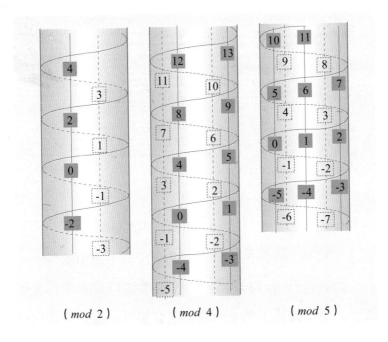

（ mod 2 ）　　　　　（ mod 4 ）　　　　　（ mod 5 ）

$$0 \equiv 3 \equiv 6 \equiv 9 \equiv \cdots\cdots (mod \ 3)$$

$$1 \equiv 4 \equiv 7 \equiv 10 \equiv \cdots\cdots (mod \ 3)$$

$$2 \equiv 5 \equiv 8 \equiv 11 \equiv \cdots\cdots (mod \ 3)$$

　　从上式中可以看出所有号码都可以分为 0 组、1 组和 2 组。这是因为同余式中所有模的倍数是相同的，而同余式中起关键作用的是除以模后剩下的数字。十进制情况下，余数都是个位数。比如，

$$523 \equiv 3(mod \ 10)$$

上式中，当 10=0 时，523=3。

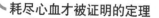

　　有限代数中，当7=0时，数字就只剩下 0、1、2、3、4、5、6，那么乘法口诀表就会变成下图中的样子。

　　比如，$3 \times 4 = 12 = 7 + 5 = 5$。这个乘法口诀表中，无论横竖，每一排从 1 到 6 的数字都会出现一遍，只是顺序不同而已。

×	1	2	3	4	5	6
1	1	2	3	4	5	6
2	2	4	6	1	3	5
3	3	6	2	5	1	4
4	4	1	5	2	6	3
5	5	3	1	6	4	2
6	6	5	4	3	2	1

　　从表中来看，得出的数都是个位数，每一列（竖排最左边一排的数字）都出现了 6 次。比如，上数第三行中，乘法计算分别为 3×1、3×2、3×3、3×4、3×5、3×6。那么，将这一排全部相乘，得出的数字为：

$$3^6 \times 1 \times 2 \times 3 \times 4 \times 5 \times 6$$

再将乘法口诀表中这一排真实表述出的数字相乘，得出的数字为：

$$3 \times 6 \times 2 \times 5 \times 1 \times 4$$

乘法计算结果不受相乘顺序的影响，所以上式也可以写成：

$$1 \times 2 \times 3 \times 4 \times 5 \times 6$$

因为同为第三排数的乘积，所以我们得出等式

$$3^6 \times 1 \times 2 \times 3 \times 4 \times 5 \times 6 = 1 \times 2 \times 3 \times 4 \times 5 \times 6$$

两边同时除以 $1 \times 2 \times 3 \times 4 \times 5 \times 6$，得出：

$$3^6 = 1$$

也可以写成：

$$3^6 - 1 = 0 \quad \cdots\cdots \text{❶}$$

这个等式意思为：

将 3 的 6 次方减去 1 得出的数字是 7 的倍数。

这个关系在前面的乘法口诀表中无论哪一排都成立。

实际上，这些数的 6 次方分别如下：

$$1^6 = 1，2^6 = 64，3^6 = 729，4^6 = 4096，5^6 = 15625，6^6 = 46656$$

分别减去 1 后得出下列数字：

$$0，63，728，4095，15624，46655$$

这个关系，即❶式中表述的内容对任何一个质数都是成立的，这就是著名的"费尔马定理"。

|费尔马定理| 如果 p 是一个质数，且 n 是一个不能被 p 整除的整数，那么 $n^{p-1} - 1$ 可以被 p 整除。

费尔马 | 费尔马定理为整数的研究提供了良好的条件。

这个定理以 17 世纪伟大的数学家费尔马（P.Fermat，1601~1665）的名字命名，因为费尔马证明出了这条定理。定理内容是说有任意一素数 p，一个不能被 p 整除的数 n 的（$p-1$）次方减去 1 后，一定可以被 p 整除。

用同余式可以表示为：

$$n^{p-1} \equiv 1(mod\ p) \text{ 或者 } n^{p-1}-1 \equiv 0(mod\ p)$$

下面让我们用几个数字验证一下：

$n=2$，$p=5$ 时

$2^{5-1}-1=2^4-1=16-1=15=3 \times 5$（可以被 5 整除）

$n=3$，$p=5$ 时

$3^{5-1}-1=3^4-1=81-1=80=16 \times 5$（可以被 5 整除）

但是，虽然费尔马最先提出"费尔马大定理"，但是当时他却留下了这样一段话：

"我对此有绝妙的证明，但此页边太窄写不下，所以就将证明过程省略了。"

那么，费尔马大定理的内容是什么呢？

|**费尔马大定理**| 若 n 是比 2 大的整数，不定方程 $x^n+y^n=z^n$ 无正整数解 x，y，z。

这条大定理中因为讲述的是不存在符合某种条件的数，所以我们这里无法举例说明。

希腊的著名数学家欧拉（L. Euler，1707~1783）证明出了当 n 为 3 和 4 时，

不存在满足

$$x^3+y^3=z^3 \text{ 或 } x^4+y^4=z^4$$

的整数 x、y、z。此后，柏林大学的教授库默尔（E. Kummer，1810~1893）则证明了当 n 为 3 到 100 之间的数时，$x^n+y^n=z^n$ 不成立。

后来很长一段时间，试图证明费尔马大定理的数学家都没有成功。直到 1993 年，美国普林斯顿大学的怀尔斯教授发表了费尔马大定理的证明过程，但是当时发表的内容并不完整。1995 年，怀尔斯教授和剑桥大学的泰勒教授一同将证明过程补充完整。费尔马去世后约 300 年，这条定理终于真正被人们所证明。这不得不说是数学界的一大快事。

6 整数的秘密

整数看似简单，深入了解后你
会发现，整数世界是一个令人着迷
得有趣的世界。

汉诺塔之谜
硬币中演变出来的数学法则

硬币游戏

有一天，读大学的哥哥给哲洙出了个和硬币有关的问题。哥哥把几个大小不一的硬币（韩币）按从大到小依次叠摞在一个盘子上，最下面是 500 元的硬币，上面一个是 100 元的硬币，再上面是 10 元的硬币，10 元上面是 50 元的硬币，然后最上面是 1 元的硬币。

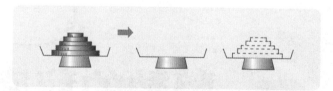

"按下面 3 条规则将这些硬币从第一个盘子移动到第三个盘子上。第一条：一次只能移动一个硬币；第二条：大的硬币不能放到小的硬币上面；第三条：可以利用中间的第二个盘子，但是最终要将所有硬币都放到第三个盘子上面。"

哲洙先将 1 元硬币放到了第三个盘子上，然后将 50 元硬币放到中间的盘子上。但是，接下来 10 元硬币放到哪里就成了问题。10 元硬币比 50 元和 1 元硬币都要大，所以按照规则不能放到它们上面。

"是不是有点发懵了啊？"哥哥问哲洙，

"你看，先将 1 元硬币放到 50 元硬币上面，再把 10 元硬币放到第三个盘子里不就可以了吗？"

接下来，哲洙很快掌握了窍门。他先将 1 元硬币放到第一个盘子上，再将 50 元硬币放到第三个盘子上，然后再将 1 元硬币放到地上那个盘子上，接下来就可以将 100 元硬币放到第二个空盘子里了。

最后，哲洙用这种方法把第一个盘子里的 5 个硬币全部挪到了第三个盘子里。

"嗯，做得很棒。但是你知道自己一共挪动了多少次吗？"

"这个还真记不得了。"

"那么，让我们来计算一下吧。计算为完成目的挪动多少次也是数学学习的一种。让我们先来计算只有 500 元硬币和 100 元硬币两个硬币的情况。这种情况下最少需要挪动多少次呢？"

哲洙回答说："3 次就可以了。先将 100 元硬币放到第二个盘子里，然后将 500 元硬币挪到地上那个盘子上，最后将 100 元硬币挪到 500 元硬币上面。"

"没错。那么，接下来再加上一个 10 元硬币，一共有 3 个硬币的情况下，最少需要挪动多少次呢？首先，先挪动上面两个硬币，经过上面的计算可以知道，一共需要 3 步。然后将第三个 500 元硬币挪到第三个盘子里。接下来再将上面两个硬币挪到 500 元硬币上面，又需要 3 步。那么，总共的次数就是 3+1+3=7 次。"

听到这儿，哲洙明白了，他说："如果再加上一个 5 元硬币，一共有 4 枚硬币的时候的挪动次数我似乎也应该可以知道了。首先将上面 3 个硬币挪动到第二个盘子上，经过上面的计算，需要 7 次。然后将最大的 500 元硬币挪到第三个盘子上，需要 1 次；再将中间盘子上的 3 个硬币按次序挪到第三个盘子上，需要 7 次。一共需要 7+1+7=15 次。"

"没错。那么，如果有 5 个硬币，最少需要挪动几次呢？"哥哥问。

"15+1+15=31 次。"哲洙充满自信地回答。

"嗯，看来你已经掌握了计算方法了。但是，其实还有一种比这更加简单的计算方法。看，之前我们得到的数字 3、7、15、31 都有一个规律，就是 2 的 N 次方减去 1。"

$$3=2 \times 2-1$$
$$7=2 \times 2 \times 2-1$$
$$15=2 \times 2 \times 2 \times 2-1$$
$$31=2 \times 2 \times 2 \times 2 \times 2-1$$

"啊！我明白了！"哲洙脱口而出，"将与硬币数量相同的数量的 2 相乘后减去 1，就是最终挪动硬币所需的最少次数。现在，有多少个硬币我都可以很快算出挪动硬币需要最少次数的结果了。如果有 7 个硬币，那么只要这么计算就可以了。"

$$2 \times 2 \times 2 \times 2 \times 2 \times 2 \times 2-1=127$$

"没错，真棒。但是，还有一点你要知道，就是当硬币数量是单数的时候，第一次挪动的硬币要放在第三个盘子上；当硬币数量是偶数的时候，第一个硬币要放在第二个盘子上。其实，这个游戏在古代就有了，我们这里只是用硬币来进行说明而已。"

"你说这是古代的游戏？"

"是的。这是很久很久以前印度的一个游戏。这个游戏还有一个有趣的传说——汉诺塔之谜。"

汉诺塔之谜

很久很久以前，印度恒河流域的婆罗门教有一个大寺院，据说这里的圆塔是世界的中心。这下面的铜板上面有三根 1 腕尺（Cubit，古代埃及和巴比伦使用的长度单位，长约 50cm。）高的金刚石柱子，在一根柱子上从下往上按大小顺序摞着 64 片黄金圆盘。

神聚集了婆罗门教徒，对他们说："这里有三根柱子，将这一根柱子上的圆盘挪到第三根柱子上面，要求是一次只能挪动一个圆盘，小圆盘上面不能叠加大圆盘。现在开始行动，不能有一瞬间的懒惰哦。如果一旦有了一点儿懒惰的行为，这个塔、这个世界都会

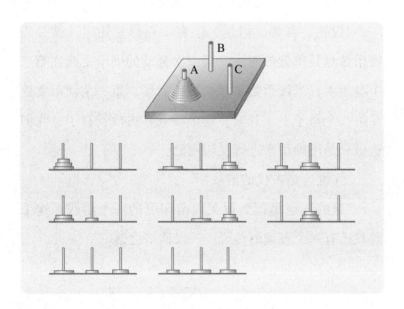

灭亡。如果一直勤劳地做下去，那么这个世界将会永久太平。"

这个故事的起源并不是印度，最早出现在 100 年前的法国的书中。

现在让我们来计算一下。假设圆盘的个数是 n，移动所有圆盘需要最少的次数是 x_n，那么如果圆盘个数为 1，x_1 就是 1，圆盘个数为 2，x_2 为 3。圆盘个数为 3，x_3 为 7。

3 个盘子挪动次数的计算可以用下列步骤进行计算。

（1）最小的圆盘和中间的圆盘挪到柱子 C 上需要 3 次。

（2）最大的圆盘挪到柱子 B 上需要 1 次。

（3）将中间柱子上的两个圆盘挪到柱子 B 上需要 3 次。

$$x_3=3+1+3=7$$

同样，当圆盘有 4 个的时候，首先挪动上面的 3 个圆盘需要 7 次，接下来挪动最下面的圆盘需要 1 次，然后再挪动上面的 3 个圆盘需要 7 次。

$$x_4=7+1+7=15$$

所以，当圆盘个数为 n 时，x_n 可以表示为：

$$x_n=x_{n-1}+1+x_{n-1}=2x_{n-1}+1$$

我们可以用"反证法"来证明上面的方程式。

$$x_1=1^1$$

$$x_2=2x_1+1=2(2^1-1)+1=2^2-1$$

$$x_3=2x_2+1=2(2^2-1)+1=2^3-1$$

$$\cdots\cdots$$

$$x_n=2^n-1$$

汉诺塔柱子上有 64 个圆盘，所以移动全部盘子所需最少次数为 $2^{64}-1$ 次，即 18，446，744，073，709，551，615 次。

假设移动一个圆盘需要 1 秒钟的时间，一年可以

挪动 $365 \times 24 \times 60 \times 60 = 31{,}536{,}000$ 次，那么挪动所有的柱子就大概需要 6000 亿年。所以，如果全部的婆罗门教徒都一刻不停地去搬运圆盘，世界当然会长久太平了。

美丽的整数世界

数字也会有表情

数学研究历史上，我们已经总结出了很多和整数有关的东西。表面看似无趣的数（整数），实际上蕴含着种种趣味。

接下来，让我们来通过下面有趣的数字来了解一下数字的丰富表情吧。

❶

$$11 \times 111=1221$$
$$111 \times 1111=1233321$$
$$1111 \times 1111111=1234444321$$
$$11111 \times 111111111=1234555554321$$
$$\cdots\cdots$$

❷

$$3^2+6^2=45$$
$$33^2+66^2=5445$$
$$333^2+666^2=554445$$

$$3333^2+6666^2=55544445$$

$$33333^2+66666^2=5555444445$$

......

❸

$$4^2=16$$

$$34^2=1156$$

$$334^2=111556$$

$$3334^2=11115556$$

$$33334^2=1111155556$$

......

❹

$$1 \times 7+1=8$$

$$12 \times 7+2=86$$

$$123 \times 7+3=864$$

$$1234 \times 7+4=8642$$

$$12345 \times 7+5=86420$$

......

❺

$$9 \times 9+7=88$$

$$98 \times 9+6=888$$

$$987 \times 9+5=8888$$

$$9876 \times 9+4=88888$$

$$98765 \times 9+3=888888$$

$$987654 \times 9+2=8888888$$

$$9876543 \times 9+1=88888888$$

$$98765432 \times 9+0=888888888$$

......

此外，还有很多有趣的数字。现在，一起开始一段在美丽的整数世界里的探险之旅吧。

具有奇特性质的两位数

数字之间也有着独特的关系吗

46 和 96 这两个数字间有着有趣的关系。这两个数的乘积与将两个数各自的个位和十位调换后相乘的结果相同，都是 4416。

$$46 \times 96 = 4416$$

$$64 \times 69 = 4416$$

如果我们想要计算所有有这样性质的两位数组合，可以用下面的代数法进行计算。

将两个数的十位和个位分别设为 x 和 y，x' 和 y'。得出下列方程式：

$$(10x+y)(10x'+y') = (10y+x)(10y'+x')$$

此方程式可简化为

$$xx' = yy'$$

这里的 x、y、x'、y' 都是小于 10 的正整数。为求方程式的解，我们将 9 个数字任意两个相乘来配对求解。有如下 9 种情况：

$$1 \times 4 = 2 \times 2$$

$$1 \times 6 = 2 \times 3$$

$$1 \times 8 = 2 \times 4$$

$$1 \times 9 = 3 \times 3$$

$$2 \times 6 = 3 \times 4$$

$$2 \times 8 = 4 \times 4$$

$$2 \times 9 = 3 \times 6$$

$$3 \times 8 = 4 \times 6$$

$$4 \times 9 = 6 \times 6$$

这样，我们就可以用上述的数字求出一对两位数，比如，从 $1 \times 4 = 2 \times 2$ 中可以得出：

$$12 \times 42 = 21 \times 24$$

从 $1 \times 6 = 2 \times 3$ 中可以得出：

$$12 \times 63 = 21 \times 36, \quad 13 \times 62 = 31 \times 26$$

可见，当 4 个数字有两个相同时，只有 1 组解。当 4 个数字完全不同时有两组解。

那么，上述方程式可以求出下列 14 组解。

$$12 \times 42 = 21 \times 24$$

$$12 \times 63 = 21 \times 36$$

$$12 \times 84 = 21 \times 48$$

$$13 \times 62 = 31 \times 26$$

$13 \times 93 = 31 \times 39$

$14 \times 82 = 41 \times 28$

$23 \times 64 = 32 \times 46$

$23 \times 96 = 32 \times 69$

$24 \times 63 = 42 \times 36$

$24 \times 84 = 42 \times 48$

$26 \times 93 = 62 \times 39$

$34 \times 86 = 43 \times 68$

$36 \times 84 = 63 \times 48$

$46 \times 96 = 64 \times 69$

制造出你喜欢的数字

$x \times 12345679 \times 9 = xxxxxxxxx$

让我们来探讨一下可以产生多位数，并且各个位上都为同一数字的方法。

首先，在 0 到 9 之间选择你最喜欢的一个整数。将这个数乘以 37，再乘以 3，得出的数字中个位、十位和百位都是你喜欢的那个数字。

若要用等式表现，先设你喜欢的数字为 x：

$$x \times 37 \times 3 = xxx$$

如果你喜欢的数字是 6，那么

$$6 \times 37 = 222, \quad 222 \times 3 = 666$$

在探寻这个方程式的原理前，我们再看下一条有趣的数学法则。

将你喜欢的个位正整数乘以 12345679，再乘以 9，得到的会是一个 9 位数，每一位上都是你喜欢的数字。

假设你喜欢的数字为 7，那么，

$$7 \times 12345679 = 86419753$$

$$86419753 \times 9 = 777777777$$

所以，若我们设你喜欢的数字为 x，可以得出等式：

$$x \times 12345679 \times 9 = xxxxxxxxx$$

现在让我们来分析一下原理。当 $x=7$ 时，

$$7 \times 12345679 \times 9 = 777777777$$

将上述等式两边同时除以 7，

$$12345679 \times 9 = 111111111$$

数字 111111111 各个位数之和是 9，可以被 9 整除，所以 111111111 可以被 9 整除。111111111 除以 9 得到 12345679。

所以，$x \times 12345679 \times 9$ 中，12345679×9 就是 111111111 这个数字，因此无论乘以哪个个位整数，得出的数字都

会是由这个个位整数组成的。

那么，我们再回头看本篇开头的等式，

$$x \times 37 \times 3 = xxx$$

这里 $37 \times 3 = 111$，所以 $x \times 111$ 得出——各个位上都是 x 的数字也就不奇怪了。

这个原理还可以用在很多等式上。如果不知道这个原理，你也许会以为数字是有魔力的。事实上，很久以前，人们确实曾经认为数学家就是魔法师。

代数让计算更简单

代数计算 VS 算数

问题 1

请大家尝试心算下面的问题。

$$\frac{10^2+11^2+12^2+13^2+14^2}{365}$$

无论怎么擅长心算,将分子所有数相加后再除以 365 都不是容易的事情。有一种方法可以让心算变得方便容易,掌握了这种方法解起题来就快多了。

上式中分子是 10、11、12、13、14 的平方和。这种连续整数之间有着奇妙的关系,当你认识到这点,就可以开始着手解题了。

事实上,10、11、12、13、14 这 5 个数字刚好有下列有趣的性质。

$$10^2+11^2+12^2=13^2+14^2$$

这个等式的左边是

$$100+121+144=365$$

所以本篇开头式子里的分子刚好是 365 的 2 倍，因此，分数的值为 2。

有很多时候，利用代数的方法解题会快捷很多。

那么，除上述 5 个数字，还有哪 5 个连续整数前 3 个整数的平方和等于后两个整数的平方和的呢？让我们尝试去解一下这个问题。如果设这 5 个连续整数的第一个整数是 x，那么

$$x^2+(x+1)^2+(x+2)^2$$
$$=(x+3)^2+(x+4)^2$$

只要解这个一元二次方程式就可以了。

为计算方便，我们设第 2 个整数为 x，那么

$$(x-1)^2+x^2+(x+1)^2$$
$$=(x+2)^2+(x+3)^2$$

解这个方程式，

$$x^2-10x-11=0$$
$$(x-11)(x+1)=0$$
$$\therefore x=11,\ -1$$

结果显示，若 5 个连续整数，前 3 个整数的平方和等于后两个整数的平方和，符合条件的解有 2 组：

$$10,\ 11,\ 12,\ 13,\ 14$$
$$-2,\ -1,\ 0,\ 1,\ 2$$

上面第二组解之间存在下面等式关系。

$$(-2)^2+(-1)^2+0^2=1^2+2^2$$

从上面解题过程可以看到，代数和算数是两种差异很大的计算方法。代数法有时候比算数法应用范围更广。

问题2

那么，我们再来看一道题。求下列方程式。

$$\sqrt{x+\sqrt{x+\sqrt{x+\sqrt{x+\cdots}}}}=3$$

因方程式里有很多根号，所以看起来似乎很麻烦，其实不然。因此，不要惧怕表面上繁琐的题。

将这个方程式两边同时平方，得出

$$x+\underbrace{\sqrt{x+\sqrt{x+\sqrt{x+\cdots}}}}_{3}=9$$

$$x+3=9$$

$$\therefore x=6$$

如果你觉得上面的问题简单又索然无味，那么请看看下面的问题，尝试在 5 分钟之内解出来吧。下面的问题解法和上题相似，照葫芦画瓢就可以了。

Q 求1+a+a^2+a^3+a^4+…的和。
（提示：可设和为X，再求X值即可。）

解｜设 1+a+a^2+a^3+a^4+…=X，那么

$$1+a \underbrace{\left(1+a+a^2+a^3+\cdots\right)}_{X} =X$$

$$1+aX=X, \quad X(a-1)=-1$$

所以得出，

$$X=-1/（a-1）, \quad X=1/（1-a）$$

有时候算数更加方便

爱迪生故事带来的启示

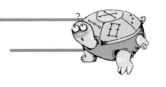

虽然代数可以解决算数很难解决的问题，但是有些时候反而算数是更加快捷的计算方式，代数却变得繁琐了。

掌握正确的数学知识，是指可以明确选择对自己有利的计算方式进行计算。从下面的一个小故事里我们可以得到一点启示。

大发明家爱迪生有一天想知道一个灯泡的容积，就将这个灯泡交给一个大学毕业的数学工作者去做。过了一段时间后爱迪生去要结果，发现这个数学工作者正在桌子前埋头计算，桌子上铺满了计算用的纸，上面写满了复杂的数学式。不一会儿爱迪生再次询问时，他还是正计算得满头大汗。

爱迪生忍无可忍，将灯泡拿过来，教给他一种方法。"在灯泡里装满水，然后将所有水倒进量杯里直接读出

容积就可以了啊。"

听了上面的故事，你一定受到启发了吧。那么，让我们来看一看下一个问题。

求满足下面全部条件的最小数字。

除以 2 余　1

除以 3 余　2

除以 4 余　3

除以 5 余　4

除以 6 余　5

除以 7 余　6

除以 8 余　7

除以 9 余　8

西方人常说，宝箱越值钱，越容易打开。对于这道题，并不需要用代数的方法来解，我们只是简单地使用算数的方法就可以了。

我们要求的这个数字，加上 1 后，余数 1 加上 1 等于 2，刚好被 2 整除。同样，也刚好可以被 3 整除，被 4、被 5……被 9 整除。

那么，这个数中最小的数字就是

$$9 \times 8 \times 7 \times 5 = 2520$$

因为 2、3、4、6 的倍数已经包括在上面等式的左边数字里，所以不用重复相乘。将上面等式的右面减去 1，刚好是我们要求的数字：2519。

刚看到这个问题的时候，有些人会因为有过多的条件而认为这是一道复杂的难题，从而放弃使用算数的方法，而舍近求远地使用了代数的方程式解法。

数的魔方阵

乌龟背上的数字游戏

古代中国都城洛阳的南部有一条黄河支流，叫做洛水。关于洛水，有一个著名的传说。

大约 4000 多年前，中国大禹时代，黄河泛滥影响到了洛水。大禹开始治水。有一天，人们发现了一只巨大的乌龟，乌龟背上画着和下图相似的神秘图案。

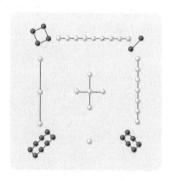

我们可以用下面的图表来表示上面的图片，图表分

为 3 行 3 列一共 9 格。

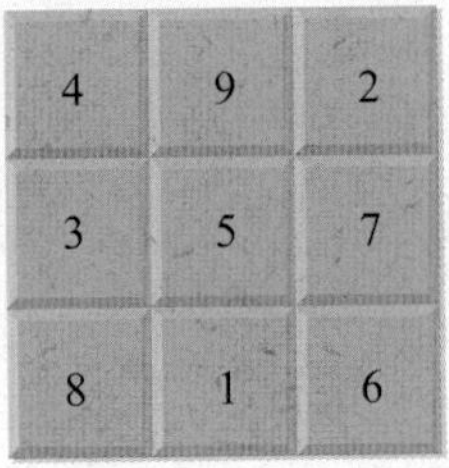

从上图中我们可以看出，无论是横排还是竖列，或者是对角线上的 3 个格子里面的 3 个数字加起来的和都是 15。

这个神秘的图案是写在乌龟背上被人们发现的，所以人们认为这是老天借神龟传达给人们的讯息。当时人们认为这是非常珍贵的，称为"洛书"。

上图将 9 个数字放在了一个四方形格子里，因此也成为"方阵"，现在是流行的一种"填数字游戏"。从洛书被发现后，中国和韩国的很多数学书上都提到过相关的方阵。后来这个方阵被传到了欧洲，改名为魔方阵（magic square）。

后来世人不愿将这种填数字游戏局限在 3×3 的方阵里，继续研究探索 4×4、5×5、6×6 方阵。

中国宋朝和元朝时代，距今六七百年前填数字游戏异常流行。

　　魔方阵中，3×3、5×5 等单数魔方阵很容易解出来。

哇，真是神奇的图案啊！

比如，3×3 的 3 阶魔方阵解法如下图所示。

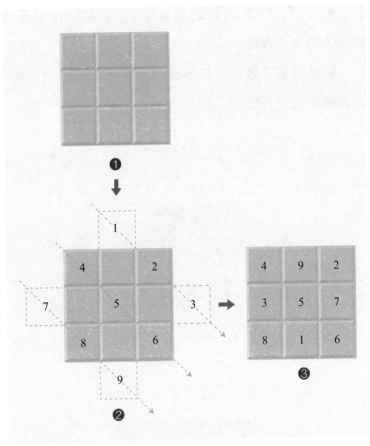

即首先画一个 9 格正方形（图❶），然后从左到右
从上到下填写 1、2、3……9 个数字，如图❷，接下来，
将图 2 中不在格子里的数字放到离它最远的格子里。比
如，将 1 放到 9 的上面，3 放到 7 的右面，再将 9 放到
5 的上面，7 放到 5 的右面。

我们可以使用同样的方法解出 5 阶（5×5）的魔方阵，如下图。7 阶、9 阶的魔方阵你也可以尝试着用同样的方法去试着解一解。

解单数魔方阵的方法不止这一种，如果你有兴趣，就去试着找找看吧。

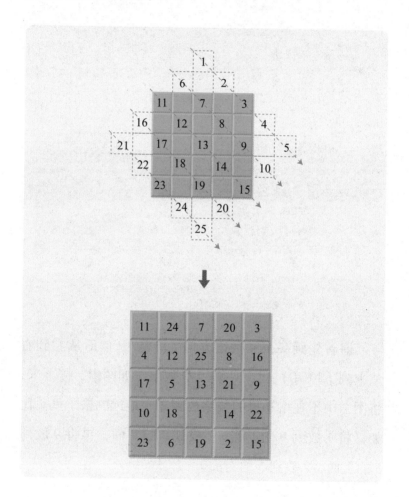

让我们来解下面 4×4 方阵。

首先，画一个横 4 竖 4（4 排 4 列）的正方形图表，画出两条对角线。

按顺序将 A、B、C……填到图表中。

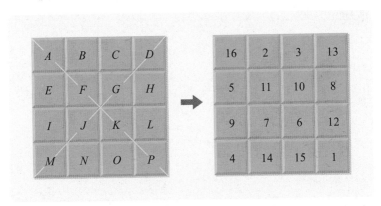

首先将 1 放到 A 中。因为 A 在对角线上，那么暂时不写入。接下来将 2 放到 B 中，3 放到 C 中，4 放到 D 中。因为 D 在对角线上，暂时不写入。然后将 5 放到 E 中，6、7 对应的 F、G 在对角线上暂时不写入，H 中写入 8，I 写入 9。

J、K 本对于 10、11，因为在对角线上，暂时不写入，12 放到 L 中。同样 M、P 中不写入，N、O 中放入 14、15。

接下来我们来处理在对角线上的格子。

将 1 放入 P 中，A 放入最后一个数字 16。中间按照从下到上，从右到左的顺序放入剩下的数字。即 D

放入 13，F、G、J、K、M 分别放入 11、10、7、6、4。这样，4×4 的魔方阵就完成了。

那么，我们再来看一看完成 8×8 方阵的方法吧。

将总共 64 个格子分成 4 个部分，分别画出 2 条对角线。

	2	3			6	7	
9			12	13			16
17			20	21			24
	26	27			30	31	
	34	35			38	39	
41			44	45			48
49			52	53			56
	58	59			62	63	

❶

64			61	60			57
	55	54			51	50	
	47	46			43	42	
40			37	36			33
32			29	28			25
	23	22			19	18	
	15	14			11	10	
8			5	4			1

❷

与 4×4 方阵解法相同，从最左上角的格子开始填入 1，但是因为这个格子在对角线上，因此暂时不填。这样，第一行开始，每行对角线的格子都暂时不填，将 2、3……数字填入非对角线格子里。这样，我们得到图❶。

接下来，再将数字 64 填入第一个格子，然后从第一行第一个格子开始，倒着填入剩下的数字 61、60 等等。得出图❷。

将两个图结合，就是 8×8 方阵了。

这种填数字游戏，通过中国南宋时期杨辉的著作《杨辉算法》（1275）流传到了韩国。

魔方阵的衍变

将魔方阵运用到农业中

　　朝鲜时代的政治家、天文学家崔锡鼎（1646～1715）在数学上有很大的造诣。直到今天，他创造出的魔方阵还令人惊奇。

　　崔锡鼎创造的众多魔方阵中，下页图的魔方阵是一个绝妙得用数学方法无法制造出来的魔方阵。图❶中包含了从1到81的不重复的81个整数，大的正方形本身是一个魔方阵，同时里面的9个小正方形也分别具有魔方阵的性质。即大正方形的横、竖、对角线方向所有数字的和都是369，每个小正方形的横、竖、对角线方向的数字之和都是123。

　　另外，图❷中包含了从1到30没有重复的30个整数，每个六边形上所有数字之和都是93。

　　如今，魔方阵已经不仅仅是一种给人带来乐趣的游戏，它在科学方面也有很多作用。名为拉丁方阵的魔方

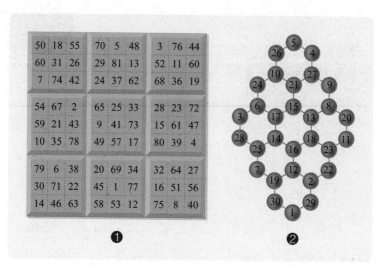

50	18	55		70	5	48		3	76	44
60	31	26		29	81	13		52	11	60
7	74	42		24	37	62		68	36	19

54	67	2		65	25	33		28	23	72
59	21	43		9	41	73		15	61	47
10	35	78		49	57	17		80	39	4

79	6	38		20	69	34		32	64	27
30	71	22		45	1	77		16	51	56
14	46	63		58	53	12		75	8	40

❶

❷

阵加以利用可以用来调查农业的生产力。这种拉丁方阵
是英国的费雪（R. A. Fisher，1890~1962）使用的一种
又有趣又方便的方法。

下图中有两个拉丁方阵。甲、乙两个方阵分别由 1
到 4 的整数构成，横排竖排数字之和均为 10。图❷中
的魔方阵刚好是图❶中的甲方阵和乙方阵每个格数字

甲

1	2	3	4
2	1	4	3
3	4	1	2
4	3	2	1

乙

1	2	3	4
3	4	1	2
4	3	2	1
2	1	4	3

❶

11	22	33	44
23	14	41	32
34	43	12	21
42	31	24	13

❷

结合出的数字。也就是同一个位置的格子中，图❷中的数字的十位数刚好是甲格中数字，个位数刚好是乙格中数字。

比如，图❷中 23 这个数字，就刚好是图❶中甲格中的 2 为十位数、乙格中的 3 为个位数得来的。

费雪利用这种魔方阵，将不同性质的土壤上播撒1、2、3、4 四种种子后，再播撒 1、2、3、4 四种肥料进行试验来比较生产效果。

数学中的催化剂

不用杀死骆驼就可以分家产的故事

有时候，生活会发生这样的事情：A、B 两个人的关系一般，但是因为 C 在中间，所以这两个人的关系在慢慢好转。化学中也一样，两种物质 A、B 之间不直接发生化学反应，放入物质 C 后，两种物质发生反应，物质 C 不发生化学变化。这种情况下，C 被称为催化剂。数学世界中，也有起到这种作用的数字。

有一个阿拉伯商人有 17 头骆驼，去世前，他留下遗言说，将他的骆驼分 $\frac{1}{2}$ 给大儿子，$\frac{1}{3}$ 给二儿子，$\frac{1}{9}$ 给小儿子。

但是，17 这个数字不能被 2、3 和 9 中任意一数字整除。几个儿子又不舍得杀掉骆驼来分家产，非常发愁。

这时候，有一个老爷爷牵着一头骆驼走过来了，他听了三兄弟的烦恼后说：

"很幸运，我这里有一头骆驼。我可以将这头骆驼给你们，这样你们就有 18 头骆驼了。"

三兄弟连忙推辞，说不能接受陌生人这么珍贵的物品。但是老爷爷的盛情难却，最终接受了他的好意。这样一来，加上这一头骆驼，三兄弟就一共拥有 18 头骆驼了。

18 头骆驼的 $\frac{1}{2}$ 是 9 头，大儿子得到 9 头骆驼；18 的 $\frac{1}{3}$ 是 6，二儿子得到了 6 头骆驼；18 的 $\frac{1}{9}$ 是 2，小儿子得到了 2 头骆驼。

但是，9+6+2=17，分完遗产后，还剩下一头骆驼。老爷爷走过来牵着骆驼说：

"你们都拿到了父亲留给你们的遗产，还剩下一头骆驼。这头骆驼本来就是我的，我会牵走它。"

将一个物品分给几个人的时候，几个人得到的所有部分总和应该是 1。

但是，这里出现的数字是这样的：

$$\frac{1}{2} + \frac{1}{3} + \frac{1}{9} = \frac{9}{18} + \frac{6}{18} + \frac{2}{18} = \frac{17}{18}$$

将所有部分相加并不等于 1，如果按这个分法，还会剩下 $\frac{1}{18}$。

如果将 18 头骆驼分成 $\frac{1}{2}$、$\frac{1}{3}$ 和 $\frac{1}{9}$，那么还会剩下 18 头的 $\frac{1}{18}$，即是 $18 \times \frac{1}{18} = 1$（头）骆驼。所以，这一头骆驼就在这个计算过程中起了催化剂的作用。

看来，顺利帮助三兄弟解决了财产问题的老爷爷从一开始就想到了这一点。

7

负数不是只会在计算中出现的虚拟数字，它在现实世界中能够以很多种方式存在，来表示实际的数量。

负数

现在假设你的口袋里有 500 元的硬币（韩币）。用这些钱可以买一个价值 300 元的本，可是却买不了价值 800 元的本子。当然，没有人会去纳闷为什么 500-800 行不通。

在距离现在很久以前的印度和中国，人们就已经深刻了解了 "500-800" 这样的问题。印度人用负债一词来形容，中国人用红色数字来表示。

现在在计算习惯中，我们仍用"赤字"一词表示入不敷出，这一习惯的由来也在于此。

但是在欧洲，人们认识到负数的意义却没有那么早。负数的概念是从印度传播到欧洲的，但是在当时并没有得到普及。欧洲人开始正式认识到负数，是从笛卡尔（R. Descartes，1596~1650）将负数在直线上表现出来之后的事情了。

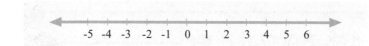

　　负数之所以被人们看中，与整数并列为数字体系中的成员，是因为有 0 这个数字。因为，被看作"负债"和"赤字"的负数，如果没有 0 的存在，就不能经过一番变化变为正数。

　　你看，发现 0 的印度人真是一个伟大的民族。

负数是虚拟数字吗

在现实生活中非常有用的负数

什么是负数？

教科书中一般用"比 0 还小的数字"来说明负数。看到这个说明，一定有很多人会觉得奇怪。"0 是什么都没有的状态，怎么会比 0 还小？"

如果你有 3 个橘子，吃掉 3 个后，还有 0 个。那么怎么会让橘子比没有还少呢？这种数是否真的存在呢？这种数应该是不存在的吧。

很多人都会有这种疑问，这样想不代表不聪明，反而是正确的想法。有了疑问后不草草而过，经过缜密的思索，最终理解问题、解决问题的态度是最重要的。

16 世纪前后，欧洲的数学家们认为，比 0 还小的数字只是一种虚拟数字。就算到了现在，仍有很多人认为负数是现实中不存在的，只是数学中用来运算的数字。

那么，"实际存在的数字"又是哪种数字呢？也许有人会说 1、2、3……这些数字是实际存在的，所以叫做自然数。但是，1、2、3……这些数字并不是时刻存在的。这些数字也只是为了计算方便在人的头脑中形成的作品而已。如果这么想，那么负数也就当然同样是一种"实际上存在的数"了吧！那么，负数究竟用途何在呢？让我们一起来了解一下。

之前我们一直称负数为"比 0 还少的数字"，这个时候 0 不仅仅是什么都没有的状态，还担任了标准点的角色。

现在，假设有 A、B、C 三个人，A 身高为 151.1cm，B 的身高是 156.5cm，C 的身高是 163cm。

那么，A 和 C 分别与 B 的身高差异是多少呢？我们假设 B 的身高是 0cm，那么 A 的身高是 –5.4cm，C 的身高是 +6.5cm。那么，–5.4cm 这样的负数就是实际存在的数字了。

以此为标准！

从这里可以看出，负数不是一种只存在于计算中的虚拟数字，它在现实世界中以很多种形式存在，表示实际的数量。

　　现实生活中的温度计上的刻度中有负数，就不必使用很大的数字了。水结冰时的温度是0℃，比这个温度低的温度就在前面加上负号"-"。此外，海面（水平面）上面的高度用"+"表示，海面下面的高度用"-"表示。若出发点为0，东面方向为"+"时，西面方向为"-"，你看，"-"的实际用途还真是不少呢。

负数的乘法运算（1）

否定的否定是肯定

为什么负负得正？如果用印度人的思维方式，负数代表负债，正数代表财产，那么"负债乘以负债等于财产"就完全无法理解了。

但是如果我们将负号看为"非"，将正号看作"是"，那么这个法则理解起来就容易多了。用我们的话说就是"否定的否定是肯定"，这与"负数 × 负数 = 正数"刚好相符。

我们还可以用数学方法来说明这个法则。

1 等于 2–1，3–2，4–3 等等；2 等于 3–1，4–2，5–3 等等。我们可以用下列方法来表示。

$$1=(2，1)=(3，2)=(4，3)=\cdots\cdots$$
$$2=(3，1)=(4，2)=(5，3)=\cdots\cdots$$

依此类推，所有整数都可以用下列方式表示

$$(a，b)\cdots\cdots\ ❶$$

$a>b$ 时，❶为正数，$a<b$ 时，❶为负数。

那么，两个整数（a，b）、（c，d）的和为

$$(a, b)+(c, d)=(a-b)+(c-d)=$$
$$(a+c)-(b+d)=(a+c, b+d) ……❷$$

例如：

$$(1, 2)+(2, 1)=(1+2, 2+1)=(3, 3)=3-3=0$$

因为（1，2）+（2，1）=（1−2）+（2−1）=−1+1，与一般计算相符，所以，乘积为

$$(a, b)×(c, d)=(a-b)×(c-d)=(ac+bd)-(bc+ad)$$
$$=(ac+bd, ad+bc) ……❸$$

例如数字（3，1）×（5，2）=（17，11）

（−1）×（−1）可以表示为（1，2）×（1，2），代入❸计算得出：

$$(1, 2)×(1, 2)$$
$$=(1×1+2×2, 1×2, 2×1)$$
$$=(5, 4)$$
$$=1$$

所以，数字相乘时，如果含有负数，要遵循"负数 × 负数 = 正数"的法则。

负数的乘法运算（2）
没有矛盾的运算法则

　　一首歌的创作，大部分时候是由作曲人先作曲后再由作词人填词而成的。数学与音乐创作相似，作词人会考虑多少句词适合这段音乐，数学家对待公式也会考虑类似的问题。

　　对待一个公式时，数学家要确保其中没有互相矛盾的内容。所以，在推理乘法法则时，要反过来验证，保证其与除法法则不能矛盾。

$$从 (+3) \times (+2) = (+6) 到 (+6) \div (+2) = (+3)$$
$$从 (+3) \times (-2) = (-6) 到 (-6) \div (-2) = (+3)$$
$$从 (-3) \times (+2) = (-6) 到 (-6) \div (+2) = (-3)$$
$$从 (-3) \times (-2) = (+6) 到 (+6) \div (-2) = (-3)$$

也就是说，

$$（正数）\div（正数）=（正数）$$
$$（负数）\div（负数）=（正数）$$
$$（负数）\div（正数）=（负数）$$

（正数）÷（负数）=（负数）

即与乘法法则一样，正数除以正数，正号不变；除以负数，正号改变为负号。

也就是说，$a \div b = c$ 和 $a = b \times c$ 意思相同。所以除法运算中，这个法则刚好与乘法运算时相同。可见，乘法运算中可以推出没有矛盾的除法法则。

正如填词人会研究一首曲子里可以填入多少歌词，一个式子能有多少种解释方法也是数学家研究的问题。最重要的是不能存在矛盾。

但是这里还存在一个问题。我们经常将财产看作正号，负债看作负号。那么（负债）×（负债）=（财产）的公式就有问题了。那是因为，（负债）×（负债）本身就不具有实际的意义。

负数的乘法运算（3）

数学从规则开始发展

乘法运算中，涉及到正"+"和负"−"时，乘法遵循下列规则。

（1）绝对值相乘

（2）"+"和"+"相乘，或者"−"和"−"相乘时，绝对值相乘结果前面加"+"，"−"和"+"，或者"+"和"−"相乘时绝对值结果前面加"−"。

也就是说，一个数，乘以正数后符号不变，乘以负数后符号改变。

如果将数字在数轴上表现出来，那么一个数乘以 −1 后，结果是此数在数轴上以 0 为中心旋转 180°

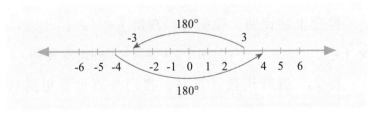

得到的数字。例如，

$$(+3) \times (-1) = (-3)$$
$$(-4) \times (-1) = (+4)$$

即将 3 旋转 180° 得到 –3，将 –4 旋转 180° 得到 4。

一个数字乘以 +1，保持原数字不变。

$$(+3) \times (+1) = (+3)$$
$$(-4) \times (+1) = (-4)$$

遵循这个规则，（+5）×（+2）中结果不进行旋转，只是将 5 增加到 2 倍，

另外，因为（+5）×（–2）=（–5）×（+2），所以将（+5）以 0 为中心旋转 180° 后增加到原来的 2 倍。

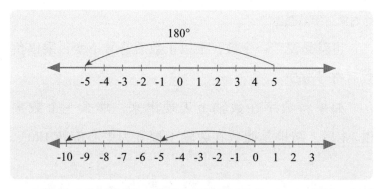

经过上述说明，我们可以理解（–）×（–）、（+）×（+）、（–）×（+）和（+）×（–）的运算规则。

那么，进行代数计算时，我们是否也要想到这

些呢？

不是的，这个方法只是方便我们理解乘法的一些规则。

历史上的人们对（−）×（−）=（+）的问题也有过很多疑问。距今400年前，有一些数学家们就讨论过这个问题。甚至有些数学家提出（−）×（−）=（+）是错误的。针对这一点，古罗马的数学教授克拉维斯（C. Clavius，1537~1612）说："我们没有必要再去说明带有正号、负号的乘法运算的规则，不能理解这些真理的人是他们能力的问题。我们没有必要去对此持怀疑态度，因为现实中有那么多实例可以证明它。"

数学与其他学科不同，自然、经济这些学科研究的是世界上存在的东西，而数学研究的是一种"数学现象"，是不存在的事物。

那么，对于1+1=2，人们是否和得知闪电中的电流作用、万有引力导致苹果落下等等事物一样，手握确实的证据了呢？

数学中的数，并不同于闪电，它是我们头脑中想象出来的。

所以，我们将数学中的基本规则称为"定义"。1+1=2也是众多定义中的一个。

有时候人们对定义的概念很模糊，当然，也有时候人们对一些类似正号负号的规则有亲身体验般的了解。如果人们了解它，当然就会去接受它，反之则不然。例如，0和负数的概念刚刚从印度传到欧洲的几个世纪后才被欧洲人广泛接受，就是这个原因。

所谓定义，就是一种规则。不符合这种规则的事物不会出现，因此矛盾也就不会出现了。

绝对值的定义

日常生活中应用广泛的绝对值

学习过正号"+"和负号"−"后，就要接触"绝对值"的概念了。小学的课本里没有涉及绝对值的概念，这并不会影响计算。可是绝对值并不是可有可无的。

数学教科书中提到绝对值时，提到下列定理。

（1）符号相同的两个数字相乘，结果是两个数的绝对值相乘后前面加上正号"+"。

（2）符号不同的两个数字相乘，结果是两个数的绝对值相乘后前面加上负号"−"。

如果不理解绝对值的定义，就很难理解这样的运算规则。所谓绝对值，说明如下：

"数轴上表示数 a 的点与原点的距离叫做数 a 的绝对值。"

用实例表示为：

$$|3|=3, \quad |-3|=3, \quad |0|=0$$

通过这个例子，就可以整理出绝对值的定义。

"绝对值，是一个正数或负数去掉前面的正号和负号之后的数字。"

为什么会有""这样奇怪的符号来复杂地表示数字呢？日常生活中，很多人都用不到""，但是如果你稍有留心，会发现生活中虽然用不到""这种绝对值符号，但是对话中却经常隐含绝对值的含义。

"请借给我 200 元"这句话，严格的数学说法是这样的"请借给我正 200 元"，或者"借给你负 200 元"。但是，现实生活中没有人会这么说，这里的 200 元如果是你借给我，对我来说是正数；如果是我借给你，那么对我来说就是负数。但是无论对哪一方，都只是200 元。

如果不谈这 200 元的走向，那么 200 元就是一个绝对值。假设，一个事业进行得好，赚入 10 万元，形成 10 万元黑字。如果事业进行得不好，赔了10 万元，就形成 10 万元赤字。若不论是黑字还是赤字，这里只讨论 10 万元的话，10 万元就是一个绝对值。日常生活中的金钱关系中，我们不会说 +100 元或者 −100 元，只提到 100 元，含义确实你我都明

白的。但是在数学关系中，为避免混乱，我们利用
"｜｜"这个绝对值符号和绝对值概念，让计算变得
更加方便明了。

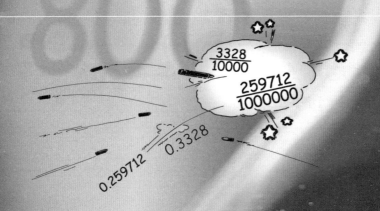

8

分数和小数

古代社会中懂得数字，特别是懂得分数的书记，甚至扮演了一个创造奇迹的魔术师的角色。

分数是有理数

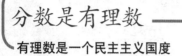

古希腊时代，人们不认为分数是数字。虽然当时不会使用$\frac{1}{2}$这种表现方法，但是 1 比 2 的概念还是存在的，也是分数的一种。因为当时 1 比 2 的概念没有被写成$\frac{1}{2}$，所以不被看成是一种数字。

小学时候我们学过"分数"，比如$\frac{1}{2}$、$\frac{1}{3}$等等，中学时它们叫做"有理数"，这是为什么呢？你看，$\frac{1}{2}$、$\frac{2}{4}$、

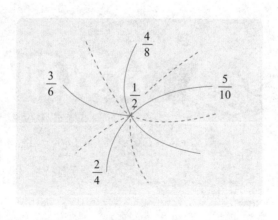

$\frac{3}{6}$、$\frac{4}{8}$……这些数字约分后都是$\frac{1}{2}$，但是作为分数的表现形式却不相同。

$\frac{1}{2}$的两倍是 1，$\frac{2}{4}$的 4 倍是 2，$\frac{1}{2}$和$\frac{1}{4}$是不同的分数，这从下面图片上可以看出。

将西瓜等分成 2 份，
其中一份是$\frac{1}{2}$

将西瓜等分成 4 份，
其中两份是$\frac{2}{4}$

中学进行计算时，通常将上面图片中 2 个数字看成是 1 个数字。即原本不同的$\frac{1}{2}$、$\frac{2}{4}$、$\frac{3}{6}$……约分后的值是相同的，$\frac{1}{2}$代替了$\frac{1}{2}$、$\frac{2}{4}$、$\frac{3}{6}$……即下面这个集合。

$$\left\{\frac{1}{2}, \frac{2}{4}, \frac{6}{3}, \frac{8}{4}, \cdots\right\}$$

另外这些分数约分后都是同一个有理数。如果将一个一个的有理数看成是韩国人、美国人、英国人等等集合，那么分数就是属于这些集合的人，是这些国家里居住的人们。

我们提到 $\frac{1}{2}$ 这个有理数的时候，也代表了 $\frac{1}{2}$、$\frac{2}{4}$、$\frac{3}{6}$ ……这些分数，同样，$\frac{2}{3}$ 也代表了 $\frac{2}{3}$、$\frac{4}{6}$、$\frac{6}{9}$、$\frac{8}{12}$ 等等分数。

将这些数字约分后，最后的值相同的归为一组，将它们分成 $\frac{1}{2}$ 组、$\frac{2}{3}$ 组。

$\frac{1}{2}$ 组和 $\frac{2}{4}$ 组相同，因为各组只是选拔组员的方式不同而已，用哪一个代表都可以。所以，我们说有理数是一个民主主义国家。

埃及人的分数运算

用分数计算的人是魔术师吗

古代埃及人将一个野果分给 3 个人的时候，一个人的分量——$\frac{1}{3}$ 用 ⊓ 来表示。将一个野果分给两个人的时候，一个人的分量却不是 ⊓。将 2 个野果分给 3 个人的时候，一个人的分量——$\frac{2}{3}$ 用 ⊓ 的符号来表示。

埃及人表示分数的记号中，$\frac{1}{2}$ 和 $\frac{2}{3}$ 是完全不同的。在我们现在人看来，应该表示 $\frac{1}{2}$ 的 ⊓ 其实代表着 $\frac{2}{3}$。

在当时的埃及人眼中，基本的计算单位是 1。可是令人称奇的是，埃及人却会使用 $\frac{2}{3}$ 这个概念。也许这有一定的原因。

除了 $\frac{2}{3}$ 还有很多分数，这些分数之间怎样进行计算

呢？我们将 $\frac{3}{4}$ 和 $\frac{4}{5}$ 用下面方法表示：

$$\frac{3}{4} = \frac{1}{2} + \frac{1}{4}$$

$$\frac{4}{5} = \frac{2}{3} + \frac{1}{10} + \frac{1}{30}$$

❶ $\frac{3}{4}$ （将 3 进行 4 等分）

首先将前两个物品每个分成 $\frac{1}{2}$ 份，将最后一个物品等分为 4 份。

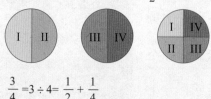

$$\frac{3}{4} = 3 \div 4 = \frac{1}{2} + \frac{1}{4}$$

❷ $\frac{4}{5}$ （将 4 进行 5 等分）

首先将所有个物品等分成 3 份，然后将其中一个的 $\frac{1}{3}$ 分为 2 份，

另 $\frac{1}{3}$ 分为 3 份。

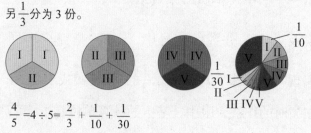

$$\frac{4}{5} = 4 \div 5 = \frac{2}{3} + \frac{1}{10} + \frac{1}{30}$$

看了上面图片，你就会明白，所有分数都可以作

为单位分数出现。如果让一个孩子将 3 个苹果分给 4 个大人吃，孩子一定会画出上图中的图形。如果有不一样的地方，那就是埃及人对 $\frac{2}{3}$ 的概念运用得得心应手。如果可以，他们会先求出 $\frac{2}{3}$，然后再进行下面的计算。

虽然所有分数都可以用作单位分数，但是事实上，计算的时候也不必害怕生出这样那样的麻烦。因为有一种梦幻的表格，将不同的分数作为单位分数罗列了出来，就好像现在小学生们使用的乘法口诀一样，如 204 页图。

古埃及人用尼罗河中被称为"纸莎草"的一种草的纤维制造出纸张，在上面写字。"莱登纸草书"也叫做"阿默士纸草书"，是一个长约 5.64m，宽约 33cm 的文书，上面记载了一些数学内容，后被英国的莱登（A. H. Rhind）收购捐献，因此叫做"莱登纸草书"。抄录文书的书记阿默士在这上面的数学内容后面署名，因此也被称为"阿默士纸草书"。

请不要将这位"书记"看成现在的办公室的"书记"。目前有一个书记给读书的儿子写的一封信流传了下来，其中写道：

"你不要去从事任何劳累的体力劳动。要发誓成为一个尊贵的书记。书记是一个崇高的职业，是下达命令的权威人物……你要继承我书记的荣光，将此荣光发扬光大……"

2÷单数的表	1 ~ 9÷10 的表
2÷3=$\overline{3}$	1÷10=$\overline{10}$
2÷5=$\overline{3}$ $\overline{15}$	2÷10=$\overline{5}$
2÷7=$\overline{4}$ $\overline{28}$	3÷10=$\overline{5}$ $\overline{10}$
2÷9=$\overline{6}$ $\overline{18}$	4÷10=$\overline{3}$ $\overline{15}$
2÷11=$\overline{6}$ $\overline{66}$	5÷10=$\overline{2}$
2÷13=$\overline{8}$ $\overline{52}$ $\overline{104}$	6÷10=$\overline{2}$ $\overline{10}$
2÷15=$\overline{10}$ $\overline{30}$	7÷10=$\overline{\overline{3}}$ $\overline{30}$
2÷17=$\overline{12}$ $\overline{51}$ $\overline{68}$	8÷10=$\overline{\overline{3}}$ $\overline{10}$ $\overline{30}$
2÷19=$\overline{12}$ $\overline{76}$ $\overline{114}$	9÷10=$\overline{\overline{3}}$ $\overline{5}$ $\overline{30}$
2÷21=$\overline{14}$ $\overline{42}$	
2÷23=$\overline{12}$ $\overline{276}$	
2÷25=$\overline{15}$ $\overline{75}$	
2÷27=$\overline{18}$ $\overline{54}$	
2÷29=$\overline{24}$ $\overline{58}$ $\overline{174}$ $\overline{232}$	
2÷31=$\overline{20}$ $\overline{124}$ $\overline{155}$	
……	
……	*其中，$\overline{\overline{3}}=\dfrac{2}{3}$。$\overline{3}$, $\overline{15}$ 简写成
2÷89=$\overline{60}$ $\overline{356}$ $\overline{534}$ $\overline{890}$	$\dfrac{1}{3}$、$\dfrac{1}{15}$。
2÷91=$\overline{70}$ $\overline{130}$	
2÷93=$\overline{62}$ $\overline{186}$	
2÷95=$\overline{60}$ $\overline{380}$ $\overline{570}$	
2÷97=$\overline{56}$ $\overline{679}$ $\overline{776}$	
2÷99=$\overline{66}$ $\overline{198}$	
2÷101=$\overline{101}$ $\overline{202}$ $\overline{303}$ $\overline{606}$	

　　可见，当时会写字的人，特别是会进行数学计算的人，比起不会计算的平民来说身份是相当尊贵的，是受到尊敬的人。当时的官僚主义国家重视能力，这自然是顺理成章的事情了。

　　"知识就是力量"是英国哲学家培根的名言，仔细推敲可以发现，古代社会更是遵循着这个规则。

　　古代社会中懂得数字，特别是懂得分数的书记，甚至扮演了一个创造奇迹的魔术师的角色。

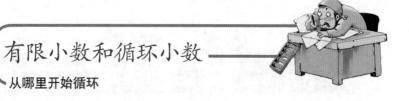

有限小数和循环小数

从哪里开始循环

只要是分数，转换成小数后都会变成"有限小数"或者"循环小数"。

将分数转换成小数时，如果分子除以分母除尽，就会得到有限小数。比如，

$$\frac{3}{4}=0.75，\frac{5}{8}=0.625$$

那么，如果分子除以分母除不尽的情况会得到什么样的小数呢？让我们来看一看。

$$\frac{5}{7}=0.7142857\cdots\cdots$$

除不尽会得到一个无限小数。但是有一点要注意，由分数转换成的小数如果是无限小数，就一定是无限循环小数。

若一个数字除以 7 不能整除时，余下的数字会是 1、2、3、4、5、6 中的一个。所以，如果继续除以 7，

就会出现一个无限循环小数。

从上面的例子中我们可以看出，将 5 除以 7 后剩下的数分别是 5、1、3、2、6、4、5……从第 6 个数字 5 开始循环。所以，得出一个以 7142857 这几个数字进行循环的小数。

那么，若将 $\frac{1217}{2743}$ 这个分数转换成小数，会得到从第几位开始进行循环的小数呢？

这个分数的分子和分母都是质数，不能再进行约分。若要将这个质数转换成小数，就要进行 $1217 \div 2743$

将分数转换成小数的时候，不是有限小数就是无限小数啊。

这个复杂的计算。但是我们可以明确的是，得出的结果一定是一个循环小数（分数转换成小数的时候一定是这样的结果）。但是，这个数字即使用计算器去转换，也找不到循环的尽头，也就是循环开始的地方。

因为到循环的尽头，循环数字的最多位数比分母小1。也就是说，这个分数转换成小数后，最多可能会有2742个数字进行循环。

那么，为什么循环数字的最多位数刚好比分母小1呢？

这一点，我们可以从本小结刚开始的例子 $\frac{5}{7}$ 中找到答案。5÷7后分别剩下数字1、3、2、6、4、5。这些数全部是比分母小的数字。因为如果剩余0或者7，就会刚好除尽，所以剩余数字共有6种可能。即除以7时若产生循环小数，循环数字最多有6位。同样，1217除以2743时，循环数量最多有2742位。

分数和小数的诞生

战场上发现小数原理的斯蒂文

所谓计算中的"三大发明"，第一条就是我们经常使用的阿拉伯数字计数法。这个计数法由古代印度人发明后被阿拉伯人传到欧洲，发扬光大。所以，准确地说，应该被称为印度·阿拉伯数字。

第二大发明是纳皮尔（J. Napier，1550~1617）发明的对数。

第三大发明就是小数了。

发明小数的人是荷兰的数学家斯蒂文（S. Stevin，1548~1620）。他在1584年发表小数的时候，用3 ⓪ 2 ① 6 ② 8 ③来表示小数3.268，非常复杂。今天的小数表达方式来源于纳皮尔的想法，那是1617年，已经距离斯蒂文发明小数有33年的时间了。

所以，小数被发明出来的时间并不长。埃及人最开始使用分数是在B. C. 1800的时候，在分数使用了3000

多年后，小数才被发明出来。比起人们能够准确平分物品这件事情，这两种计算方法在人类历史上出现的时间点更加应该受到关注。

虽然小数和分数都可以表示从 0 到 1 之间的数，但是它们刚开始出现的时候却表示不同的意义。

分数表示分割。将 1 分成 2、3……n 份，变成 $\frac{1}{2}$、$\frac{1}{3}$……$\frac{1}{n}$，同样将 a 进行 b 等分就得到了 $\frac{a}{b}$。即分数代表了将整数平分的意思。

相反，小数出现于表示物体长度或者数量上。比如，我们若用尺子测量鱼身材时，如下图。

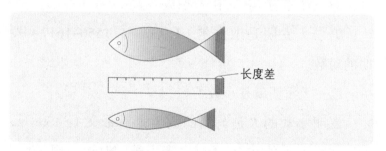

长度差

图片上可以看到，上面的鱼比下面的鱼稍长一些。刚开始的时候，人们只会用"稍长"这样的词进行描述。后来社会生活日渐复杂，纸币经济逐渐发展，这种表现方法越来越不方便，最终人们开始使用小数。

现在我们在学校里同时学习小数和分数，但是这两种数产生的时期却相差甚远。

小数和分数都可以表示从 0 到 1 之间的数的性质，通过这个共同点可以学习它们之间的关系。现代社会对测量的需求也越来越多。

　　距今 400 年前，比利时正陷在与西班牙之间的独立战争中。独立军队中有一个叫做西蒙斯蒂文的军官。他在整理独立军队的经济账薄、收款付账、计算餐费和军饷时总是被复杂的计算所困扰，尤其是计算利息的时候。

当利息是 $\frac{1}{10}$ 的时候计算很简单，但是当利息是 $\frac{1}{11}$ 或者 $\frac{1}{12}$ 的时候计算起来就麻烦多了。当时利息全部由分数的形式出现。所以，斯蒂文就开始思考，有没有一种方法可以让自己的计算变得简单一些呢？

"想到了！利息的分母都可以用 10、100、1000 的形式表现出来。$\frac{1}{11}$ 与 $\frac{91}{1000}$ 几乎相同，可以表现为 $\frac{9}{100}$，$\frac{1}{12}$ 表现为 $\frac{8}{100}$，这样利息计算起来就方便多了。"

斯蒂文的这个小发现带来了很好的效果。用这种方式表示利息，复杂的除法运算也变得简单起来，谁都可以操作了。所以，他出版了一本书，列举了利息从 $\frac{1}{10}$ 到 $\frac{5}{100}$ 的各种计算方法的表格。当时是 1584 年。后来有一天，斯蒂文看着自己设计出来的复杂的利息计算表，又有了一个想法。

"$\frac{3328}{10000}$ 和 $\frac{259712}{1000000}$ 用分数表现时，短时间内很难分辨出哪个更大一些。有没有一种方法可以很快比较大小呢？想要比较两个数中哪个更大一些，不能单单比较分子，还要考虑分母的因素。所以，表示方法要能一眼看出分子有多少个 0，有多少位数。那么，可不可以这样表示呢？"

$$\frac{259712}{1000000} \qquad \frac{3328}{10000}$$

$$\downarrow \qquad\qquad \downarrow$$

①②③④⑤⑥   ①②③④
259712   3328

如果这样写，比较同样的位于①位置的数，很快就能看出左边的数字更加大一些。这个方法与我们现在的小数表示 0.259712 和 0.3328 是一个意思。

1585 年，斯蒂文出版了《论小数》，阐述了上述内容。

中国的分数

《九章算术》中的分数计算法

　　埃及人曾经用过分子为 1 的分数（单位分数）。分子不是 1，而是其他任意数的分数出现在欧洲时，已经是 16 世纪的时候了。

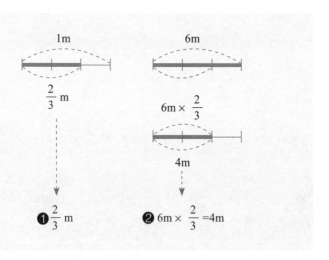

　　上图中的 $\frac{2}{3}$，不同的写法有不同的意义。❶中的 $\frac{2}{3}$ 是代表长度的分数，❷中的 $\frac{2}{3}$ 代表的是比例分数。❷中将 6m 看为 1，那么 $\frac{2}{3}$ 就代表 4m。但是 ❶ 中的 $\frac{2}{3}$ 却代表着一定的量。

古希腊人也曾将比例运用到数学中，但是那个时候还没有分数。上页图例中，表现的不是"4m 是 6m 的 $\frac{2}{3}$（倍）"，它表现的是"4m：6m=2：3"。当然，那个时候还没有 m 这个单位。

这种表示比例的分数概念或用为表示一定量的分数概念，也就是说将分子和分母分开来考虑的思维方式转化为将分子和分母看为一体的思维方式，经过了漫长的岁月。

但是，令人惊奇的是，长度和宽度的分数在 3 世纪的时候就被中国人所运用了。中国的《九章算术》中，第一章就阐述了求长方形面积的问题与答案。计算方法中有这样一例。

Q | 今有田广 $\frac{4}{7}$ 步，从 $\frac{3}{5}$ 步。问为田几何？

答案： $\frac{12}{35}$ 步。

解： 分母和分母相乘得出答案的分母，分子和分子相乘得出答案的分子。

上题中的"步"可以看成计算长度的单位，约现在的 1.5m。这块田的长宽似乎小了点，看似是为计算而特殊设计的题目。现实中会出现类似下面的问题。

$$7\frac{3}{4}步 \times 15\frac{5}{9}步 = 120\frac{5}{9}步$$

值得注意的是，分子分母边的数字是整数部分。读法也一样从那里开始。本书中也会介绍分数约分的方法。

Q 91分之49约分后是多少？

答案： 13 分之 7。

解： 当分子分母都可以变为一半时，先将分子分母变为原来的一半。若不能，则求出分子和分母的最大公约数，两边分别除以这个最大公约数（欧几里得的互除法）。

为什么中国会出现这种一般分数呢？换句话说，为什么希腊人欧洲人没有用这种一般分数呢？这个问题很有趣。因为中国人和欧洲人的思考方式不同，此外，他们背后的社会文化差异也值得我们去琢磨。

荷鲁斯之眼

神话中的单位分数

埃及有一个长着鹰头的神叫做"荷鲁斯","荷鲁斯之眼"也代表着鹰的眼睛。关于"荷鲁斯之眼"有下面这样一则神话广为流传。

天神和地神的孩子奥西里斯管理着埃及这个国度，他用智慧帮助埃及发展成为一个文明古国。他的弟弟赛特在他的帮助下成长起来后，设计阴谋害死了自己的哥哥，并将尸体抛弃到了尼罗河里面。奥西里斯的妻子伊西斯穿过尼罗河找到了他的尸体，带回了埃及。但是尸体很快被赛特找到，他将奥西里斯的尸体分成了 15 块，分别丢弃在埃及的各个地方。但是伊西斯没有放弃，她找回了丈夫尸体的碎片，做成了木乃伊，伊西斯努力想要帮助丈夫复活。与此同时，奥西里斯成为了冥界的王。

奥西里斯和伊西斯的儿子荷鲁斯继承了王位，但是在与赛特的搏斗中失去了左眼。在智慧之神的帮助下，荷鲁斯夺回了自己的眼睛，取得了胜利。

关于这则神话，埃及有如下页图中一般的图形。若将图中眼睛整体看为 1，那么各部分的分数（分子为 1 的分数）如图所示。可是，这些部分相加却不等于 1。为什么呢？因为缺失了 $\frac{1}{64}$。

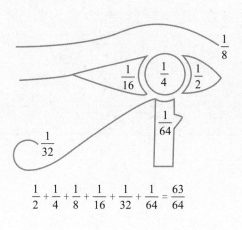

$$\frac{1}{2} + \frac{1}{4} + \frac{1}{8} + \frac{1}{16} + \frac{1}{32} + \frac{1}{64} = \frac{63}{64}$$

所以，埃及人将单位分数称为"荷鲁斯之眼"。

9

无理数的诞生

我们在拓展数字领域的同时，也进行着复杂的计算，接触到很多有难度的问题。通过这些问题，我们可以得到更多的知识。

"毕达哥拉斯定理"即直角三角形的高 a，底边 b 和斜长 c 一定符合 $a^2+b^2=c^2$。

在毕达哥拉斯发现这个规律前 1200 年，美索不达米亚人就已经知道了这个规律。用这个规律，可以精确地求出正方形对角线的长度，非常简便。古代中国在这个规律上已经有理论研究，并有记载（《九章算术》，B.C.2 世纪左右）。

但是，美索不达米亚人和中国人并没有想过，用测量正方形的尺子是否能够准确测量出对角线的长度。而毕达哥拉斯对这个看似无用的问题却进行了深刻的研究，证明其不可行。

假设有一个正方形边长为 1，连接相对两点形成对角线，设对角线长度为 x。那么根据毕达哥拉斯定理得出下列等式。

$$x^2 = 1^2 + 1^2, \text{ 即 } x^2 = 2$$

这个等式表明，边长为 1 的正方形对角线长度 x 的平方为 2。

现在可以知道，平方为 2 的数是 $\sqrt{2}$。当时毕达哥拉斯也发现，这个数字不能用有理数体现出来。这个发现让毕达哥拉斯自己也受到了震惊，他甚至考虑是否应该将这个发现公开出去。是什么让他犹豫了呢？让我们来寻找一下原因。

❶ 当时还没有可以表示 $\sqrt{2}$ 这个数字的符号。

❷ 当时还不懂用小数（无限小数）表示近似值的方法。

❸ $\sqrt{2}$ 在实用方面看，似乎没有多大用处。

❹ 当时人们认为只有整数（自然数）才是真正的数字。

可以测量正方形边长的尺子无法测量此正方形的对角线，这个发现不但震惊了毕达哥拉斯，还让他开始考虑到自己一直坚持的基本原理是否真正牢靠，他的学派是否会因此而受到冲击。虽然这是一件看似很大的事情，但是在当时看来，这个发现似乎并没有多少实用空间。

其实，当时"无法表述的数字"的发现和证明在数学方面还是有着重要的意义。毕达哥拉斯学派因此而站在了风口浪尖，受到了巨大的考验。这个发现推翻了当时的纯数数学的研究方向，在数学界打响了一声惊雷。19 世纪，无理数理论成为定理，这当中少不了当年这个重大发现的功劳。

我们现在了解，边长为 1 的正方形的对角线是 $\sqrt{2}$。所以很多人同情那些不懂无理数（无限不循环小数）的希腊人。但是殊不知，希腊人对那些不能用整数比表示的"无理比"却了如指掌。希腊人之所以不认为 $\sqrt{2}$ 是一个数字，并不是因为他们无知，而是因为整数（自然数）的观念已经根深蒂固。他们对数字是如此执著，即使是分数也不允许排列在真正数字的行列里，只能用整

TIP | 正方形的对角线不能用整数比的形式表现出来

设正方形 A、B、C、D 的对角线 AC 和 AB 可以用同一刻度的尺子测量。那么，首先若它们的长度有公约数，先除以最大公约数使它们互质。最后剩下 a、b 两个长度值，于是，

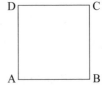

$$\overline{AC}^2 : \overline{AB}^2 = a^2 : b^2 \ (a > b)$$

成立。同时，

$$\overline{AC}^2 = \overline{AB}^2 + \overline{BC}^2, \ \overline{BC} = \overline{AB} \ \text{所以} \ \overline{AC}^2 = 2\overline{AB}^2$$

因此，$a^2 = 2b^2 \cdots \cdots$ ❶

可以看出上面 ❶ 中 a^2 是双数，那么 a 也是双数，a 和 b 互质，所以 b 是单数。因为 a 是双数，所以设 $a = 2c$，那么 ❶ 可以表示为 $4c^2 = 2b^2$，$b^2 = 2c^2$，所以 b 也是双数。

可是，这与 b 是单数矛盾，所以，

$\overline{AC}$ 和 $\overline{AB}$ 可以用同一刻度的尺子测量的假设不成立。

即不存在可以同时测量这两个长度的刻度尺。

这说明，正方形中（对角线的长）：（边长）$= a : b$ 的互质自然数 a、b 不存在。

数比的概念体现。所以，他们不能满足于用"对角线那个数字"这类的含糊词语来表述一个数字。

后来希腊人重点研究几何学，这与他们"理论上的洁癖"有很大的关系。数（整数）的领域若没有方程式 $x^2=2$ 的解，那么在数的比（有理数）的领域也没有解，但是在几何学上却可以求得答案。一个单位正方形（边长为 1 的正方形）的对角线就是这个方程式的解。所以，若在数的领域无法求得开方式，那么就应该将这个问题转移到图形的领域里面去进行计算了。

数字可以用图形来表示，我们称之为"几何学代数"。"几何学代数"不单单可以表示无理数，还是一个精密的学科。所以，希腊人在感受到了数（有理数）的界限后，开始用几何学代替代数学，试图通过眼睛可以看到的图形来将数学中的理论具体化。

$\sqrt{2}$的历史

4000年前计算$\sqrt{2}$近似值的美索不达米亚人

下图中左边的图是在美索不达米亚发现的黏土版，上面刻有 3 个数字。

$a=30$（左上）

$b=1$；24，51，10（中间上方）

$c=42$；25，35（中间下方）

美索不达米亚使用六十进制法，那么，

$$b=1；24，51，10=1+24/60+51/60^2+10/60^3$$

$$c=42；25，35=42+25/60+35/60^2$$

所以，

$$ab=30+720/60+1530/60^2+300/60^3=42+25/60+35/60^2=c$$

这样，我们就可以看懂黏土版上 a、b、c 三个数字的关系了。

这里的 b 代表长度为 1 的正方形的对角线，长为 $\sqrt{2}$。那么，小数点后面出现了多少位呢？答案是 5 位。

$$b=1+0.4+0.01\dot{4}16+0.0000\dot{4}629$$

$$=1.41421296296\cdots\approx\sqrt{2}$$

可见，公元前 2000 年前，人们就已经可以计算 $\sqrt{2}$ 值的小数点后 5 位数了，真是令人震惊。

我们来看一种求$\sqrt{2}$近似值的简单方法。下图中正方形 ABCD 边长为 12，以对角线 AC 为边画一个正方形 ACEF，ACEF 的面积为 ABCD 的 2 倍。即

$$\overline{AC}^2 = 2 \times \overline{AB}^2$$
$$= 2 \times 12^2 = 288$$
$$\approx 289 = 17^2$$

所以，

$$\overline{AC} \approx 17$$

但是，

$$2 = \frac{\overline{AC}^2}{\overline{AB}^2}$$

$$\therefore \sqrt{2} = \frac{\overline{AC}}{\overline{AB}}$$

$$\approx \frac{17}{12} = 1.4166\cdots\cdots$$

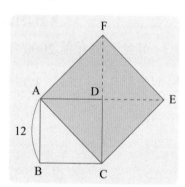

上述结果精确到小数点后 2 位。

上面的计算中，$\overline{AC}^2$ 的数值 17^2（289）是近似值，

实际值更加小一些，所以可以得知，

$$(17-x)^2=2 \times 12^2$$

这时，$\sqrt{2}$的近似值可以精确到多少呢？

$$(17-x)^2=2 \times 12^2$$

$$289-34x+x^2=288$$

因为 x 是很小的数字，所以忽略 x^2，

$$289-34x \approx 288$$

$$x \approx \frac{1}{34}$$

也就是，

$$(17-\frac{1}{34})^2 \approx 2 \times 12^2$$

所以，

$$\sqrt{2} \approx \frac{1}{12} \times (17 \times 34-1)/34 = \frac{577}{408}$$
$$=1.4142156\cdots$$

上述结果精确到小数点后 5 位，若想求更加精确的结果，可以继续计算。

$$(577-y)^2=2 \times 408^2$$

那么，

$$\sqrt{2} \approx \frac{1}{408} \times \frac{(577 \times 1154-1)}{1154}$$
$$=\frac{665857}{470832}=1.4142135\cdots\cdots$$

上述结果精确到小数点后 6 位数字。

无理数和繁分数
用分数表示无限小数

将分数 $\dfrac{5}{17}$ 用小数表示出来是 0.294117647……那么反过来，用什么方法可以将这个小数用分数表示出来呢？答案是，可以使用"欧几里得的互除法"。

这个小数可以引出等式

$$\frac{1}{0.2941176470}=3+\frac{0.117647059}{0.294117647}\quad\text{……}❶$$

以此类推，写出真分数的倒数，将整数分离出来。

$$\frac{0.294117647}{0.117647059}=2+\frac{0.058823529}{0.117647059}\quad\text{……}❷$$

$$\frac{0.117647059}{0.058823529}=2+\frac{0.000000001}{0.058823529}\quad\text{……}❸$$

❸等式中出现了非常小的数字 0.000000001，这个数字与最初的 0.294117647……相差甚远，可以忽略不计。因此，无限小数 $N=$（0.294117647……）可以用下列分数表示出来。

$$N = \cfrac{1}{3 + \cfrac{1}{2 + \cfrac{1}{2}}}$$

实际运算时，前面的❶、❷、❸可以表示为：

$$\frac{1}{N} = 3 + \frac{1-3N}{N} \qquad \cdots\cdots ❶'$$

$$\frac{N}{N'} = 2 + \frac{N-2N'}{N'} \qquad \cdots\cdots ❷'$$

$$(N' = 1-3N)$$

$$\frac{N'}{N''} = 2 + 0 \qquad\qquad \cdots\cdots ❸'$$

$$(N'' = N-2N')$$

因此

$$N = \cfrac{1}{3 + \cfrac{1}{2 + \cfrac{1}{2}}}$$

这种"繁分数"大家都不陌生，推算繁分数的过程华丽得令人瞩目，就是不断变换分母求出近似值的过程。上述例子中，这个过程经过 3 个阶段：

$$\frac{1}{3}, \quad \cfrac{1}{3 + \cfrac{1}{2}} = \frac{2}{7}, \quad \cfrac{1}{3 + \cfrac{1}{2 + \cfrac{1}{2}}} = \frac{5}{17}$$

但有时也要经过更多的变换步骤。当我们要推算的小数是一个无理数，即不是分数的时候，这个过程永远不会结束。但是，不论是什么条件，用这种方法都会清楚地将小数表示出来。

用分数（繁分数）表示无理数

$\sqrt{2}$转换成小数，可以得出 1.41421356……这样一个无规律无限不循环小数。我们用上面的方法将整数部分和小数部分分离，

$$1-2 \times 0.414213562=0.171572876$$

$$0.414213562-2 \times 0.171572876=0.071067810$$

$$0.171572876-2 \times 0.071067810=0.029437256$$

$$0.071067810-2 \times 0.029437256=0.012193298$$

$$……$$

所以，

$$\sqrt{2}=1+\cfrac{1}{2+\cfrac{1}{2+\cfrac{1}{2+\cfrac{1}{2+\cdots}}}}$$

上面繁分数中 2 无限进行循环并不偶然。若将这个式子右边的 1 移动到左边，那么 $\sqrt{2}-1$ 的值就等于

$$\frac{1}{2}, \frac{2}{5}, \frac{5}{12}, \frac{12}{29}, \frac{29}{70}, \frac{70}{169}, \frac{169}{408}, \frac{408}{985}, \frac{985}{2378}……$$

这个分数的值会越来越接近 $\sqrt{2}$。

比如，$\dfrac{408}{985}$ 的小数近似值为 0.41421319……小数点后第 7 位比 $\sqrt{2}$ 小 4，也就是说，只小 4/10000000。

下一个 $\dfrac{985}{2378}$ 的小数近似值为 0.414213624……小数点后第 8 位比 $\sqrt{2}$ 小 6。

用同样的方法将 $\sqrt{3}$ 展开成繁分数，会得到如下面第二个繁分数，分母中 1，2，1，2……轮换出现。这种繁分数的表示方法不但比小数漂亮，还更容易记忆。

$$\sqrt{2}=1+\cfrac{1}{2+\cfrac{1}{2+\cfrac{1}{2+\cfrac{1}{2+\cfrac{1}{2+\cdots}}}}}$$

$$\sqrt{2}=1+\cfrac{1}{2}+\cfrac{1}{2}+\cfrac{1}{2}+\cdots$$

$$=[1{:}2\ 2\ \cdots]$$

$$=[1{:}\dot{2}]\ (2\text{ 上面的点代表 2 循环下去。})$$

$$\sqrt{3}=1+\cfrac{1}{1+\cfrac{1}{2+\cfrac{1}{1+\cfrac{1}{2+\cfrac{1}{1+\cfrac{1}{2+\cdots}}}}}}$$

$$\sqrt{3}=1+\cfrac{1}{1}+\cfrac{1}{2}+\cfrac{1}{1}+\cdots$$

$$=[1{:}1\ 2\ 1\ 2\ \cdots]$$

$$=[1{:}\dot{1}\ \dot{2}]\ (\text{“12” 上面的点代表“12”循环下去。})$$

上面式子中"："前面的数字代表 $\sqrt{2}$、$\sqrt{3}$ 的整数部分，[ ] 被称为"高斯记号"（高斯最先使用，因此以高斯的名字命名）；[a] 代表不超过 a 的最大整数（a 为正数时）。比如，2.5 的整数部分是 2，所以 [2.5] 就是 2。

前面我们用繁分数展开表示小数，现在让我们用 [ ] 进行思考。要将 a 展开成为繁分数，首先要将 a 的整数部分 [a] 和小数部分 d_1 分离，用 [a] 和 d_1 的形式表示。因为 d_1 小于 1，所以可以将 $1/d_1$ 的整数部分 $[1/d_1]$ 和小数部分 $1/d_2$ 分离开，以此类推。这样，繁分数展开的过程，就如下面表示的分离整数部分的过程。

$$a=[a]+d_1 \quad \cdots\cdots❶$$
$$1/d_1=[1/d_1]+d_2 \quad \cdots\cdots❷$$
$$1/d_2=[1/d_2]+d_3 \quad \cdots\cdots❸$$
$$1/d_3=[1/d_3]+d_4 \quad \cdots\cdots❹$$
$$\cdots\cdots$$

将 $\sqrt{2}$ 和 $\sqrt{3}$ 代入上面式子。

$$\sqrt{2}=1+(\sqrt{2}-1) \quad \cdots\cdots❶$$

$$\frac{1}{(\sqrt{2}-1)}=2+(\sqrt{2}-1) \quad \cdots\cdots❷$$

$$\frac{1}{(\sqrt{2}-1)}=2+(\sqrt{2}-1) \quad \cdots\cdots❸$$

$$\cdots\cdots$$

$$\sqrt{3}=1+(\sqrt{3}-1) \quad \cdots\cdots❶$$

$$\frac{1}{(\sqrt{3}-1)}=1+\frac{(\sqrt{3}-1)}{2} \quad \cdots\cdots❷$$

$$\frac{2}{(\sqrt{3}-1)}=2+(\sqrt{3}-1) \quad \cdots\cdots❸$$

$$\cdots\cdots$$

那么，展开繁分数时，有理数和无理数有什么差别呢？

我们已经知道，有理数可以用"有限繁分数"的形式展开。无理数展开后会变成"无限循环繁分数"。目前，我们还没有找到方法将 2 的立方根用繁分数展开。

数学家阿贝尔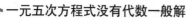

一元五次方程式没有代数一般解

27 岁就英年早逝的挪威天才阿贝尔（H. Abel, 1802 ~ 1829）专攻数学的时候，在高等数学方面显示出了数学天分。

中学时，阿贝尔学习并不突出，但是很擅长数学。很多孩子一般的功课都很好，但是数学稍有些吃力，但是阿贝尔刚好相反，他中学时就自学了高等数学。

19 岁时，阿贝尔的父亲去世了。原本就困难的家庭在失去父亲后生活更加穷困，母亲独自抚养 7 个孩子，日子非常艰难。

但是阿贝尔并没有放弃学业，还进入大学学习。在寒冷的冬天，阿贝尔和哥哥蜷缩在一张毛毯中颤抖过夜，生活非常贫困。

在这样艰苦的条件下，阿贝尔对生活仍然充满希望。他热情对待每一个朋友，在与朋友们谈起自己贫困

生活的时候，也带着乐观的情绪。喜欢开玩笑的阿贝尔曾经在中学时给自己的老师写过一封信，在信的结尾处用

$$\sqrt[3]{6064321219} \ 年$$

表示了当时的时间。

这位收到信的老师就是霍姆彪。霍姆彪是唤起阿贝尔对数学的热情的启蒙老师，曾经在阿贝尔的数学学习中给予悉心指导。

6064321219 开立方后得到 1823.5908275……

所以指的应该是 1823 年，剩下的小数以一年为单位可以转换成

$$365 \times 0.5908275\cdots\cdots = 215.652\cdots\cdots 天$$

如果从 1 月 1 日开始计算，那么 216 天就应该是 8 月 4 日。也就是说，阿贝尔在 1823 年 8 月 4 日写下了上面的开 3 次方数字。

数学家阿贝尔少时，除了上面这件趣事显示了其数学天分外，还有关于一元五次方程式没有代数一般解的证明一例。

大家在中学时一定学习过一元二次方程式。一元二次方程式 $ax^2 + bx + c = 0$ 的解为：

$$\frac{-b \pm \sqrt{b^2 - 4ac}}{2a}$$

三次方程式和四次方程式用加减乘除和开方的一般方法也可以求出解来。

所以，大概很多人就会埋所当然地认为五次方程式也可以用一般方法解出来。

少年时期的阿贝尔也曾经这样认为。他曾试图解决五次方程问题，不久便认为得到了答案。他将这个"答案"寄给了哥本哈根的数学研究院，数学研究院将这封信退回，并回信给予忠告说：

"不要将你的才能浪费在虚无的地方。数学的海洋广阔无穷，将你的知识用在研究值得去研究的地方吧。"

后来，阿贝尔吸取了这次教训，终于证明出一元五次方程式不存在一般代数解。后来，他开辟了更深远的数学空间。

"所有图形中，最美丽的就是圆形和球形。"

距今二千多年前，希腊学者们如是说。

"圆形和球形无论从哪个方向看都是同一个模样，这个世界上只有这两个图形是这样完美。"

希腊的大学者亚里士多德曾经感叹："圆形和球形，没有什么比这两个形态更加神圣了。所以，神将太阳和月亮，所有的星星以及宇宙全体都制造成球体，并且让地球以圆形轨道围绕太阳旋转，月亮以圆形轨道围绕地球旋转。"

古希腊的学者们在感叹圆形和球形美丽的同时，将这美丽归功于造物主。他们无法理解的是，这些美丽的圆形和球形，周长和面积竟然无法用美丽又简单的数字表示出来。

在很久以前，基督教的《圣经》中就曾提到圆形的周长大约是圆形直径的 3 倍。这是从伐木过程中根据树的直径和周长得来的生活经验，也是必需的经验。因为树的横截面大部分时候不是标准的圆形，所以横截面周长大概是横截面直径的 3 倍这个知识足以够用。

　　但是，喜欢探寻真正结果的希腊学者们不满足于这样的数值，他们根据下面的图形得知，圆形的周长大于圆形直径的 3 倍。下图中，以圆形的半径为边画了 6 个正三角形。若圆形直径为 1，那么半径为 0.5，所以 6 个正三角形组成的正六边形的周长就等于直径的 3 倍。但是一段圆形的弧长明显大于六边形的一边。

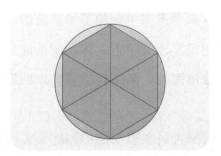

　　既然我们得知了圆形的周长大于直径的 3 倍，那么具体倍数是多少呢？4 倍？当然不是。那是一个比 3 大、比 4 小的数字。看来，外表看来完美的圆形也存在着复杂的一面。

求圆形周长的问题不简单，而求圆形面积的过程更加复杂。关于圆形面积，在比古希腊更早的时候就已经受到了人们的关注。公元前 2000 年左右，埃及的数学书上记录了关于圆形面积的求法记录。

"将圆形直径减去 $\frac{1}{9}$，剩下的 $\frac{8}{9}$ 的平方就是圆形面积。"

用数学式表现如下：

$$圆形面积 = (\frac{8}{9} \times 直径)^2 = \frac{64}{81} \times (直径)^2$$

因为（直径）^{2}=（2×半径）^{2}=4×（半径）^{2}，所以上面数学式可以表示为：

$$\frac{64}{81} \times 4 \times (半径)^2$$

所以，可以得出圆周率：

$$\frac{64}{81} \times 4 = (\frac{9}{16})^2 = 3.16049\cdots\cdots$$

距今 4000 年以前的古埃及人是怎样想到这个公式的呢？答案大概是通过右边这个图形得来的。图形中有一个圆形和正方形相互重叠，圆形露在外面的部分与正方形露在外面的

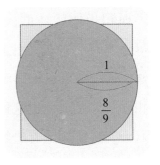

四个角的面积刚好几乎相同的时候，正方形的边长刚好是圆形直径的 $\frac{8}{9}$。

那么圆形的面积与边长是圆形直径的$\frac{8}{9}$的正方形面积真的完全相同吗？不是的。希腊学者们深知这一点，所以他们开始探求一种可以精确计算圆形面积的方法。

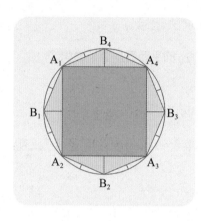

公元前400年左右，希腊数学家安蒂丰通过左边的图形研究出一种计算圆形面积的方法。首先在圆形中画1个正方形，计算出正方形面积，然后计算出图形中正方形外面的4个等腰三角形的面积，4个等腰三角形和正方形面积相加就是正八边形的面积。接下来再画出8个等腰三角形，计算出正十六边形的面积……通过这种方法，可以无限添加等腰三角形面积，直到与圆形的面积相同。但是，通过这种方法计算出的正三十二边形、正六十四边形，随着边数的增多，计算越来越复杂，连安蒂丰自己都无法精确地计算出来了。

公元前3世纪，希腊科学家阿基米德将安蒂丰的算法改良后，使用"穷竭法"计算出了圆形的真正面积，进而成功精确计算出圆周率。计算过程如下。

图如下，首先，画一个圆形外面经过 4 点相切的正方形，这个正方形的面积大于圆形面积，为 $(2r)^2 = 4r^2$。然后在圆形内部画一个四点相接的正方形，这个正方形的面积是 $2r^2$。圆形的面积应该在这两个面积之间。

接下来考虑一下六边形。圆形的外接正六边形的面积比起刚才画的外接正方形面积要小，也就是说，正六边形的面积比起正方形更加接近圆形面积。相反，内接正六边形的面积比起内接正方形面积要大，也更加接近圆形面积。

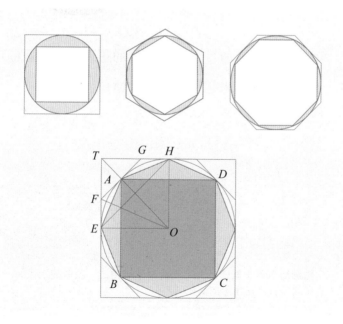

　　用这种方法，通过内接和外接的正多边形边数的增加，可以计算出越来越接近圆形的面积。

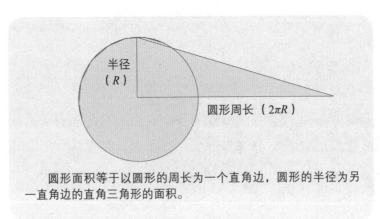

半径
（R）

圆形周长（2πR）

　　圆形面积等于以圆形的周长为一个直角边，圆形的半径为另一直角边的直角三角形的面积。

阿基米德用这种方法计算到了九十六边形，利用近似方法最终求出圆形面积在$3\frac{10}{71}$（=3.140845……）r^2和$3\frac{1}{7}$（=3.142857……）r^2之间，因此，圆周率应该在3.1407和3.1429之间（圆周率约为3.14159）。

公元5世纪的时候，中国的数学家祖冲之（429 ~ 500）计算出了更加精确的圆周率。

东方人计算的圆周率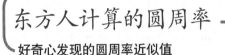
好奇心发现的圆周率近似值

东方人，特别是中国人对圆周率的研究虽然没有欧洲精细，但是研究的活跃时期却比欧洲人要早 1000 年左右，并且有一定的研究成果。

在 B.C. 1000 年的古代中国有一本数学书叫做《周髀算经》，书中写到，当圆形直径为 1 时，圆形的周长为 3，圆周率为 3。后来，"中国的几何原本"——《九章算术》中也提到 $\pi=3$。

此后，中国演算出的 π 的数值分别如下。

- 公元 9 年左右——3.154（刘歆）
- 公元 9 年左右——$\sqrt{10}$（王莽）
- 公元 100 年左右——$\sqrt{10}$（张衡）
- 公元 261 年——3.141（刘徽）
- 公元 370 ~ 447 年——3.1428，$\frac{22}{7}$（何承天）

此后，宋朝孝武帝时的祖冲之将圆周率精确到了下面的数值中。

$$3.1415926 < \pi < 3.1415927$$

祖冲之求出近似值 $\pi = \dfrac{22}{7}$，精确值 $\pi = \dfrac{355}{113} = 3.1415929\cdots\cdots$精确到小数点后 6 位。这个时间比后来的麦图斯（A. Metius，1527~1607）求得的近似值要早上一千年。

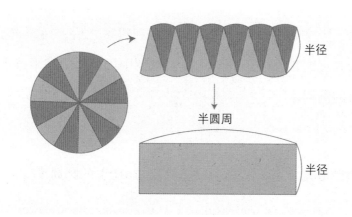

半径

半圆周

半径

《九章算术》中刘徽的注释

南宋杨辉的数学著作《杨辉算法》（1275）在世宗大王时期传到了韩国，对后来朝鲜数学的发展产生了重要的影响。《杨辉算法》中有一段求圆形田地面积的问题，答案为："直径平方乘以 3 除以 4"。

$$圆形的面积 = \frac{3}{4}d^2 \ (d是直径)$$

可以看出，杨辉在很久以前就推出了 $\pi=3$。

天主教在东方传教时，非常注重展示学识，认为这是传教的最佳方法。他们派遣在天文学和数学等方面颇有造诣的传教士到中国传教。这导致了 17~18 世纪的中国接触到了当时欧洲先进的科学知识。

1582 年，初次踏上中国土地的传教士利玛窦绘制了东方首个世界地图，同时将《几何原本》等很多数学、天文学书籍翻译成中文。在利玛窦之后，1624 年，传教士罗雅谷（Jacques Rho）来到中国，将阿基米德求得的圆周率

$$3\frac{10}{71} < \pi < 3\frac{1}{7}$$

和鲁道夫（Van C. Ludolf， 1540~1610）的圆周率

$$3.14159265358979323846 < \pi < 3.14159265358979323847$$

介绍到了中国。

又过了 100 年，1723 年，一本名为《数理精蕴》的御制图书完成，其中详细介绍了圆周率。从圆形内切和外切正六边形和正方形开始，到每增加到 2 倍时

一边的长度的变化，最终得出下面的结果。

内切 6×2^{33} 边形的周长

=3.141592653589793238290067411017750544384

内切 2^{35} 边形的周长

=3.141592653589793238431541553377501511680

外切 6×2^{33} 边形的周长

=3.141592653589793238466027300889141980416

外切 2^{35} 边形的周长

=3.14159265358979323865658930929470668800

（准确的 π 值精确到标 * 的位置，分别为小数点后 18 位、19 位、20 位和 18 位。）

朝鲜时代的贵族政治家，同时也是当时的代表性数学家南秉吉（1820~1869）的《算学正义》（1867）将圆周率计算到 π=3.1415926535，这个数值大概是从《数理精蕴》中斟酌得来的。

世宗 24 年（1442）完成的《七政算》被称为朝鲜的天文学金字塔，书中将 π 精确到了小数点后 5 位，同时也提出了将 π 值粗略定在 3 是不正确的。

π 的值一点一点被求到小数点后 10 位、20 位……已经脱离了实用性，只是追求计算的精确性了。

虽然这样的计算对某些人来说是在打发时间度日，但也是出于对数学的发展的追求。这个追求打开了数学世界的全新纪元，给科学发展带来深远影响。

计算圆周率

数学需要耐心

　　贝多芬将自己的成功归结于 99% 的汗水和 1% 的天分。研究数学，也需要做学问的耐心。所有数学定理的发现都少不了学者们的汗水。

　　比如，如果让你求

265845599156983174465469261595 3842176

这个数字到底是不是完整数，你会怎么办？要经过不仅是一天两天的努力，也许需要你一个月废寝忘食的工作，才能得到结果。

　　英国的大学生科尔文在 1852 年将 2 的平方根算到了小数点后的 111 位，另一位学生詹姆斯斯蒂尔将这个数字平方进行验算，确实令人惊讶。

　　大家都知道，2 的平方根是无理数，无论如何计算，小数点后面的数字都没有尽头。若有尽头，就不是无理数，而是有理数了。

圆周率 π 和 $\sqrt{2}$、$\sqrt{3}$ 同样都是无理数，人们发现了计算圆周率的公式。

1873 年，英国的谢克斯（William Shanks），将圆周率的值计算到了小数点后 707 位（虽然后验证有错误）。目前我们用计算机计算出了圆周率小数点后 10 万亿位了，但这并不是尽头，人们还在用计算机计算着圆周率。这就是人类挑战极限的耐力吧！

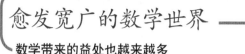

愈发宽广的数学世界

数学带来的益处也越来越多

　　小学生刚刚接触数字的时候从 1、2、3……9 和 0 开始，后来慢慢接触到了小数、分数，数的领域在拓展。这个顺序与人类对数字的研究顺序是一样的。

　　很久很久以前的原始时代，人们只知道 1、2、3、4、5 这样简单的用手指可以计算过来的数字，后来增加到了 1、2、3……

　　1、2、3……这样的自然数相加相乘的结果还是自然数，就算结果再大，也都是自然数，可见自然数的世界有多么丰富多彩。

　　但是自然数的减法计算得到的结果却不一定是自然数。比如，2 减去 3 得到的是负 1，这个数字不在自然数的行列，这时就要引入负数的概念。当自然数之间进行除法计算时，数字扩展到了包含分数的有理数集合了。

加减乘除的计算打开了数字的世界，带来了多种多样的数字。

　　我们在拓展数字领域的同时，也进行着复杂的计算，接触到很多有难度的问题。通过这些问题，我们可以得到更多的知识。

　　数学在迅速发展，从中我们也会得到更多的知识，这是最令人期待和欣喜的事情了。

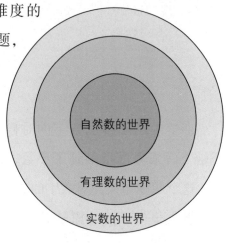

有趣的
数学旅行

［韩］金容国 ［韩］金容云 著

杨竹君 译

逻辑推理的世界

2

九 州 出 版 社
JIUZHOUPRESS

图书在版编目（CIP）数据

有趣的数学旅行. 2，逻辑推理的世界 ／（韩）金容
国，（韩）金容云著；杨竹君译. -- 北京 ：九州出版社，
2014.7（2024.8重印）

ISBN 978-7-5108-3162-1

Ⅰ．①有… Ⅱ．①金… ②金… ③杨… Ⅲ．①逻辑推
理－普及读物 Ⅳ．①O1-49

中国版本图书馆CIP数据核字（2014）第179495号

孔子说过："知之者不如好之者，好之者不如乐之者。"基础教育阶段的数学教学，应当充分注重帮助学生提高学习数学的兴趣，增强学好数学的自信心。国内当前正在推进的基础教育改革十分重视这一点，并采取了一系列措施，其中包括加强数学史和数学文化的教育，以帮助学生了解数学的文化价值，提高学习数学的兴趣。

在这方面，借鉴一些国外的经验也不无裨益。韩国数学教育界历来注重编写一些引导学生从小热爱数学、学好数学，辅助教师加强数学历史文化修养的数学文化读物。《有趣的数学旅行》是其中值得推荐的一套。如其中《有趣的数学旅行3 几何的世界》一书，分"历史上的几何学"和"生活中的几何学"两大部分。"历史上的几何学"介绍相关数学知识的历史发展与数学家的故事，"生活中的几何学"则以贴近学生生活实际的事例，阐述数学在现实生活中的广泛应用。全书图文并茂，文字生动，读之趣味盎然，是一本有助于启迪智慧、开阔视野、提升数学素养的数学文化与历史读物。

希望本书的出版能激励更多由国内学者编写的适合基础教育的数学文化与历史优秀读物问世。

中国科学院数学与系统科学研究院 李文林

2011 年 10 月 16 日

数学是中学里的一门主课，每学期都有。单从能力培养来讲，数学可以培养学生的四种能力：逻辑推理能力、空间想象能力、解决问题的能力和创新能力。有了这四种能力，不管将来做什么工作都能得心应手。

但是，数学给人的印象是枯燥和困难？是这么回事吗？

枯燥？数学真的枯燥吗？其实不是，枯燥不是数学的特征，而是讲授者的弊病。同一堂数学课可以讲得引人入胜，也可以讲得令人生厌，这要看谁来讲了。书也是这样，摆在你面前的这套书就写得生动活泼，智趣盎然。翻开书，你就进入了一座数学知识的宝库。作者不仅注重基本知识，更注重数学思维、数学观念的培养，正如作者所言，"授人以鱼，不如授人以渔"。

困难？诚然，学数学会遇到困难，但是，你鼓起勇气面对困难时，它就后退，并给你智慧。书中作者并没有刻意避讳数学的深奥，数学的不惑，但它能激起你往上爬，征服它的欲望，这就是这本书的魅力所在。

本书既可通读，也可选读。时间充裕的读者，可通读全书，时间有限的读者，可以选取自己有兴趣的部分去读。作者的意图是，致广大而尽精微，是想尽最大的努力将数学的整个面貌展现出来。

目前这类书在市场上比较少，是值得珍视的。

著名数学教育家 北大数学教授 张顺燕

2011 年 10 月 30 日

　　《有趣的数学旅行》以它独特的视角，生动活泼的语言，带领读者在数学世界的海洋中游弋。沿途我们可以领略古代数学的熠熠光彩，亦可看到现代数学的巨大成就。这套书内容丰富，史料翔实。它涵括了古今中外的许许多多重大的数学研究成果，以及数学发展史上的种种传奇事件。这是一套难得的好书！

　　　　　　　　——北京八十中教师 数学特级教师　毛彬湖

　　此丛书在兼顾数学知识的趣味性与严肃性的同时，把现代数学和经典数学中诸多看似古怪实则富有思想和哲理的内容，最大限度大众化，让人切身感受到，数学的严肃与趣味并没有一道泾渭分明的鸿沟，是可以在欢悦轻松的阅读中体会、思考数学的本质。它适合阅读的人群广大，不同的读者可以从中择取不同的乐趣和益处。

　　　　　　　　——北京十一学校教师 数学特级教师　崔君强

　　有趣的数学，等待有好奇心的同学们来探险！无论是一步一个脚印地走完全程，还是兴之所至地走马观花，都能让你在数学方面，有更开阔的视野，更深入的体验，更灵动的想象……

　　　　　　　　——北京四中教师 数学特级教师　谷丹

中韩的教育有某些相似性，如学生分数很高，经常在大赛中拿奖，却缺少提出问题的意识，学习动机和质疑意识明显较差，创造力表现不足。从基础教育层面反思：我们为中学生提供了什么样的教育？在课堂上我们又是怎样引导与训练他们的呢？这套《有趣的数学旅行》做出了可贵的探索……

——北京十一学校教师 数学特级教师 李锦旭

再版序言上说得很好，适合数学专业的人阅读，偏向培养兴趣。作者试图从一些生活化，童趣化的角度介绍数学。虽然书中有些不足之处，但我们依然可以从中领略到数学的真正魅力！

——湖南高考理科状元

自然界究竟由多少种几何图形交错构成？浩瀚宇宙又隐藏多少秘密？翻开这本书，你会发现真实世界里蕴藏着数学与宇宙的神秘关系。

——北大学生

开始一段全新的数学旅行

韩国学生的数学分数很高，经常在国际数学大赛上获奖。但是有国际数学教育专家认为，韩国学生的学习动机和好奇心在世界上不占上风，这是无法用分数计算的。这个问题被提出后受到关注，韩国学生的创造性能力令人堪忧。

关于国家各领域创造能力，经常在诺贝尔奖上有所体现。但是，一直以掀起世界顶尖教育热潮为傲的韩国，却从来没有人摘得过诺贝尔科学奖。而犹太人中，获得诺贝尔医学、生理、物理和化学奖项的共有119人，诺贝尔经济学奖获奖者也超过了20人。这个现象和与创造性有很大关系的深度数学教育息息相关。

中国有一句古话："授人以鱼，不如授之以渔。"有创造性的数学便起到了一个"渔具"的作用。笔者着笔写这本书，也是由衷地希望能有后来人通过阅读本书走上一条正确的数学学习之路。

之前有过很多学生对我说："读过老师的书后，在数学方面大开眼界。"这对我来说是最大的鼓励，也是我最珍惜的。从此，我似乎感觉到身上的责任又重了一些。

本书于1991年初版，作于16年前，虽然这许多年数学的基本方向没有改变，但是数学，尤其是电脑方面的很多新知识如雨后春笋般不断为人所掌握，之前困扰着我们的一些难题也已经被解开了。因此，笔者对原版进行了修改和完善，希望阅读本书后，能有读者成为可以"驾驭渔具，垂钓大鱼"的人才。

金容云
2007 年

登山过程中，越往高处攀爬，氧气越稀薄，登山者很容易患上高山病。同样，日趋复杂的数学体系随着时间的推移，变得愈发抽象。如果是一般人，绝大部分开始接触到现代数学的时候，会像患高山病一样患上一种抽象病。

但是，无论多高的山都会有树木丛生，都会有生命存活并奔跑。即使空气稀薄的悬崖陡峭，还是会有潺潺流水，生机盎然。

之前大家在学校学到的数学，就好像高地的山峰被局部扩大，仅仅是一个夸张了的构造。如果给一个人缓缓呈现陡峭的山崖和高不可攀的山峰，他必然会心生恐惧，掉头而去。这是因为他们没有看到在那山崖之外，存在着的清澈溪水和那生机勃勃的一片景象。

笔者常看到很多学生不明这座"山"的本来面目而受到打击和挫折，不由心生遗憾。

笔者执笔此书的最大动机，是想要尽最大能力将数学的整个面貌展现出来。目前，有太多暂时只是靠将数学公式熟记于心而掌握了数学的学生，他们还无法领略数学文化的博大精深。笔者希望通过本书，帮助学生最大程度理解数学的本来面貌。

并且，本书将站在一个比较高的层次，以俯瞰的角度讲解各个阶段的意义。这样可以向读者展示很多课堂上学习不

到的重要内容和活生生的数学知识。

对于心中没有想法的人，夜空虽然神秘，也只不过是有一些星星在没有秩序地闪耀罢了。其实，每颗星星都有自己的轨道，遵循着自己在世界上起到的作用而前行。而整个宇宙，却是一个神秘的难以完全破解的谜。

数学，就是一个人工的宇宙。它可以与自然界的宇宙媲美，隐藏着无数秘密。这其中的秘密又与真实世界紧密相连，蕴藏着深深的智慧，被广泛应用。

本书既适合数学专业的学生阅读，同时也能给有着深深好奇心的数学爱好者带来乐趣。在这样一个信息化时代，人们越来越需要一个合理的思考方式，本书可以培养读者的数学素养，在这一方面带来帮助。

如若读者能从本书中对数学的真相有进一步的了解，作者也就别无所求了。

金容国　金容云
1991 年

1. 挑战数字极限

生活中，我们被有限的事物包围，但是思想上的数字却是巨大的。思维可以带我们走入数学的秘境，从有限的空间走入无限的世界。

2. 集合与计算

要想达到无限的世界，首先要运用集合这个云梯。无限与集合之间看似没有关联，其实存在着奇妙的关系。人们要用全新的思考方式，迎接飞跃。

3. 现实世界与数字

现实世界比小说更加奇妙。但若说虚构的数字里隐含着现实性，也许你就搞不懂了。虚为实，实为虚，虚虚实实才是自然界的奥妙所在。

4. 逻辑推理是思想的翅膀

无意识的思考会存在逻辑。那么，认真的思考本身就是一种逻辑，以思考为基础的数学与逻辑之间存在着密切的关系。

5. 数学是什么

若要把握事态，首先要掌握事情发生的全过程。同样，纵观数学世界的构建过程，可以发现，数学的意义在于对数学的理解。

6. 数学的构造

为了研究数学构造的本质，我们剖析了证明方法——演绎与归纳的本质。

7. 证明是什么

数学的结论，就是指被论证过的、明确无误的、没有必要再进一步讨论的结论。

8. 数学趣闻

让我们一起去看一些数学趣闻，来了解一下教科书上学不到的数学吧。

1

挑战数字极限

相对而言，印度人对数字就要敏感多了。
印度人对大范围数字有不断探寻的欲望，而希
腊人却只使用小范围的数字。

阿基米德的《沙的计算》

　　我们现在使用的印度·阿拉伯计数法中，利用 0 到 9 这 10 个数字就可以表示出很大的数字。很多人似乎没有意识到这种计数法的优点，但是只要将这种计数法与希腊·罗马计数法、汉字计数法比较起来，就能很快看出这是一个多么伟大的发明。

　　希腊曾经使用一种数字（参考本书第一册），后来这种数字转变成了我们下表中的希腊语数字。

α 阿尔法	▷1	ζ 截塔	▷6	λ 兰布达	▷20
β 贝塔	▷2	η 艾塔	▷7	μ 缪	▷30
γ 伽马	▷3	θ 西塔	▷8	ν 纽	▷40
δ 德尔塔	▷4	ι 艾欧塔	▷9	ξ 克西	▷50
ε 伊普西龙	▷5	κ 卡帕	▷10	……	

这种计数法与之前的计数法相比并没有优点，首先不方便记忆，另外计算起来也很不方便。而最大的问题在于，新生出一个数，就相应需要一个新数字对应。

大科学家阿基米德在这么不利的条件下，努力探求用最少的符号来表示很大数目的方法，终于提出了一个具有重要意义的计数方法，即以"一万"作为一个大单位，在此基础上继续计数。在这之前，希腊语中的最大记数单位是1万，用M来表示。

阿基米德将1万的1万倍（$10000 \times 10000 = 100000000 = 10^8$），即从1到1亿之间的数字称为"Octad数字"。"Octad数字"的平方表示从1亿到1亿的1亿倍（$10^8 \times 10^8 = 10^{16}$），也就是$10^{16}$之间的数。通过这种方法，他可以表示出$10^{800000000}$。

他将从1到$10^{800000000}$的数字称为"period数字"，那么$10^{800000000}$的平方（$=10^8 \times 10^{800000000}$）、$10^{800000000}$的3次方（$=10^{16} \times 10^{800000000}$）等数字也就可以表示出来了。

按照这样的顺序，地球上所有沙子的数量可以用period数字的7次方，也就是10^{51}来表示。

人造卫星的时速是7.9km/s，光速是3×10^8km/s；

地球的质量是 6.4×10^{24} kg；人类的平均寿命是 75 年，也就是 3.27×10^9 秒。从这些数字来看，10^{51} 真的是非常巨大的一个数字。但是不可否认，这仍然是一个有限的数字。

以上阿基米德的《沙的计算》给了我们几点重要启示。

首先，通过这样的计算，阿基米德将数字范围大规模扩大。希腊人很惧怕巨大的数字，或者也许只是不喜欢，他们满足于很小的数字范围，最大的数字也不超过 1 万。相反，印度人对数字就要敏感多了。印度人对大数字有不断探寻的欲望，而希腊人却只使用小范围的数字。阿基米德则完全摒弃了希腊人对待数字的这种态度。

其次，从沙的计算中，我们了解到"数是有限的"这个概念。

现在，让我们一起去了解一下"哥伦布的鸡蛋"的故事。

哥伦布发现了美洲新大陆返回祖国后，在一场庆祝派对上遇到了几个喜欢找麻烦的熟人，他们用嘲讽的语气说："不就是那么点儿小事吗？地球是圆形的，就算你一直往西边走，也能到达美国大陆……"

　　哥伦布问现场有谁能将鸡蛋竖着立在桌子上，没有一个人可以做到。这时哥伦布拿起了鸡蛋，轻轻往桌子上一敲，鸡蛋就稳稳地立了起来。哥伦布对那些人说："这么做谁都可以啊！可是你们为什么做不到呢？"

神啊，我要证明这些沙子的个数是有限的。

这就是大家都知道的哥伦布名言。

如同哥伦布向别人证明一样，阿基米德对沙的计算，向人们证明了世界上沙子的数量是有限的。首先他明确了"有限"这个概念，然后他确信沙子的数量虽然多，但是仍然是有限的。否则，他会有去数那么巨大的数字的念头吗？哥伦布相信地球是圆形的，所以历尽千辛之后发现了美洲大陆。同样，阿基米德也相信数字是有限的，所以才会去制造巨大的数字。

寻找"数字巨人"

生活中的巨大数字

你是否知道，我们生活的环境中，甚至我们人类自己的身体内都存在着巨大的数字。我们头顶的天空，脚下的沙粒，周围的空气，身体里的血液中也都含有巨大的数字。

星星的数量，星星到我们这里的距离，星星和星星之间的距离，星球的大小，星球存在的时间……都要用巨大的数字来表示。

阿基米德计算出了世界上沙子的数量。其实，我们呼吸着的空气中就存在着巨大的数字。$1m^3$ 的空气中含有 27000000000000000000 多个"分子"。

数字巨大得让人难以想象。如果地球上生活着这么多人的话，人类连生存的空间都没有了。

地球的表面积如果算上陆地和海洋，一共有 5 亿 km^2，也就是 $500000000000000m^2$。

用 2700000000000000000 除以这个数字，得 54000。也就是说，如果世界上存在着和 $1m^3$ 的分子数量同样多的人，那么地球上 $1m^2$ 就要生存 5 万多个人。

在显微镜下可以看到，一滴血里含有无数个名为红血球的极小颗粒。$1mm^3$ 的血液中含有 500 万个红血球。那么我们身体里一共有多少红血球呢？

人类身体中，平均每千克体重中有 $\frac{1}{14}\, l$ 是红血球的重量。一个体重 40kg 的人，身体中大约含有 $3l$，即 $3000000mm^3$ 的血液。$1mm^3$ 的血液中含有 500 万个红血球，所以这个人身体中大概有 15 兆红血球。

红血球的数量是巨大的，一个红血球的直径大约有 0.007mm，所以，若将一个人体内的红血球排成一条直线，长度能达到 105000km。也就是说，一个体重 40kg 的人体内红血球能够排出约 100000km 的长度。

N次方数字
与佛教有关的数字

　　一个数字的 N 次方可以得出很大的数字。这里有一个相关的有趣故事。

　　从前，有一个年轻的富人想要盖房子，请了个短工。说到报酬时，短工提议说："第一天只要给我 1 碗米就可以了。第二天 2 碗，第三天给我第二天的 2 倍，以后每天给我的米都是前一天的 2 倍就可以了。"

　　吝啬的富人听到这个提议后觉得很值，当场同意并与短工约定下来。但是，几天后富人就发现米的数量大得惊人，他不得不向短工求饶了。

　　还有一个故事。西方很久以前出版的一本数学书上有这样一个问题："7 个阿姨去赶集，7 个牛儿各自牵，牛儿身上各 7 篮，每个篮子 7 个梨，梨儿里有 7 个种子，问有多少种子？"

　　所有种子的个数是 $7^5=16,807$。中国也有过这样的问题，如《孙子算经》中曾经有一个求 9^8=43,046,721 的题。

下面表格中数字的名称随着中国的数学书传到了韩国，其中的"恒河沙"代表着印度恒河里沙子的数量。

十 ▷ 10	兆 ▷ 10^{12}	沟 ▷ 10^{32}	恒河沙 ▷ 10^{52}
百 ▷ 10^2	京 ▷ 10^{16}	涧 ▷ 10^{36}	阿僧祇 ▷ 10^{56}
千 ▷ 10^3	垓 ▷ 10^{20}	正 ▷ 10^{40}	那由他 ▷ 10^{60}
万 ▷ 10^4	秭 ▷ 10^{24}	载 ▷ 10^{44}	不可思议 ▷ 10^{64}
亿 ▷ 10^8	穰 ▷ 10^{28}	极 ▷ 10^{48}	无量大数 ▷ 10^{68}

目前我们生活中的数字涉及到兆，比兆再多位数的数字我们基本上使用不上。那么在商业发展情况并不是很好的过去，为什么要使用这么大的数字呢？有一种说法认为，这种命数法受到了佛教思想的影响。事实上，佛经里确实谈及到了很大的数字，这些巨大的数字旨在用于说明比起偌大的宇宙，人类是非常渺小的。无论你接触到了多大的数字，这个世界还会有更大的数字。

同时，极小的数字也受到了佛教的影响。其中尘、埃，合起来意为尘埃，原本是印度用来表示非常小的数量的词语。更有趣的是，代表短暂时间的"刹那"一词用来表示数字 10^{-18}，也源于印度对极短时间数量的描述。

分 ▷ 10^{-1}		沙 ▷ 10^{-8}		须臾 ▷ 10^{-15}	
厘 ▷ 10^{-2}		尘 ▷ 10^{-9}		瞬息 ▷ 10^{-16}	
毛 ▷ 10^{-3}		埃 ▷ 10^{-10}		弹指 ▷ 10^{-17}	
糸 ▷ 10^{-4}		渺 ▷ 10^{-11}		刹那 ▷ 10^{-18}	
忽 ▷ 10^{-5}		漠 ▷ 10^{-12}		六德 ▷ 10^{-19}	
微 ▷ 10^{-6}		模糊 ▷ 10^{-13}		虚空 ▷ 10^{-20}	
纤 ▷ 10^{-7}		逡巡 ▷ 10^{-14}		清净 ▷ 10^{-21}	

　　印度人头脑中存在着无法想象的巨大数字和极其微小的数字。

　　在没有计算机的过去，人们对巨大的数字存在崇拜感，他们享受着巨大数字带来的惊奇以及接触之后的快乐。

数学无法诠释的自然界

一枝罂粟大约有 3000 多颗种子，如果周围有足够广阔的天地，这些种子落地生根，第二年发芽开花后，你就会看到 3000 多枝罂粟花了。

3000 多枝罂粟花每个有 3000 多颗种子，如果所有的种子都可以存活，那么第三年将会有至少

$$3000 \times 3000 = 9000000 \text{（枝）}$$

罂粟花。第四年将会有

$$9000000 \times 3000 = 27000000000 \text{（枝）}$$

罂粟花，第六年将会有

$$91000000000000 \times 3000 = 243000000000000000 \text{（枝）}$$

罂粟花

......

那么，对于罂粟花来说，地球的土地就略显贫瘠了。因为地球陆地面积是 135000000km^2，也就是

$135000000000000\text{m}^2$。这是完全存活下来的罂粟花生长到第六年的数量的$\dfrac{1}{2000}$。

其他种子数量不那么多的花儿也一样，当然也许不会像罂粟一样 6 年就覆盖整个世界。

假设每年蒲公英的种子增加 100 倍，如果所有种子全部存活，那么到第 9 年的时候，蒲公英的生长面积将达到地球陆地面积的 70 倍。也就是说，每平方米土地上将会生长 70 枝蒲公英。

第 1 年 ⋯⋯⋯⋯⋯⋯⋯⋯⋯⋯⋯⋯⋯⋯⋯⋯⋯	1 枝
第 2 年 ⋯⋯⋯⋯⋯⋯⋯⋯⋯⋯⋯⋯⋯⋯⋯⋯	100 枝
第 3 年 ⋯⋯⋯⋯⋯⋯⋯⋯⋯⋯⋯⋯⋯⋯⋯	10000 枝
第 4 年 ⋯⋯⋯⋯⋯⋯⋯⋯⋯⋯⋯⋯⋯	1000000 枝
第 5 年 ⋯⋯⋯⋯⋯⋯⋯⋯⋯⋯⋯⋯	100000000 枝
第 6 年 ⋯⋯⋯⋯⋯⋯⋯⋯⋯⋯⋯	10000000000 枝
第 7 年 ⋯⋯⋯⋯⋯⋯⋯⋯⋯	1000000000000 枝
第 8 年 ⋯⋯⋯⋯⋯⋯⋯⋯	100000000000000 枝
第 9 年 ⋯⋯⋯⋯⋯⋯	10000000000000000 枝

为什么植物种子繁殖速度如此之快呢？那是因为这是我们假设了巨大数量的种子完全存活的情况。事实上，现实世界中很多种子没有掉落到合适的土地上，根本无法扎根，也有些植物刚发芽就被践踏或者被动物吃掉了。

不仅仅植物是这样，动物也一样，如果动物不会死亡，那么 20~30 年内，地球上的大草原就会被动物覆盖了。自然界有着保持平衡的调节规律。

格列佛的午餐

斯威夫特的精确计算

　　《格列佛旅行记》中的主角格列佛来到了小人国，那里的人们每天为格列佛准备相当于当地人 1728 人份的食物。食物准备起来非常麻烦，用格列佛自己的话说就是："有 300 个厨师专门准备我的食物。我家周围都是很小很小的房子，厨师们在这些房子里烹饪。吃饭的时候，有 200 名侍从要站到桌子上，指挥另外 100 多名侍从管理食物。有人推盘子，有人给我装有葡萄酒或者其他饮料的桶，还有两个人站在我的肩膀上，将我想要的食物塞到我的嘴里。"

　　格列佛还讲述道："他们为了将我运送到首都，动用了 1500 匹马。"

　　有些人会想，这些小人究竟从哪里弄来这么多食物提供给格列佛呢？服侍一个人吃饭，真的需要这么多侍从吗？格列佛的身高只不过是当地人的 12 倍而已。另外，就算格列佛相对小人国居民来说身材高大，也不需要用 1500 匹马来运送吧。

但是如果仔细计算一下，就会明白书中的数字都是有根据的。

小人国居民的身高是格列佛身高的 $\frac{1}{12}$，所以身体体积应该是格列佛的 $\frac{1}{12 \times 12 \times 12}$，也就是 $\frac{1}{1728}$。所以格列佛的食量也应该是小人国居民食量的 1728 倍。

这样计算下来，需要那么多厨师也就不奇怪了。如果要准备 1728 人份的食物，就算每个人准备 6 人份食物，也需要大概 300 个厨师。这样，100 名侍从的数量也就一点儿也不夸张了。

因为格列佛身体的体积是小人国居民的 1728 倍，非常庞大，所以运送格列佛与运送 1728 名当地居民是一个概念。那么，运送格列佛需要那么多匹马的原因，我们也就能够理解了。

看来，作者斯威夫特是事先已经做好了功课，经过一番精确的计算才创作的。

用2组成的巨大数字

600年前有100万个祖先吗

3个2组成的最大数字是什么？听到这个问题，你可能会想到下面这些数字

$$222,\ 22^2,\ 2^{22},\ 2^{2^2}$$

经过简单的计算我们就可以知道，其中最小的数字是 $2^{2^2}=2^4=16$，然后是 222，接下来就是 $22^2=484$，最大的数是 $2^{22}=4194304$，大约等于 $4×10^6$。

那么，4个2组成的最大数字是什么呢？按顺序有下面这些数字：

$$2^{2^{2^2}},\ 2222,\ 222^2,\ 2^{2^{22}},\ 2^{2^{22}},\ 22^{22},\ 2^{222}$$

他们分别是 3 位数、4 位数、5 位数、14 位数、14 位数、30 位数和 67 位数。

难以想象，用 4 个 2 竟然可以表示如此巨大的数字。

那么，让我们来思考这样一个问题。每个人都有一对父母，上面有爷爷、奶奶、姥姥、姥爷 4 人，曾祖父母 4 人。也就是说，这一代的 1 个人，往上面数 1 代有 2 个人，往上面数第 2 代有 $2 \times 2 = 2^2$ 人，往上数的第 4 代有 $2 \times 2 \times 2 \times 2 = 2^4$ 人。以此类推，那么往上数 n 代就有 $2 \times 2 \times 2 \times \cdots \cdots \times 2 = 2^n$ 人。

假设 30 年一代人，那么 600 年前的第 20 代有 2^{20} 人，也就是有 1048576 个祖先。

可能会有人用这种方法推算，得出 600 年前的人数应该是现在地球上人数的 100 万倍。这种推算方法是错误的。既然大家都清楚这是错误的，那么我们也不必去做古代人口调查了。

总之，虽然 2 是一个很小的数字，但是我们绝对不能忽视它。电脑中的数字 2 具有更令人惊奇的性质。

2

集合与计算

有限的世界中"整体大于部分"是最基本的常识。但是，无限世界中这条常识却是行不通的。

幼儿园小孩儿数数

幼儿数学书上有这样一个问题，一边画了几个小孩儿，一边画了几台自行车，问哪边数量多。正确方法是将小孩儿和自行车一一对应，哪边剩下了，就是哪边数量多。

这种一一对应的方式可以帮助小孩子理解数的多少关系。将自行车和小孩儿对应起来的过程就是一一对应。一一对应对于刚开始学习数数的小孩子来说是非常必要的知识。

一般来说，在谈及无限多的数字的时候，我们说"无限就是无限，无限包括所有"。但是德国数学家康托尔（G.Cantor, 1845~1918）告诉我们，"无限也可以比较大小"。

康托尔的集合论从一一对应中来，他的"无限也有

大小之分"的理论也是从
一一对应中总结出来的。

康托尔设立两个含有
无限元素的集合，将二者
一一对应，设定这两个集
合的浓度（元素的数量）
相同，那么接下来要做的
事情就是一一对应了，就
像将小孩子和自行车对应
起来一样。

康托尔 | 利用一一对应的方法
提出无限集合存在大小关系。

计算无限

让我们再来看看康托尔的定义"若两个集合可以
一一对应，那么两个集合的浓度（元素数量）相同"。
定义中无论元素个数是有限的（有限集合）还是无限的
（无限集合）与定义本身是没有关系的。

但是，仔细推敲后我们发现，无限集合中总有我
们无法触及到的元素，而有限的世界中"整体大于部
分"是最基本的常识。在无限世界中这一常识却是行
不通的。

有一个拥有无限财产的富翁，临终前将财产平分给

3个儿子，每个人应该得到多少？每个儿子都会和父亲一样拥有无限多的财产。更加令人惊奇的是，父亲的财产仍然原封不动地被保留。

当两个集合浓度相同时，也就是说两个集合之间一对一关系成立时，我们称两个集合相"对应"。

用这个概念，我们无法将一个有限集合和它的真子集（除自身外的集合）对应起来，但是无限集合却一定

有可以与自身对应的真子集。前面的故事中，富翁无限财产分配的故事就是一个例子。因此无限集合也被定义为"可以与自身真子集对应的集合"。

比如，有集合 A 和 B。

$$A=\{0,\ 1,\ 2,\ 3,\ 4,\ 5,\ 6,\ 7,\ 8,\ 9\}$$

$$B=\{0,\ 2,\ 4,\ 6,\ 8\}$$

B 是 A 的真子集，无法与 A 一一对应。可以推出 A 的真子集无法与 A 集合本身一一对应。

自然数集合（无限集合）N 和双数集合（无限集合）E 相比，E 是 N 的真子集，但是 N 与 E 一一对应关系成立。

$$N=\{1,\ 2,\ 3,\ 4,\ \cdots,\ n,\ \cdots\}$$
$$\Downarrow\ \Downarrow\ \Downarrow\ \Downarrow\quad\ \Downarrow$$
$$E=\{2,\ 4,\ 6,\ 8,\ \cdots,\ 2n,\ \cdots\}$$

也许会有人说，如果上面两个集合对应方式改变，用 N 集合中的 2，4，6，8……对应 E 集合中的 2，4，6，8……那么就会出现不同的答案了。但是不要忘了，前面两个集合对应的条件是"一对一关系成立"，并不是说无论何时都可以成立，而是用某种对应方法时成立。也就是说，如果用尽方法也不能使两个集合一一对应，那么"两个集合不能对应"，或者说"浓度不同"。

单数集合 O 也是 N 的真子集，可以与 N 相对应。对应方法如下：

$$N=\{1,\ 2,\ 3,\ 4,\ \cdots,\ n,\ \cdots\}$$

$$O=\{1,\ 3,\ 5,\ 7,\ \cdots,\ 2n-1,\ \cdots\}$$

与自然数相对应的集合

有理数、整数、自然数的"容量"相同

　　问题到这里还没有结束。自然数集合 N 不仅可以和自身子集相对应，它也是别的集合的真子集，并且可以与其相对应。也就是说，那些集合和 N 一样可以用 1、2、3 的方法数出来。

　　首先，看整数集合 I。自然数集合 N 是整数集合 I 的真子集。

$$I=\{\cdots,\ -2,\ -1,\ 0,\ 1,\ 2,\ 3,\ \cdots\}$$

可以与 N 相对。问题是，用什么方法对应呢？答案见下页图。

　　同样，有理数（可以用整数来表示分子和分母的数字）Q 也可以与自然数 N 相对应，集合 N 是集合 Q 的真子集。

　　整数集合、有理数集合等集合拥有可列（可以列

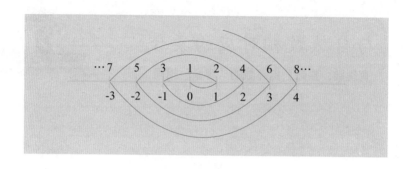

出）浓度。也就是说，有可列浓度的集合无论有多大，
容量都与自然数集合容量相同。

$$\cdots -3 \quad\quad -2 \leftarrow -1 \quad\quad 0 \quad\quad 1 \rightarrow 2 \quad\quad 3 \rightarrow \cdots$$

$$\cdots -\frac{3}{2} \quad -\frac{2}{2} \quad -\frac{1}{2} \quad \frac{0}{2} \rightarrow \frac{1}{2} \quad \frac{2}{2} \quad \frac{3}{2} \cdots$$

$$\cdots -\frac{3}{3} \quad -\frac{2}{3} \quad -\frac{1}{3} \leftarrow \frac{0}{3} \leftarrow \frac{1}{3} \leftarrow \frac{2}{3} \quad \frac{3}{3} \cdots$$

$$\cdots -\frac{3}{4} \quad -\frac{2}{4} \rightarrow -\frac{1}{4} \rightarrow \frac{0}{4} \rightarrow \frac{1}{4} \rightarrow \frac{2}{4} \rightarrow \frac{3}{4} \cdots$$

$$\cdots -\frac{3}{5} \quad -\frac{2}{5} \rightarrow -\frac{1}{5} \rightarrow \frac{0}{5} \rightarrow \frac{1}{5} \rightarrow \frac{2}{5} \rightarrow \frac{3}{5} \cdots$$

$$\cdots\cdots$$

根据上图中箭头的顺序走就是一个完整的有理数集合。遇到 1、$\frac{2}{2}$、$\frac{3}{3}$……时跳过。

浓度一样呢!

比自然数集合大的集合

实数的集合是不可数的

　　无限集合中并不是所有集合都是可列的。有些集合的元素无法排序，最有代表性的就是任意一条线段上的点。

　　很多人可能不相信一条小线段上能有那么多的点。其实，在非常短的线段上的点和非常长的线段上的点的数量是一样的。这是真的吗？

　　　　　　　　A　　　　　B
　　　　　　A′　　　　　　B′
　　X　　　　　　　　　　　　　　　　　Y

　　　线段 AB、A′B′和直线 XY 上的点
　　的数量是一样的!

　　很多人会表示怀疑。现在让我们通过下图来证实一下。

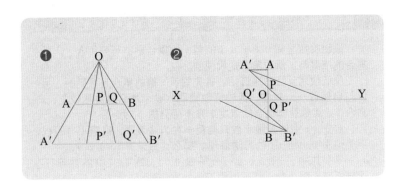

❶上确定点 P、Q，连接 OP、OQ，在延长线 OP、OQ 上分别确定点 P′、Q′，确定一点 Q′，连接 OQ′，OQ′ 与 AB 的交点就是点 Q。

❷中 AB 是线段，XY 是直线。通过 A 画线段 AA′，通过 B 画线段 BB′，分别与直线 XY 平行。O 是 AB 与 XY 的交点。O 点属于 AB 也属于 XY。另外，从图中可以看到，AB 上和 XY 上总有两点可以被同一条直线通过，一一对应起来。

实数集合的元素无法像 1、2、3……一样有序。这是一个杂乱的不可列无限集合。康托尔用"对角线方法"给出了证明。当你看到这个证明时，你就会很快理解它所证明的内容了。

因为证明过程中利用了对角线上的数字，所以也叫做"对角线证明"。

　　证明实数区间 $0 < x \leq 1$ 的解 x 的集合是不可列集合。实数集合的浓度与 x 解的集合是相同的。

　　我们使用反证法来证明。首先假设 x 解的集合是可列的，可以与自然数一一对应，通过证明驳回假设，那么原命题成立，x 集合（＝实数整体集合的浓度）是不可列的。

　　首先，x 中的无限小数只能用一种方法表现，有限小数可以用类似 $1=0.999\cdots\cdots$ 的方法表现。那么，假设有 $x_1=0.\,a_1a_2a_3\cdots\cdots a_n\cdots\cdots$（其中，$a_1$，$a_2$，$a_3\cdots\cdots$ 等是 0，1，2 $\cdots\cdots$ 9 中的数字），同样所有无限小数 x 都可以用下面的方法列出。

$x_1=0.\,a_{11}a_{12}a_{13}\cdots\cdots a_{1n}\cdots\cdots$
$x_2=0.\,a_{21}a_{22}a_{23}\cdots\cdots a_{2n}\cdots\cdots$
$x_3=0.\,a_{31}a_{32}a_{33}\cdots\cdots a_{3n}\cdots\cdots$
　$\cdots\cdots$　$\cdots\cdots$　$\cdots\cdots$　$\cdots\cdots$
$x_n=0.\,a_{n1}a_{n2}a_{n3}\cdots\cdots a_{nn}\cdots\cdots$
　$\cdots\cdots$　$\cdots\cdots$　$\cdots\cdots$　$\cdots\cdots$

　　假设有符合下面条件的无限小数 y。

　　y 的小数第一位数字是 x_1 的小数第一位。

　　y 的小数第二位数字是 x_2 的小数第二位。

　　　$\cdots\cdots$

　　y 的小数第 n 位数字是 x_n 的小数第 n 位。

　　　$\cdots\cdots$

　　那么，这个小数不属于上面列出顺序的小数行列。也就是说，如果将 y 列入，那么要重新列出一个行列，这样就会出现另一个全新的小数 $y'\cdots\cdots$ 依此无限进行下去，永远有新的小数登场，因此，我们推翻假设，原命题成立。

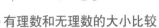

　　有理数集合是无限集合，也是一个可以与自然数一一对应起来的可列集合。相比起来，实数集合就深了一个层次。因为，实数集合中的所有元素不能被一一列出，实数集合是一个不可列集合。

　　实数是有理数和无理数的统称，如果实数集合是不可列集合，有理数集合是可列集合，那么无理数集合是可列集合还是不可列集合？如果是可列集合，那么怎么会出现可列集合＋可列集合＝不可列集合呢？这时候，问题就深入到了数学的本质。

　　为了解答你心中的疑问，我们先来了解以下内容。

无理数的震撼

　　有些人，就算看到了有理数与自然数可以一一对应的证明，也不会相信。这就像当年人们看到伽利略在比萨斜塔上释放两个球体的实验后，仍然认为质量小的物体下落速度更慢。

人们有这种固定观念是有原因的。这个原因就是有理数集合的一个性质——"稠密性"。

所谓稠密，就是粘着性高，紧密贴合，无缝隙。有理数集合就具有这个性质。

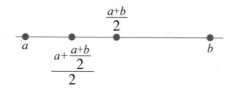

任意两个有理数 a、b 之间，会有另一个有理数 $\dfrac{a+b}{2}$，在 $\dfrac{a+b}{2}$ 与 a 之间又会有另一个有理数 $\dfrac{a+\dfrac{a+b}{2}}{2}$。用这种方法，我们总会找到全新的有理数。可以说，有理数没有真正的邻居。因为，当你认为自己找到了一个距离一个有理数最近的数时，这两个中间总会存在另一个数。看到有理数这种"稠密性"后，怪不得很多人不相信有理数集合能够与自然数一一对应。

因为有这种稠密性，在直线上表示有理数时，你可能会认为直线上所有的点都是有理数。但是，有理数却无法表示边长为 1 的正方形的对角线长度，并且不能用

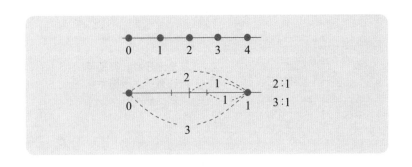

有理数表示的不止这一个长度。当希腊人头脑中没有无理数的概念时，认为"将直线与有理数对应时，直线上没有断点，是连续的"。当无理数概念出现后，希腊人

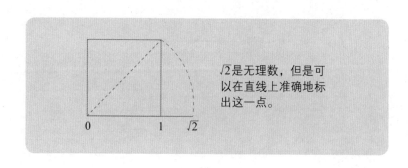

$\sqrt{2}$是无理数，但是可以在直线上准确地标出这一点。

的研究方法从数学转移到了集合上。希腊数学的特征是擅长计数，大概就是因为这个。

无理数的定义

无理数填补了有理数的空白

我们经常称实数是有理数和无理数的合集，有理数是可以用分数表示的数字，无理数是不能用分数表示的数字。

实数集合

但是，仔细推敲后又有点奇怪。我们说到无理数时，将其定义为"不是有理数的实数"，也就是说，"实数集合中有理数的补集"。但是，我们定义实数时，使用了"有理数和无理数的合集"这个说法。那么，我们似乎走入了一个循环的圈圈里。

想要走出这个循环的圈圈有两种方法。第一种就是我们已经定义了有理数，再重新制定一个无理数概念。另外一种方法就是制定一个实数整体的概念，然后将无理数定义为实数集合中有理数的补集。

使用第一种方法定义无理数的人是戴德金 (Dedekind, 1831~1916)。戴德金首创切割理论，用切割方法精确定义了无理数。通过这种方法，我们今天才能在"虽稠密却有断点"的有理数中找到无理数的位置，将有理数的空白用无理数填补。

举个例子：当 a 与 b 是有理数时，满足 $a^2 < 2 < b^2$ 的条件的 a 的集合 A，与 b 的集合 B 分割开，其中一点既不属于 A 也不属于 B，这一点就是无理数。

无理数是实数中非有理数的部分，实数是无理数和有理数的合集。那么，如果要知道无理数是什么，首先要知道实数是什么；如果要知道实数是什么，就要先知道无理数是什么，这就走入了一个先有鸡还是先有蛋的循环问题中了。

集合 A 的元素（a）是

1.4，1.41，1.414，1.4142，

1.41421，1.414213，1.4142137，1.41421379，…

同时，集合 B 的元素（b）是

1.5，1.42，1.415，1.4143

1.41422，1.414215，1.4142141，1.41421380，…

可见，这些数字无限接近 $\sqrt{2}$ 。

TIP | 有理数的切割

我们将有理数集合 Q 分成如下 A 和 B 两个部分叫做"有理数的切割"。

A 与 B 的合集为有理数集合，即 $A \cup B=Q$

A 与 B 没有交集，即 $A \cap B=\phi$

A 的所有元素都小于 B 的元素，

即 $a \in A$，$b \in B$，$a<b$

有理数的切割

这种切割可能出现下面 4 种情况。

(1) A 有最大的数字，B 没有最小的数字。

(2) A 没有最大的数字，B 有最小的数字。

(3) A 有最大的数字，B 有最小的数字。

(4) A 没有最大的数字，B 没有最小的数字。

当有理数集合被一个非常锋利的刀（头脑中想象出来的锋利的刀）切割时，可能会出现上面四种情况。

其中，第一种和第二种情况说明切割点为有理数。第三种情况不可能发生，我们暂且不论。发生第四种情况时就是问题所在了。切割点既不接近 A，也不接近 B，说明这一点不是有理数。用这种切割方法，我们可看出这第四种方法切割点是无理数。

无限集合的相关定理

无限集合与可列集合的关系

现在我们要重新回到前面说过的可列集合这个概念，也就是可以与自然数一一对应的集合。

|定理1| 任何一个无限集合都包含一个可列集合。

证明：首先，从一个无限集合中抽取一个元素 a_1，然后在剩下的集合中抽取一个元素 a_2，再将除去 a_1，a_2 剩下的集合中提取出元素 a_3。因为原来的集合是无限集合，所以就算无限提取下去，原来的集合也不会成为空集。而提取出来的元素可以写成：

$$\{a_1,\ a_2,\ a_3,\ a_4 \cdots a_n \cdots\}$$

很明显，这是一个可列集合。因此，任何一个无限集合都包含一个可列集合。

从而也可得知，"可列集合是无限集合中最小的集合"（附加定理）。

|定理2| 一个可列集合加上有限个元素仍然是一个可列
集合。

证明：将可列集合

$$\{a_1,\ a_2,\ a_3,\ a_4\cdots a_n\cdots\}$$

的元素中加入有限个元素，

$$b_1,\ b_2,\ b_3$$

得到新集合，

$$\{b_1,\ b_2,\ b_3,\ a_1,\ a_2,\ a_3,\ a_4\cdots a_n\cdots\}$$

这个新集合仍然可列，

$$\{b_1,\ b_2,\ b_3,\ a_1,\ a_2,\ a_3\cdots a_n\cdots\}$$

$$1,\ 2,\ 3,\ 4,\ 5,\ 6\cdots 3+n\cdots$$

|定理3| 两个可列集合的合集仍然是一个可列集合。

证明：假设有两个有限集合分别是

$$\{a_1,\ a_2,\ a_3,\ a_4,\ a_5\cdots\}\ 和$$

$$\{b_1,\ b_2,\ b_3,\ b_4,\ b_5\cdots\}$$

那么集合中的元素分别可以用下列序号罗列出来。
如果出现相同数字，则略过。可见这两个可列集合的合
集仍然是一个可列集合。

$$\underset{a_1}{①} \quad \underset{a_2}{③} \quad \underset{a_3}{⑤} \quad \underset{a_4}{⑦} \quad \underset{a_5\cdots}{⑨}$$

$$\downarrow \quad \nearrow \quad \downarrow \quad \nearrow \quad \downarrow \quad \nearrow \quad \downarrow \quad \nearrow$$

$$\underset{②}{b_1} \quad \underset{④}{b_2} \quad \underset{⑥}{b_3} \quad \underset{⑧}{b_4} \quad \underset{⑩}{b_5\cdots}$$

|定理4|整数集合是可列集合。

证明：自然数集合1，2，3……是可列集合，所以将这个集合的元素中加上0后，得到的

$$\{0,\ 1,\ 2,\ 3,\ 4\cdots\}$$

也是可列集合（根据定理2）。同时，负数集合

$$\{-1,\ -2,\ -3\cdots\}$$

也是可列集合。将两个集合合并得到

$$\{\cdots-3,\ -2,\ -1,\ 0,\ 1,\ 2,\ 3\cdots\}$$

也是一个可列集合。（根据定理3）

|定理5| "可列个数的可列集合" 的合集也是可列集合。

证明：先设可列个数的可列集合为：

$$a_{11} \quad a_{12} \quad a_{13} \quad a_{14} \quad a_{15} \quad \cdots\cdots$$

$$a_{21} \quad a_{22} \quad a_{23} \quad a_{24} \quad a_{25} \quad \cdots\cdots$$

$$a_{31} \quad a_{32} \quad a_{33} \quad a_{34} \quad a_{35} \quad \cdots\cdots$$

$$a_{41} \quad a_{42} \quad a_{43} \quad a_{44} \quad a_{45} \quad \cdots\cdots$$

$$\cdots\cdots$$

即：

$$A_1=\{a_{11},\ a_{12},\ a_{13},\ a_{14},\ a_{15},\ \cdots\}$$
$$A_2=\{a_{21},\ a_{22},\ a_{23},\ a_{24},\ a_{25},\ \cdots\}$$
$$A_3=\{a_{31},\ a_{32},\ a_{33},\ a_{34},\ a_{35},\ \cdots\}$$

可列个数

......

将所有元素相加后得到一个新的集合。

我们通过下面的方法可以看出，新集合的元素也是可列的。

将所有集合元素相加后，略去重复部分即可。

|定理6| 所有有理数的集合都是可列集合。

证明：有理数集合可以看成是：

以 1 为分母的分数集合

$$\{\cdots-\frac{2}{1},\ -\frac{1}{1},\ \frac{0}{1},\ \frac{1}{1},\ \frac{2}{1},\ \frac{3}{1}\cdots\}$$（与整数集合相对应）

以 2 为分母的分数集合

$$\{\cdots -\frac{2}{2},\ -\frac{1}{2},\ \frac{0}{2},\ \frac{1}{2},\ \frac{2}{2},\ \frac{3}{2}\cdots\}$$（与整数集合相对应）

以 3 为分母的分数集合

$$\{\cdots -\frac{2}{3},\ -\frac{1}{3},\ \frac{0}{3},\ \frac{1}{3},\ \frac{2}{3},\ \frac{3}{3}\cdots\}$$（与整数集合相对应）

……

由上述的可列集合可以得出，有理数集合是可列集合（根据定理 5）。

|定理7|所有实数的集合不是可列集合（即实数集合是不可列集合）。

证明： 这个定理我们前面已经进行了说明（康托尔的对角线说明）。这里我们再来看一下"有理数和无理数哪一个更多"的问题。

有理数集合是可列的，而有理数和无理数的合集——实数集合，是不可列的，所以无理数集合是不可列的。为什么呢？因为如果无理数集合是可列的（反证法），那么两个可列集合——有理数和无理数集合的合集（实数集合）就也应该是可列集合（根据定理 3），这与定理 7 是矛盾的，所以无理数集合是不可列的。

有理数集合可列而无理数集合不可列，又因为可列集合是无限集合中最小的集合（根据定理 1 的附加定理），所以无理数集合比有理数集合要大。

线段的端点无法运动到别的端点

用尺子和圆规可以测量出线段的中点，无论线段有多短都可以测量出来，这是因为线段上包含着无数个点。但是，若这个点无论多小，都具有一定大小的话，是否可以从线段的一个端点运动到另一个端点呢？

从 A 点到 B 点，首先要通过线段 AB 的中点 C。从 A 点到 C 点，又得先通过线段 AC 的中点 D，直至无穷。从点 A 到点 B 通过无数个中点需要无限的时间，因此在有限时间内无法通过无限的点，所以无法从 A 点运动到 B 点。由此得知，运动不存在。

提出这个让当时的很多哲学家和数学家想破头的悖论的人就是古希腊哲学家芝诺（Zenon，B.C.334~B.C.262）。现在的你，是怎么看待这个悖论呢？

阿基里斯无法追上乌龟

与芝诺的思想不同，毕达哥拉斯学派的支持者们针对这段悖论，提出"虽然点占有一定的位置，但是没有大小，而时间也无大小之分。"线段上就算有无数个点，但是每个点对应的时间也没有大小，所以通过所有的点，不需要无限的时间。

为了反驳这个说法，芝诺提出了著名的悖论"阿基里斯追龟"。

> 阿基里斯和乌龟赛跑，如果让乌龟先行一段
> 路，那么阿基里斯永远也无法追上乌龟。

阿基里斯是古希腊神话中的半神半人的英雄，是希腊的长跑健将，而乌龟是众所周知行动缓慢的动物。乌龟先行了一段距离，阿基里斯为了赶上乌龟，必须要到达乌龟的出发点 A。但当阿基里斯到达 A 点时，乌龟已经前进到了 B 点。而当阿基里斯到达 B 点时，乌龟又已经到了 B 前面的 C 点……依此类推，两者虽然越来越接近，但阿基里斯永远落在乌龟的后面而追不上乌龟。

飞矢不动

针对毕达哥拉斯学派支持者提出的"时间是没有大

小的时间间隔的集合"，芝诺提出了著名的悖论"飞矢不动说"来反驳。空中有一个飞箭，如果时间是没有大小的时间间隔，那么飞箭在一定位置上的时候，时间是静止的。那么飞箭也是静止的。因此，"时间是没有大小的时间间隔的集合"的说法是错误的。

芝诺还提出了一个"一段时间等同于它一半的时间"的悖论。当时的哲学家一时难以进行反驳。

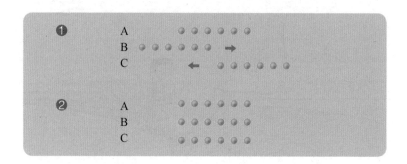

上面图❶中，A 是静止状态，B 和 C 朝相反方向以相同速度运动。一定时间后，A、B、C 变成下面图❷的样子。这个过程中，B 的元素经过了 3 个 A 的元素，经过了 C 的 6 个元素。根据经过元素的比得知，B 经过 A 的时间是 B 经过 C 的时间的一半。因为运动是同时发生的，时间相同，所以"一段时间等同于它一半的时间"。

欧几里得在几何原本中写了一条公理（经过反复试验的基本原理）："整体大于部分。"之所以将它定为"公理"，是因为如果芝诺这样的哲学家进行反驳的话，他可以用"公理"理所当然的性质进行反驳，看样子是已经准备好防御箭了。当时哲学家之间的论战已经对数学产生了影响，可见当时论战的炙热。

所有圆周长相等

下页图中有两个以点 A 为圆心的同心圆（圆心相同的圆），将两个圆如图滚动 1 圈，旋转后原 A、C、B 点运动到 D、F、E 点。此时，$\overline{BE}$ 是大圆的周长，$\overline{CF}$ 是小圆的周长。

从图中可以看出，$\overline{BE} = \overline{CF}$，所以得出结论：大圆周长与小圆周长相同。这根本是说不通的事情，为什么会导出这个结论呢？

这是因为，形成大圆的点紧贴 $\overline{BE}$ 运动旋转，圆心呈水平状态运动，而形成小圆的圆心却没有以水平状态运动。我们看图片下面的正六边形的运动就可以明白了。

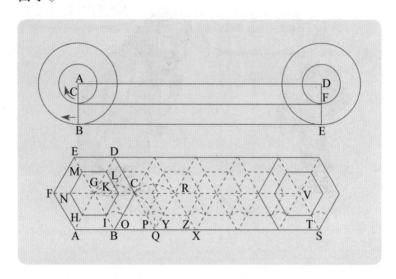

图中，大的正六边形的底边一直水平地在 AS 上运动，但是小六边形的边不是水平运动，呈现弹跳状。

比如，大的正六边形朝右边翻转时，上面的 C 点直接翻转到 Q 点，而此时小六边形从 I 到 Q，从 K 到 P，$\overline{IK}$ 运动到 $\overline{OP}$，$\overline{IO}$ 与 $\overline{IT}$ 不重合。也就是说，小六边形的运动轨迹是跳跃的，并没有按着 $\overline{IT}$ 运动，产生了 $\overline{IO}$、$\overline{PY}$ 这些本不属于六边形周长的部分。

想象一下，当边的数量增加到很大，大概有 1000000 的时候，运动轨迹 $\overline{HT}$ 其实是由 1 百万个边的总长度和比 1 百万少 1 个（999999 个）的跳跃轨迹的和。

这样，大家就明白了，当边数无限大的时候，这个多边形（圆）中的小多边形滚动一圈的轨迹其实并不是真正的周长。

上述内容是伽利略《新科学的对话》中记载的问题。

无限与虚无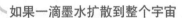
如果一滴墨水扩散到整个宇宙

在一杯清水中滴入一滴蓝色墨水，墨水会迅速扩散到整个杯子，将清水变蓝。将一滴蓝色墨水滴入一桶清水中，水的颜色也会改变，但是很浅。那么，用同样的方式，将一滴墨水滴到一个浴盆的清水中，一个游泳池的清水中……会发现水的颜色基本上没有改变。即清水的量越多，墨水扩散后的颜色越浅，直到看不见。但是这时如果用非常精密的感知装置来探测，还是可以探测到墨水的存在。

1838 年，蒸汽船第一次在大西洋航行。有一天，乘客中有一个人似乎突然想到了什么，将一滴墨水滴入了海中。这滴墨水在海中持续扩散，一直到今天。

也许在未来的某一天，人们能发明出一种超高感度的仪器，但要探测到这滴墨水的因子似乎还是很困难的事情。从理论上来看，虽然地球上的海水非常非常多，但总归是有限的。就算只有1cc的墨水滴在海水中也肯定含有一定的墨水因子。

现在人们普遍相信，一滴墨水滴入海中迅速扩散后，海水中含有的墨水呈"无限小"的量，但仍旧是存在的。这个扩散后的结果趋于0但不等于0。也就是说，近似值在现实中并不准确。

这只是我们从虚构的故事中推出的思考试验。宇宙大爆炸同样也是一种思考试验。宇宙的历史起源于150亿年前，时间也起源于那时。

这个说法中，人们非常关注的是宇宙大爆炸的瞬间，也就是时间开始的那一刻。现代物理学推测出大爆炸的时间点在大爆炸的 10^{-30} 到 10^{-40} 秒后。而我们现在用巨大的加速器来进行试验，是在 10^{-10} 秒，也就是 100 亿分之 1 秒后。

这里重点要说的是，现代物理学理论中，大爆炸开始 10^{-40} 秒后，宇宙开始诞生，这个时间非常短暂，我们甚至无法辨明。也就是说，宇宙诞生的时间与宇宙大爆炸的时间差是一个近于极限的数字，我们甚至无法判断它"是否存在"。这个问题到现在仍仅限于一个观念上的问题。

现在宇宙论存在极限值，但是无法到达极限值。于是产生了"阿基里斯追龟"的悖论，这个问题也许仍对我们有困扰。

帕斯卡的《思想录》中已经预见了这个问题。"无限与虚无存在于这个不可思议的大自然中，人类无法不恐惧得颤抖。"

3

现实世界与数学

数字的世界是与现实世界密切相关的"影子"的世界，数字之间的计算也与现实世界存在的事物之间的关系有着相关联系。

数学是虚构的

数的世界是以现实为基础虚构出来的

电线上有 7 只麻雀，用气枪打死 1 只后，还剩下几只？答案是 1 只都没有，其他的麻雀受惊后飞走了。

如果你将这当作一个笑话，那么微微一笑就过去了。但是也有人会从这个故事中看出数字"缺乏灵活性"的缺点。现实世界中剩下的麻雀并不是 7−1 得出的 6，而是根据实际情况得出了一个 0。

原本 7−1=6 的数学常识只存在于与现实世界没有关系的数字世界中。上面麻雀的故事只是一个例子，如果你坚持拿现实世界中真的例子来证明"数字缺乏灵活性"，那么这不是数字的问题，而是没有选择恰当的例子。数字本来与现实就无法一一对应，如果没有清楚认识到这一点，就会出现令人捧腹的失误。

所有实数的平方一定是 0 或者正数，所以，我们将平方后为负数的数称为"虚数"。虚数是一种想象中的、不存在的数字。我们在学校中学到的虚数，不像自然数、有理数、无理数之类的数字易于被接受，而被认为是刻意制造出来的虚拟数字。其实，不只虚数，自然数、有理数，无理数也是一样的，是虚拟出来的、刻意制造的。

之前我们已经强调了很多次，数学是一个虚构的世界。欧几里得的《几何原本》中提到过一种"没有长度的线"，这种线无法画出，只存在于头脑中。因此，我们要留意到，数学中提到"存在……"的时候，与现实中的"存在"不是同一个概念。（直）线、三角形、圆……"存在"的时候，并不意味我们可以看到实物或者我们可以画出来，这只是在我们头脑中的"存在"而已。

虽然数学与现实不同，是虚构的，但这虚构是以现实世界为基础的。虽然我们认为现实与虚拟思考相差甚远，但是这总归是生活在这片大地上的人类的思考。所有数字，都是在这个现实世界上诞生出来的。

虚数也不是凭空、没有原因被造出来的。我们学习到的复质数（可以表示为实数与虚数的和的数字），存在于"判别方法是负数，有虚根（虚根，复质数解）"的二次方程式中。使用复质数可以解出没有实数解的二次方程式。

那么，如果要解复杂的三次方程式、四次方程式等，是不是要造出更多复杂的数呢？很多人会这样担心。我们从 16 世纪发现的三次方程式解法中可以看出，方程式的解最多还是在复质数范围内。后来，高斯证明出"所有 n 次方程式在复质数范围内都有 n 个解"这条"代数基本原理"。解方程式时有复质数的存在就足够了，大家可以放心。

三次方程式如果有实数解，在计算过程中也会涉及到复质数。即得到三次方程式的解的过程中，必须用到复质数。可见，复质数并不只是空想出来的，它与实数有着密切的关系，是具有现实数字性质的一种数字。

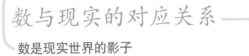

数与现实的对应关系

数是现实世界的影子

　　数字的世界是与现实世界密切相关的"影子"的世界，数字之间的计算也与现实世界存在的事物之间有着联系。即虽然数字世界与现实世界比较起来只是一种模糊的符号，但是在计算过程中却遵循着严密的现实性。就像"影子"反映真实的行动一样，数字世界严格遵守现实世界的规律，生动地反映着现实世界。从这点来看，演算的过程，能够说明数字世界是具有生命力的舞台表演，并完全从现实世界独立出来的。

　　各自具有独自领域的两个世界——物质世界和数字世界——有着某种密切的联系。从持有"数是所有事物的本质（万物皆数）"观点的毕达哥拉斯，到提出宇宙具有四维空间的爱因斯坦，都支持数学遵循自然界规律的说法，原因也在于此。

　　前面提到，数字不具有物体的性质，更不是物体的

一部分。但是数字世界和物质世界之间有着某种对应关系这一点不容质疑。也正因为如此，表述数学构造时有时需要用到现实世界的事物，同时当发现一种反映现实世界规律的数学定律时，也需要用到现实来进行说明。

作为牛顿力学理论基础的《自然哲学的数学原理》，书中就是用数学方法将体系发达的阐述自然科学的牛顿理念明确表述出来。近代科学技术的发展也归功于与数学有关的体系研究开发。

数学可以表示自然定律，同时，如果加以利用，也可以制造出非常有用的机器。物理世界与数学世界的对应，就是无论什么事物都可以用数字来表现，可以用数学方法来处理。但这并不意味着数学上所有的性质在自然界和社会等现实世界上都可以找到。比如，虚数和复质数就无法与现实世界上的事物对应起来。

另外，将某种自然现象用数学形式表达出来，用数学方式处理时，如果过于追求将其两者一一对应，思考方式就会受限，导致研究结果停滞不前。我们不应该追求将数的世界与现实世界完全对应起来，这是发展数学的最好选择。

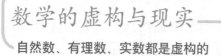

数学的虚构与现实

自然数、有理数、实数都是虚构的

　　我们将现实中不存在的事情称为虚构的事情。像《人猿星球》、《火星人袭击地球》等电影内容就都是虚构的。艺术作品有时也会选择不符合现实的虚构内容作为创作主题。

　　虚构并不只有艺术一种表现方法，自然界也有譬如"理想气体"等虚构内容。那数学的世界，就更是充满虚构。

　　自然数，就是自然的数；有理数就是遵循道理的数；实数则是实际上存在的数字。那么虚数，顾名思义，就是大部分人都不能接受的虚拟数字。这些人认为"虚数"的"虚"字表示远离现实的、虚构的意思，这是错误的想法。

　　我们已经说过，实数、有理数、自然数都是虚构的。1、2、3……这些数字不存在于世界上。数字，是看不见听不到摸不着的，只存在于头脑的思想中，是虚无的。但是因为数字的表现与现实密切相关，所以让人感觉是现实的一部分。

比起实数，大部分人都认为虚数是一种虚无的模糊的存在，但是数学家们却经常用到它们。而现在，虚数已经日常化。反观历史，到了 19 世纪，虚数的计算才开始普遍起来。

欧洲人的计算方法

不同国家有不同的计算方法

现在有了计算器，无论去哪里买东西，付钱找钱都很方便。但是 20 世纪 70 年代之前，韩国人去欧洲旅行的时候，都因为付钱找钱的事情很苦恼。当时欧洲人计算非常慢，他们连作加法和减法计算的时候都非常慢，所以计算乘法的时候，客人就要坐在椅子上等了。

在欧洲，如果你到只有一个人管理的小杂货店买东西，就会看到每个物品上的价签都会标明买 1 个、2 个、3 个物品分别是多少钱。但是当你购买的数量超过价签上的数量的时候，就要等店主计算上一段时间了。

韩国人擅长心算，遇到这种情况时就会自己算出来。这也许是两国计算习惯不同导致的现象。

说到习惯，我们现在就来看一下欧洲人和韩国人计算上的不同。

假设你拿 5000 元去买一个 2300 元的东西，我们很快就可以计算出要找回 2700 元，但是欧洲人的计算就非常复杂。

主人会拿出自己的 1000 元和 100 元的钱，与你的 2300 元相加等于 5000 时，才会将多余的钱找还给你。

比如，他会先拿出来 1000 元，桌子上就有了 3300 元，然后再拿出来 1000 元，这是 4300 元，最后再拿出 7 张 100 元，一共是 5000 元！然后再将 2300 元收入囊中，剩下的 2700 元找还给客人。

两种计算方法的不同，我们从下面两个计算过程中可以看出来。

（韩国式）　　　　（欧洲式）

$$
\begin{array}{r}
5000 \\
- 2300 \\
\hline
2700
\end{array}
\qquad
\begin{array}{r}
2300 \\
+ 2700 \\
\hline
5000
\end{array}
$$

在找还零钱的计算过程中可以看出，韩国人使用减法，而欧洲人使用加法。

韩国人头脑中首先有一个整体（5000 元）的概念，而欧洲人头脑中先浮现部分（零钱），然后再考虑整体。这大概是因为欧洲人习惯按阶段办事吧。从找零钱的计算方法上，我们似乎看到了欧洲文化和韩国文化的一些差异。

背诵乘法口诀

快速背诵乘法口诀的秘诀是语言

中国和韩国的乘法口诀最初都是从"九九八十一"开始的。到了 13 世纪，中国元朝的时候，乘法口诀改成从"一一得一"开始，于是韩国也跟着这样背诵起来。

那么，当时为什么乘法口诀会以"九九八十一"为开始呢？人们的推测是这样的：

古时候的东方人非常喜欢"九"这个数字，所以用"九九八十一"作为乘法口诀的开始部分。还有一种说法是因为管理层为了提高自己的权利：当时会进行这种计算的人不是一般的人物，为了让这种计算口诀显得高深莫测，所以将乘法口诀从"九九八十一"开始。

乘法口诀起始于古希腊时代，乘法口诀表也称为"毕达哥拉斯表"。

但是，欧洲人用英文表现出来的乘法口诀却不简单。

比如，"二三得六"用英语表现出来就是"two times three is six"。就算简化一下，也只能简化成"two threes is six"。所以，用英语背诵乘法口诀有些难度。

所以，他们只能对照乘法口诀表来进行计算。就算到了现在，他们也只是背诵到乘法口诀 5 以下的部分，余下就只能靠其他方法来计算乘法了。

相比起来，中国的语言背诵乘法口诀就像在背诵歌谣一样，这对我们非常有利。

西方的手指计算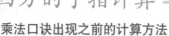
乘法口诀出现之前的计算方法

　　一提到计算，大家脑海里都会浮现笔算的过程。其实，韩国使用这种计算方法不过 100 年而已。现在连幼儿园的孩子都会用的印度·阿拉伯数字，在欧洲被广泛使用也不过是 300 年前的事情。

　　在没有笔算的时代，中国和韩国的人们用木棍和算盘来计算，而西方人则有一套用手指计算的巧妙方法。

　　比如计算 6×8 的时候，就可以用

$$6=5+1，8=5+3$$

所以左边弯曲 1 个手指，右边弯曲 3 个手指。

$$1+3=4 \qquad \cdots\cdots ❶$$

这是乘法结果的十位数，也就是 40。接下来将左手伸展着的 4 个手指与右手伸展着的 2 个手指相乘。

$$4 \times 2=8 \qquad \cdots\cdots ❷$$

这就是乘法结果的个位数。

通过❶、❷，求出答案是48。

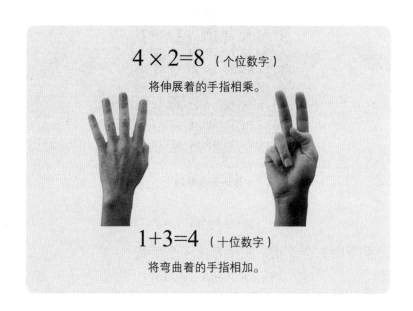

$4 \times 2 = 8$ （个位数字）

将伸展着的手指相乘。

$1 + 3 = 4$ （十位数字）

将弯曲着的手指相加。

因为我们已经知道了乘法口诀，所以当问到 6×8 时，我们很快就可以回答出"六八四十八"。但是在古时候，知道乘法口诀的人只有伟大的学者。

通过"毕达哥拉斯表"可以查到 6×8 等于48。但是如果不知道乘法口诀，人们想将 $5 \times 5 = 25$ 牢记于心的话，用手指计算来完成也是可以的。所以手指计算的方法在当时的西方是非常重要的。

比 $5 \times 5 = 25$ 大的数字，比如 13×14，可以用下面的方法计算。

1	2	3	4	5	6	7	8	9
2	4	6	8	10	12	14	16	18
3	6	9	12	15	18	21	24	27
4	8	12	16	20	24	28	32	36
5	10	15	20	25	30	35	40	45
6	12	18	24	30	36	42	48	54
7	14	21	28	35	42	49	56	63
8	16	24	32	40	48	56	64	72
9	18	27	36	45	54	63	72	81

毕达哥拉斯表

$$13=10+3, \quad 14=10+4$$

左手弯曲 3 个手指，右手弯曲 4 个手指。

$$3+4=7 \ (=70), \quad 3 \times 4=12$$

那么，

$$70+12=82 \qquad \cdots\cdots❶$$

同时，

$$10 \times 10=100 \qquad \cdots\cdots❷$$

所以，将❶、❷相加得到 182。

现在就动手来与笔算相比一下吧。

诺亚方舟

与数学完全不同的神话世界

《圣经》记载的传说中有一个诺亚方舟的故事。在很久很久以前，一场可怕的洪水席卷了一切。

> "7天后，洪水来了……大雨没日没夜地下了 40天……风浪掀翻了船只，大地被洪水淹没，高山也被洪水覆盖。地上所有的生命都被洪水卷去，只有诺亚和他的大船上的生物们活了下来。"

那么，下多少雨才能将地球上最高的山淹没？让我们从数学角度来思考一下这个问题。

引发洪水的雨从大气中产生，这些水蒸发后回归于大气。所以，如果曾经有过这么一场洪水之灾，这些水现在应该存在于大气中。若这些水再次变为雨水降落，地球还会有一场恐怖的洪灾。

根据气象学原理，1m²地面的上方空气中平均存在16kg ~ 25kg的水蒸气。这些水蒸气降落下来最多可以变成25kg，也就是25000g的雨水，体积是25000cm³。体积除以面积是雨水的高度。

$$1m^2=100 \times 100（cm^2）=10000cm^2$$

$$25000 \div 10000=2.5$$

我们从上面计算结果中得知，就算全世界爆发巨大

的洪水，高度也不会超过 2.5cm。因为大气中含有的水分不过如此。这个高度还忽略了雨水渗透到地里面的部分的数值。

这 2.5cm 的高度想要没过 8848m 的喜马拉雅山是不可能的。也就是说，《圣经》中的洪水与现实相比，夸大了将近 350000 倍以上。就算全世界连续下起大雨，也不会发生这么大的洪水。25mm 连续下 40 天，每天的降雨量也没有多少。

其实，神话世界中的故事就是一种象征和比喻，万不可用数学观念去推敲。神话与数学本来就是两个不同的世界。

东西方的读数法

相同的数字，不同的读法

$\frac{2}{3}$ 这个分数中，2 被称为分子，3 被称为分母。遇到一个分数的时候，我们一般会先写出下面的分母，再写出上面的分子，读数时也读作"三分之二"。这是大家都知道的常识。

但是西方却与我们不同。读写分数的时候，西方人会先从分子开始。

在表示数值大的数字时，东西方的方法也不一样。

二十三亿 四千 五百 七十二万 五千 六百 三十

将上面这个数字用阿拉伯数字表现出来时，每 3 个数字一个停顿，如下：

2,345,725,630

将数字 3 个 3 个地断开，原本是西方国家使用的写法，这种方法更利于读数，如下：

2billion，345million，725thousand，630

韩国的读数法却不太一样，如下：

23 亿 4572 万 5630

东方人读数时以 4 位为一个新数字单位，与西方不同。

东西方人虽然都使用十进制计数法，但是读数时却各有不同。个、十、百、千位虽然相同，但是再往后的数字，西方就读成十千（ten thousand）、百千（hundred thousand）、千千，也就是新单位 million 了。

另外，西方与东方的读数法相比较起来，还有很多不规则的地方。大家学习英语都知道，11 到 19 的数字西方读法很不规则，比如 11 的英文并不是 ten one，而是 eleven。

打破人种差异的数学

约瑟夫斯存活的方法

南非共和国的白人和黑人之间还存在的人种差异，成为世界性的问题。人种偏见是很久以前遗留下来的一个悲剧。

有一个通过数学推理打破人种偏见的故事。万物皆有理可循，用遵循道理的数学去打破一个道理，一定很有趣。

距今 300 年前，一艘载了 15 个白人和 15 个黑人的船在海上遇到了暴风雨。这时船上只能留下 15 个人，否则就有翻船的危险。于是船上的人们想了一个办法。他们围成一个圈子，按顺时针方向数数，每数到第 9 个人，这个人就要作出自我牺牲跳入海中。这是白人们想出来的方法，目的是将所有黑人全部扔下海去。

如下页图所示，〇 位置上是白人，● 位置上是黑人。从箭头处开始顺时针数，黑人们也意识到了自己的危险。

这个故事的原型出自公元 4 世纪犹太人的历史书上。有一个叫做约瑟夫斯（1 世纪时候的人）的人巧妙地化解了黑人的危机，存活下来后将这个故事讲给了后人。

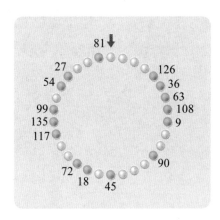

历史上的犹太人吃尽了苦头，在那个时候受到了罗马军的侵略，约瑟夫斯和其他 40 个犹太人为了躲避敌人藏身于地下室。但是被发现是迟早的事情，与其死在敌人的手里，还不如自己结束生命。所以 41 个犹太人围成了一个圆形，他们决定每数到 3，就将那个人杀死。事情决定后，约瑟夫斯开始反悔自杀的决定，于是他和他的朋友站在了第 16 位和第 31 位，最后活了下来。

还有一个类似的故事。有一个富翁有 30 个儿女，他让 30 个儿女围成一个圆形，每数到 10，相对应的孩子就算出局，最后留下来的孩子将继承富翁的财产。

4

逻辑推理是思想的翅膀

人类可以驾驭逻辑推理。数学之所以成为
学问的源泉，是因为它以逻辑推理为基本框架。

逻辑推理与数学
泰勒斯与毕达哥拉斯的证明方法

　　古埃及人、古巴比伦人和古印度人掌握了很多有关图形和数字的知识。其中数学知识是经过了很长时间的经验积累才得来的。后来人们接触到从埃及、巴比伦等地引入的数学知识时，经常会说，"这种没有被证实的知识一点用处都没有。"希腊的泰勒斯和毕达哥拉斯都持有这种看法。

　　当时的希腊文明比埃及和巴比伦要落后很多。公元前 6 世纪，希腊人运用从埃及和巴比伦引入的先进知识，开始研究学问。泰勒斯和毕达哥拉斯就是从埃及和巴比伦学习天文学归来的人才。

　　希腊人有一种特别的习惯，他们喜欢有选择地模仿，不喜欢一味跟随别人的脚步。泰勒斯和毕达哥拉斯对自己从埃及和巴比伦学来的数学知识要一一深入研究后才肯信服。

比如，两条直线相交，形成 4 个角。我们将 4 个角分别命名为∠a、∠b、∠c、∠d。那么，我们一眼就可以看出∠a 与∠c 大小相同，∠b 与∠d 大小相同。但是，当时的希腊学者对这个似乎一眼就可以看出来的事情，也要先找出一个可以说明的原因后才肯接受。

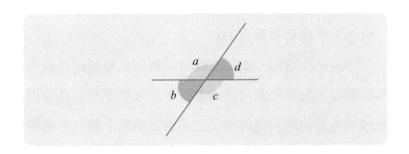

"数学中，不能只凭眼睛看到一样就轻易定义为'一样'，一定要有确凿的证据。"这是希腊人的想法。

下面就是希腊人泰勒斯证明上面图形中两个对角角度相同的过程。

证明：∠a 和∠b 合在一起组成了一条直线，那么这两个角相加就是 180°。

$$\angle a + \angle b = 180°$$

同样，∠a 和∠d 的和也是 180°。

$$\angle a + \angle d = 180°$$

也就是说，∠*a* 与 ∠*b* 的和等于 ∠*a* 和 ∠*d* 的和，都是 180°。

所以，∠*b* 的大小与 ∠*d* 相同。

泰勒斯证明出了"两边长度相等的三角形（等腰三角形）两底角相等"，毕达哥拉斯证明出了"任何一个三角形三个内角和都为 180°"。

毕达哥拉斯用上面得出的结论将巴比伦通过经验得来的圆与三角形之间的性质进行了详细的说明。让我们通过毕达哥拉斯和他的弟子之间的对话来了解一下他的说明过程。

毕达哥拉斯：首先画一个圆，圆上取任意一点 A，通过圆心画任意一条直径。直径的两端与点 A 相连形成一个三角形，这时 ∠A 为直角。

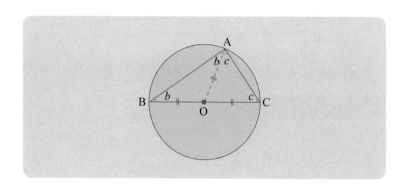

弟子：是。

毕达哥拉斯：来，我们先连接 A 和圆心 O，将一个三角形分为两个。

弟子：好的。形成了 △OAB 和 △OCA。

毕达哥拉斯：没错。现在观察这两个三角形，是否有长度相等的边呢？

弟子：有，$\overline{OA}$、$\overline{OB}$ 和 $\overline{OC}$，好像 $\overline{CA}$ 也是。

毕达哥拉斯：为什么这么认为呢？

弟子：嗯……啊！我知道了！$\overline{OA}$、$\overline{OB}$ 和 $\overline{OC}$ 都是同一个圆的半径，所以长度相同，但是 $\overline{CA}$……

毕达哥拉斯：$\overline{CA}$ 不是。从你画的图上看起来似乎相似，但是因为 A 是任意一点，所以不能说 $\overline{CA}$ 与 $\overline{OA}$ 一定相同。我们不能不遵循规律，只凭眼睛看到的进行判断，这会很容易发生错误。这一点你要注意。

弟子：是的，弟子记住了。那么，下一步怎样证明呢？

毕达哥拉斯：接下来仔细看一下，△OAB 是什么三角形？

弟子：$\overline{OA}$ 和 $\overline{OB}$ 长度相同，所以这是一个等腰三角形。△OCA 也是一个等腰三角形。啊，我知道了，那么两个角 b 相同，两个角 c 也相同。

毕达哥拉斯：证明到这里还没有结束。因为三角形三个内角的和是 180°，又因为∠A 等于（∠b+∠c），所以∠b+（∠b+∠c）+∠c=180°。

2（∠b+∠c）=180°，即∠b+∠c=∠A=90°。

无论是谁，看到上面的证明结果，都不会再进行反驳了。这也是为什么希腊人重视逻辑推理的原因。其中最重要的原因还有古希腊是民主国家，政治发达，比起权位，逻辑推理更加让人们信服。

数学与诡辩（1）

克里特岛人和刽子手的逻辑推理

古时候有很多有趣的逻辑推理（诡辩）问题，让我们一起去看看吧。

飞箭无法射到眼睛

"如果有一支飞箭射向眼睛，眼睛看到的飞箭在每一个瞬间都是静止在一定位置上的。另外，就算飞箭非常接近眼睛，因为飞箭和眼睛之间有无限多个点，需要一个一个通过，所以飞箭不会碰到眼睛。"

但是在现实世界中，眼睛都会受伤的。那么上面的逻辑推理中的错误出现在什么地方呢？如果一个逻辑推理的结果偏离了现实情况，那一定是这个推理过程中的证据出现了错误。

现实与逻辑推理之间的矛盾是，飞箭在每一个时刻都处于静止位置。看，"静止"这个词中出现了问题。

　　"静止"意为"不进行运动"，所以要观察飞箭运动了多久、运动情况是怎样的。我们不能光凭钟表或者蜗牛在某一时间看似没有运动而判断其处于静止状态。在时间不存在的情况下，当然不会存在"运动"的状态。

　　我们可以说一个物体在某一瞬间处于某一位置上，但是仍旧是运动状态的。脱离时间前提的"静止状态"是没有意义的表述方法。比如我们看电视的时候按下暂停键后，电视上的画面是静止的，但时间仍是不断流淌的。

我们可以将某一瞬间在头脑中固定，却不能将飞箭的状态说成"是运动的，也是静止的"。

所以，芝诺提出的"飞矢不动"这个悖论将时间静止在观念上，脱离了事实。思考是空间性的，而非时间性的，所以用来表示时间的钟表也被制作成了空间中可以看到的物品。人们只能从钟表指针的移动上来判断时间的流淌，这不能不说是人类力量渺小的一种现象。

半圆的弧长等于半圆的直径

我们都知道，圆形的周长是圆形直径的 3.14 倍，确切地说应该是 π（3.141592…）倍。下面我们要说的，看似一个很深奥的逻辑推理，实为一文不值的错误信息。

下页图中以 $\overline{AB}$ 为直径的半圆弧长 a 是 $\frac{1}{2}$ $\overline{AB}$，也就是 $\overline{AC}$ 的半圆弧长 b 的 2 倍——$2b$，即 $2b=2 \times \overline{AD} \times \pi = \overline{AC} \times \pi = a$

同样，以 $\frac{1}{4}$ $\overline{AB}$，也就是 $\overline{AD}$ 为直径的半圆弧长 c 的 4 倍——$4c$ 也等于 a，即 $4c=4 \times \overline{AE} \times \pi = \overline{AC} \times \pi = a$。

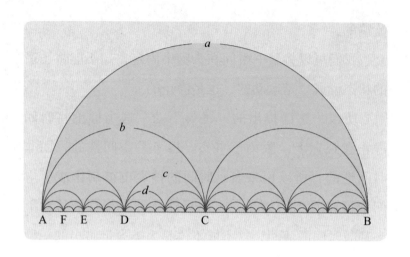

按照这个方法持续换算下去，以 $\frac{1}{8}$ $\overline{AB}$、$\frac{1}{16}$ $\overline{AB}$……也就是 $\overline{AE}$。$\overline{AF}$ 为直径的半圆弧长的 8 倍、16 倍……也等于 a 的长度。

所以，这样无限换算下去，半圆的弧长会越来越趋于直径的长度，直至相同。

由此推理出来，直径的长度等于半圆的弧长。

如果我们将这个理论的条件稍微变换一下，参考左图中的三角形两边长度，那么似乎三角形两条边的长度和应该等于第三边的长度。

这个矛盾的问题的根源是混淆了逻辑推理与图形。无论多小的半圆或者三角形，弧长和两条边之和都不会与直径或者第三边长度相等。"无限换算下去，半圆的弧长会越来越趋于直径的长度，直至相同。"这是肉眼看出的情况，并不是真正逻辑推理上的判断。我们应该相信的不是眼睛，而是真理。

谁赢了裁判

有一种辩论游戏，就像比谁更能说谎一样，尽力地说服对方相信自己。在比赛过程中，如果无法进行判定时，就需要从法院请裁判来进行判断。

很久以前有一个很擅长辩论的辩论家。有一天，一个年轻人上门向这个辩论家讨教辩论的方法。这个年轻人没有钱付学费，所以他和老师约定，当学成走向社会后，他会尽力多赢得辩论比赛，来报答老师。于是，辩论家开始免费教给他辩论方法。

老师和学生都很努力，希望学生可以学成赢得比赛。终于，这个年轻人以优异的成绩完成了辩论知识的学习，走上了社会。他在生活中的很多方面都取得了成功，但是，他并没有参加辩论比赛。一直在等待好消息的老师终于坐不住了，因为这意味着他白白教了这个学生，没有拿到应有的报酬。

老师最终找到了法院，提出诉讼，向学生索要学费。

法院上，老师和学生开始了一场辩论。

老师先对法官说道："尊敬的法官大人，这场官司我无论是赢是输，都可以从弟子那里拿到我赢得的学费。如果法官判定我赢，那么我就一定会拿到我要求的那一部分学费。如果法官判定我输，那么我的弟子就赢了这一场辩论，也就是说他按照我们之前的约定，用赢得辩论来报答我。所以，请进行判决吧，我会拿到我的学费的。"

听了老师的一番话后，弟子说道："尊敬的法官大人！老师好像并不正确。我认为，这场官司我无论是赢是输，都不会支付给老师学费。如果您判定我赢，我当然不用支付学费。如果您判定我输了，那么按照我们当初的约定，我就不用支付这一份学费了。所以，我不会支付学费的。"

一个人坚持要收学费，一个人坚持绝对不会支付学费，法官会怎样判决呢？

克里特岛人都喜欢撒谎

如果一个人说"我在撒谎"，那么他这一句话到底是真话还是假话呢？如果他说的是真话，那么他就确实在撒谎；如果他说的是假话，那么他确实如他所说的在撒谎。

　　上面这个例子中，看似错误的，实际是正确的；相反，看似正确的时候又是错误的。这样的自我矛盾我们称之为悖论，或者谬论。

　　公元前 6 世纪，有一个岛叫做克里特岛，岛上出了一个诗人，也是预言家，叫艾皮米尼地斯。他有一句著名的话："克里特岛人说的每一句话都是谎话。"你怎样来看这一句话表述的观点呢？是夸张，但却引人深入思考。

"今晚的星星真亮啊。"

"我们班里的学生都是天才。"

与这两句话相似吗？

艾皮米尼地斯并不是没有根据地说了一句夸张的话。这句话中隐含着让人思维混乱的危险内容。问题在于，说出这句话的艾皮米尼地斯本身就是克里特岛上的人。也就是说，如果艾皮米尼地斯说的话是正确的，克里特岛人的每一句话都是谎话，那么他这句话就一定也是一句谎话。这句话与这个故事开头的例子一样是一个悖论。

"所有的规则都有例外。"这句看似平常的俗语，每个人都听过，但是如果仔细推敲，会发现这是一个自相矛盾的悖论。如果所有规则都有例外，那么这条规则，即"所有的规则都有例外"这条规则也存在例外。那么这个例外是什么呢？就是存在没有例外的规则。这与"所有的规则都有例外"的规则是矛盾的。

刽子手的问题

有一个国家，人民反抗死刑，所以国家决定将所有死刑在判决 1 年后执行，但是这个日子不能由罪犯自己说出，这就等于废止了死刑。因为如果罪犯知道自己在第 365 天要被执行死刑，他就可以说出来，那么这一天就不能执行死刑；如果国家决定在第 364 日执行死刑，死刑犯知道后说出来，这一天仍旧不能执行死刑。如果国家决定在第 363 日也一样……最终，死刑犯不会被执行死刑。

预言者的故事

有一天，有个国家里来了个预言家，他四处批判国家的政治。国王大怒，下令将他抓了起来，并且命令预言家进行一次预言。国王说："如果你的预言实现了，我要将你挂在十字架上；如果你的预言没有实现，我要对你施以绞刑。"

预言家思考了一会儿，做出了下面这个预言："我会被上绞刑"。

我会被上绞刑。

于是预言家躲过了一死。你知道为什么吗？

理发师的矛盾

有一个人路过一个村子，他走进一家理发店理发，闲聊时问理发师在这个村子里是否有竞争对手。理发师回答说："我在这个村子里没有竞争对手。这个村子里除了给自己理发的人，其他人的头发都由我来理。"

这个村子里除了给自己理发的人，其他人的头发都由我来理。

听完，路人开始疑惑了：如果按理发师说的，理发师自己的头发由谁来理呢？我们也来想一想吧。

首先，如果理发师自己理发，那么按照理发师的话，村子里给自己理发的人不用他来理发，那么他应该不给自己理发。如果理发师不给自己理发，按照理发师的话，村子里不给自己理发的人都由理发师来理发，那么他应该给自己理发。

竟然会这样！这个可怜的理发师，自己的头发，理也不是，不理也不是了。

最少用 17 个以下字无法表现的最小整数

最后我们来看一个和数字有关的问题。

所有的整数不用阿拉伯数字都可以表现出来。比如，7 写作"七"，"第七个整数"，"第三个单数质数"；63 写作"九的七倍"；7396 可以写作"七千三百九十六"，"百的七十三倍加上九十六"，"八十六的平方"等等。

通过这种方法，一个整数可以用几种形式表现出来。

下面我们将整数分成两个集合。最少用 17 个以下字就可以表现的整数属于第一个集合，至少用 18 个以上字表现的整数属于第二个集合。那么，在第二个集合中，肯定有一个最小的数字。我们暂时不去追究这个数到底是多少，只需记住"最少用 17 个以下字无法表现的最小整数"这个概念。但是，这个表述内容却正好有 17 个字。这与"至少用 18 个以上字表现的整数属于第二个集合"的条件矛盾。

数学中有很多地方需要进行求证。证明与辩论一样，是已知事物的正确性，根据已知条件进行证明得出正确结论的过程。证明过程中要注意不能出现矛盾。

人类之所以比其他生物高级，是因为人类思考的过程是遵循逻辑的，人类可以驾驭逻辑。数学之所以成为学问的源泉，是因为它以逻辑推理为基本框架。就算有权力，也无法忽视逻辑下达的命令。希腊人严格遵循这一点，所以很早就在发展几何学的同时开始发展民主。有权力的人不会单凭一己之愿胡作非为，人民在自由的氛围下大力发展数学。

欧几里得做国王私人教师时的一段对话古今闻名。

"几何学还真是复杂难学又枯燥无味啊。我们能更加轻松地学习它吗？"国王问道。

"在几何学里，大家只能走一条路，没有专为国王铺设的大道。"欧几里得回答道。

从这里可以看出，几何学——当时的数学也被看为几何学——是一种逻辑学问，所有人学习的方法也应该从逻辑思维出发。

谁更擅长说谎

　　4月1日是愚人节，这一天说谎是无罪的。我们无法得知是谁创造了这个节日，但是这个人应该是考虑到大家一年都在严肃地生活，所以才创造了这个节日，让我们可以放松一天，尽情地说谎。

　　可是，人们有时候在4月1日之外也会有想要说谎的时候，所以有人就创造了一种说谎游戏，也就出现了"说谎俱乐部"，加入的成员可以尽情说谎。下面就让我们来看看，故事中谁才是说谎俱乐部的会员吧。

　　问题 1

　　向3个人提出问题，问"你是不是说谎俱乐部的会员"的时候，A的回答含糊不清。

　　B回答说："A说他不是说谎俱乐部的会员，A确实不是。我也不是会员"。C回答说："B在说谎！A是会员。"

那么，到底谁是"说谎俱乐部"的会员？谁不是呢？当然，这个故事的前提是"说谎俱乐部"的会员一定在说谎，不是会员的人一定没有在说谎。

答案：这不是一个简单的猜谜问题，而需要进行数学推理。下面我们将答案分成 1 到 8 种情况，写在下面的表里。

	1	2	3	4	5	6	7	8
A	○	○	○	○	×	×	×	×
B	○	○	×	×	○	○	×	×
C	○	×	○	×	○	×	○	×

表中○表示会员，×表示非会员。

让我们先来看 B 的回答。"A 说他不是说谎俱乐部的会员，A 确实不是。我（B）也不是会员"。如果 B 是会员，那么

$$A=○，B=○$$

如果 B 不是会员，那么

$$A=×，B=×$$

所以，答案应该在 1、2、7、8 这 4 种情况中。
因为 C 与 B 持相反意见，所以，

$$B=○ 时 C=×$$

$$B=× 时 C=○$$

我们下面再来比较一下 A 与 C 的立场。C 否定了 A 的说法，那么

$$A=\bigcirc 时 C=\times$$

$$A=\times 时 C=\bigcirc$$

所以答案应该在 2 和 7 中。具体应该是哪一个答案呢？一般人也许到这一步就不会继续想下去了。

现在让我们再从头开始思考。

我们来讨论一下 A 说的到底是不是"我不是会员"这个问题。很遗憾我们无法听清楚 A 的答案，但是如果 A 是会员的话，他应该怎样回答呢？如果 A 不是会员，又应该怎样回答呢？无论是什么情况，A 都会说"我不是会员"。

因为，如果 A 不是会员，他不会说谎，会如实表示自己"不是会员"。如果 A 是会员，他当然要说谎，表示自己"不是会员"。所以，B 在转述 A 的话的时候没有说谎。所以，B 不是会员。

$$B=\times$$

所以答案是第 7 种情况。即

$$A=\times，B=\times，C=\bigcirc$$

有名的侦探小说家大部分都喜欢数学。当然，数学并不意味着完全是背诵公式和计算，还包含着逻辑推理。

因为侦探要擅长观察和推理犯人是否在说谎，小说家在构思侦探小说的时候，逻辑思维要非常清晰。

问题 1 中，我们了解了什么是数学推理，那么下面我们再来看一个问题。

问题 2

从前，有一个岛上生活着只说谎话的"谎话族"和只说真话的"真话族"两种人。有个旅行者来到了这里，看到 3 个人坐在一起，他问左边的人："坐在中间的人是真话族吗？"

左边的人回答说："他是谎话族。"

这时中间的人反问旅行者："你觉得坐在我两边的人是谎话族还是真话族？"紧接着又说道，"他们两个是一个族的。"

旅行者问右边的人，"坐在中间的人是真话族吗？"

右边的人回答说："是的"。

那么，他们三个人中，谁是真话族的呢？

答案：坐在两边的人对同一个问题有不同的回答，所以他们中肯定有一个是谎话族。那么坐在中间的人说两边的人是同一个族的，这个人一定在说谎，他是谎话族。所以，左边的人是真话族，右边的人是谎话族。

在解决上面两个问题的时候，我们不需要用到公式或者计算过程，只需要进行逻辑推理即可。下面你也来试试自己的逻辑推理能力吧。下面的问题中涉及到了 4 个人，推理方法与上面方法相似。

问题 3

现在有"谎话俱乐部"和"真话俱乐部"两个俱乐部。"谎话俱乐部"的人只说谎话，"真话俱乐部"的人只说真话。

在一个聚会上，你遇见了4个绅士。你问他们：
"你们哪些是谎话俱乐部的会员？哪些是真话俱乐部的
会员？"他们四个的回答如下：

绅士 A："我们四个人都是谎话俱乐部的会员。"

绅士 B："这里只有一个人是谎话俱乐部的会员。"

绅士 C："四个人中有两个人是谎话俱乐部的会员。"

绅士 D："我是真话俱乐部的会员。"

那么，D 是哪个俱乐部的会员呢？

答案： A 一定是谎话俱乐部的会员。因为如果四个
人都是谎话俱乐部的会员，他应该回答假话，不应该说
出四个人都是谎话俱乐部的会员。所以至少有一个人是
真话俱乐部的会员。

B 也是谎话俱乐部的会员。因为如果他是真话俱乐
部的会员，因为我们已经判定了 A 是谎话俱乐部的会
员，那么 C 和 D 也应该是真话俱乐部的会员。但是 C
和 D 的答案是矛盾的，所以 B 也是谎话俱乐部的会员。

C 不确定是哪一个俱乐部的会员。如果他是谎话俱
乐部的会员，那么 A、B、C 三个人都是谎话俱乐部的
会员。因为 A 的答案是谎话，所以这时 D 就应该是真

话俱乐部的会员。如果他是真话俱乐部的会员，因为 A
和 B 是假话俱乐部的，那么 C 和 D 就都是真话俱乐部
的会员。

所以，我们推出 D 是真话俱乐部的会员。

反方向攻击的反证法

不在场证明

"自然数是无限多的。"这个命题该如何来证明呢？

我们不能用"那是因为自然数 1、2、3……是无限的"这么含糊的方法来证明。先看看下面的证明方法。

❶ 假设自然数不是无限多的，是有限多的。

❷ 那么这里就出现了矛盾。如果自然数是有限多的，那么存在的最大的自然数 a。但是 a+1 也是一个自然数，那么 a 就不是最大的数。

❸ 所以假设不成立，自然数是无限多的。

这个方法是先假设一个与命题相悖的前提，经过一系列推理证明假设不成立、原命题成立，这种方法叫做反证法。

纵火案中若嫌疑犯声称自己是清白的，他要怎样向警方证明自己是无辜的呢?

"我绝对不是犯人!"

这样喊上几十遍几百遍也没有用。这时候需要的是火灾发生的时候嫌疑犯的不在场证明。

如果嫌疑犯提出火灾发生时,自己正在距离火灾现场 1 小时路程的朋友家里,那么不在场证明成立,就可以摆脱犯罪嫌疑。

根据"犯人在犯罪时间内一定在犯罪现场"推出来的"犯罪时间内不在犯罪现场的人不是犯人",这就是结论。这是将同一个内容从不同方向推出的两条结论。

之前我们也曾经提到过,数学证明过程中,从反方向证明的方法叫做"反证法"。

反证法在生活中是很常见的。"按你这么说,不是太不合常理了吗?"这样的说话方式其实就是一种反证法。

在数学推理过程中,如果正面推理遇到困难,那么转换一下思想方式,用反证法也是非常有用的。

虽然反证法过程中需繁琐的程序,比如要先否定什么,再根据什么进行推理,然后找出矛盾在哪里,虽繁琐，但这却是一种反向证明的利器。反证法是数学中一种非常重要的证明方法。

"日晕雨，月晕风。"

"上下晃动的地震是强震。"

上面的知识是人们多年来总结出来的经验，但是，有时候人们在日常生活中总结出来的东西并不都是正确的。

在数学中，这种与预想和理论相悖的情况更常见。让我们来看一个例子。

"n 是比 1 大的自然数，那么我们是否可以说 n^3-n 无论什么时候都可以被 3 整除？"将 n^3-n 分解因式，得到

$$n^3-n=n(n^2-1)=n(n+1)(n-1)$$
$$=(n-1)n(n+1)$$

连续 3 个自然数中一定有一个是 3 或者是 3 的倍数，所以 $n^3-n=(n-1)n(n+1)$ 中，若 n 是比 1 大的自然数，那

么这个因式就一定可以被 3 整除。

　　我们按照这个方法，可以证明出当 n 是大于 1 的自然数时，n^5-n 可以被 5 整除，n^7-n 可以被 7 整除。证明过程就不再赘述。

　　由此可以得知，若 n 是比 1 大的自然数，n^9-n 可以被 9 整除，$n^{11}-n$ 可以被 11 整除，那么一般的

"当 n 是任意自然数，k 是奇数时，n^k-n 可以被 k 整除。"

但是这个推测其实是不正确的。当 n 等于 2、k 等于 9 的时候，结果并不是预想的那样。你可以动手计算一下。

　　"反例"可以证明某看法不成立，只需一个反例就可以推翻一条定理。看来，数学确实是一门非常严谨的学问。

　　人总有一死，这是宿命。我们经常听到人们慨叹人生虚无，比如有"人生好似清晨的露水"、"人生是一场梦"这样的话。

　　英语中也有类似的话："Man is mortal（人固有一死）."为了让人铭记这一点，也有一条英文的励志名言："Time and tide wait for no man（岁月不饶人）."

　　可是这个世界上，还是有人玩乐人间，游手好闲。

　　如果你有这样一个朋友，他不相信自己会死亡，你当然要劝阻他说："你也属于人类，所有人都会死去，你也会死去。"

　　如果你的朋友反驳说，"所有人类都会死去，但是我不一定会死去。我也许就可以永远快乐地生活下去。"

　　这时你该怎么办呢？这时，你就可以运用学习过的集合来证明给他看。

如果所有人类是集合 Y，所有都会死去的生物是集合 S，相信自己不会死的朋友是集合 X。

那么，S、Y、X 的集合关系如下图。

首先，X 是 Y 的子集，$X \subset Y$；

其次，Y 是 S 的子集，$Y \subset S$；

第三，所以得出 X 是 S 的子集，$X \subset S$。

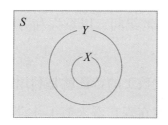

所以，这个朋友属于一定会死的集合，也一定会走到自己生命的尽头。

符号和逻辑推理

利用文字来表述定律

15 世纪到 16 世纪间，以意大利为中心兴起了全新的数学。

这种数学（代数）的特征就是利用印度·阿拉伯数字进行计算。虽然在现在看来似乎并没有什么特别的地方，但是如果你知道当时的数字运用起来有多么不方便，就会了解这种新数学的兴起是多么重要的一个历史事件。

另外，当时困扰着数学界的三次方程式、四次方程式被攻破了。这可以说是欧洲数学在希腊和阿拉伯的前辈们铺起的康庄大道上又迈上了一个新的台阶。

接下来的亮点是我们需要注意的。其一，全新的代数学是对古希腊以来的几何学的继承，即符号计算可以得到答案，但是需要几何学来进行证明。也就是说，在计算过程中，我们用符号来提供方便，用集合来进行证明。

第二点要注意的内容和解方程式时的说明有关。当时，解方程式是直接进行数字运算求解，后来再通过实例总结出来一般计算公式。比如，有下面一元一次方程式的解题实例。

$$3x+2=x+6$$

$$3x-x=6-2$$

$$2x=4$$

$$\therefore x=2$$

"首先将所有含 x 的项挪到等号左边，将所有常数项挪到等式右边，再进行计算……"

于是，我们总结出下面的方法。

$$ax+b=cx+d \qquad \cdots\cdots❶$$

$$ax-cx=d-b$$

$$(a-c)\,x=d-b$$

假设 $a \neq c$ 时

$$x=\frac{d-b}{a-c}$$

上面的方法中，无论 a、b、c、d 是什么数字，只要 a 与 c 不相等，就一定有解。同时，这个式子不仅可以求解，还省去了证明的过程。比如，上面的求解过程，还要将 x 值带入原式看是否成立。如果用第二个求

解过程，将 x 带入❶，会得到

$$\frac{ad-bc}{a-c} = \frac{ad-bc}{a-c}$$

所以，用代数方式代表数值计算，不但可以求解，它本身还是一个证明的过程。这个证明与"几何学"中的证明是不同的。这个过程不用具体的数字，只用符号表示一般定律。这是数学历史上一大革命，这个方法的创始人是笛卡尔 (R. Descartes, 1596~1650)。

几何学原本的概念就是研究图形的性质，笛卡尔依图形转换成数学式进行研究的举动，开创了全新的几何学——"解析几何学"的先河。

笛卡尔 | 开创了将图形转换成代数式计算的解析几何的先河。

比如，从下页的图中，我们很快可以看出来火车从首尔站出发，多少分钟后处于距离首尔站多少 km 的位置。这个图形中，y（km）表示距离，x（小时）表示时间。图中显示 $y=100x$。

反过来，如果只给出数学式，我们也可以画出这

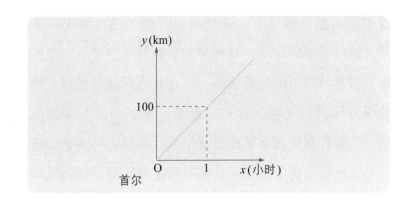

样一个图形。解析几何中涉及到的是，什么数学式对应什么样的图形，什么样的图形表示什么样的数学式等内容，我们这里就不再详细讲述。但是有一点要强调，就是数学式与图形之间有着紧密的联系。例如上面的例子中，时间的长短和列车经过的距离有着密切的联系，所以通过数学式可以精确地表现出图形。

笛卡尔作为解析几何这种全新数学的创造者，没有将解析几何局限于用数学式表现图形、用图形表示数学式这两点上。他整理了符号计算的规则，并将这个规则运用到一般的图形中去。

如果说研究图形和数学式之间的关系，在笛卡尔之前就已经有人投入其中了。古希腊时代有一个叫做阿波罗尼的数学家曾经对此有过研究。另外，与笛卡尔处于同一时代的费尔马对此进行研究所显示出的才能甚至超越了笛卡尔，但是令人遗憾的是，费尔马与笛卡尔不同，他没有那种用文字符号开创全新数学发展空间的抱负。费尔马留下的优秀成绩，不过是将阿波罗尼以来的希腊方法进行完善，在这一点上，费尔马留下来的东西，比起具有革新意义的笛卡尔来，就要逊色多了。

也许有很多学生在学校学习数学的时候，认为代数的符号计算乏味无趣，而且复杂难懂。但是符号计算的开始，却是数学历史上其他数学成果无法比拟的一个重要事件，请铭记。

符号的用处（1）

丢番图墓志铭上的数学题

有些人讨厌数学，是因为数学有太多生硬的符号。但若没有这些符号，数学计算应该会更加复杂和麻烦吧。《圣经》中的"马太福音"中有下面这样一段话。

亚伯拉罕生以撒，以撒生雅各，雅各生犹大和他的弟兄……撒门从喇合氏生波阿斯……以律生以利亚撒，以利亚撒生马但，马但生雅各，雅各生约瑟，就是玛利亚的丈夫。那称为基督的耶稣，是玛利亚生的。

无论这些话有多少意义，读过后都似乎无法加深印象。比起语言，人类对于符号的印象更加深刻。所以数学计算中，可以给人留下深刻印象的符号是非常必要的。比如，甲斗和甲顺的儿子斗帅有两个孙子分别叫哲洙和

顺子，哲洙的两个孩子分别叫英淑和英南。这一句话我们用下面的符号表示出来后，看起来就更加清楚了。

有人将数学看成"符号的学问"，可见符号在数学中的重要性。无论多么高深的数学，没有符号，就很难表达意思。数学刚刚诞生的时候，并没有现在这样多的符号，但是随着数学的发展，越来越多的符号在为数学提供着便利。符号的发明也成了促进数学发展的加速器。

"什么数加上 5 以后的 2 倍是 100，这个数是多少？"

听到这个问题，大家就会列出（5+x）×2=100 这样一个方程式，来求 x 的值。这样我们就无需去深入探寻，只要做一些机械的计算就可以了。但是在还没有阿拉伯数字，没有"（）、+、=、x"这些符号的时候，人们解这个题的时候就要费劲多了。可见，现在数学问题之所以变得容易，是因为有了这些便利的符号。所以，简单的或者非常难的高等数学中，这些符号都是必须有的。

数学家丢番图的墓碑上刻了这样一段墓志铭："过路的人啊，这里是一座石碑，里面安葬着丢番图。他的寿命有多长，下面这些文字可以告诉你。他的童年占

一生的 $\frac{1}{6}$，接着 $\frac{1}{12}$ 是少年时期，又过了 $\frac{1}{7}$ 的时光，他找到了终身伴侣。5 年之后，婚姻之神赐给他一个儿子，可是儿子命运不济，只活到父亲寿命的一半，就匆匆离去了。4 年之后，丢番图走完了人生的旅途。"

设丢番图的寿命是 x 岁，那么，

$$x = \frac{x}{6} + \frac{x}{12} + \frac{x}{7} + 5 + \frac{x}{2} + 4$$
$$x = 84$$

无论是谁，如果想准确地传达信息，都要使用便捷但千篇一律的符号。如果你能理解到这一点，并且熟练掌握使用方法，那么符号对你来说就是一个可以提供很多方便的利器了。

符号的用处（2）
数学历史即符号历史

　　有人说数学是符号的学问。人类之所以使用符号，是因为符号具有快速传达意思的功能。

　　高速公路上，道路两边有很多道路警示牌，下图就是两个标着"此处不准超车"、"前方施工"信息的道路警示牌。

　　这种符号可以让人在看到的第一眼就迅速做出相应的行动，非常方便。将复杂的内容用简单的方式表示出来，可以节约不必要的思考时间。

　　符号的历史也是数学的历史。

　　一般进行加法和减法运算的时候，我们不需要使用等号（＝）。比如，当问到"3 加 4 等于几"的时候，我们可以马上写出答案"7"，而不需要必须写出 3+4=7 这个等式。但等号在方程式里却有很大的作用。那么，我们从什么时候开始使用等号的呢？

我们现在使用的等号"="是英国人雷科德(R. Recorde, 1510~1558)1557 年在《砺智石》一书中首次使用的。雷科德设计这个等号的灵感来自"世界上没有比两条平行线还要相似的东西了"这句话。

在当时的欧洲大陆，人们已经在使用"="，但是有其他的意思。法国数学家韦达（F. Viete, 1540~1603）的书中用这个符号表示两个数字的差。另外，当时也用这个符号来表示小数点，比如 102.857 写成 102=857。

我们还曾经使用过"匚、丨、2丨2"这些符号来表示"="。比如，$a^2+ab=b^2$ 曾经表示为 a^2+ab 2丨2 b^2。

另外，我们现在使用的不等号 >、< 是由英国的哈里奥特（T. Harriot, 1560~1621）最先使用的。

当时英国的奥特雷德（W. Oughtred, 1574~1660）发明的匚（＞）和 匚（＜）被人们广泛使用。第一个将等号和不等号合起来成为新记号（≧，≦）的人是法国人布格尔（P. Bouguer, 1698~1758），这些符号于 1734 年首次出现在他的书中。

数学的历史上，二次数学式的登场非常迅速。因为计算圆形或者正方形的面积，需要 πr^2 或者 x^2 这样的数学式。计算二次数学式 x^2 也需要反过来计算平方根。如果 x^2 是 X，那么 $\sqrt{X}$ 就等于 x（$x>0$），这时候就需要用到根号"$\sqrt{}$"。

数学的很多符号都和刚开始的"$\sqrt{}$"一样，使用起来不容易。

以前，很多人根据印度语中无理数的"无理"一词"carani"的第一个字母 c 来表示。所以就有了数学式：

$$ru3c45 \quad (3+\sqrt{45})$$
$$c15c10 \quad (\sqrt{15}-\sqrt{10})$$

阿拉伯人用平方根的根字"jidr"的第一个字母（阿拉伯字母）来表示 $\dfrac{\geq}{48}$（$\sqrt{48}$）。

平方根一词 (Square root) 中的 root 与拉丁语的 radix 渊源颇深。所以符号"$\sqrt{}$"被广泛使用之前，我们用 radix de 4 et radix de 13 来表示 4 的平方根与 13 的平方根之和（$\sqrt{4}+\sqrt{13}$）。

另外，16~17 世纪的时候，l 曾经用来表示平方根。

l 代表 latus（正方形）的一条边，在罗马时代人们曾经用"求 latus"来表示"求平方根"的意思。所以，

那时人们会写成

$$l\ 27\ ad\ l\ 12\quad(\sqrt{27}+\sqrt{12})。$$

16 世纪中叶，$\sqrt{}$ 也曾被写成下面的样子：

$$r^{l},\ r^{u}$$

欧拉（A. L. Euler, 1707~1783）将 $\sqrt{}$ 写成了 r。而真正开始使用现在的根号 $\sqrt{}$ 的人是笛卡尔。

在我们现在使用的符号登场之前，数学家们提出了很多符号使用方案，这些方案后来都已不再使用，但是我们不能忘记这个改良的过程。这些努力带来了今天数学的迅速发展，也使今天的数学能够如此直白和简单。

数学符号的历史

+、−、×、÷、π、x的历史

+与−

这两个符号是德国的维德曼（J. Widmann）创造的。1489年他首次用（+）表示盈，用（−）表示亏。后来这两个符号被用来表示增加和减少。

但是首次使用+的人却不是维德曼，是一个意大利的数学家，叫做列奥纳多（Leonardo Pisano）。列奥纳多将"7加8"写成"7和8"，中间的"和"字是拉丁语的"et"，简化后变成+。而−是代表有减少意思的"minus"的首字母快速写出后的样子。

×

奥特雷德（W. Oughtred, 1574~1660）1631年在其著作《数学之钥》中首次用"×"表示两数相乘，即现代的乘号，后日渐流行，沿用至今。

÷

1659 年雷恩（J. H. Rahn）在一本代数书中首次采用这种符号代表除号。符号来源于代表两个数之比的"∶"。

a^2, a^3, …

指数符号是笛卡尔（R. Descartes, 1596~1650）首次使用的。

圆周率 π

琼斯（W. Jones, 1675~1749）首先使用了圆周率 π 的符号。

后来，欧拉（L. Euler, 1707~1783）、伯努利（J. Bernoulli, 1667~1748）、勒让德（A. M. Legen–dre, 1752~1833）等大数学家们也开始使用这个符号，于是 π 开始被广泛认可和使用。

$f(x)$

初次使用"函数"这一词的人是数学家莱布尼茨（G. Leibniz, 1646~1716）。欧拉是第一个使用符号 $f(x)$ 的人。

未知数 x

笛卡尔习惯用 x、y、z 来表示未知数。

简单又复杂的不等式

无法颠覆的关系

不等式不同于等式，计算时容易出现失误。比如，

$$x-1<3-x<2 \quad \cdots\cdots ❶$$

这个不等式求解时，分成两个不等式

$$x-1<2 \quad \cdots\cdots ❷$$

$$3-x<2 \quad \cdots\cdots ❸$$

❷中求出 $x<3$，❸中求出 $1<x$，然后出现错误答案

$$1<x<3$$

之所以出现这个失误，是因为计算时没有考虑到不等式与等式的差别。

比如 $a=b=c$ 这个等式，若分成两个，下面几种分法都是正确的。

$$a=b,\ b=c\ \text{或}\ a=b,\ a=c\ \text{或}\ a=c,\ b=c$$

但是不等式 $a<b<c$ 不同，若分成两个等式，只有 $a<b$、$b<c$ 一种形式。

因为我们从 $a<c$、$b<c$ 中无法得到 $a<b$，也不能从 $a<b$、$a<c$ 中得到 $b<c$。所以，上面的不等式一定要分成下面的形式。

$$x-1<3-x$$
$$且\ 3-x<2$$

求出正确的解为：

$$1<x<2$$

另外，等式两边同时乘以相同的数字，等式两边仍然相等。而不等式不一样。比如，3>2 的两边同时乘以 −2、−6<−4，不等号方向发生改变。

算术平均数、几何平均数和调和平均数之间的不等式：

（算术平均数）（几何平均数）（调和平均数）

$$\frac{a+b}{2} \quad \geqq \quad \sqrt{ab} \quad \geqq \quad \frac{2}{\frac{1}{a}+\frac{1}{b}} \quad （仅且\ a=b）$$

之间的关系是非常有名的。

另外还有一条著名的公式"三角形两边长度和大于第三边"，表示出来就是

$$|a+b| \leq |a|+|b|$$

这个不等式被称为"三角不等式"，是数学中非常重要的一个公式。

下面两个不等式是著名的"施瓦茨不等式"。

$$(a^2+b^2+c^2)(p^2+q^2+r^2) \geqq (ap+bq+cr)^2 \quad \cdots\cdots ❶$$

$$\left[\int_\alpha^\beta \{f(x)\}^2 dx\right]\left[\int_\alpha^\beta \{g(x)\}^2 dx\right] \quad \cdots\cdots ❷$$

$$\geqq \left[\int_\alpha^\beta f(x)g(x)dx\right]^2$$

如果你能看出这个不等式中❶、❷在本质上与上面的三角不等式相同，说明你是一个具有数学天赋的人。

数学是什么 5

人们创造出数字与图形，归功于人们热衷于寻找事物的共同特性，忽视个别特性。这就是"抽象"的结果。

数学的生命是抽象的

寻找事物的共同特征

人们能创造出数字与图形，归功于人们热衷于寻找事物的共同特性，忽视个别特性。这就是"抽象"的结果。

关注几个（无限多的数）事物的共同性，我们称之为"抽象"；忽视个别特性，我们称之为"舍象"。这里，抽象的"抽"字意为舍弃不必要的部分。

人们说，数学是一种抽象的学问。确实，数学是有着抽象生命力的学问，是比任何其他一门科学都要抽象的科学。但是，如果你真的问到抽象是什么意思，我会回答说，这是一种含糊不清的、模糊的、不具体的观念的产物……这也是一个含糊不清的答案。

但是不管怎样，一般来说，抽象这个词不算是褒义词。如果我们用三段论法来进行下面的推论，就有麻烦了。

❶ 抽象的东西不好。

❷ 数学是抽象的。

❸ 所以，数学不好。

很久以前就有这样一句话："数学是科学界的女王。"最近，这句话几乎成了一个常识。物理学、化学、生物学等等自然科学，当然还有地理学、经济学、教育学，还有政治学等的教科书上，都无一例外地需要用到数字。不用公式的学问甚至都没有资格被称为一门学科。所以，数学这门学科虽然是抽象的，但是却是美好的。

抽象的效果

定律中经常出现"所有……都是……""无论何时……都会……"这样的字眼儿。因为抽象是以共同特征为前提，所以定律可以由抽象中总结出来。这种从一般事物中总结出定律的过程叫做"归纳"。

抽象是人类发现的最优秀的事物。比如，从哺乳这个特征上，我们寻找出了看似与人类毫无关系的海豚与人类的相似处——同属于哺乳动物。共产主义理论的先驱马克思（K.Marx,1818~1883）在其著作《资本论》中总结出商品的共同特性：

"劳动生产物。"

"有使用价值。"

"可以进行等价交换（具有交换价值）"。

另外，1、2、3、4这些数字是从苹果和山羊的数量中抽象出来的数字。

牛顿（I. Newton, 1642~1727）将"自由落体"规律运用到月球上，计算出月球的向心加速度，总结出"万有引力定律"的过程，也是一个抽象的过程。

数学是高深的概念

抽象过程中总结数学概念

数学无法脱离抽象，那么，在抽象的过滤作用下可以得到什么结果呢？

笔直向上生长的树木，蜿蜒的海岸线，夜空中划过的流星……提到这些，我们经常会用到"无边无际的，无限多的，蜿蜒不尽的，没有尽头的直线"这样的概念来形容。

之前我们提到过"概念"。总结事物的共同性质叫做"抽象"，将共同性质总结出来叫做"概括"，概括出来的思想叫做"概念"。

用尺子画出来的线看似没有宽度，但是在显微镜下宽度就能显示出来了。无论多么平整的玻璃表面都不是绝对平整的，就像通过人造卫星看到的地球或月球表面。

所以，直线和平面的概念是"理想化"的，想象出来的事物，实际上并不存在。所以说，直线或者平面这样的概念是我们从线和玻璃表面这样的事物中总结想象出来的结果。

真、善、美这样的抽象名词，抑或人类、汽车、食物等等普通名词，都是经过过滤的概念。数也是一种概念，只是更深了一个层次罢了。

实证与论证

把握定律之间的相互关系

因为抽象是从经验中总结出来的，所以，没有经验，也就没有所谓的定律。"逻辑推理"是在我们探索尚未涉及的领域时能够给予我们指导的工具。

因"比萨斜塔"而出名的伽利略（G.Galilei，1564~1642）在实验中让两个不同重量的物体下落，比较下落速度，用实验的结果来推翻亚里士多德（Aristoteles，B.C. 382~B.C. 322）的物体下落速度与物体的重量成正比的看法。这种用实际事例来证明的过程叫做实证。

其实，如果想要推翻亚里士多德的错误看法，除了实证，下面的方法也是可行的。

如果重量为 1 的物体下落速度为 1，重量为 10 的物体下落速度为 10，那么将这两个物体捆绑在一起后，下落的速度应该在 1 和 10 之间。但是如果按照亚里士多德的说法，重量分别为 10 和 1 的物体捆绑后的重量是 11，下落速度应该是 11，这是一个有矛盾的结果。

这种单纯从理论上来证明的过程叫做"论证"。数学中的证明就是一种论证。论证的过程中把握定律之间的相互关系是非常重要的，创造了论证数学的希腊人很早以前就明白这一点。

比如，毕达哥拉斯学派的人发现的三角形内角和是 180° 的几何定律，就是通过论证的方法得来的。

我们将定律与定律之间的关系称为逻辑关系。逻辑关系是人类在头脑中总结出来的世界中的现象。也就是说，逻辑推理也是一种抽象作用的结果。因逻辑推理（论证）是一种"从真理中总结出来的正确结论"，所以就算没有亲身经历过，使用逻辑推理也可以达到应有的效果。

我们根据十进制法原理，依照 100、1000、10000、100000……的规律，在数字后面加 0，无论多大的数字都可以写出。这些数字不是从实际的多少亿多少兆的事物中抽象出来的，而是根据十进制法逻辑推理出来的结果。

加法也同样，计算 2 加 3 等于 5 的时候，一个手先弯曲 2 个手指，然后再数弯曲的 3 个手指，于是弯曲的手指合在一起就是 5 个。幼儿园的孩子们刚开始接触数字的时候就是这么来学习的。若孩子有了经验，就会总结出 20+30=50，200+300=500，甚至 2000+3000=5000。这些计算只需加上 0，不需要再数着手指来算了。

那么，不经过实际去数，我们就可以自信地说200000+300000=500000 吗？不是的，也需要去数，只是数的方法有些改变。我们不会一个一个地相加得到答案是 500000，具体方法如下：

200000 在十进制原理中代表 100000 个 2，300000代表 100000 个 3，如果将 100000 堪称一个单位，那么2 单位 +3 单位 =5 单位，得到答案为 500000。

定律与定律之间存在着关系，这样就组成了一个密切的小关系链。小关系链联合起来组成秩序井然的体系，体系中的定律相互作用，就会形成新的定律了。

演绎与归纳

绝对确定性 VS 非绝对确定性

前面我们提到，"归纳"是指从一系列具体事实概括出一般原理的过程。从普遍性的前提推出结论的过程叫做"演绎"。

例如，已知"所有人都会死"的一般原理，推出特定的人（比如你我）一定会死的个别命题的过程就叫做演绎。纵观人类历史，苏格拉底、释迦牟尼、孔子等所有人都注定会离开这个世界。我们从这里总结出"所有人都会死"的过程叫做"归纳"。

从上面的例子中，我们可以清楚地看到演绎和归纳两种方法的差异。通过演绎得到的是绝对确定的结果，通过归纳得到的是非绝对确定结果。

从"所有人都会死"中推理出"苏格拉底会死"的结果是绝对确定的，因为"所有人都会死"的命题中已经包含"苏格拉底会死"这个命题。所以，后者当然是绝对的。

这里有一点我们要注意，演绎结果有绝对确定性与推理出演绎结果的前提原理的确定性没有关系。比如，"所有哲学家都是疯子"很明显是错误的命题，但是以此为前提推出的"某个哲学家是疯子"的命题却具有绝对确定性。

从数学和逻辑学中，我们可以清楚地看到演绎法得到的这种绝对确定性。数学和逻辑学的命题（定理）之所以绝对正确，是因为它们是从一般定理中完全演绎出来的。所以，这种学问是一种超越了现实中的人们经历的绝对知识。

概念的内涵与外延

元素列举法与条件提示法

　　用元素列举法将集合 A 中的元素一一列举出来后的内容叫做集合 A 的外延。

$$A=\{1,\ 2,\ 3,\ 4,\ 6,\ 12\}$$

　　用下面表述条件的方法总结出来的集合内所有元素的共同性质叫做 A 的内涵。

$$A=\{x\,|\,x\text{ 是 12 的约数}\}$$

　　"内涵"和"外延"原本是哲学术语，例如所有的狗的共同点是具有"狗"这个概念的内涵，所有的狗构成"狗"概念的外延。"内涵"和"外延"的概念被用在数学上是因为"集合"的需要。作为例子，我们来看一下直角三角形的概念。

❶ 3 条线段相连组成；

❷ 是平面图形；

❸ 有一个角是直角。

这些是直角三角形的共同性质，这些共同性质就是直角三角形的内涵。

概念的内涵确定后，符合这个内涵条件的所有三角形的集合就确定了。这个集合中的所有三角形就是直角三角形概念的外延。

数学是最奇特的对话
对话讨论的数学学习方法

　　用语言交谈就是对话，但是古人口中的对话（dialogue），是一个对某一主题进行商议，分享意见直至全部认同的过程。

　　柏拉图（Platon，B.C. 427~347）的对话录《飨宴》中体现了当时的对话形式。《飨宴》的希腊语是Symposion，现在的"symposium（座谈会）"一词就是从这儿来的。希腊人非常享受手持葡萄酒彻夜长谈的过程。

　　数学是理性的对话，大概也正因为这一点，柏拉图的对话录中出现了含有数学内容的话题。

　　有很多人，从幼儿园到高中，对数学这个科目都不擅长，认为数学枯燥无趣。殊不知，双眼无神，一味抄着黑板上大片数学板书的学生更是老师心中的痛。

　　原本数学这门科目并不是在课堂里学习的内容。

　　学问分为文字记述的学问和对话讨论的学问两

种，数学本应属于后者。随着社会的发展、知识体系的发达，人们越来越匆忙。曾几何时数学已然成为了一种记述的学问。殊不知，通过对话来探讨的数学，才是真正的数学。

老师和学生们之间经过探讨，互相分享意见来传达知识的教学场面，着实令人期待和欣喜。

数学源于定义

数学对话的出发点，定义

　　对话（争论）时最重要的一点是定义。同一句话用在不同的地方时，会产生不同的效果。

　　比如，韩国人和爱斯基摩人对话时，一个说"熊是黑色的"，一个说"熊是白色的"，这是因为两个人口中的"熊"不是同一个品种，不是一个定义。

　　这不是一个笑话。我们在生活中经常能看到两个人在争论，但有可能两个人争论的内容并不是以同一个定义为基础的。如果双方能够明确争论对象，争论的矛盾也许就会消失了。

　　这里所说的定义，是指确定概念内涵的行为。

　　前面已经定义过概念的内涵，这里就不再详述。

　　生活中还有很多类似于这种"熊"的争论，也许睁一只眼闭一只眼就过去了，但是数学中若出现这种问题，就很严重了。因为数学的概念会被用到很多地方。

一条定理会被用到全世界。所以，数学界要从对话出发，严格对待每一个定义。

数学中最初的定义

希尔伯特与康托尔的无定义术语

　　对话（争论）需要一定的严谨性，这是东西方人很早以前就总结出来的经验。从苏格拉底对话开始时，相关用语（概念）就一定要被定义。包括孔子在内的中国春秋时期的诸子百家也不例外。但是数学却有所不同。希腊的数学虽然有定义，但是东方数学的历史上，关于定义却有很长一段时间的空白。

　　数学上的第一个定义出自欧几里得的《几何原本》。书中的第一章有 23 个定义，如下：

❶ 点无大小。

❷ 线无宽度。

❸ 点是线段的尽头。

❹ 直线是点在空间内沿相同或相反方向运动的轨迹。

……

这些定义看起来似乎将很简单的东西说得非常复杂，因为这是从无到有的第一次。这些定义明确了数学的概念，规范了数学的形式。欧几里得是数学历史上一颗璀璨的明星。

但是这段定义似乎也存在问题。如果有一个什么都不懂的小孩儿或者一个非要刨根问底的人问"宽度是什么"这类的问题，我就要无限地定义下去了。

这时定义就要在某处设立一个终点，即没有可定义的用语（无定义术语）可用。点、线等基本用语由希尔伯特（D. Hilbert，1862~1943）划成无定义术语，确立了几何学的体系（几何基础）。

康托尔（G. Cantor, 1845~1918）的《集合论》中首次将集合一词划为无定义术语。

最近人们研究学问时常随意确定出发点，无定义术语成为人们研究学问的不合理捷径。这是严谨的数学学科的一大忌讳。

从公理中学来的知识

几何促进数学的发展

东方人头脑聪明手脚灵活，科学也曾达到过一个很高的水准，但是为什么现在比西方要落后呢？

中国民族的自豪——活字印刷，拥有着悠久的历史。15 世纪中叶古腾堡（J. Gutenberg, 1397~1468）发明金属活字印刷后，活字印刷文明拉开了序幕。

金属活字印刷的第一本书是一本经书。30 年后的 1482 年，意大利威尼斯出版了欧几里得的《几何原本》一书的活字印刷本。

《几何原本》是 2300 多年前欧几里得写的一本有关几何学的书籍，讨论了几何学的很多问题。这本书上的 465 条内容现在基本上都被使用着。这本书之所以珍贵，是因为它追求让所有人都能看懂的证明方法的精神。比如，就算完全不懂几何学的人，也会因它而清楚"三角形任意两条边长之和大于第三边"的事实。

这种精神强调：即使所有人都知道的事情也需要一个证明过程，让所有人从心里接受这个事实。不但科学界应该具有这个精神，我们在生活中也应该追求这种精神。正因为这种精神，西方人已经走在了东方人的前面。

欧几里得写这本书的时候，希腊人有着非常开放的言论自由。人们互相讨论，首先掌握共同的原理，然后再分享意见，对话的结果才令人期待。

几何学研究过程中，这个共同的原理就是"公理"。

虽然自然科学很简单，但是无论何时都遵循一定的原理。比如物体下降是遵循重力原理等等，人们从这些原理上总结出知识。这就是欧几里得几何学的精神。

我们虽然比西方更早发明了金属活字印刷术，但是我们并没有比西方提早印刷出几何学书籍。东方的科学一度停滞不前，很大的原因是没有出现欧几里得的《几何原本》这样的几何书，更没有去追求这种精神的缘故。

6 数学的构造

数学研究的对象不是水中的游鱼，而是这些游鱼的共同特征，是隐藏在表象下的具体"结构"。

用数学方法画出的设计图

数学是一项揭示隐藏构造的工作

　　有人曾经做过一个实验，将香蕉放在高处，黑猩猩会将两根棍子接到一起去取香蕉。从这个实验中，我们看到了黑猩猩用两根棍子创造出新的长棍子的创造力。

　　第一个实验中，黑猩猩学着把两根木棍拼接起来去取高处的香蕉，得到了全新的可能。数学中也存在这样的拼接（计算）。加上 3，减去 1，改变方向，微积分，都是数学的拼接过程。加上 3 以后再加上 2 与先加上 2 再加上 3 是一样的，但是加上 3 后乘以 2 与先乘以 3 再加上 2，却会得到两个不同的拼接结果。

　　早上起床后，先洗脸，然后用毛巾擦脸。如果先用毛巾擦脸，然后再洗脸，这个顺序就会令人啼笑皆非。所以，一般情况下，拼接的顺序也是很重要的，不能擅自改动。

　　诚然，数学世界中的拼接与我们日常生活中可以经历的拼接是不同的，我们不能单单通过 2+3 和 3+2 来理解。如果用这种方式来验证，那么我们一生都不用做别的，光是花大把的时间来验证了。

数学研究的对象不是具体的事物。打个比方，数学研究的是装着"拼接"的箱子的设计图。数学研究的不是一个个具体的事，而是具体事物中体现出来的共同点，研究的是隐藏着的构造。所以，在物理学、化学、生物学等自然科学和经济学、管理学、会计学、社会学等领域中，只要可以找到这种"构造"，就存在数学。

如果说数学是这样一个叫做"拼接"的箱子的"设计图"，那么这个箱子是由木头做的还是用玻璃做的或者铁皮做的，都不是问题所在。我们现在要说的是这些拼接对象中的通过加减乘除等计算来进行拼接的"群"的构造。

什么是群

群的数学意义和运算法则

一说到"群"，我们很快会想到具有共同特点的事物（和人）的集体。在数学中，"群"这个词有着更深一层的含义，让我们一起去了解一下。

群是符合下面几个条件的集合。这个集合包括的对象不仅是数，还有人的集合、动物的集合，所有可以想象到的集合。

第一，群的元素（组成群的所有对象）的个数可以是有限多的，也可以是无限多的。

第二，任意两个元素之间可以进行运算，运算的结果也是这个群的元素。如所有小鸡中有一只小鸭子，我们就不能称之为群。

下页的表是7=0的有限代数乘法表元素，表中有限代数的元素的个数只有6个，是有限多的，运算符号为乘号。这些元素之间进行运算（相乘）后的结果也属于

×	1	2	3	4	5	6
1	1	2	3	4	5	6
2	2	4	6	1	3	5
3	3	6	2	5	1	4
4	4	1	5	2	6	3
5	5	3	1	6	4	2
6	6	5	4	3	2	1

这 6 个元素。

第三，表中的运算经常可以表示为 $a \times b = b \times a$。但这并不是所有群都要符合的条件。运算的"交换法则"（比如 $2 \times 3 = 3 \times 2$）不是群成立的必要条件，但是下面的条件必须成立。

$$2 \times (3 \times 4) = (2 \times 3) \times 4$$

用符号来表示就是：

$$a \cdot (b \cdot c) = (a \cdot b) \cdot c$$

这个运算关系叫做"结合法则"。

第四，上面乘法表中的数字 1 对任何一个元素都不造成影响。即包括 1 在内的 1、2、3、4、5、6 中任意一个元素乘以 1 后保持原来数字不变。这种与任何一个元素进行运算保持结果不变的元素叫做单位元。

如果运算符号不是乘号而是加号，那么单位元为 0。

第五，回头再看前面的乘法表格。我们发现，无论哪一行都有单位元"1"出现。这是因为无论哪一个元素乘以它都会得到1的元素。即

$$1 \times 1=1, \ 2 \times 4=1, \ 3 \times 5=1$$
$$4 \times 2=1, \ 5 \times 3=1, \ 6 \times 6=1$$

那么被作用的元素（乘法的乘数）叫做"逆元"。上面乘法中2的逆元是4，3的逆元是5。反过来，4的逆元是2，5的逆元是3。

一般来说，群中任何一个元素都存在逆元。逆元让群元素之间的运算变得简单。比如，2除以5等于2乘以5的逆元，即

$$2 \div 5=2/5=2 \times (1/5)=2 \times 3=6$$

这里我们无需特别考虑0的情况。因为0不是这个乘法表中的元素。

简单地说，集合 G 的元素之间存在运算关系，并符合下列条件时，这个集合 G 关于这个运算成为群。这里的运算不仅是数与数之间的运算，还包含两个元素结合形成一个元素或者其他形式。运算记号为"※"。

❶ G 的任意元素 a，b 之间的

　a ※ b 也是 G 的元素。　　　　　　　　　　（封闭性）

❷ G 的元素 a，b，c 之间符合下列关系

　$(a$ ※ $b)$ ※ $c=a$ ※ $(b$ ※ $c)$　　　　　　　（结合律）

❸ G 中有元素 e，它对 G 中每个元素 a 都有

　a ※ $e=e$ ※ $a=a$　　　　　　　　　　（单位元存在）

　的关系。

❹ 存在元素 a^{-1}，令 G 的任意元素 a 满足下列关系。

　a※$a^{-1}=a^{-1}$※$a=e$　　　　　　　　　　（逆元存在）

最简单的群

代数学的奇葩——群论

群的概念是伽罗瓦（E. Galois, 1811~1832）于 1830年在其论文中首次提出的。这篇论文是他与人决斗的前夜完成的，令人唏嘘。

关于群的理论——群论被称为现代"代数学奇葩"，除了数学专家，几乎无人对其有深入研究。原因并不是因为群论定义复杂，而是过于简单了。所谓简单，就是理解起来没有什么困难。只有抽象的群的概念不是很容易理解。一般想象起来，群的世界就是 1+1=2 这样的，没有人会对此予以否认。

但是，最简单的群的世界，却存在 1+1=0。这个群只有 0 和 1 两个元素，所以，运算法则如下：

$$0+0=0, \ 1+0=0+1=1, \ 1+1=0$$

关于这个运算的集合 $\{0, 1\}$ 的群就一目了然了。这样的群在我们周围比比皆是。

比如，有一个电视，开关是按键形式的。如果将按下电视开关的行为视为"1"，再一次按下关掉电视的行为就是"0"。再比如，两个物品进行交换的行为为"1"，那么再次进行交换，变为原来状态（第一次交换以前的状态）的行为就是"0"。

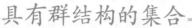

具有群结构的集合

数、图形、相似图案与群

实数集合与加法、乘法

整数集合对加法运算构成群的结构。因为，加法有一定的封闭性，遵从结合律，有单位元和逆元。

---

❶ 存在任意两个整数 a，b，
　使 $a+b$ 为整数。 （封闭性）

❷ 存在任意三个整数 a，b，c，
　使 $(a+b)+c=a+(b+c)$ 成立。 （结合律）

❸ 存在任意整数 a，
　使整数 0 符合下列条件：
　$a+0=0+a=a$ （单位元存在）

❹ 存在任意整数 a，
　使整数 $-a$ 符合下列条件：
　$a+(-a)=(-a)+a=0$ （逆元存在）

即整数集合对加法运算构成群。此时的单位元 e 为

0（称为"0元"），任意整数 a 的逆元 a^{-1} 就是 a 的负数 $-a$。任意两个整数的和 $a+b$ 与 $b+a$ 任意时刻都相等。即，交换律成立。交换律成立的群称为可换群。所以，整数集合对加法运算构成可换群。

❶ 存在任意两个有理数 a，b，
　　使 $a \times b$ 为有理数。　　　　　　　　　　　（封闭性）
❷ 存在任意三个有理数 a，b，c，
　　使 $(a \times b) \times c = a \times (b \times c)$ 成立。　　　　（结合律）
❸ 存在任意有理数 a，
　　使 1 符合下列条件：
　　$a \times 1 = 1 \times a = a$　　　　　　　　　　（单位元存在）
❹ 存在任意有理数 a，
　　使有理数 $\frac{1}{a}$ 存符合下列条件：
　　$a \times (\frac{1}{a}) = (\frac{1}{a}) \times a = 1$　　　　　　（逆元存在）

除 0 外的有理数集合对乘法运算构成群的结构。

此时的单位元 e 为 1，逆元 a^{-1} 就是 a 的倒数 $\frac{1}{a}$。任意两个有理数的和 $a \times b$ 与 $b \times a$ 任意时刻都相等。即，除 0 外的有理数集合对乘法运算构成可换群。

试在头脑中再扩大数的范围，包括有理数和无理数在内的实数集合对加法、乘法（0除外）构成可换群。

正三角形的旋转与群

如图，将正三角形 ABC 分别旋转 120°、240°、360°，其中 360°=0°，与没有旋转的状态相同。旋转动作参照下图中的 a、b、c。

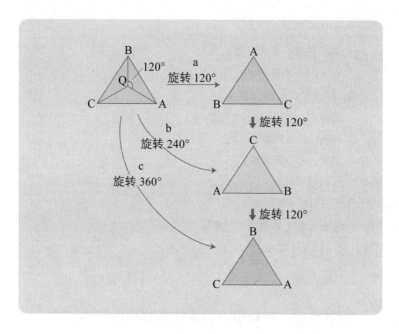

a：以 Q 为中心逆时针旋转 120°

b：以 Q 为中心逆时针旋转 240°

c：以 Q 为中心逆时针旋转 360°（=0°）

将上面旋转看作集合 $\{a, b, c\}$ 的元素，元素之间的运算用"※"连接，具体关系如下：

a※b：a 之后进行 b 动作

意为进行 120° 旋转后继续进行 240°，也就是总共
进行 360° 旋转。

于是，下面关系成立。

$$c ※ a=a, \quad c ※ b=b, \quad a ※ b=c,$$

$$a ※ c=a, \quad b ※ c=b, \quad b ※ a=c,$$

$$c ※ c=c, \quad a ※ a=b, \quad b ※ b=a$$

图表表示如下：

※	a	b	c
a	b	c	a
b	c	a	b
c	a	b	c

可以看出，旋转集合 $\{a, b, c\}$ 对上述运算 ※ 构
成可换群。此时的单位元是为 0° 的旋转 c。a、b、c
的逆元分别为 b、a、c。

让我们再来看一看下面这种三角形轴对称变换的情况：

d：关于直线 l 做轴对称变换

e：关于直线 m 做轴对称变换

f：关于直线 n 做轴对称变换

上面的 a、b、c 和下面的轴对称变换的 d、e、f 组
成集合 $\{a, b, c, d, e, f\}$。参考下面运算表可以看
出，这是集合构成群。此时我们继续用 "※" 连接运

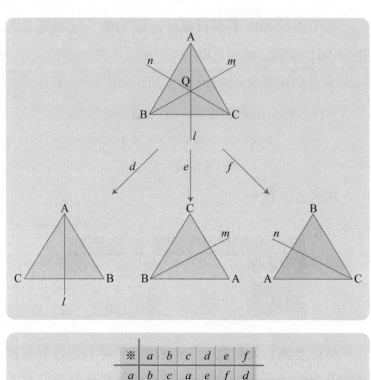

算。比如，$a \divideontimes e$ 代表进行 a（即，正三角形 ABC 以 Q 为中心逆时针旋转 120°）动作后再进行 e（关于直线 m 做轴对称变换）动作。

这个群的单位元是 c（以 Q 为中心逆时针旋转

360°（=0°）），a、b、c、d、e、f的逆元分别为b、a、c、d、e、f。

要注意的是，这个群不是可换群。因为：

$$e ※ d=a, \quad d ※ e=b$$

当e和d的位置变换，会得到不同的运算结果。

相似图案与群

有些图形看似相似，其实之间也有着联系的，这种图形最近经常被用到设计中去。那么，这些简单的图形要怎样结合才会出现艺术效果呢？只要移动图案就可以了。当然，移动也分平行移动、旋转移动、对称移动等很多种。

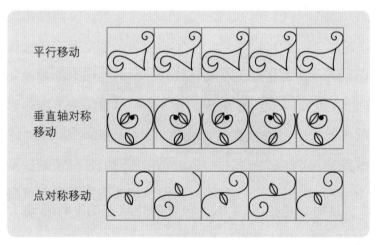

图案的移动

我们将移动后形成的图形称为"相似图形"。这类图形的移动，形成群。

我们先总结出下面四种移动过程：

H：水平轴对称移动

V：垂直轴对称移动

R：点对称移动

P：平行移动

这些移动之间的运算也同样用※连接。比如，V※H 代表关于垂直轴进行对称变换后再关于水平轴进行对称变换。于是得到下面关系：

$$V ※ H = R$$

预算集合 $\{H, V, R, P\}$ 关于这个运算构成群，具体结构如下表：

※	H	V	R	P
H	P	R	V	H
V	R	P	H	V
R	V	H	P	R
P	H	V	R	P

保持原来状态也是一种平行移动

这时，单位元为 P，（包含静止状态的平行移动），H、V、R、P 的逆元分别为 H、V、R、P。

数学是一门函数学问

自动售货机的数学结构

有一个数学家曾经将数学描述成"和函数有关的学问"。这个说法似乎有些夸张，但是现代数学确实是以"函数"和"映像"的思想为基础的。所以，函数是数学中一个重要的概念，在对多种事物进行分类和对应时会用到这个概念。

严格地说，函数表示实数集合的一部分与实数集合的对应关系，而映像不一定属于函数集合。也就是说，映像是比函数更加广泛的概念，但是两个名词可以用来形容同一个概念。为了避免麻烦，本书将用函数统称这两个概念。

函数最简单的例子就是街道、车站、公司、学校等地方经常会看到的自动售货机。自动售货机的一个按键对应一种物品，函数的含义也体现于此。

自动售货机中隐藏着函数的构造。

学校中学的函数公式，如 y 是变数 x 的函数，表示为：

$$f(x)=y$$

而自动售货机的按键（设为 a），对应的物品（A）的关系是：

$$f(a)=A$$

自动售货机的结构是一个按键对应一个商品，所以，投入的硬币就可以看作对应过程的润滑剂，而若自动贩卖机出了故障，按下按键后出来两个商品，那么这个函数丧失了作用。

虽然一个按键兑换出两个物品是不正常的事情，但是 a、b 两个按键都对应物品 A 的情况却是正常的，也属于函数的范畴。大型的自动售货机中一般物品都会对应两个或两个以上的按键，即下面情况为可能。

$$f(a)=A, \ f(b)=A$$

比如，二次函数（变数 x 的最高次数为 2 次的函数）

$$f(x)=x^2$$

中 $f(2)=2^2=4$，$f(-2)=(-2)^2=4$，变数为 2 和 -2 的时候都对应 4 一个结果。

当按错自动贩卖机的按键，出来不想要的商品时，虽然麻烦，但是只要联系贩卖机的主人，将商品退换就可以了。这种情况在数学中称为"反函数"（逆映射）。

但是，如果你也有可能遇到自动贩卖机的主人不给退换的情况。这种反函数不成立的情况有两个条件。上面的函数 $f(x)=x^2$ 就没有反函数，因为 x^2 对应 4 时，x 同时对应 2 和 -2，不是一一对应的函数。但是，如果在前面加上 $x \geq 0$ 的条件，反函数

$$g(y)=\sqrt{x}$$

就成立了。

像自动售货机这样有反函数的一一对应函数，叫做"双射函数"。从下页的图形上我们可以一目了然，1 次函数 $y=ax+b(a \neq 0)$ 无论何时都存在反函数，并一一对应（双射函数）。

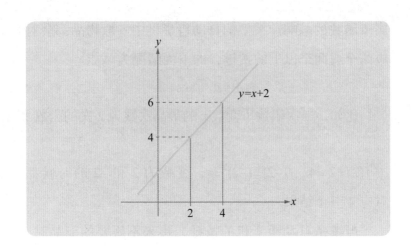

　　通过函数，我们可以用已知的内容求出未知的对象，并间接对其进行研究，这就是函数的用处。

　　在回头看一下之前的"群论"的内容，数学的结构除了群结构，还有顺序结构、位相结构。

　　函数就是研究这种具有群结构、顺序结构、位相结构等推想空间的有力手段。

电脑代替不了数学思考能力

人类的创造力源于数学

大家都知道，在记忆与处理事情这一方面，电脑拥有很强的能力。

现在的电脑，不但可以帮助人们记录和查漏补缺，还可以帮助人们不出门就享受购物的乐趣，如在电脑上挑选自己喜爱的商品，并进行付款。

有了电脑以后，我们不必每一件事都去费心了，电脑可以帮助我们整理和计算。

所以现在人们甚至会说："有电脑呢，我为什么还要自己动脑子呢？"

其实，善于利用先进的工具并不一定是好事。

汽车、火车、飞机等交通手段虽然发达，但也有我们必须步行才能去的地方，步行也可以保持一个健康的身体。

同样，无论电脑有多么发达，还是不能完全代替人类的头脑。电脑是人类按照自己的想法和意图制造出来的，人类需要在电脑中录入自己的目的。也就是说，如果没有人类的创意和思考能力，电脑就是毫无用处的。

人类的运动方式基本上就是走路。同样，人类的精神能力体现在思考方面，就是数学了。

提到数学，很多人会很快想到运算的训练，其实不然。

我们并不是只要求学习一种数学的思考能力。比如，当列出数学方面的加减乘除，很快就可以得到答案。解数学题的时候，比起答案，我们更需要一个理解。只有理解了，源于日常生活中的数学才变得有意义。

电脑是一种给人类带来便利的文明，前提是使用得当。社会走入信息化时代，信息通过电脑快速传达。生活在这个时代，我们需要开动脑筋，发挥创意，去思考、寻找电脑还有哪些事情无法做到。

7 证明是什么

没有争议的、明确的、被人们认可
的结论才是数学结论。

从前，中国有一个善于做人处世的政治家，他拥有一定的政治势力。有一天早上，他一反常态，没有了平时的强硬态度，开始主动接近对立派的人物。

　　面对以前的同党们的责怪，他回答说："不入虎穴，焉得虎子。只有接近敌人，才有机会消灭敌人。"说完，他泰然转身离去。

　　听完这番话，人们纷纷感慨此人在政治上果然能力不凡。

　　但是，这种处世原则、这种"聪明的头脑"在数学上并不是灵丹妙药。"这个答案是正确的"、"那个答案也对"的主张，在数学上是不成立的。

　　诚然，人类确实或多或少都会用"这样对，那样也可以"的想法，去面对世界上已经确定了的不可质疑的真理。当你换一个角度，也许会发现那其实是一个令人啼笑皆非的偏见。无论多么优秀的人发现的理论，当换一个角度换一个时代换一个场所，就有可能被人们视为粪土，并受到攻击。被雅典法庭以不信神和腐蚀雅典青年思想之罪名判处死刑的苏格拉底是这样，古代中国四处游说的孔子也不例外。

在这一点上，数学却与其他学问有很大不同。极端一点的说法就是，如果你说黑色是白色的，如果你是根据真理推论出来的，并且运用了正确的方法，那么这个命题就会被人们承认，是真命题。无论是谁，只要是根据原则推导出来的理论，你无法指出错误，那就只能遵从——这就是数学。

1 加 1 等于 2 是数学知识中很分明的、无法反驳的一句话，是理所当然的。我们学习过数学知识，学习解决数学问题，用数学思维去思考后，就要培养这种没有虚假的思想态度。

只有确定的、没有争议的、被普遍承认的结论才是数学结论。

让我们通过下面几个例子来思考一下。

例 1

用数学思维方式来看下列命题中不正确的部分。

　　　　①我是人。

　　　　②苏格拉底是人。

　　　　③所以，我就是苏格拉底。

用集合的符号来表示上述命题：

　　　　①我∈｛人｝

　　　　②苏格拉底∈｛人｝

　　　　③我＝苏格拉底

　　人类是一个集合，我和苏格拉底都是这个集合中的元素，但是不能说同一个集合的元素相等。也就是说，原命题是错误的。从上图中可以更加清晰地看明白。怎么样，没有再进行反驳的余地了吧？

例2

请观察下列命题，确定真假。

"考上 A 大学的人都学习 B 参考书。所以如果学习 B 参考书，就一定能考上 A 大学。"

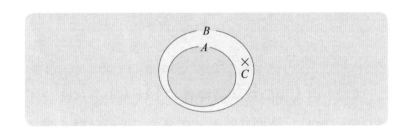

考上 A 大学的人的集合与学习 B 参考书的人的集合之间的关系如上图所示。

$A \subset B$，也就是 B 包含 A，但反过来是不成立的。从上图中可以看出，学习 B 参考书的人还有一部分人（C）没有考上 A 大学。所以，上面命题是错误的。用上面的思维方式，我们可以做很多判断。

比如，"数学好的人头脑都聪明。"⇒"头脑聪明的人数学都好吗？"等等。

尚未解决的一些问题

可以解决的问题，无法解决的问题

"三个白人探险队队员押着三个食人土著过江。江边只有一艘船，最多只能乘坐 2 个人。无论何时，当一边剩下的白人人数少于食人土著的时候，食人土著就会想方设法吃掉白人。那么，用什么方法可以让白人探险队平安无事押着食人土著过江呢？"

很多人在小学解趣味谜题的时候遇到过这个问题。当然，也许有些人没有听过这个问题，但是解题还是没有麻烦的。

用下面的方法就可以平安渡江了。你的答案是什么样的呢？

第一步

⬤⬤⬤

⬤⬤……（⬤）⬤⬤

⬤白人，⬤食人土著

食人土著 2 人，食人土著 1 人
先让两个食人土著过江，然后一个食人土著坐船回来。

第二步

● ● ●　　　　食人土著 2 人，食人土著 1 人
　　　　　　　　　　　再让两个食人土著过江，然后一个食人土著坐
● ……（●）● ●　船回来。

第三步

● ● ……（●）●　白人 2 人，食人土著 1 人
　　　　　　　　　　让两个白人过江，一个白人和一个食人土著乘
● ● ……（●）●　船回来。

第四步

　　　● ● ●　　　白人 2 人，食人土著 1 人
● ● ● …（●）　两个白人过江，一个食人土著坐船回来。

第五步

　　　● ● ●　　　食人土著 2 人，食人土著 1 人
● ● ● …（●）●　两个食人土著过江，一个食人土著坐船回来。

第六步

　　　● ● ●　　　食人土著 2 人
　　● ● ●　　　两个食人土著过江。

　　那么，如果给这个问题加上一个"过江时小船上必
须乘坐 2 人，回来时只能乘坐 1 人"的条件呢？5 分

钟、10 分钟、20 分钟……或者过去 1 个小时、2 个小时……很多人在解题的过程中就会放弃了。

其实，加上条件后的正确答案就是"无法过去"。听了这句话，也许那些花了几个小时去解题的人会牢骚满腹，抱怨白白花了那么多时间。

在教科书上遇到的问题，无论有多难，总会有一个答案。但是世界上却存在着无数个没有答案的问题，这些问题才是真正意义上的"问题"。

这些问题可能有一些终究会被解出，或者终会被贴上"无法解答"的标签当作一个答案。但是，世界上也许总会有一些永远不会有答案的问题存在。

说到问题，"总会有解"的说法脱离了事先做好问题的教科书就不再通用。当那些"也许有解，也许无解的问题"有一天被发现可以解答的时候，才真正算是一个难题。

现在的数学界正需要这种怀揣着这样的想法、为了成为一个真正的数学家而自我磨练的年轻人。

数学有一定的难度，也有些枯燥。但是，当你长时间研究的数学题终于被你攻破的时候，那种喜悦和成就感会让你深切体会到数学的趣味。

如果你现在不喜欢数学，没关系，只要你喜欢侦探电影或者推理小说，就会对数学产生兴趣。

侦探小说中会出现很多重要的线索，这些线索会对小说中的某个片段进行解释。如果你从头到尾都注意观察，靠自己的力量也可以破案。

自然界和数学界也存在很多谜题，如果你带着阅读侦探小说的心理去探求真相，谜底自会揭开。事实上，比起物理学，解数学题的过程更加接近侦探小说的破案方法。

小说中的大侦探福尔摩斯曾经形容追查罪犯说："把所有的不可能排除之后，剩下的，不论多么匪夷所思，它就是真相。"

比如，具有不在场证明的人可以排除犯罪可能，这是因为同一个人不可能在同一个时间出现在不同的地方。这一点，就遵循了"把所有的不可能排除"的原则。事实上，这个方法在数学上也是可行的。

让我们来看下面这个问题。

"两个数 a 和 b，无论多小的整数 x 加上 a 后都不会比 b 大，那么是否可以说 a 是大于 b 的呢？"

两个数的关系之可能有三种，分别是：

$$a>b, \quad a=b, \quad a<b$$

若 $a<b$，那么当 x 是比 $b-a$ 小的整数时，得到下面的数学式

$$a+x<b$$

这一点不符合"无论多小的整数 x 加上 a 后都不会比 b 大"，所以排除掉 $a<b$ 的情况。

若 $x>0$，剩下的两种情况都符合

$$a+x>b$$

所以，符合条件的答案是：

$$a>b \text{ 和 } a=b$$

所以，a 大于 b 不是正确答案，正确的是 a 大于等于 b。原本的答案 $a>b$ 并不全面。

不可能的证明

5个杯子无法全部朝上

　　下图中有 5 个杯子，其中 2 个杯口朝上，剩下 3 个杯口朝下。每次必须同时翻动 2 个杯子，即可以将杯口朝上的翻动成杯口朝下，也可以将杯口朝下的翻动成杯口朝上。

　　那么，至少翻动多少次可以让所有的杯口都朝上呢？怎么样，试了很多次都没有办法？

　　但是，不能嘴上说不可能就绝对不可能，要给出证明才能绝对地说这是不可能的。

　　设杯口朝上的杯子为 1，杯口朝下的杯子为 0，那么最开始杯子的状态为 0 1 0 1 0。

翻动杯子，0 变为 1，1 变为 0。

所以，一次翻动 2 个杯子，1 的变化为 0 个，或者 2 个，也就是在成双数变化。

所以，如果 0 1 0 1 0 以双数为单位变化的话，无论翻动多少次，1 也不会变为单数个数。

也就是说，杯子全部向上的 1 1 1 1 1 的状态不会出现。

前面提到，怎么做都不行和证明出无论谁怎么做都不行是两码事。

有很多人在学校学习的时候解的每道数学题都有解，所以认为所有数学题都有答案。

但是也有很多无解数学题。这个时候，我们就要证明它是没有解的。

一个反面的例子就可以证明出一个命题是不成立的。犯人无论怎样狡辩，只要拿出有力的证据，都会让其低头认罪。但是，想要得到一个反面的例子并用其进行证明并不是那么容易的。所以很遗憾，被诬陷入狱的清白之人哪个年代都有。

有6种答案的问题

明确条件才有答案

　　"同一道数学题，无论谁去解，只要方法正确都会得到同样的答案。"但是当问题的条件不足时，不同的人就会给出不同的答案了。比如下面的这个问题。

　　A、B、C、D、E、F 这 6 个学生一同解下面这一个不等式，得到了 6 个不同的答案。

$$3x+10<1$$

　　A：-4。

　　B：无解。

　　C：有无数个解。

　　D：有无数个解（与 C 同学不同的意思）。

　　E：无解（与 B 同学不同的意思）。

　　F：$x<-3$。

　　那么，上面 6 个同学谁的答案是正确的呢？也许你会想，6 个人给出了不同的答案，那么一定有 5 个同学是错的，1个同学是对的。其实，6 个同学的答案全都没有错。

让我们一起来解解看吧。首先不等式左右两边同时减去 10，得到

$$3x < -9$$

两边同时除以 3，

$$x < -3$$

6 个同学中，只有 F 给出了这个答案。那么剩下的 5 个同学就错了吗？让我们看看他们给出的各自答案的理由吧。

A：我只考虑了集合 $\{-4, -2, -1\}$ 中的答案，所以解是 −4。

B：我考虑到了自然数中的答案，所以无解，即解是空集（Φ）。

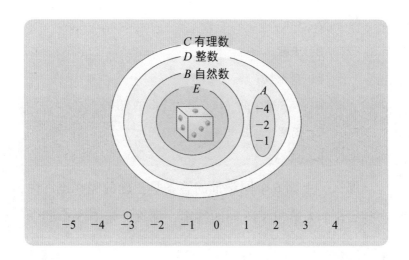

C：我考虑到了有理数中的答案，比 −3 小的有理数有无数
多个，所以有无数个解。

D：我考虑到了整数中的答案，比 −3 小的整数有无数多个，
所以有无数个解。

E：我考虑的是骰子点数上的答案，所以无解。

所以，A、B、C、D、E 这 5 名同学每个人都根据自己的观点给出了答案。如果分别按这些同学给出的范围去设定题目，那么每个同学的答案都是正确答案。

二分法

猜想数学教科书上的单词

有时候，人们研究事情喜欢将其一分为二。比如，对还是错？真话还是谎言？白人还是黑人？正面还是背面？单数还是双数？

这种将所有可能性一分为二来看待的方法叫做二分法，这个方法在解数学题的时候经常用到。

让我们通过下面的问题来了解一下。"请先在你所学的数学书中挑一个单词或符号，牢记于心。比如挑到 2 这个数字，或者'数'这个字，都可以。"

我对你提 20 个问题，无论你挑选的是什么，我都可以猜出你选的这个单词或符号。只要你对我的问题回答"是"或者"不是"。

那么，怎样来提问最合适呢？

通过一个问题来猜出答案，需要这个答案有两种。比如当有 a 和 b 两种答案，你问"是 a 吗？"如果答案

为 a，那么对方回答"是的"；如果答案为 b，那么对方会回答"不是"。

通过两个问题我们就可以猜到 $2^2=4$ 个方案中的答案了。答案有 a、b、c、d 四种。我们可以问："是 a 和 b 中的一个吗？"如果答案是"是的"，那么答案为 a 或者 b（不是 a 就是 b）；如果答案是"不是"，那么答案为 c 或者 d。接下来第二个问题过后，我们就可以得到答案了。

以此类推，问 3 个问题可以在 $2^3=8$ 个备选中得到答案……若问 20 个问题，就可以在 $2^{20}=1048576$ 个问题中寻求结果了。

我们一本教科书大概有 300 页左右，若 1 页有 1000 个单词或符号，那么一本教科书中的单词和符号不会超过 300000 种。

于是，用上面的形式，问 20 个问题就可以在 100 万个答案中找到你的答案，30 万也就不在话下了。

只要你每问一次问题就将教科书的页数减半来询问范围的话，大概询问 9 次就可以确定单词或符号所在的页码了。因为 $2^9=512$ ！

何为归纳法

柳树之下常有鱼吗

　　从前有个垂钓者，偶然间在柳树下钓鱼时收获颇丰。第二天他又到另一棵柳树下垂钓，又钓到了好多鱼。第三天他换了地方，但是仍然在柳树下放竿。

　　这个垂钓者连续一周坐在柳树下钓鱼，每天都能钓到好多，所以他坚信"柳树之下常有鱼"是他的垂钓秘诀。所以，今后每次钓鱼都专挑柳树下面放竿。如果收获不好，他就会找一些其他的理由，比如，有人已经将鱼喂饱了，或者鱼被抓怕了已经不敢吃诱饵了，等等。

　　另一则故事。从前，有一个农场。每天农场主人都会打开鸡圈进去喂食。前天是这样，昨天也是这样。所以，这一天早上农场主人走进鸡圈的时候，所有鸡为了得到食物都围了过来。可是这次是怎么回事，农场主人竟然抓住了一只鸡的脖子。可是下一次主人再来的时候，鸡们还是会围上来，以为会得到吃的，不管主人是真的来喂食还是来抓鸡。

第一个故事"柳树之下常有鱼"中的垂钓者和第二个故事中农场里的鸡，从某个方面来看是相

今天钓了好多鱼，但不代表明天也可以钓到很多鱼。

似的。

从一系列具体事实中总结出一般原理的过程叫做"归纳"，这样的方法叫做"归纳法"。物理学、生物学等等通过经验来获取知识的学科叫做经验科学，经验科学中的定律不一定是绝对正确的。也许有很多人会失望，但这是事实。

比如，按照我们现在的经验，得知太阳是东升西落的，没有人对此表示怀疑。但是这个定律也存在被推翻的可能性，即我们无法保障太阳不会从西边升起、东边落下。

数学与其他学科的差异就在这里了。数学中的定律都是绝对确定的。之所以会这样说，是因为数学知识的来源不是经验，而是公理，是头脑中的法则。所以，以经验与公理得到的结果是不同的。

也就是说，数学与我们的经验无关，是头脑中的产物，是无形的。但是物理学、化学、生物学等经验科学却是通过经验得来的。无形的数学从公理中推出结论叫做推论，推论是具有确定性的。但是通过经验得到内容的学问随着时间的推移、外界状况的改变，内容经常会被修正。

虽然看起来矛盾，但是卓越的数学理论确实可以用虚无的内容来阐述现实世界的规律。

数学归纳法

越战时，报纸上经常出现"多米诺骨牌理论"这个词。这是美国的一个政治家提出来的词句，内容是"假如美国放手不管越南，任由越南实行共产主义，那么接下来越南的邻居老挝，甚至东南亚其他诸国——缅甸、泰国、马来西亚、印尼、菲律宾，直至整个东南亚，都会变成共产主义社会国家。"但是事实上，越南实行共产主义很多年来，并没有引发这种现象。所谓的多米诺骨牌理论只是一纸空谈。

"多米诺骨牌理论"这个词来源于多米诺骨牌游戏。这个游戏的道具是 28 个木质的正方形骨牌。将所有的骨牌按顺序摆放好，推倒最前面的一个，然后按顺序所有骨牌都将依次倒掉。多米诺骨牌理论的内容也是由骨牌倒下的一系列连环反应比喻而来的。

若要成功推倒多米诺骨牌，要具备下面两个条件：

（1）首先要推倒第一个牌。

（2）每一个牌倒下的时候都会将后面的牌推倒。

"数学归纳法"就是利用上面（1）、（2）两个条件，来证明与自然数有关的命题的方法。

下面我们来实践一下。

|命题|三角形按照下面图形中的方式拼接（点与点相对应拼接），那么（三角形的数量）+（连接点的数量）＝（线段的数量）+1。

证明：让我们尝试用摆放多米诺骨牌的方法来列出符合条件的 1 个，2 个，3 个……n 个三角形的情况。

三角形的数量	2	4	3
点的数量	4	7	7
线段的数量	5	10	9
命题是否成立	成立	成立	成立

（1）三角形有 1 个的时候，

（三角形的数量）+（连接点的数量）=4

（线段的数量）+1=3+1=4

命题成立。这个情况可以与多米诺骨牌倒下的第一个牌相对应。

（2）接下来，若某数量（用 n 表示）的三角形符合上面命题，同时增加 1 个三角形数量后的情况（三角形数量为 $n+1$）也符合上面命题，那么命题得到验证。

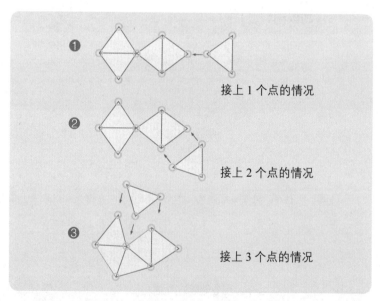

❶

接上 1 个点的情况

❷

接上 2 个点的情况

❸

接上 3 个点的情况

从上图中可以看到，n 个三角形（三角形的集合）加上 1 个三角形后，根据拼接方式不同，有下面几种情况。

❶接上 1 个点的情况：三角形增加 1 个，点增加 2

个，线段增加 3 个。

❷接上 2 个点的情况：三角形增加 1 个，点增加 1 个，线段增加 2 个。

❸接上 3 个点的情况：三角形增加 1 个（不增加），点增加 0 个，线段增加 1 个。

从上图中我们看到，每增加一个三角形，增加的（三角形的数量）+（连接点的数量）与增加的线段数量相同。所以，若 n 个图形时命题成立，每增加 1 个三角形，等号两边会增加同样的数量。所以当有 $n+1$ 个三角形的情况下命题仍旧成立。这符合上面的条件（2），即每一个牌倒下的时候都会将后面的牌推倒。所以，我们通过（1）和（2）证明出了上面的命题。

著有《冥想录》的帕斯卡 (B. Pascal, 1623~ 1662) 是首次发明出数学归纳法的人。

无论多能吃的人，食量总会有个限度。上述证明过程中存在着纰漏。问题出现在哪里呢？

问题出现在（2）中。无论多能吃，总有吃不下的时候。这里就出现了"临界值"的概念，如果说 n 是一个临界值（吃了 n 碗饭），那么 $n+1$（再吃不下去第 $n+1$ 碗了）就不成立了。这就是问题所在。

荒谬的归纳法

白马和秃子命题的归纳错误

如果有一头马是白马，那么所有的马都是白马

A、B 两个高中生，放学后在路上讨论当天所学的数学归纳法，这时有一个骑白马的人经过他们这里。A 突然眼睛闪出光芒，说："看那匹马，真是雪白啊。从这一点就可以看到，无论是 10 匹马还是 100 匹马，都是雪白的。"

"这真是荒谬……还有很多黑色的、栗色的、枣红色的马呀。"

"你听我给你说，假设有 100 匹白马，那么第 101 只也是白色的。因为已经有了 100 匹白马，而刚才经过我们的那匹就是第 101 只了。同样，第 102 匹马也是白色的，还有第 103、104 只……所以我们可以判断所有的马都是白色的。怎么样？"

上面的逻辑中出现了很大的错误，这个学生误将偶

然看到的白马用到了"归纳法"中。

让我们来回顾一下数学归纳法。假设自然数 1、2、3……对应的命题为 P_1、P_2、P_3……那么自然数对应的命题 P_n 是正确的（真命题）。

首先，要证明 P_1 是正确的。

然后，假设任意一个自然数对应的 P_k 是正确的。

接下来，证明 P_{k+1} 是正确的。

因为 P_1 是真命题，通过上面 3 个条件得知 P_2 也是真命题。同样可以推导出 P_3、P_4 也是真命题……最终推出 P_n 也是真命题。

学生 A 在证明过程中看到一匹马是白色的，然后混淆了归纳法的第一步，认为这一匹马可以是任意一匹马。验证 P_{100} 的时候，提出 100 匹马是白色的方法是正确的，但是不该错用偶然经过的白马的特征来概括第 101 匹马。因为我们说到第 101 匹马的时候，这第 101 匹可以是任意一匹马。而 A 在 P_1 阶段就过早地下了结论。

通过这个故事，你应该可以很快从下面这个荒谬的归纳法中找出错误所在了吧。

所有人都是秃子

首先，头上只有一根头发的人一定是秃子。

然后，我们假设这里有个头上有 k 根头发的人，我们也叫他为秃子。

接下来，头上有 $k+1$ 根头发的人只比头上有 k 根头发的人多 1 根头发。我们在上一个阶段假设头上有 k 根头发的人也算是秃子，那么再加上 1 根头发也应该算是秃子。

因为头上有 1 根头发的人一定是秃子，如果 k 就是 1，那么 2 根头发的人、3 根头发的人……结果所有的人都是秃子了。

这个证明看似比第一个合理，但同样是荒谬的。这个证明中的错误在于，对头发在多少根以下的人才算是秃子没有一个明确的概念。

数学趣闻

让我们一起去看一些数学趣闻，来了解一下教科书上学不到的数学与人性的问题吧。

女性与数学

女性不擅长数学吗

历史上著名的数学家中，女性少之又少。美丽的数学家希帕提娅曾对丢番图（希腊最优秀的数学家之一）和阿波罗尼（在圆锥曲线上有一定研究的几何学家）的著作做过评注。她文化素养优异，对柏拉图学说有一定研究。在她之后的女性数学家有科瓦列夫斯卡娅（1850~1891）和艾米·诺特（A.E. Noether, 1882~1935)。其中希帕提娅和诺特终身未嫁，科瓦列夫斯卡娅虽然结婚了，但也只是为了逃脱当时封建的俄罗斯的权宜之计。

这样看来，似乎还没有过着正常生活的女性科学家。是因为女性没有数学方面的天赋吗？还是她们一般不会走上研究数学的道路？

曾经有一段时间，美国报纸针对女性的数学研究做过一系列报道。这是因为大学入学考试（SAT）上，女学生的数学成绩大大低于男学生的。学者们对此持不同态度，有人认为是男女学生有先天性差异，有人认为是生活学习环境造成的。

而对于男女学生对数学方面的差异一般出现在 15 岁前后的现象，专家们也有很多种说法。

"他们这种数学成绩上的差异与这个时代的环境是没有关系的。"

"男性荷尔蒙对男生的数学天赋有很大的影响。"

"擅长数学的女生一般不太受男生欢迎，这个是造成男女生数学成绩差异的一个原因。"

"男生小时候会在外面做垒石头之类的游戏，从小就在不经意间培养了对空间和数字的直觉。女生从小喜欢玩洋娃娃，没受到这方面的头脑训练。"

再来看浪漫的法国。这个国家对女性有不同的看法，他们甚至认为女性是有别于男性的人种。他们的眼中弱化了人种和国际之分，却更注重男女之别：女性与男性是完全不同的两个物种。

当然，我们不能否认男性的价值标准和女性的价值标准之间存在很大的差异。例如，当夫妻吵架时，会出现意见不统一的情况。这种情况不能全部归结为环境的影响，也许有更深层次的原因。

目前为止，世界上的女性天才数学家少之又少，最重要的原因是因为大部分女性无法忍受束缚。

十九世纪末，欧洲对女性研究学问有很大的制约，这可以说是女性科学家寥寥无几的一个原因。但是到了学问研究人人平等的 21 世纪，为什么还会出现这种情况呢？

诺特在被聘为教授之前，在一场教授会议上，女性的身份成为了人们反对的一个原因。难道这种氛围和看法流传到了现在吗？

如果不是，那么是因为女性的惰性在以社会风俗为借口作祟吗？或者是女性的数学头脑真的要差于男性吗？

其实，中小学生中，很多女生的数学成绩都要优于男生。现在每年高考，升入大学数学系的女生比例也在逐年增加。但

诺特 | 女数学家

是我们仍无法获知为何女性数学家如此之少。按理来说，单从研究数学所需的逻辑思维来看，女性更加优于男性。现在，这个问题仍是专家们争论的焦点。

不懂数学的大学生

到了20世纪，数学才作为一门学问被认可

塞缪尔·佩皮斯的日记记录了 17 世纪英国海军的故事，其中有这样一段内容，记录了 1662 年发生的一件事。

"航海家库伯来到了船上，从今天开始我要向他学习数学。今天学习了 1 个小时的算术。刚开始是背诵乘法口诀，早上 4 点突发奇想，起床学习了数学。原来，算术上最大的问题就在这乘法口诀上了。"

不久后，他的数学大有长进，开始向自己的妻子传授数学。再后来他的日记中有这样一段话："最近我和妻子一起学习数学，非常开心。妻子的加法、减法和乘法都做得很好。过几天到除法这一部分，要难为妻子了。我也要开始学习地球仪了。"

剑桥出身的佩皮斯为何连最基础的算术都不会呢？原因很简单。18 世纪末之前的教育都略去了数学这一部分。英国著名的贵族私立中学的学生基本上连 2021÷43 这样的除法都不会算。1570 年，英国伊丽莎白女王时代，数学被从教科书范畴中删去了，包括大学的教科书。

这是因为，贵族的价值观认为，数学这种与生活密切相关的知识没有必要拿到大学去讲。根据神的旨意，当时从劳动中解放出来的人们要具备的只有绅士教养而已。

中国和韩国的情况更加严重。中国教育中的六艺包含礼（道德合礼仪规范）、乐（举行各种仪式时的音乐舞蹈）、射（射箭）、御（驾车）、书（书写）、数（计算）。其中数学排在了最后一位。当时除了官场上负责计算的官员，一般百姓都不会去学习数学。19 世纪，中国受到欧洲文明的刺激，文化领域迅速发展，数学被纳入了科举考试范畴；但是 1874 年的考试中，没有一个人选择数学这个科目。

韩国也一样，在古代乡村学堂中，没有老师教授数学知识。这大概是因为当时社会上的两班（绅士）教育中，数学不是必要的知识。

有一天晚上，古希腊著名的哲学家、数学家泰勒斯，一边在路上走，一边仰望星空，一不小心掉入了路边的井里。好不容易爬出来的他遭到了路人的奚落：

"连脚下的事情都无法预知的人，竟然想要研究星星。"

泰勒斯无言以对。

如果从世界上选出三大哲学家，一定有阿基米德，他以发现浮力定律闻名世界。相传叙拉古赫农王让工匠替他做了一顶纯金的王冠，做好后，有传闻说工匠在金冠中掺了假，国王请阿基米德来检验。最初，阿基米德冥思苦想不得要领。一天，他去洗澡，当他坐进澡盆里时，看到水往外溢，同时感到身体被轻轻托起。他突然悟到了什么，大喊："我知道了，知道了，原来是这样啊！"

他兴奋地跑了出去，连衣服都没顾得上穿。人们看到这样的阿基米德，同情地说："可怜的阿基米德，研究学问研究得发疯了！真可怜！"

还有一则关于牛顿的故事广为流传。

有一天，牛顿在专心致志做实验，连饭都没顾得上吃。他决定一边做实验，一边煮个鸡蛋。他一手拿着鸡蛋，一手拿着怀表。不久后他才发现，放在锅里煮了半天的原来不是鸡蛋，而是怀表。还有一次，有客人来拜访牛顿，牛顿让他稍等片刻，自己走进研究室去拿葡萄酒。客人等了好久不见牛顿回来，原来他完全忘记了客人的存在，专心投入到研究中去了。

还有一年秋天的傍晚，牛顿正在做研究，旁边的壁炉烤得他很不舒服，于是叫来助手求助说："太热了，受不了了，怎么办才好呢？"助手帮助牛顿将椅子搬得远离壁炉。牛顿说："嗯，现在好多了。你想得真周到。"然后又转身投入到研究中去了。

法国著名的物理学家、数学家安培（A. Ampere，1775~1836）有这样一个小故事。安培给学生讲课的时候，经常因为过于投入，将手绢和黑板擦弄混，用黑板擦擦脸或者用手绢去擦黑板。有一天，安培走在路上，突然想起了学术上的一些事情，拿起一根木棍在路边的一个类似于黑板的板子上画起来。但是"黑板"突然移动了，安培追着跑了一会儿，才发现那是一个挂在马车后面的板子。

安培在家里做研究的时候，为避免打扰，会特意在自己家的门上贴张字条："安培先生不在家。"这样，来找他的人看到字条便返回了。一天，安培自己外出办事回来，边走边思考，看到了门上的那张字条，便自言自语地说："啊，原来安培先生不在家！"便转身走了。

20世纪最伟大的数学家之一希尔伯特在生活中也是一个非常健忘的人。有一天，他在家里约了客人，眼看客人就要到了，夫人发现他带着一条不太合适的领带，就催促他到2层房间去换一条。但是客人到了很久了，希尔伯特还没有换完领带下来。夫人上去一看，摘下了领带的希尔伯特产生了错觉，以为到了就寝时间，早早地进入了梦乡。

还有一次，一个上门访问的客人话非常多而且无聊，希尔伯特在椅子上坐不住了，他对旁边的夫人说：

"我们是不是太过打扰了，该回家了吧？"

控制论的创始人维纳（N. Wiener，1894~1964）也很健忘。有一天，维纳刚刚从食堂吃完午餐回来，被一个学生拦住请教问题，维纳亲切地进行了详细解答。解答过后，学生表示了感谢后正要转身离去，被维纳叫住了。维纳问道："我刚才从哪边过来的？"学生指出了方向后，维纳才恍然大悟："原来我刚刚吃饭去了啊"然后才转身往研究室走去。

等价关系是指具有下面三种性质的关系。

（1）A 等于 A。

（2）A 等于 B，B 等于 A。

（3）A 等于 B，B 等于 C，C 等于 A。

上述（1）、（2）、（3）三种关系分别表述了自反性、对称性和传递性。但其实就是将用"="连接的内容抽象化了。

头脑聪明的人可能会说，上面 A 等于 A 的自反性是明摆着的，为什么要拿来赘述呢？其实，数学这种知识就是由这样最基础的知识累积成的。所以，数学书中理所当然的事物被描述得很重要，不要担心背后是不是隐藏着什么深奥的东西。数学是一种需要表述的学问，所以每一项基础知识都是非常重要的，就像盖房子的每一个原部件都是很重要的一样。所以，研究数学的人，一直在尝试将理所当然的东西理所当然化，不知不觉头脑就变得简单了。上面我们看到了很多数学家生活中有趣的故事，这并不是因为他们性情古怪，而是因为他们很单纯。

很久以前，我们就知道，可以做一些事或者有做事的勇气就代表着你有"力量"。比如当看到电视里的摔跤或者拳击比赛的时候，都会不知不觉握紧拳头。

其实，掌握一些知识才是比肉体上的力量更加强大的"力量"。《三国演义》中的诸葛亮，他不动一根手指，就让关羽和张飞对他佩服得五体投地。

"知识就是力量"是英国的哲学家培根（F. Bacon, 1561~1626）的名言。这句话在东方人心中占有很重要的地位。

知识的力量有很多种，数学知识在东方更是一种强大的力量。人们甚至认为数学家是魔术师。很久以前，当人们不懂乘法口诀，甚至连加减法都要用手指去计算的时候，那些计算出了太阳与地球的距离，指出日食是月球挡住了太阳的事实的数学家们身上着实闪耀着万丈光辉。

现在韩国的农田都是方方正正的，看起来很舒服。但是在很久以前，农田的形状很不规则，田地面积计算起来很麻烦。

所以，历代君王都曾经致力于计算这些不规则农田的面积。

从古至今，公平的税制是政治的根本。而古时国家

无论什么样的田地，数学家都可以将面积测量出来。数学家是魔术师吗？

的发展只依赖于农田，所以测量土地面积对于国家来说是非常重要的一件事情。

世宗大王曾亲自给提出测量土地方法的数学家授奖，由此可见土地测量的重要性。

虽然当时的数学书上有记录正方形、梯形、三角形、圆形、弧形等形状的土地面积的测量方法，但是这些知识执行起来在当时还是有一定难度的。

康德在数学领域也有研究

是哲学家，也是数学家

古代有很多思想家，如笛卡尔、帕斯卡、莱布尼茨等，他们也是著名的数学家。回顾数学上的重要事件，少不了这些人的名字。但是为什么现在就没有这样的同时为思想家的数学家了呢？很多人有这样的疑问。

在 17 世纪，数学领域和哲学领域的分野并不明显。作为欧洲近代思想的开拓者，当时的哲学家们身负时代的重任，时代要求他们在研究思想的同时钻研数学。当然，数学也属于思想的范畴。对于欧洲近代思想，17 世纪的数学占有重要的地位。

另外，思想与数学的纽带不但没有被这个时代局限住，反而自古希腊以来一直在发展着，直到成为了欧洲的传统。《资本论》的作者马克思留下过关于微积分发展史的论文，与马克思一同提倡马克思主义的恩格斯也在自己的著作《自然辩证法》中深入探讨了数学的本质问题。另外，近代的文化批评家斯本格勒（O. Spengler，1880~1936）的代表作《西方的没落》的第一章，名为"关于数（学）"。

一直以来都很崇拜牛顿的哲学家康德，并不执著于数学最简单的 7+5=12 这般的表象，而更沉迷于有关时间与空间的二律背反，可见其卓越的数学资质。只从这一点上来看，我们就可以说康德具备伟大数学家的资质。

有趣的
数学旅行

[韩]金容国　[韩]金容云 著

杨竹君 译

3

几何的世界

九州出版社
JIUZHOUPRESS

图书在版编目（CIP）数据

有趣的数学旅行. 3, 几何的世界 / （韩）金容国,
（韩）金容云著 ；杨竹君译. -- 北京 ：九州出版社,
2014. 7（2024. 8重印）
　　ISBN 978-7-5108-3162-1

　　Ⅰ. ①有… Ⅱ. ①金… ②金… ③杨… Ⅲ. ①几何－
普及读物 Ⅳ. ①O1-49

中国版本图书馆CIP数据核字（2014）第179494号

开始一段全新的数学旅行

韩国学生的数学分数很高，经常在国际数学大赛上获奖。但是有国际数学教育专家认为，韩国学生的学习动机和好奇心在世界上不占上风，这是无法用分数计算的。这个问题被提出后受到关注，韩国学生的创造性能力令人堪忧。

关于国家各领域创造能力，经常在诺贝尔奖上有所体现。但是，一直以掀起世界顶尖教育热潮为傲的韩国，却从来没有人摘得过诺贝尔科学奖。而犹太人中，获得诺贝尔医学、生理、物理和化学奖项的共有119人，诺贝尔经济学奖获奖者也超过了20人。这个现象和与创造性有很大关系的深度数学教育息息相关。

中国有一句古话："授人以鱼，不如授之以渔。"有创造性的数学便起到了一个"渔具"的作用。笔者着笔写这本书，也是由衷地希望能有后来人通过阅读本书走上一条正确的数学学习之路。

之前有过很多学生对我说："读过老师的书后，在数学方面大开眼界。"这对我来说是最大的鼓励，也是我最珍惜的。从此，我似乎感觉到身上的责任又重了一些。

本书于1991年初版，作于16年前，虽然这许多年数学的基本方向没有改变，但是数学，尤其是电脑方面的很多新知识如雨后春笋般不断为人所掌握，之前困扰着我们的一些难题也已经被解开了。因此，笔者对原版进行了修改和完善，希望阅读本书后，能有读者成为可以"驾驭渔具，垂钓大鱼"的人才。

金容云
2007年

登山过程中，越往高处攀爬，氧气越稀薄，登山者很容易患上高山病。同样，日趋复杂的数学体系随着时间的推移，变得愈发抽象。如果是一般人，绝大部分开始接触到现代数学的时候，会像患高山病一样患上一种抽象病。

但是，无论多高的山都会有树木丛生，都会有生命存活并奔跑。即使空气稀薄的悬崖陡峭，还是会有潺潺流水，生机盎然。

之前大家在学校学到的数学，就好像高地的山峰被局部扩大，仅仅是一个夸张了的构造。如果给一个人缓缓呈现陡峭的山崖和高不可攀的山峰，他必然会心生恐惧，掉头而去。这是因为他们没有看到在那山崖之外，存在着的清澈溪水和那生机勃勃的一片景象。

笔者常看到很多学生不明这座"山"的本来面目而受到打击和挫折，不由心生遗憾。

笔者执笔此书的最大动机，是想要尽最大能力将数学的整个面貌展现出来。目前，有太多暂时只是靠将数学公式熟记于心而掌握了数学的学生，他们还无法领略数学文化的博大精深。笔者希望通过本书，帮助学生最大程度理解数学的本来面貌。

并且，本书将站在一个比较高的层次，以俯瞰的角度讲解各个阶段的意义。这样可以向读者展示很多课堂上学习不

到的重要内容和活生生的数学知识。

对于心中没有想法的人，夜空虽然神秘，也只不过是有一些星星在没有秩序地闪耀罢了。其实，每颗星星都有自己的轨道，遵循着自己在世界上起到的作用而前行。而整个宇宙，却是一个神秘的难以完全破解的谜。

数学，就是一个人工的宇宙。它可以与自然界的宇宙媲美，隐藏着无数秘密。这其中的秘密又与真实世界紧密相连，蕴藏着深深的智慧，被广泛应用。

本书既适合数学专业的学生阅读，同时也能给有着深深好奇心的数学爱好者带来乐趣。在这样一个信息化时代，人们越来越需要一个合理的思考方式，本书可以培养读者的数学素养，在这一方面带来帮助。

如若读者能从本书中对数学的真相有进一步的了解，作者也就别无所求了。

金容国　金容云
1991 年

1. 历史上的几何学

在欧几里得之前，人们已经知晓了很多几何学知识。特别是埃及用来测量土地，或者是建造金字塔时使用的数学原理已经非常发达。这一章中，我们会了解到为什么这些几何学问能给生活带来这么多便利。

几何的基本图形是圆形和直线，只用圆规和尺子解决的3大难题登场了。人类在2000年间一直在探索这3个问题的答案，执著的探索最终促进了数学的发展。我们将在这一章中了解到难题的出现和对几何学意义的深度思考。

接下来我们将接触到正多面体和宇宙观的关系，学习到三角函数的知识。几何与代数是数学的两大分支，两大分支汇合于解析几何这条滚滚江水中。下面，就要考虑几何学发展的意义了！通过这一章的学习，我们会意识到人类精神遗产的伟大。

2. 生活中的几何学

在这一章中，我们将看到生活中随处可见的一些几何问题。

自然界中存在很多几何问题，我们将通过简单的图形学习"向量"这一比较复杂的知识，进行一些轻松的头脑训练，培养直观的数学能力。（火柴棍中的几何学）

探求分解与综合的意义，了解几何学的精神与科学之间的关系。在轻松的问题中，隐藏着深刻的数学意义，让我们动脑去思考吧。（挂谷宗一的问题，镜像原理）

1
历史上的几何学

　　用复杂的步骤去证明简单的问题，
也许是枯燥的，但是完美的几何学精神
也正在于此。

埃及人的经验式数学

说到世界四大文明古国之一的埃及，大家都知道其文明起始于尼罗河畔。

尼罗河发源于非洲内陆的峡谷，途经沙漠滚滚而下。每年上游雪水融化汇入河中，会引起下游一带洪水泛滥。

巨大的流量将上游肥沃的土壤冲刷到下游，河水泛滥在一定意义上给下游的农业带来了好处。

但是河水泛滥也给人们的生活带来了很大的困扰，因此人们尝试预测河水泛滥

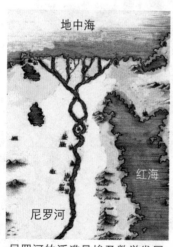

尼罗河的泛滥是埃及数学发展的契机。

的日期，以求将灾害损失减少到最少。人们发现，与洪水相应的各种现象中，太阳、月亮、星星等天体的运动最为准确。埃及人也由此而早早就观察出一年有 $365\frac{1}{4}$ 天。

埃及国王制定税制时，会考虑到一年之内的洪水泛滥与受灾情况，所以与税率密切相关的数学知识是非常必要的。埃及的分数计算也是由此应运而生的。

尼罗河的泛滥还会抹去原来农田上的边界，洪水过

后人们要重新进行划分。几何学的英文是"geometry"，其中的"geo"就是土地的意思，而另外一部分"metry"则有测量的意思。所以可以说，埃及的几何学是一种"政治数学"。

埃及人很早就通过经验得知，如果三角形的三条边分别为 3、4、5，那么长度为 5 的边对应的角是直角。人们利用这个知识在土地上划分出直角。这其中有很重

要的意义。试想，如建造金字塔这样巨大的建筑时无法确定直角，那会怎样呢？

就这样，埃及人懂得从既往的经验中总结出规律，归纳出重要的知识用在以后的生活中。只有心中有这种学习知识以便于未来生活的态度，才算是真正迈出了科学思想的第一步。

令人遗憾的是，埃及人虽然懂得从生活中获取经验，但是他们并没有着手将这些知识整理成一个体系。

希腊人的理论式数学

单独的零部件也许是无用的，知识也是一样。埃及人的努力并没有形成一个完整的知识体系，但是希腊人不同。

提到希腊，人们就会想到泰勒斯（Thales, B.C. 624? ~ B.C. 546?）、毕达哥拉斯（Pythagoras, B.C. 582? ~ B.C. 497?）、柏拉图（Platon, B.C. 429? ~ B.C. 347）、欧几里得（Ευκλειδης, B.C. 330? ~ B.C. 275?）、阿基米德

泰勒斯丨希腊几何学先驱

（Archimedes, B.C. 287? ~ B.C. 212?）这些名字。其中时代比较早的泰勒斯和毕达哥拉斯年轻时曾经游历埃及和美索不达米亚地区，学习知识后回来。他们没有死板地照搬埃及零散的知识，而是努力将这些看似没有什么关系的理论整合成知识体系。泰勒斯是这方面优秀的先行者。

❶ 对顶角相等。

❷ 等腰三角形两底角相等。

❸ 两边及其夹角相等的两个三角形全等。

❹ 两角和它们的夹边对应相等的两个三角形全等。

这些我们在中学时候就学习过的公理在埃及人眼中曾经是没有联系的，但是希腊人却将这些信息一个一个联系起来，种下了几何学的种子。泰勒斯则是为这些知识体系的初步形成做出了巨大贡献的先驱。

这些知识并不只是通过经验获得，还通过了"证明"的考验。我们通过上面的公理可以计算出因中间有座山而无法直接测量的两点间的距离，同样也可以计算出从山脚到海上的一艘船的距离。

对于这种不通过直接测量，而是通过计算得来的结果，当时的人们是抱以惊奇的态度。但是，这里需要我们注意的，不是人们从经验中得到的结果，而是对通过证明得来的定理的应用。也许有人认为，证明不过是将明摆着的事情用复杂的语言重复一遍而已。殊不知，证明出来的定理却有着很大的用处。

埃及人知道三边比为 3 ∶ 4 ∶ 5 的三角形是直角三

角形，美索不达米亚人知道三边比为 5：12：13 的三
角形也是直角三角形。

希腊人不仅知道 3，4，5 有

$$3^2+4^2=5^2$$

的关系，知道 5，12，13 有

$$5^2+12^2=13^2$$

的关系，还知道除了 3，4，5 和 5，12，13 这样的关系
外，还存在着若三边 a，b，c 之间形成

$$a^2+b^2=c^2$$

的关系，则 c 边对应的角为直角。这就是毕达哥拉斯
定理。

这种将一般的明确的知识整合成知识体系，得出全
新命题（定理）的方法，就是希腊人研究数学（几何
学）的方式。希腊人认为，数学中的定理应该对任何人
都有说服力。

希腊历史上的民主主义也由此而来。或者我们可
以说，希腊人思考时从大处着眼，有着多人一同思考
的习惯。

不通过拳头和权力想要在公平的情况下用自己的主
张说服别人，那就需要一个合适的对话方法，同时也要
懂得学习别人正确的做事方法。而希腊人这一点就做得

很出色，大概是因为他们很早以前就注重"定理"和"证明"了吧。

若要说服别人，就要学会用简单的方式准确地表述出自己的意思，然后从简单的观点出发，一点一点切入复杂的命题。与对话原则相似，我们刚开始学习几何的时候，就算是"点"和"线"这些最基础的知识，都要认真研究，熟练掌握。

数学上使用定理和证明，大概也受到了希腊人这种对话方式的影响。

用复杂的步骤去证明简单的问题时，也许很枯燥，但是完美的几何学精神也正在于此。健康的民主主义带来了公平的言论自由，引发了优秀的几何学的诞生。这就是实行民主主义的国家的国民在学问上的成绩也非常突出的原因了。

金字塔的秘密

金字塔的高度与底面积的关系

设计金字塔的人是否懂圆周率

有人推测，古代埃及人用轮子来测量长度，轮子旋转的圈数刚好可以用来计算长度。当然，这只是人们的猜测，我们并没有看到用来测量的轮子或者显示当时测量情景的图片。虽然只是一种推测，但是听起来却似乎很合理。

推测的原因是这样的：最大的金字塔胡夫金字塔底面是一个边长为 232.8m 的正方形，高度为 146m。这个

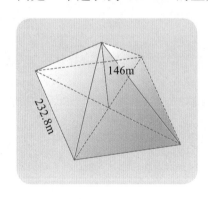

金字塔底面正方形的一条边除以高度的一半，刚好接近 3.14 这个数字。

$$232.8 \div (146 \div 2) \approx 3.1890$$

而圆形的周长刚好是圆形的直径乘以3.14得出的结

果。古代人搞建筑，非常注重高度和底边长度的比，这个数值有一定的象征意义。因此，人们推测古代埃及人是知道圆周率这个概念的。

　　如果这个推测是正确的，那么我们假设当时建造的金字塔的高度是100m，用直径为1m的轮子旋转50圈的长度为底面一边的长度，那么金字塔底面正方形的一条边除以高度的一半刚好接近3.14这个数字。

（底面正方形一边的长度）÷（高度的一半）$\Rightarrow$

$(1 \times 3.14 \times 50) \div 50 = 3.14$

从这个结果中，我们推测，在5000年前的埃及，人们大概是用轮子来测量距离。现在看来，在当时准确测量距离，用轮子是最简单方便的方法。当时没有我们现在的这些高科技工具，建筑物又是非常的庞大，那么想要精确测量长度只能选择这种简便的方法。所以，这个推测很可能是正确的。

金字塔是否有最坚固的倾斜角度

通过金字塔顶点与底面中心点做一个平面平行于金字塔底面一边，这个平面将金字塔一分为二。参考下图，我们可以看到一个等腰三角形，这个等腰三角形的底角角度大概是51°。那么，这个51°有什么特别的含义吗？

金字塔建造得非常高。它不能像巴黎的铁制的埃菲尔铁塔一样有非常倾斜的角度，那样会因不稳定而导致坍塌；当然，也不能建造得太低，那样就没有金字塔的意义。人们需要在保持一定高度的前提下保证金字塔的稳定性，这时上面这个倾斜角度就是最合

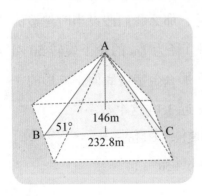

适的了。

人们是怎样获知这个角度的呢？也许有人有这样的疑问，尝试了下面的实验后，你就知道原因了。

将干燥的细沙从桌子上一点向下堆积，当细沙堆积到一定高度的时候，这个小沙堆的倾斜角度恰好差不多是51°。所以可以说，大自然制造的形态是最完美的。

看来，金字塔的设计者也是根据这个经验来设定金字塔的倾斜角度的。位列"世界七大奇迹"之一的金字塔的神秘恰恰与大自然的本来面貌有关，大自然才是最伟大的艺术家。当然，当时就洞察到了这一点的埃及人也是非常伟大的。

圆与球

具备了最理想美的图形

　　古代的东西方人们看待圆形和球体的时候都或多或少带有一些宗教色彩，人们认为这是上天赐予的最完美的图形。

　　电视里或者漫画里描述魔女的时候，魔女占卜道具就是一个拳头大小的球体，叫做"水晶球"。用来占卜的水晶球必须是球形的，不能是椭圆球体或者多面体。在很早以前的埃及，人们对圆形和球体就已经有了很深的研究。这大概是因为他们对图形上的神秘性比较关注的缘故。

　　大家在日常生活中应该也体会过圆形的神秘，如体温计里的水银掉落出来就是球形的水银珠，肥皂泡泡和掉落在涂了油的平底锅上的水珠都是球形的。

　　周长相等的矩形中，面积最大的矩形是正方形。周长相等的三角形中面积最大的是正三角形。这些图形都

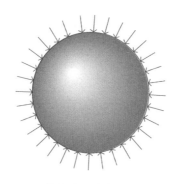

下落中的水珠表面受到
大气压从四面八方的挤压形成球体。

是完美对称的美丽图形。

所以从这个意义上来看，圆形应该就是最理想的图形了。而且球形的任意截面都是圆形，所以，古人们将球体看得非常神秘，也就是很自然的事情了。

欧洲几何学的雏形——欧几里得的几何学，也被称为是"关于圆形和直线的几何学"。在尺规作图问题中严格地以"利用圆规和尺子"为条件，这是自欧几里得《几何原本》以来的传统；再往前追溯，也受到了柏拉图的影响；或者再往前一点来看，受到了之前古代希腊人思想的影响。圆与球的传统影响，有过之而无不及。

比起几何学中用到的其他道具，用来画直线的尺子和用来画圆形的圆规可以算是简单的了。因为直线和圆形本身就是最基本的图形，所以画起来也很容易。古今的数学家建立理论的时候讲究一个"美"字，在追求真理的同时也会考虑到美学概念。

比如，与图形的世界没有什么关系的代数式

$$a+b+c$$

在用到 a，b，c 这样的字母时，会按顺序排列，代数式

$$a^2+b^2+c^2$$

中的三个字母也很对称。这也许是代数学家在无意识的情况下享受着字母排列中的对称美吧。

数学家们都有这样一个共识：当得出一个结论的

对称美

时候，就算这个结论很明显，看起来也是正确的，但是答案不具备一种对称性，那么他们会怀疑这个答案很可能是不正确的。奇妙的是，这种判断方法几乎是很有效的。

人们之所以这样重视对称性，大概和作为大自然产物的人类的身体是对称的有关。无论是人工的还是天然的，具有对称性的事物都会给人带来一种安全感。

除此之外，人们之所以这样孜孜不倦地追求对称，还有"实用"这个原因。比如想要造出一个大容积的容器，必然要制造一个对称形态的。用同样多的黏土烧制一个盘子，当烧制成圆形时才具有最大的容积。

当你给一个人固定长度的绳子让他圈出一块土地，那么他一定会圈一块圆形的土地。因为从经验得知，周长一定时，圆形面积最大。同样，当表面积一定时，球体占有最大的体积。

另外，圆形最容易画出，圆形的东西最容易滚动，最容易拿起。大概正是因为这样，我们周围有很多圆形的东西。而且，比起三角形和四边形，圆形是最对称的图形。

大概在数学观念诞生之前，我们的祖先就通过亲身经验洞察到了这些现象，就已经产生了"具有对称性的东西是最完美的东西"的想法。

泰勒斯的半圆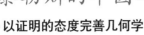

以证明的态度完善几何学

古代埃及的金字塔建造于公元前 2800 年左右，这种大规模的建筑需要高度发达的测量技术。

测量技术的发达，需要积累一定的关于平行线等基础图形的各种基本知识。埃及人很早以前就掌握了测量这种先进的技术，熟练到不会质疑这种技术，也不会去追问为什么有这样那样的规定。

当时的希腊人将这种知识学习过来后，带着希腊人民特有的刨根问底的本性，经常对这些知识提出各种问题。

让我们通过一个例子来看一看埃及的测量技术和希腊的几何学之间的差异。在下页图中 AB 线段的 B 点画一个直角时，埃及人会首先以 AC 为直径画通过 B 点的半圆，并连接 B 和 C。那么，∠ABC 就是直角。但是古埃及人没有去追问"为什么∠ABC 会是直角？"

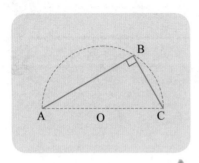

相反，希腊人则会用理论去说明原因。最有代表性的先驱者就是我们之前提到过的泰勒斯。

大大小小的半圆有无数多个，在半圆上确定一点的方法也有无数多个。经过确认后我们才能确定这些圆周角都是直角，但是对待这无数多个角，我们却无法一一调查。

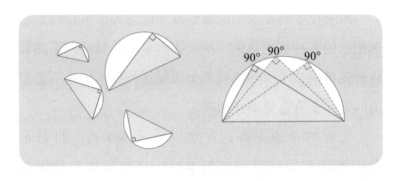

泰勒斯没有去一一确认，他找到了另一种方法绝妙地证明出了直径上的圆周角都是直角。这种方法就是用半圆的"代表"和半圆上面点的"代表"来一次性证明无数种情况。

下面证明中的半圆是所有半圆的代表（任意一半圆），半圆上的点 P 是半圆上点的代表（半圆上任意一点）。

证明：在半圆上画任意一点 P，连接 OP。

△AOP 和△BOP 分别为等腰三角形，所以

$$\angle PAO=\angle APO=a \quad\cdots\cdots❶$$

$$\angle PBO=\angle BPO=b \quad\cdots\cdots❷$$

△PAB 中

$$\angle BPA+\angle PAB+\angle ABP=180°$$

根据❶，❷得到

$$(a+b)+a+b=180°$$

$$\therefore a+b=90°$$

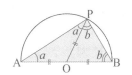

上面图中的点 P 是半圆上除 A、B 两点外的任意一点，而且与半圆的大小和位置无关。

通过这种方法，不但可以用一种情况代表所有情况来证明，还可以得到一些很难解答的问题的答案。

尼罗河畔的测量技术通过泰勒斯从地中海传播到小亚细亚的米莱图斯，随后通过毕达哥拉斯传播到意大利南部，最后被传到希腊的雅典，最终回到其发祥地埃及的亚历山大，几何学经过了一系列完善。

可以说，测量技术在其"故乡"没有受到"为什么"的质疑，离开故乡周游一圈后成为了一种关于图形的学问，归来时可以算是"锦衣还乡"了吧。

用正确的证据展示一种看法的正确性，就是证明。

证明

比起建造金字塔的古埃及人，美索不达米亚人具有更多的数学头脑。埃及和美索不达米亚可以算是希腊人的老师，但是他们的数学发展却是紧随着希腊人的脚步前进的。这是因为希腊人用一种"证明"的态度去学习。如果将数学比喻成火箭，那么证明的态度就是火箭发射的燃料，这燃料（证明）就是希腊人发明的。由此看来，可以说希腊人迈出了人类文明史上伟大的一步。

可怕的毕达哥拉斯定理

摧毁了毕达哥拉斯信念的$\sqrt{2}$

　　学过中学的数学，就一定都知道"毕达哥拉斯定理"。从名字就可以看出，这条定理是古希腊的哲学家（当时没有"数学家"这个职业）毕达哥拉斯发现的。

TIP 毕达哥拉斯定理的证明

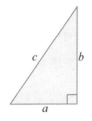

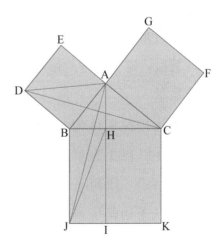

证明如下：

　　$S_{\triangle ADB}=S_{\triangle CDB}$（三角形面积公式）$=S_{\triangle JAB}$（全等）$=S_{\triangle BHJ}$（三角形面积公式）

　　$\therefore S_{\square ABDE}=S_{\square BJIH}$

　　$S_{\square HIKC}=S_{\square ACFG}$ 也可以用同样方式证明。

通过这个定理，可以看出前面的直角三角形中

$$a^2+b^2=c^2$$

成立。古埃及、美索不达米亚和古代中国在很早以前就已经发现了这个现象。这个现象在中国除"毕达哥拉斯定理"外还有另一个名字，即以中国的发现者命名的"陈子定理"。

那么我们为什么要称其为毕达哥拉斯定理呢？这是有原因的。

首先，第一个发现直角三角形的斜边与直角边有上面数学式中的关系的人是毕达哥拉斯（毕达哥拉斯学派）。也就是说，之前其他的古代文明社会知晓的只是特殊的情况（比如，$3^2+4^2=5^2$），没有形成一个一般的概念。正因为毕达哥拉斯将这个定理的使用范围推广到了所有的直角三角形，所以人们称之为毕达哥拉斯定理。

其次，这个定理的影响超越了几何学，甚至影响到了代数学。

毕达哥拉斯认为"线段可以以 1 为单位来表示"，任何三角形的三条边都应该可以用整数表示。可

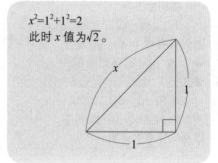

$x^2=1^2+1^2=2$
此时 x 值为 $\sqrt{2}$。

是，当直角三角形的两条直角边同时为 1 的时候，斜边长度是 $\sqrt{2}$，也就是说，三边的长度比为 $1:1:\sqrt{2}$，这样看来，无论怎样都无法让三边都是整数。这个 $\sqrt{2}$ 是毕达哥拉斯意料之外的数字。

后来，因为 $\sqrt{2}$ 无法用整数比来表示，所以划分到无理数的范畴。但是当时毕达哥拉斯确信"数非整数，即是整数比"的观

毕达哥拉斯 | 虽证明了直角三角形的共同性质，却无法承认无理数的存在。

念，$\sqrt{2}$ 这个数字的出现全盘否定了毕达哥拉斯的看法。也正因为此，当时毕达哥拉斯将无理数看作一个秘密，泄漏了这个秘密的弟子第二天溺死后被人发现。也有人说，毕达哥拉斯之所以没能保住这个秘密，是因为有人在进行报复。

其实，这样一个重大的事实是无法成为秘密的。后来，《几何原本》的作者欧几里得发表了关于 $\sqrt{2}$ 的证明。大家在学校学习到的相关证明，就是由欧几里得完成的。

毕达哥拉斯发现的毕达哥拉斯定理引出了超越自己理解范畴的数字世界，欧几里得将数字从有理数扩大到

包括有理数和无理数的实数范畴。毕达哥拉斯亲自制定了"线段的单位"的概念，但是这个概念反而将毕达哥拉斯的信念推翻。如此看来，毕达哥拉斯定理就好比将自己的主人吞掉的可怕怪兽。

若毕达哥拉斯不那么坚持自己的数字整数理论，那么这个看似矛盾的情况也就不需要人们去化解，那么也就不会有那么多后人去为之努力了。

希波克拉底月牙

直线图形与曲线图形面积相等一例

以等腰直角三角形的直角顶点为中心，以三角形腰长为半径画一个 $\frac{1}{4}$ 圆形的弧形。

再以等腰直角三角形的斜边为直径画一个半圆，于是两条弧长组成了一个新月的样子。这个图形以它的发现者名字命名，叫做"希波克拉底月牙"。

我们将这个希波克拉底月牙的面积与之前的等腰三角形进行比较。

设右图中等腰直角三角形的一边 OA 的长度为 $2a$，那么 $\frac{1}{4}$ 圆 OADB 的面积为

$$\frac{1}{4} \times \pi r^2 = \pi a^2$$

而半圆 ACB 的直径 AB 是

$$AB = \sqrt{(2a)^2 + (2a)^2} = 2\sqrt{2}\,a$$

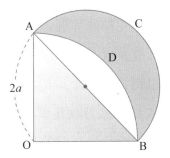

所以半圆的面积为

$$\frac{1}{2} \times \pi r^2 = \pi a^2$$

所以，$\frac{1}{4}$ 圆 OADB 的面积 = 半圆 ACB 的面积。

等式两边共同减去 ADB 的面积，得出 $S_{\triangle AOB}$ = $S_{月牙 ACBD}$。

即等腰直角三角形的面积与希波克拉底月牙面积相等。

希波克拉底（Hippocrates）的"月牙"问题与我们之后会提到的著名的古希腊 3 大几何难题之一"化圆为方"的问题（作一个正方形，使它的面积和已知圆的面积相等）息息相关。通过这个"月牙"，我们求得与直线组成的图形面积相等的曲线图形。所以，古希腊人设想，是否可以画出一个与圆形面积相等的正方形。

被西方称为"医学之父"的希波克拉底正好也是这个时代的人，所以有很多人将之与上面解出月牙问题的希波克拉底弄混。数学家希波克拉底在公元前 430 年离开故乡成为一个商人，后来成为一个数学家，他比欧几里得提前 1 个世纪出版了《几何原本》，他的《几何原本》被称为欧几里得《几何原本》的前身。也就是说，他是欧几里得前的几何先驱。这一点毋庸置疑。

希波克拉底还证明了下面这个问题，即下图中两个月牙形面积的和等于直角三角形 ABC 的面积。

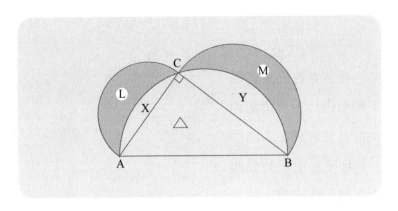

证明：下图三角形 ABC 中∠C 为直角，所以以 AB 为直径的半圆经过点 C。下面分别以 $\overline{AC}$ 和 $\overline{BC}$ 为直径画两个半圆，这两个半圆与第一个半圆形交叉成两个月牙形，这两个月牙形面积和与三角形 ABC 面积相等。因为，通过毕达哥拉斯定理，得到

$$\overline{AB}^2 = \overline{AC}^2 + \overline{BC}^2$$

所有半圆都具有相似性，所以面积比就是直径比的平方（相似形的性质），所以

（以 AB 为直径的半圆的面积）=（以 AC 为直径的半圆的面积）+（以 BC 为直径的半圆的面积）

设两个月牙的面积分别为 L 和 M，设以 AB 为直径的半圆中，被内部的线段 AC 和 BC 截出来的两部分面

积分别为 X 和 Y，三角形 ABC 的面积用 △ 表示，那么

$$\triangle + X + Y = X + L + Y + M$$

$$\therefore L + M = \triangle$$

希波克拉底还证明了圆形内接正六边形相关的月牙定理。右图中3个月牙形面积的和加上半圆的面积等于正六边形面积的 $\frac{1}{2}$。为留给

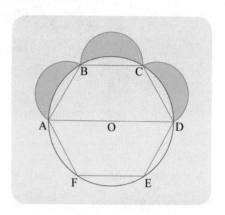

读者一个独立的证明空间，这里就不再赘述。

这个月牙问题看似平凡无奇，但是却在 2000 多年的时间里困扰了无数数学家。功夫不负有心人，此问题终于被人类攻破了。

古希腊3大几何难题

数学适合简单的思考方式

距今 2400 多年前，希腊雅典开始涌现一些人，专门以辩论为生。因为这些人具有一定的生活智慧，拥有才能，因此被人们称为智者（Sophists）。智者中包括留下了"人是万物的尺度"这句名言的普罗泰戈拉（Protagpras, B.C. 490 ～ B.C. 420?）。

这些人身上有一种能力，可以进行"语言的魔术"。这些人有酬教学，也曾经被苏格拉底这些无私传播智慧的哲学家蔑视。

不管怎样，在对人们施教这一方面，这些人是有很大功劳的，虽然他们有时候也会将错的说成对的。他们在数学上留下了很多复杂的问题，后因受到太多指责而日渐消亡。

智者留下的难题中，最著名的就是利用尺子和圆规解决下面 3 大难题。

化圆为方，作一正方形，使其与一给定的圆面积相等。

倍立方，作一立方体，使该立方体的体积为给定立方体的两倍。

三等分角，分一个给定的任意角为三个相等的部分。

三等分角问题

让我们先来看一看第三个问题：三等分角问题。

下图中表示了将直角三等分的情况。首先，以定点 O 为圆心，以适当长度为半径画弧，与 OX、OY 分别相交于 A、B 点。

再分别以 A、B 点为圆心，以相同长度为半径画弧，与第一条弧分别相交于 P、Q 两点。此时，∠XOY 被射线 OP，OQ 三等分。证明过程很简单。因为两个三角形△OQA 和△OPB 都是正三角形。

但是，因为直角很特殊，我们用这种方法并不能将所有的角三等分。所以，到了 19 世纪才有人证明出"只用尺子和圆规，无法将任意角三等分"。所以，人们在 2000 多年里一

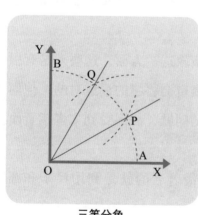

三等分角

直不倦地寻找着这个问题的答案，这些问题难倒了无数人。

解这个问题的时候，我们首先要考虑到只能使用尺子和圆规的前提。我们已经知道，利用尺子和圆规可以进行四则运算（＋、－、×、÷）和开方（$\sqrt{\ }$）这 5 种情况。通过这一点，我们证明出了上述问题的不可能。

虽然人们证明出了只用尺子和圆规无法将角三等分，但是，这并不意味着哪种方法都行不通。

利用工具可以将任意角三等分。下图中的道具就是其中一种。

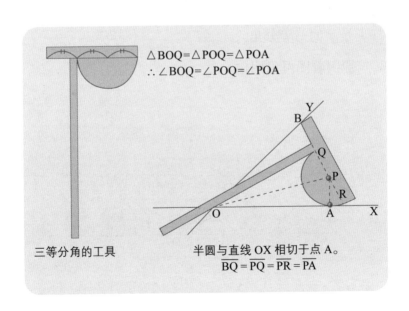

$\triangle BOQ = \triangle POQ = \triangle POA$
$\therefore \angle BOQ = \angle POQ = \angle POA$

三等分角的工具

半圆与直线 OX 相切于点 A。
$\overline{BQ} = \overline{PQ} = \overline{PR} = \overline{PA}$

直线 OX 与以 P 为圆心的半圆交于点 A，直线 OY 与 T 字行交于点 B。那么线段 OP 和 OQ 将∠XOY 三等分。

阿基米德（Archimedes, B.C. 287？~ B.C.212？）的方法

下图中有任意角 x。将 x 的一边（底边）反向延长，以点 O 为圆心，做半径为 r 的半圆。两端与角 x 的底边和它的反向延长线相交。

通过另一边与半圆的交点，做直线与底边延长线相交于点 A，与半圆相交于点 B。当 $\overline{AB}=r$ 时，∠BAO（y）是 x 的三等分角。

原因看图可以明白。

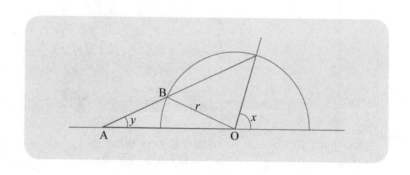

希庇亚斯的方法

右图正方形中，边 AD（=a）以点 A 为中心以一定速度向边 AB 转动，上面的边 DC（=b）以与 $\overline{AB}$ 平行的状态向下运动，速度与 AD（=a）一样。设定 a 与 b 同时到达 $\overline{AB}$。

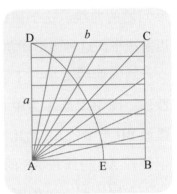

a 与 b 运动中的交点形成曲线 DE，这个曲线叫做割圆曲线。利用割圆曲线可以将角三等分。

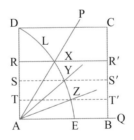

已知∠PAQ，设角的一边 AP 与割圆曲线（L）相交于点 X。a（=AD）旋转到 AX 的位置时，b（=DC）向下运动到线段 RXR′ 位置。

a 通过∠PAQ 的时间与 b 通过 $\overline{XA}$ 的时间相同。因为线段 RA 上的点 S、T 将线段 RA 三等分，分别通过这两点作直线与 AB 平行，两条平行线与割圆曲线（L）相交于点 Y、Z。$\overline{AY}$、$\overline{AZ}$ 将角三等分。

化圆为方　作一正方形，使其与一给定的圆面积相等

前面提到割圆曲线，顾名思义就是一条可以解决圆形问题的曲线。这个曲线可以解决下面这种圆形问题。

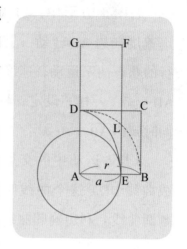

割圆曲线 L 拥有下面的性质。图中以点 A 为中心的弧形 BD 与半径 AB 的比等同于线段 AB 与线段 AE 的比。这个和同心圆有关的问题可以证明出来，并不困难。

所以，根据上面的性质，我们得出

$$\overset{\frown}{BD} : \overline{AB} = \overline{AB} : \overline{AE} \quad \cdots\cdots ❶$$

这里边 AB 是半径 r，所以 $\overset{\frown}{BD}$ 这个弧形的长度为 $\dfrac{\pi r}{2}$。所以，线段 AE 用 a 来表示，结合 ❶ 得出

$$\frac{\pi r}{2} : r = r : a$$

即

$$a = \frac{2r}{\pi} \quad \cdots\cdots ❷$$

所以，以 A 为中心，a 为半径的圆形面积为

$$\pi a^2 = \pi a \left(\frac{2r}{\pi} \right)$$
$$= 2ra \quad \cdots\cdots ❸$$

因为半径为 a 的圆形面积为 $2ra$，即线段 AD 与 AE 的乘积的 2 倍。所以以 $\overline{AE}$ 为底边，以 2 倍的 $\overline{AD}$ 为高的矩形 AEFG 的面积就是要求的圆的面积。再制作一个与此矩形面积相等的正方形，就是易如反掌的事情了。

作一立方体　　使该立方体的体积为给定立方体的两倍

让我们来思考一下立方体的体积倍数问题。

已知一个立方体的边长为 1，那么体积也为 1。当制作一个体积为 2 的立方体时，这个新立方体的边 x 的长度 $x=\sqrt[3]{2}$，所以

$$x^3-2=0$$

所以，这个数值 x 是无法用尺子和圆规画出来的。证明过程并不复杂，这里就不再赘述。希腊人想出了下面这个利用了其他器械的方法。

下页图中直角 MZN 固定，有一个可以移动的正交十字 B–VW–PQ。两条边 RS 和 TU 可沿着固定的直角的两边竖直水平移动。

这里，在十字形上面确定两点 E，G，使 $\overline{GB}=a$ 和 $\overline{BE}=f$，同时 $f>a$。那么，通过该图我们可以看出：

$$a:x=x:y=y:f$$

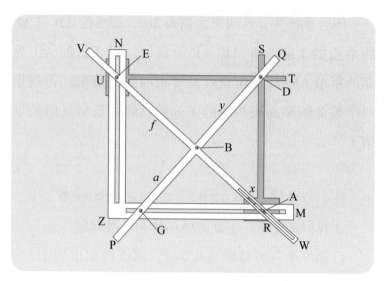

研究立方体体积问题的工具

如果使 $f=2a$，那么

$$x^2=ay, \quad xy=af$$
$$x^3=2a^3$$

所以，以 x 为边的立方体体积是以 a 为边的立方体体积的两倍。

有句俗话说，"条条大路通罗马。"如果按这种说法，那么无论用什么方法，总会求出角的三等分情况，那么只用尺子和圆规的那些岁月就白白被浪费了么？

不是的。上面的俗语在数学中并不通用，这一点我们要铭记于心。

我们现在写作文，作文的字数都要求"～字以上"；但是以后上了大学写论文的时候，字数要求就变成了"～字以下"。这是因为，同样的内容，用最简单的语句表述出来是一种美德。

同一个定理，表述得越简单越好。比如，欧几里得关于平行线的公理中原本有下列内容：

"直线 c 与直线 a、b 相交时，若一侧的内角 $\angle A$ 和 $\angle B$ 之和小于 $180°$，那么 a、b 这两条直线无限延长后在这一侧相交。"

如果不看下图，你也许不能很快看出上面的文字表述的意思。其实简单表述起来，就是"过直线外一点，有且仅有一条直线与该直线平行"，而这个表述的出现已经是 18 世纪的事了。因为以上是最简单的表达公式，所以人们也将其用这条公理的表述者的名字命名，称为"普雷菲尔（Playfair）公理"。

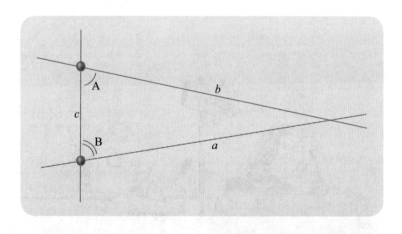

表现方式越复杂，涉及的条件也就越多，应用起来也就更加困难。解决问题的时候，方法越简单越好，使用的工具和公理也是越简单越好。这是从希腊时代就一直流传下来的研究数学的中心思想。

如果不具有这种简单性质，数学也许无法发展到今天这个水平。无论是多么细小的一点，最初的条件一旦被发现与现实有所出入，那么都会被推翻，然后重新开始。这就是数学。有无数人被数学散发出的魅力光辉吸引，前赴后继地进行数学研究。20世纪的数学巨匠伯特兰·罗素曾经这样说："如果没有数学，那么我愿向这无味的人生告别。"

图形的基础是三角形

用直线作出的所有面都可以分解成三角形

哲学家柏拉图曾经说，所有用直线组成的面都可以分解成三角形，所以三角形是最基本的图形。三角形确实是用直线组成的多边形中最简单的一个，但是，只要再增加一条边，图形就要变得复杂多了。

比如，等腰三角形是指"有两条边（或两个角）"相等的三角形，但是我们却无法定义"二等边四边形"。从下页图中就可以看出，相邻的两边（角）相等，对边

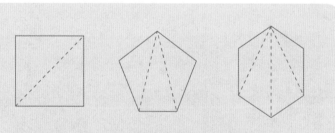

用直线作出的所有平面图形都可以分解成三角形。

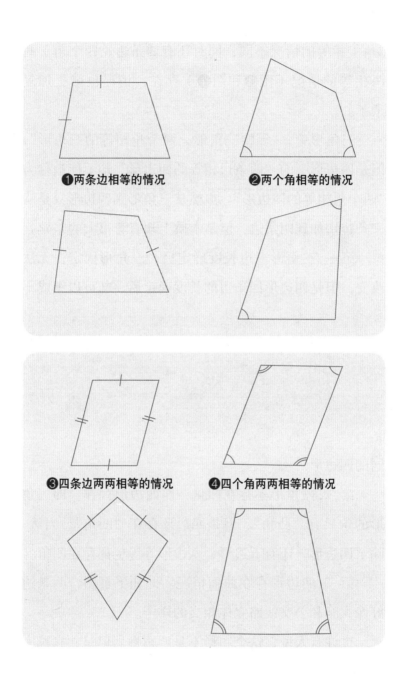

❶两条边相等的情况

❷两个角相等的情况

❸四条边两两相等的情况

❹四个角两两相等的情况

（角）相等的情况不同；同时还有四条边（四个角）两两相等的情况（图❸和图❹）存在，情况也就更加复杂了。

三角形中，"等腰三角形 = 两个角相等的三角形"，但是四边形中的"两条边相等的四边形"却不能被称为"两个角相等的四边形"。虽然从三角形到四边形只是从三条边增加到四条边，但是本质上却有着很大的差异。

第一，三角形三边长度确定后，三角形固定，无法改变。但是四边形四条边的长度确定后，却可以组成不

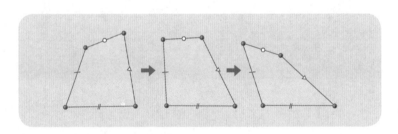

同的四边形。

第二，三角形不存在凹角，而四边形存在。即三角形的角只有"凸角"，但是四边形存在"凹角"。当然，除了四边形，还有五边形、六边形等等也都存在凹角。

第三，四边形存在曲面情况。即如下页图，两条边好像火车和公交线路立体相交的样子。

也许有人说，这个图形不是四边形。但是，它确实

符合四边形"由四个角和四条边组成的图形"的定义。

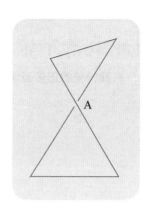

当然，若你加上一个"平面范围内"，这个图形也许就不会被提及了，但是三角形以上的多边形，即四边形、五边形等等都要考虑到这个情况。当我们用木棍做三角形的时候，无论什么时候做出来的图形都可以平贴到水平桌面上。但是做四边形的时候却不是，就是这个原因。

如果你现在理解了这些内容，那么你也就了解了本小节开始部分的柏拉图名言的深意了。

承载着宇宙神秘性的图形

有趣神秘的正多面体

我们可以在平面中画出的正多边形有正三角形、正方形、正五边形、正六边形等无数多个。

那么，空间中的正多面体也有正四面体、正五面体、正六面体、正七面体等无数多个吗？不是的。正多面体只有正四面体、正六面体、正八面体、正十二面体、正二十面体这 5 个而已。

埃及人对其中的正四面体、正六面体、正八面体这3 种有一定的了解，但是用数学方法对其进行研究却是从希腊人开始的。

现在我们说的这 3 种正多面体是毕达哥拉斯和他的弟子发现的，剩下的两种是数学家泰阿泰德（Theaetetus）从理论上证明的。

人们通常将这 5 种正多面体称为"柏拉图多面体"。柏拉图是苏格拉底的弟子，也是古希腊最优秀的哲学家之一。

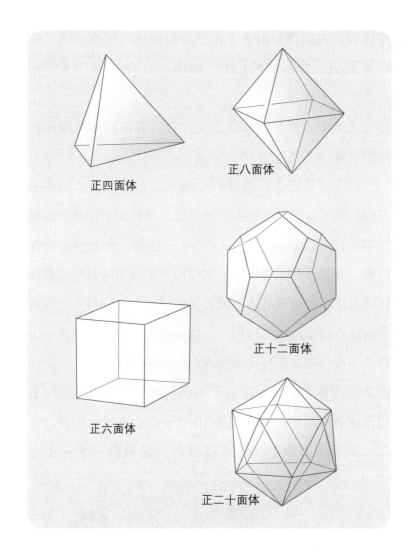

正四面体

正八面体

正十二面体

正六面体

正二十面体

　　所谓正多面体，就是每个顶角接触的面的数量和棱的数量相等，每个面都是全等的正多边形的立体。

　　即由4个正三角形构成的正四面体，由6个正方形

构成的正六面体，由 8 个正三角形构成的正八面体，由
12 个正五边形构成的正十二面体，由 20 个正三角形构
成的正二十面体。

这 5 个正多面体看似完全独立，其实相互之间还存
在着有趣的关系。

首先，从正十二面体开始观察。正十二面体从多种
方向切断后会出现 8 种不同的界面。切掉 1 个顶角会出现
三角形；一次切掉 2 个、3 个、4 个顶角，会分别出现四
边形、五边形和六边形。一次切掉 5 个顶角的时候会根据
切的方法不同出现五边形或者七边形，一次切掉 6 个顶角
会出现六边形或者八边形，一次切掉 7 个顶角会出现七边
形，一次切掉 8 个顶角会出现六边形或者八边形，一次切
掉 9 个顶角会出现七边形，一次切掉 9 个顶角会出现七
边形或者九边形，一次切掉 10 个顶角会出现十边形。

从下面图❶中我们可以看出，如果将一个正十二

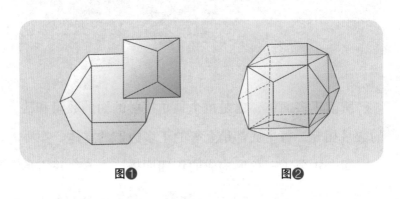

图❶   图❷

面体按图❶方法切掉顶角，会出现一个图❷中的正六边形。

由此可知，正十二面体可以转化为正六面体。从图❸中可以看出，正六面体可以转化为正四面体。

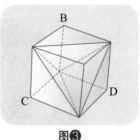

图❸

然后，如图❹，将正四面体从 $\frac{1}{2}$ 高度以平行底面的角度切割，切割断面为正三角形。用同种方法将四个角切割掉后，出现图❺中的正八面体。

所以，正四面体可以转化为正八面体。

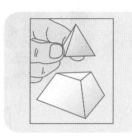

图❹

图❻中的正八面体可以转化为正二十面体，具体方法留给读者去探寻。

通过上述方法，我们可以看到从正十二面体到正二十面体的 5 种正多面体的转换过程。

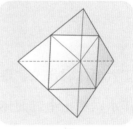

图❺

根据上述性质，古希腊哲学家柏拉图将正四面体看作火，将

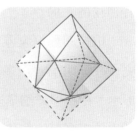

图❻

正六面体看作土，将正八面体看作空气，正二十面体看作水，将正十二面体看作囊括了上述所有 4 种元素的宇宙。可见，在用理性方式思考的古希腊人眼中，科学也有神秘的一面。

柏拉图的好友泰阿泰德对正多面体进行了彻底的研究，并证明了"正多面体只有 5 种"。欧几里得在《几何原本》中不但详细描述了证明过程，还指出同一个球体中的内接正多面体的棱长与球的直径存在下面的比例关系。

$$\sqrt{\frac{2}{3}}\text{（正四面体）,}\quad \sqrt{\frac{1}{2}}\text{（正八面体）,}\quad \sqrt{\frac{1}{3}}\text{（正六面体）}$$

$$\sqrt{\frac{5-\sqrt{5}}{10}}\text{（正二十面体）,}\quad \frac{\sqrt{5}-1}{2\sqrt{3}}\text{（正十二面体）}$$

可是，古希腊人只看到了正多面体的表面，他们眼中正多面体的实质却是神秘的。比如，柏拉图将正多面体比喻成宇宙，赋予了每个正多面体特别的角色："正多面体是神为了宇宙创造出来的"。可见当时对正多面体的研究，并不像现在一样是单纯从数学的角度出发的。

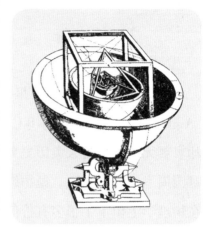

开普勒行星轨道模型 | 将行星轨道与 5 种正多面体联系起来。

因发现了"开普勒三定律"而著名的天文学家开普勒曾经用 5 种正多面体来解析行星轨道：

"正多面体只有 5 种，分别是正四、六、八、十二、二十面体。将地球的轨道想象成一个球面，那么与其外接的 5 种正多面体的内接球面就是行星的轨道。"

人们对多面体的研究不仅仅局限于数学上，还被赋予神秘性甚至成为了迷信的载体，这一点值得深思。

阿基米德的墓碑

有趣的数学关系

　　历史上的科学家如繁星般众多，但是如阿基米德（Archimedes, B.C. 287?~ B.C. 212）这般伟大的科学家却寥寥无几。他是人类历史上最伟大的科学家之一。他对圆周率、杠杆原理、抛物线的研究非常著名，并且还在物理学上留下了很多有价值的东西，他利用这些知识发明了当时最先进的科学技术。他在洗澡的时候发现浮力原理的故事广为人知。

　　但是他的离世却让人唏嘘不已。当时阿基米德所在的国家叙拉古受到罗马的侵略。有一天，阿基米德正在地面上涂画着研究圆的性质，这时一个罗马士兵闯了进来，踩乱了他的图形。阿基米德大喊："不要踩乱我的画！"结果无知的士兵抽出剑来结束了这位伟大人物的生命。

　　当时侵略国的统帅马塞拉斯非常尊敬阿基米德，听

马赛克壁画 | 描绘了阿基米德被罗马士兵杀死的情景。

到阿基米德的死讯后悲痛不已。后来，他下令为阿基米德建造了一个墓碑来记录他的伟大功绩。墓碑上画了一个圆柱体，圆柱体里有一个内切的球体。

阿基米德曾经发现这个图形中存在着有趣的数学关系，他曾经和家人说希望自己死后能在墓碑上刻上这个图形。马塞拉斯听说了这件事情，于是为他建造了这样一个墓碑。

这个图形中的有趣关系是这样的：

圆柱的底面半径为 r，高为 h，所以圆柱的体积为

πr^2h，圆锥的体积是 $\frac{1}{3}\pi r^2h$。

球形的体积是 $\frac{4}{3}\pi r^3$，因为与圆柱内切，$h=2r$，所以，

圆锥：球：圆柱 $= \frac{2}{3}\pi r^3 : \frac{4}{3}\pi r^3 : 2\pi r^3 = 1 : 2 : 3$

阿基米德发现这个规律，觉得 1，2，3 的比例关系非常有趣。

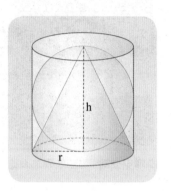

阿基米德也是古希腊迷信宇宙是数学调和的产物的哲学家之一。他们认为，1、2、3……这个整数列是宇宙最重要的组成部分。

古希腊人的穷竭法

微积分的基础

穷竭法

前面讲到"希波克拉底月牙"，这个故事中最重要的一点就是用直线组成的图形面积可以表示曲线组成的图形面积。它似乎刺激了希腊人去寻找"化圆为方"的方法。

通过这些问题，古希腊的数学家们很早就开始研究曲线图形的面积问题，"穷竭法"也应运而生。

曲线图形中，圆形的面积最方便求出。安蒂丰（Antiphon，B.C.500 年左右）这个人通过无限增加圆内接多边形边数的方法求圆的面积，如下页图❶。

阿基米德的方法如图❷，同时利用了圆形外接多边形和内接多边形。这个方法我们现在称为"辛普森计算方法"。即内接多边形的面积

$$P_1 < P_2 < P_3 < \cdots < P_n < \cdots$$

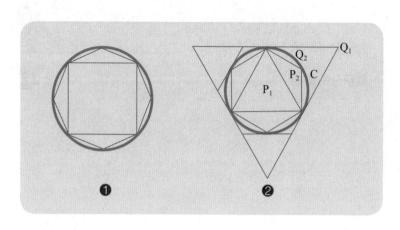

❶   ❷

和外接多边形的面积

$$Q_1 > Q_2 > Q_3 > \cdots > Q_n > \cdots$$

图❷中可以看到，圆形面积 C 接近两者的最大和最小极限，即

$$P_1 < P_2 < \cdots < C < \cdots Q_2 < Q_1$$

这样，通过增加多边形的边数，在达到极限的时候就求出了圆形面积 C。这就是通过圆形外接和内接多边形的面积求圆形面积的方法。

这种方法叫做"穷竭法"，就好像将奶牛的奶榨出来的过程一样，将曲线图形内部的面积全部榨出来。

用这种方式，研究出求面积的方法。

穷竭法

哲学家柏拉图的朋

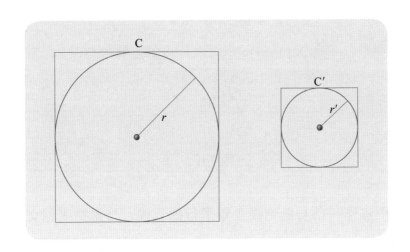

友——数学家欧多克索斯（Eudoxos，B.C.408 ~ B.C.355）和阿基米德两个人成功地将这种方法进行了优化。

　　其中，欧多克索斯"圆形的面积与圆形半径的平方成正比"的证明在欧几里得的《几何原本》里讲到"圆的面积与半径的平方成正比"时被提到过。这个证明过程看似简单，实际上用到了穷竭法。请读者想想看，穷竭法在这里是怎么应用的呢？

$$C : C' = r^2 : r'^2$$

抛物线面积

　　阿基米德将穷竭法进行了最后的完善。他的穷竭法中最著名的部分就是求"抛物线组成的弓形的面积"。

　　下页图中，AB 和抛物线 APB 形成了一个闭合图形，若要求出这个闭合图形的面积，首先要通过 AB 的

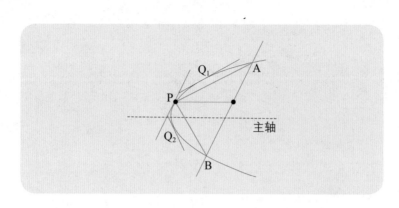

中点作一条与抛物线主轴平行的直线，与抛物线相交于点 P。那么，点 P 是弧 APB 上距离直线 AB 最远的一点。通过点 P 与抛物线相切的直线平行于直线 AB。

设三角形 APB 的面积为△，那么，这个闭合空间中除去三角形的面积，剩下的是抛物线的弧与直线相交的面积。所以，用同样的方法求出内接三角形面积，剩下 4 个未求面积部分。这时两个内接小三角形的面积相等，都等于 $\frac{1}{8}$△。这两个三角形与第一次求出的最大三角形的面积和为

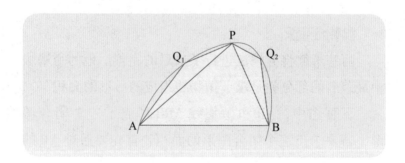

$$\triangle + \frac{1}{4}\triangle$$

继续用同样的方法计算，剩下部分的面积越来越小，最后求出面积为

$$\triangle + \frac{1}{4}\triangle + \frac{1}{4^2}\triangle + \cdots\cdots$$

这样一个等比数列和。为求出这个数列的和，阿基米德使用了下面的方法。

a_1，a_2，a_3，$\cdots$，a_{n-1}，a_n 这个等比数列每一项都是前一项的 $\frac{1}{4}$。也就是：

$$a_2 = \frac{1}{4}a_1, \ a_3 = \frac{1}{4}a_2, \ \cdots\cdots$$

设数列 b_2，b_3，$\cdots$，b_{n-1}，b_n 分别是 a_2，a_3，$\cdots$，a_{n-1}，a_n 的 $\frac{1}{3}$，那么

$$a_2 = \frac{1}{4}a_1, \ b_2 = \frac{1}{3}a_2$$

$$\therefore \ a_2 + b_2 = \frac{1}{4}a_1 + \frac{1}{3}a_2 = \frac{1}{4}a_1 + \frac{1}{3\times4}a_1 = \frac{1}{3}a_1$$

同样

$$a_3 + b_3 = \frac{1}{3}a_2, \ \cdots, \ a_n + b_n = \frac{1}{3}a_{n-1}$$

$$\therefore \ (a_2 + a_3 + \cdots + a_n) + (b_2 + b_3 + \cdots + b_n)$$

$$= \frac{1}{3}(a_1 + a_2 + \cdots + a_{n-1})$$

因为

$$b_2 + b_3 + \cdots + b_n = \frac{1}{3}(a_2 + a_3 + \cdots + a_{n-1}) + \frac{1}{3}a_n$$

$$\therefore a_2 + a_3 + \cdots + a_n = \frac{1}{3}a_1 - \frac{1}{3}a_n$$

将 a_1、$\triangle$ 代入

$$\triangle + \frac{1}{4}\triangle + \frac{1}{4^2}\triangle + \cdots + \frac{1}{4^n}\triangle = (\frac{4}{3} - \frac{1}{3 \times 4^n})\triangle$$

所以，根据

$$\lim_{n \to \infty}\frac{1}{3 \times 4^n}\triangle = 0，“n \to \infty”指 n 无限大的状态$$

所以，线段 AB 和抛物线 APB 之间闭合空间的面积是 $\frac{4}{3}\triangle$。

这其中，最重要的一点就是制造出弦的线段数 $n \to \infty$ 时，弦的长度和等同于抛物线的弧形长度，这些所有三角形面积的和就是抛物线和直线组成的闭合空间部分的面积。

下面这条著名的阿基米德原理是这个穷竭法的基础。这个方法是以无限分割的可能性为前提的。

对于 a、b，如果 $a<b$，则必有自然数 n

（n 不等于 a 或 b），使 $n \times a > b$。

这在现在看来似乎已经成为了常识，在微积分中也是一个理所当然的部分，但在当时，无限分割的可能性还是一个问题。

所以，阿基米德首先算出了结果，然后又利用如果

S 不等于 "$\frac{4}{3}\triangle$" 会产生矛盾的反证法进行了复杂的证明。证明过程非常复杂，这里就不详述了。可见，当时人们对 "无限数列的和" 的证明方法是不认同的。这也是为什么大天才阿基米德用简单的方法计算出来后，还要用复杂的方法进行证明的原因。

希腊人重视用空间的几何学思考方式，所以求抛物线面积还要从求三角形 APB 开始，然后制造出多边形一点点逼近弓形 APB 的面积。当然，这个面积要具有

$$\triangle, \quad \triangle + \frac{1}{4}\triangle, \quad \triangle + \frac{1}{4}\triangle + \frac{1}{4^2}\triangle, \quad \cdots$$

的性质。

综上所述，穷竭法就是无限接近极限的数列 $a_1 + a_2 + \cdots + a_n + \cdots$ 的和。但是当时有无限多个项的数列，即无限数列是当时固执于有限的希腊人无法理解的，所以人们用穷竭法求出无限。

我们常说阿基米德是微积分的先驱，这大概是因为他创造出了穷竭法这种利用了极限概念求曲线图形面积的方法。但是，这个方法严格来说并没有涉及真正的 "无限"。实际上，他本身在使用无限的思考方式的时候，已经受到了一定的局限，所以说 "无论哪个天才，都无法跳脱他所属的时代"。

海伦公式

将数学运用到实际问题中

大家都知道，三角形的面积公式是"底边 × 高 × $\frac{1}{2}$"。但是这个公式并不适用于任何三角形，事实上，我们也可以说这个公式在现实生活中毫无用处。

比如，想求一块三角形土地的面积，但是这块土地上有一座高山，这个时候三角形的高应该怎样来算呢？这时只要用到下面这个"海伦公式"用三角形的三边就可算出三角形的面积。

$$K=\sqrt{s(s-a)(s-b)(s-c)}$$

（其中 a，b，c 是三角形三条边的边长，S 是三角形的周长的 $\frac{1}{2}$。）

发现了海伦公式的海伦（Heron）是公元前 100 年左右活跃在亚历山大的数学家。他倡导的不是欧几里得《几何原本》中的抽象几何学，而是实用性数学。也正因为如此，人们甚至推测他不是推崇抽象集合的古希腊人，而是古埃及人或者古巴比伦人。

这样实用性的数学的存在，暗示了我们：古希腊不仅仅研究我们目前为止知道的这些抽象的几何学，还会研究可以运用到日常生活中的实用几何学。

海伦公式被广泛用于三角形面积测量中

海伦与欧几里得不同，我们去看一个海伦的小故事。

"有一个圆，直径、周长和面积的和是212，求直径（π 等于 $\frac{22}{7}$ 时）。"

答案是14，求解过程如下："212乘以154，加上841后开方，再减去29，然后除以11。"

现在让我们用数学式来说明一下。

设圆的直径为 d，因为"直径 + 周长 + 面积"是212，所以

$$d + \frac{22}{7}d + \frac{11}{14}d^2 = 212$$

$$\frac{11}{14}d^2 + \frac{29}{7}d = 212$$

两边同时乘以 154，

$$11^2 d^2 + 58 \times 11 d = 212 \times 154$$

两边同时加上 $29^2 = 841$，两边同时平方，

$$(11d+29)^2 = 33489$$

$$\therefore 11d+29=183$$

$$\therefore d=14$$

海伦公式被广泛用于三角形面积测量中。

海伦的计算方法将直径（一维）和面积（二维）这两种不同概念的数字计算到一起，这在数学上是不严谨的。另外，这个方法在计算具体数值的时候，过程好像菜谱般，无任何说明，这也是不符合数学这门学问的。

从以上来看，海伦公式的计算数学与哲学方式的理论数学不同，它是给需要进行实际操作的技术人员使用的数学。

海伦的一生很神秘，我们只知道他是阿基米德之后时代的人。我们从他的著作中可以看出一点，就是他是当时比较独特的科学家和技术人员。海伦在应用数学和力学的知识领域有很多贡献，从某种意义上来说，他也是一个发明家。

很早以前，柏拉图就曾经说过，将数学知识应用到实际问题中去是对数学的一种玷污。数学不应该是一种现实的问题，而是一种永远的真理和学问。阿基米德虽然将数学应用到生活中，但是他在将数学知识运用到物理学和其他技术中去的时候，也还是更加注重数学知识的理论。

比起理论，海伦更加重视现实应用，所以，可以说海伦是当时比较前卫的科学家。

其实，很早以前的欧几里得时代，就存在一些实用主义者，他们遇到一些比较难解的抽象数学（几何学）的时候会向老师质疑"学这些东西有什么用处呢"。像海伦一样注重实用性问题的数学家是无时无处不在的。他们之所以没有广为人知，还是因为他们无法跳脱当时研究纯粹数学的环境和气氛。当这些数学家开始浮现在人们的视野中的时候，古代数学已经走到末期了。新事物的涌起，往往是时代更换的前兆之一。

如果你读过荷马的《伊利亚特》和《奥德赛》，你会发现古希腊人很具有冒险精神。他们喜欢翻山越岭开辟新的土地，周游各国。他们在茫茫大海上寻找方向，靠的是天空中星星的指引。当然，这里说的大海是地中海，比起我们心中的海洋，还不算大。并且当时一年里大部分的时间都是晴朗的天气，所以希腊人在夜晚航行的时候，星星可以给予人们很大的帮助。

人们对天体运动的关注促使了天文学家的诞生。当时天空的样子在希腊人的眼中是球形的，所以人们使用一些球面图形来进行研究，球面三角学应运而生。研究球面三角学，首先要掌握平面三角学的知识。

球面三角学知识是 2 世纪的托勒密（Ptolemaeos, 85?~165?）完成的。这部分内容收录在《天文学大成（Almagest）》这部著作中。"Almagest"是"至大"的意思。

这本书支持地心说，在哥白尼（Copernicus, 1473~1543）提出日心说之前，为人们所认同。

《天文学大成》中记录了有关三角比的一些计算方法。设圆的半径为 r，连接圆内接正多边形的角和圆心形成的三角形都是等腰三角形，并且每个腰都是两个三角形共有的。这一点毕达哥拉斯和欧几里得都有提及，托勒密将其制作成了三角函数表。

《天文学大成》最初用希腊语完成的时候名为《数

TIP 三角形计算法

观察右图，图中

$\overline{BC}=\overline{CD}$

$\therefore \overline{BD}=2\overline{BC}$

因为 $\angle ACB=90°$，根据三角学定理，直角三角形 ABC 中

$$\sin\angle\alpha = \frac{对边}{斜边} = \frac{\overline{BC}}{\overline{AB}} = \frac{\overline{BC}}{r}$$

$\therefore 2r\sin\angle\alpha = \overline{BD}$ ……❶

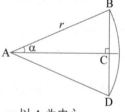

以 A 为中心，
以 r 为半径的圆弧

半径确定为长度 r，所以只要知道 α 的大小就可以知道 $\sin\alpha$ 的值了，同样，如果知道 $\sin\alpha$ 的值，我们也就可以确定 α 的大小了。所以，根据上面的❶内容可以看出，得知 α 即可得知 $\sin\alpha$，$\overline{BD}$ 也就可以求出了。

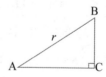

托勒密主张地心说，右图是他的《天文学大成》中地心说思想下的宇宙模型。

学文集》。托勒密刚开始没有称其为《天文学大成》，而将此书命名为《数学文集》，似乎是因为他更想突出其中三角学内容。

托勒密深受毕达哥拉斯、柏拉图、亚里士多德等人的影响，是在传统的古希腊学风中成长的人。那么，是什么促使他摒弃古希腊人固有的重视思考和思考结果的学习传统，去研究古希腊人并不感兴趣的实验和观测的

内接正多边形	中心角	一边的长度
正六边形	60°	r
正四边形	90°	$\sqrt{2}\,r$
正三角形	120°	$\sqrt{3}\,r$
正十边形	36°	$\frac{1}{2}(\sqrt{5}-1)r$ $(=t)$
正五边形	72°	$\sqrt{r^2+t^2}$

呢？其实，托勒密并不是希腊本土人，他和阿基米德、埃拉托色尼（Eratosthenes, B.C. 275? ~ B.C.194, 首位测定出地球大小的天文学家）、喜帕恰斯（Hipparchos, B.C. 160? ~ B.C. 125?，对宇宙天体进行系统观测的天文学家）和海伦等前辈一样，是出身于埃及的亚历山大——亚历山大学派——的学者。亚历山大学派的人有重实践和观测的共同点。

原本埃及文化起源于人们与常年泛滥的尼罗河斗争的过程中，治水和土木工程技术源于人们对抗尼罗河泛滥的时候对其进行治理，或者事先观测的需要。几何学（geometry）的名称来源也正在于此。很多历史书籍都表明当时的天文学非常发达，人们靠观测天体预测尼罗河的泛滥。橘生淮南为橘，橘生淮北则为枳。原本起源相同的数学文化在希腊本土和其他地方的发展过程中出现了显著的不同。

但是，从另一个方面来说，这种实用知识可以单纯应用在技术上，而从数学的体系化方面来说，古希腊人的传统还是有一定优势的。当时古印度和古中国都存在三角学知识，但是最终都没有成为一门体系化的学问，还是因为缺乏希腊人的那种数学精神。

比例和天文学的故事

用相似比测定星球之间的距离

很早以前，相似形问题就引起了人们的关注。无论物体大小有多大差异，相似形之间一定有联系。所有的圆形都是相似形，三个角对应相等的三角形不论大小都是相似形。

在计算或者简单的代数学问题中，比例问题也很重要。

我们在生活中经常能用到地图，地图就是利用几何学相似形的比例关系绘制出来的。

人们常说，天空中星星的世界是巨大的。那么，天空中星星的世界到底有多巨大呢？让我们先在头脑中绘制一个天空的地图来感受一下。

距离太阳最近的恒星是比邻星，夜空中散发出最亮光芒的恒星是天狼星，它们和太阳的距离如下表。

星球	直径	与太阳之间的距离
地球	1.3 万 km	1.5 亿 km
太阳	140 万 km	–
比邻星	6 万 km	4.3 光年
天狼星	240 万 km	8.7 光年

〔1 光年等于 9 兆 5000 亿 km〕

让我们在头脑中将他们按比例缩小。

首先，假设太阳是一个半径是 7cm 的球，位于首尔塔塔尖，那么，这个时候的地球、比邻星和天狼星位于距离首尔塔塔尖多远的地方呢？它们有多大呢？

解：将直径为 140 万 km 的太阳按比例缩小到 7cm 时，缩小比例如下：

$$\frac{7}{140,000,000,000} = \frac{1}{20,000,000,000}$$

地球实际上距离太阳 1 亿 5 千万 km，那么按比例缩小后距离变为：

$$150,000,000,000(m) \times \frac{1}{20,000,000,000} = 7.5(m)$$

地球的半径和比邻星的半径，还有比邻星距离与太阳的距离也按同比例缩小为：

$$1,300,000,000(cm) \times \frac{1}{20,000,000,000} = 0.065(cm)$$

$$6,000,000,000(cm) \times \frac{1}{20,000,000,000} = 0.3(cm)$$

$$4.3 \times 9,500,000,000,000(\text{km}) \times \frac{1}{20,000,000,000} \approx 2,000(\text{km})$$

同样，我们可以按这个比例计算出天狼星，距离首尔塔尖 4,000km，直径为 12cm。

也就是说，若将太阳看作在首尔塔塔尖的半径为 7cm 的球，那么地球是附着在它旁边的灰尘，比邻星相当于香港的一个火柴头，而天狼星则是马尼拉的一个足球。

用比例测出金字塔的高度

被誉为"科学之父"的泰勒斯曾经抱着经商的目的来到埃及，他到达埃及后，用自己的智慧准确地测出了埃及金字塔的高度，给了当时的埃及国王很大的震撼。这个方法利用了相似三角形的性质。

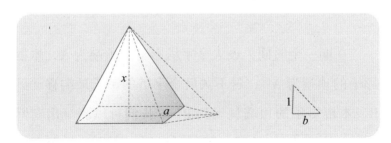

这个方法是这样的：在地上竖直立一根棍子，在同一个时间测量出埃及金字塔的影子长度和木棍影子长

度，此时，

大金字塔的高度：木棍的高度

= 大金字塔影子的长度：木棍影子的长度

利用这个比例关系，金字塔的高度就很容易被测出来了。

那么，这个方法真的可以测量出金字塔实际的高度吗？金字塔的高与地面交点在金字塔内部，我们无法将真正的影子长度测出。不用担心，只要看到下图，就会明白金字塔高度是如何求出来的。

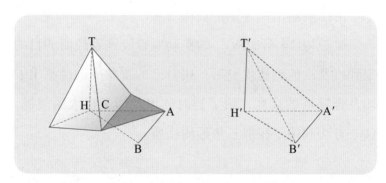

在同一个时间，设大金字塔影子的顶端为 A，木棍影子的顶端为 A′，过不久后金字塔的影子顶端移动到 B，木棍影子的顶端移动到 B′。我们可以测量出实际的 $\overline{AB}$ 和 $\overline{A'B'}$ 的长度，于是可以列出下面比例关系求出金字塔高度。

（金字塔的高）：$\overline{AB}$ =（木棍的高）：$\overline{A'B'}$

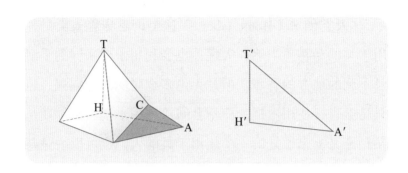

　　若觉得测量影子的长度很麻烦，也可以等到太阳在正对着埃及金字塔一边的方向时进行测量。金字塔的朝向都是正南方向，所以可以选择大清早或者傍晚来测量。这时候，金字塔影子的顶端 A 到金字塔一边的垂线与这一边的焦点 C 刚好是这条边的中点。$\overline{AC}$ 的长度加上金字塔一边长度的一半就是 $\overline{AH}$。

　　比例思考利用了相似形的性质。实际上，单纯地懂得比例关系和懂得利用比例关系去通过一根小木棍测量出金字塔的高度，是完全不同的。对金字塔的测量，意味着思维不再受到拘束，大树的高度，海面上船只距离海岸线的距离，甚至太阳的高度（位置）等等这些我们用手无法触及的地方，有了可以测量的可能性。泰勒斯的伟大就在于此。而放言"给我一个支点，我就可以撬动地球"的阿基米德似乎也正暗喻了这个伟大的比例关系。

"人类创造（Homo faber）"这个词意味着人类是使用工具的动物。当然，大猩猩也会利用木棍来够到手触及不到的地方的香蕉。但是无论多么聪明的大猩猩，也只是会直接使用木棍，而不会间接利用木棍。泰勒斯从某种意义上来说是第一个使用工具的人，也可以说是某种意义上的第一个人类吧。

2000年前的解析几何

比欧几里得更加伟大的几何学家阿波罗尼斯

　　数学历史上，阿基米德是一颗璀璨的明星，而同时代的阿波罗尼斯（Apollonius, B.C. 260? ~ B.C. 200?）恰好相反。在古希腊，阿波罗尼斯这个名字非常普遍，所以作为数学家的他经常被与出生地联系起来，叫做"佩尔吉的阿波罗尼斯"。

　　阿波罗尼斯在数学的很多方面都做出了贡献，其中他的"圆锥曲线论"是最闪亮的一点。圆锥曲线包括圆、椭圆、双曲线、抛物线。它们之间的区别在于曲线的表示方法不同。用2次数学式表现的曲线叫做"2次曲线"。

　　阿波罗尼斯在圆锥曲线的概念出现150多年之后才完成关于圆锥曲线的论文，那么为什么他关于圆锥曲线的理论这么著名呢？

　　这是因为，就像欧几里得的《几何原本》是超越了之前所有数学教科书的大作一样，包括欧几里得的书在内的关于圆锥曲线的书中，阿波罗尼斯这一本是最优秀的。也就是说，在这个领域中，《圆锥曲线论》在当时是最为突出的一本书。

人们都知道，当时的古希腊，作一条垂直于圆锥的母线，将圆锥切割为两个部分的平面，当顶角分别为锐角、直角和钝角的情况时，圆锥断面的情况各不相同。欧几里得的《几何原本》中记录了这些曲线的相关研究内容。

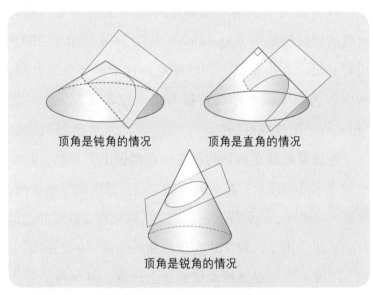

顶角是钝角的情况　　　　顶角是直角的情况

顶角是锐角的情况

阿波罗尼斯之前对圆锥曲线的定义。

阿基米德将上面的研究进一步发展，计算出了顶角是直角的时候，垂直于圆锥母线的平面将圆锥切割后的断面的面积。

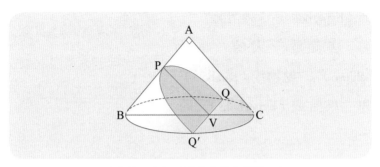

阿基米德用穷竭法计算出抛物线的面积

阿基米德展现了直角圆锥垂直于母线的断面的曲线情况，而阿波罗尼斯更深入一些，展现了圆锥顶角为一般角时平行于母线断面的曲线情况。阿基米德研究的圆锥曲线只是阿波罗尼斯研究的圆锥曲线的特殊情况，可以说，是阿波罗尼斯将圆锥曲线论变得普遍化了。

而用"椭圆"、"抛物线"、"双曲线"这样的名词替代"锐角圆锥断面"、"直角圆锥断面"、"钝角圆锥断面"这样的说法，也是在阿波罗尼斯之后才有的事情。

之前，很多数学家研究垂直于很多不同种类的直角圆锥的断面，阿波罗尼斯另辟蹊径，他研究直角圆锥的不同断面。

这些断面的平面分别与直角圆锥的底面和母线形成的角度之间比较，分为"小于"、"等于"和"大于"3种情况，分别对应"不足（ellipsis）"、"一致（parabale）"和"丰沛（hyperbole）"3 种情况。

这就是今天的"椭圆（ellipse）"、"抛物线（parabola）"和"双曲线（hyperbola）"的来源。

从保留到现在的论文资料可以看出，阿波罗尼斯在几何学上带有那么一点儿解析几何学的味道。

事实上，解析几何学的创始人笛卡尔从阿波罗尼斯这里得到了很多启发。

阿波罗尼斯圆锥曲线定义

"不足"时为椭圆，"一致"时为抛物线，"丰沛"时为双曲线。

TIP **坐标上的阿波罗尼斯几何学**

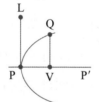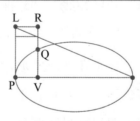

图中，$\overline{PP'}$、$\overline{PL}$ 垂直相交，$\overline{PV}=x$，$\overline{VQ}=y$，$\overline{PL}=p$，那么用数学式可以表示为

椭圆 $y^2=px-(px^2/d)$

抛物线 $y^2=px$

双曲线 $y^2=px+(px^2/d)$ ※ d 是常数（一定的线段长度）

自由落体中的几何概念
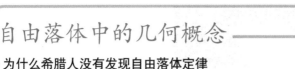

为什么希腊人没有发现自由落体定律

伽利略（Galilei, 1564 ~ 1642）在 1638 年的《关于两门新科学的对话》中清楚地说明了自由落体定律。这个定律在亚里士多德提出物体下落速度与物体的重量有关的看法 2000 多年后，让人类看到了之前认识上的一些错误。不仅如此，这个研究本身与哥白尼的日心说一样是非常重要的。

下面两个方程式表现了伽利略自由落体定律。

$$d = \frac{1}{2}vt \quad \cdots\cdots 命题①$$

$$d = \frac{1}{2}at^2 \quad \cdots\cdots 命题②$$

$$\left(\begin{matrix} d：距离 & v：速度 \\ a：加速度 & t：时间 \end{matrix} \right)$$

仔细观察上面两个命题，我们就会明白为什么更早的时候没有人发现自由落体定律。这是因为，古代人只能用圆规和尺子来解决一定范围内的问题，他们的世界就是圆与直线的世界。亚里士多德的运动法则中全部是

伽利略｜发现自由落体时加速度的规律。

关于圆形和直线的内容。

而"自由落体的距离与时间的平方成正比"的内容中涉及到了抛物线。"开普勒定律"中的椭圆和伽利略的抛物线在现在看来都是普通的"2次曲线"，但是在当时这种新曲线却是伽利略的独创结果。不仅如此，伽利略在空间与时间不断变化的情况下，意外发现了无法想象的自由落体中不会改变的"加速度"这个新概念，可见伽利略的伟大。

开普勒的"开普勒三大定律"寻找到了天空中的法则，伽利略也同样寻找到了地面上的加速度作用。

伽利略在书中用对话的形式说明了自由落体定律（命题❶）。

某物体自 C 点从静止状态出发，做匀加速运动，经过 CD 的时间用线段 AB 表示。经过时间 AB 时最大速度用垂直于 AB 的线段 EB 表示。

连接 AE，在 AB 上画等距离直线平行于 BE，直线与 AE 的交点表示出了从 A 出发后每个瞬间增加的速度。经过线段 BE 的中点 F 做线段 FG 平行于 BA，令 GA 平行于 FB。平行四边形 AGFB 与三角形 ABE 面积相同。这是因为 GF 被 AE 从

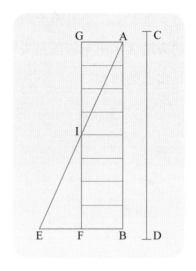

I 点平分。因为将三角形 AEB 内的平行线延长到 GI 后，四边形内所有平行线的和与三角形 AEB 内所有平行线的和相等。

伽利略将直角三角形的"高"看作匀加速运动的时间，将"底边"看作速度，将"面积"看作经过的相应距离，面积就是四边形 ABFG 的面积，结果得出自由落体运动的距离与匀加速运动的距离是相同的。

将物体的自由落体运动用几何方法表示的方法中，三角形是最直接的，但是思考起来却很麻烦。我们将三角形的底边、高和面积与速度、时间和距离一一对应，这就更加麻烦了。

事实上，当时笛卡尔曾试图将自由落体运动用几何的方法表示出来，但是失败了。可见伽利略的这个发现是多么的伟大。

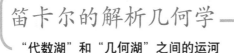

笛卡尔的解析几何学

"代数湖"和"几何湖"之间的运河

函数学习起来是困难的。这是因为，函数不是静止不变的，而是一个经常变化的研究对象。但是，利用函数却可以同时掌握数学式和图像两种武器。同时运用头脑中的数学式和眼中看到的图像，在数学学习中可以得到很大的帮助。

实际上，数学起始于图形并通过图形发展。数学式可以搭配图形来计算，图形问题也可以用数学式来解答。用数学式的代数学借用了几何学的利器的同时，以图形为中心的几何学也可以借用数学的解题方式。代数学和几何学之间的界限越来越模糊，数学的领域也越来越宽广了。

借用图形思维将几何学和代数学成功结合起来的人是笛卡尔。他在几何和代数之湖之间建造了一条运河。

笛卡尔是出生于法国的哲学家和数学家。他从童年时期就有一个习惯，每当睡醒的时候，都会躺在床上思考一段时间。后来笛卡尔入伍成为了一名军人，在江边的军营里度过了一段时光。有一天早上，他枕着胳膊躺在床上，思维却已经跳跃出了好远。

　　笛卡尔发现房间里有一只苍蝇在四处飞，笛卡尔想，怎样来说明苍蝇飞动的位置呢？如果将苍蝇的位

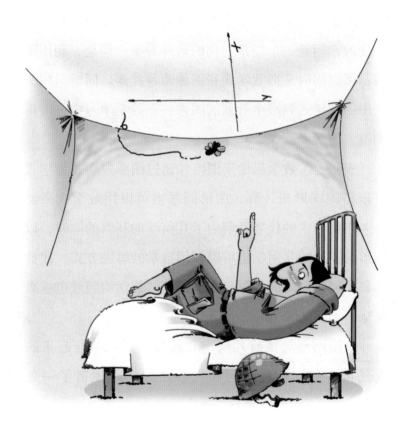

置看成一个点，那么它从一个点飞到另一个点的时候应该以什么为基准来进行说明呢？笛卡尔试图将房顶相交的两条棱看成标准直线，那么苍蝇的移动状态就可以表示成：

$$点 (x, y) \rightarrow 点 (x', y'),$$

就这样，将苍蝇的点用 (x, y) 表示出来。

数学教科书上一般将数字和图形区别开。但是，其实数学的历史上，数字和图形一直是无法对立的，有时还会结合起来。很早以前，数学并不能算是一门学问，而是一种技能。那个时候，数字和图形是难舍难分的。

第一个试图将数（算数）和图形（几何）整合起来的，是古希腊的哲学家、数学家毕达哥拉斯和他的弟子们。毕达哥拉斯学派在将自然数用图形来表示这一方面是非常著名的。

但是，当他们发现正方形一边和对角线的比无法用整数（或整数比）来表示出来的时候，受到了很大的打击。后来，人们了解到自然数无法用来计算一般的几何学问题，古希腊的学者们开始反过来用几何学（图形）来表示数字。

阿拉伯文明时代，使用符号的代数学（符号代数）开始逐渐发展起来。

几何学证明方法如大家所知，是将已知命题集中起来创造新命题的综合方法；而代数不同，代数的证明方法主要是对数字进行分析。比如解方程时会用已知数来求未知数。同样，代数的解题方法也是这样使用已知完整关系，综合成为方程式，然后按顺序进行分析后求解的过程。

笛卡尔将只有符号的形式上的代数应用到了集合当中。他的研究中有下面的规定："数字可以用线段的长度表示，那么两个用线段表示的数字之间的计算结果也应该是一段线段的长度。"

仔细推敲，你会发现这种思想是一种革新。当时几何学中普遍认为"线段 × 线段 = 面积"，但是笛卡尔摒弃了这种思维方式，创造出了"线段 × 线段 = 线段"的思考方法。

解析几何学的出发点是将变量数值化，即确定变数的问题。现在的中学生都知道变数是什么，但是在当时这却是很伟大的创新。

例如下面这个数学式

$$y=2x$$

中，x 的变化会引起 y 的变化，x 是独立变数（不受其他因素影响的数），y 是从属变数（根据其他数值来确定自身数值的数）。

这样看来，直线、圆、椭圆、抛物线和双曲线等几何图形都可以用如下代数式表示出来。

- 直　线：$ax+by+c=0$
- 圆　：$x^2+y^2+2gx+2fy+c=0$
- 椭　圆：$ax^2+by^2+2gx+2fy+c=0$，$ab>0$
- 双曲线：$ax^2+by^2+2gx+2fy+c=0$，$ab<0$
- 抛物线：$ax^2+by^2+2gx+2fy+c=0$，$ab=0$

笛卡尔有一种宏观的数学思想，他站在一个统一的角度来观察，主张应该用统一的方法来研究数学。他认为数学名称本身就应该具有一种普遍性，主张数学应该被称为"普遍数学（mathesis universalis）"。

笛卡尔坚持用综合的分析方法研究几何和代数，他的解析几何学的创立是一种划时代的转折。奠定近代科学精神的人不是伽利略或者哥白尼，而是笛卡尔。

从某种意义上，与其说笛卡尔的解析几何学引发数学思维的变革，不如说这种数学思维的变革体现了人类的思考方式的彻底转折。

美术与几何

利用了几何学的透视法

事物映到我们眼中时，就像图❶一样，是上下左右颠倒的。

这种颠倒的样子作用到我们头脑中后再次经过反转，变为正常形象，但是大小却会因为距离的不同而在头脑中有不同的反映。这种不同不但体现在上下的长度上，也体现在左右的宽度上，就像图❷中无论高度还是

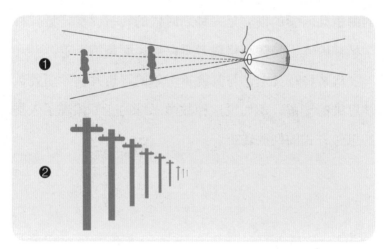

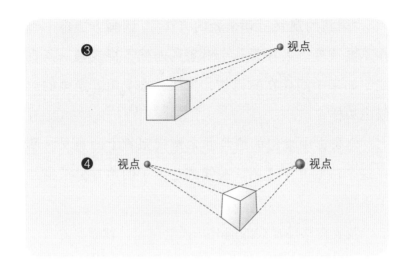

❸ 视点

❹ 视点　　　　　视点

粗细都逐渐变小的电线杆一样。

　　让我们再仔细观察一下。如果你正面观察立方体，视线就像图❸一样。如果你在稍微高一点儿的位置上，视线就像图❹。这种根据视线绘制出事物的方法叫做"透视法"。

　　中世纪的美术都带有一丝宗教色彩，在进入文艺复兴时期后，人们会站在人文角度上体现自然和人类的美。

　　达芬奇（Leonarodo da Vinci, 1452~1519）、拉斐尔（Raffaello Sanzio, 1483~1520）、米开朗基罗（Michelangelo Buonarroti, 1475~1564）、丢勒（Albrecht Dürer, 1471~1528）等人的名作都反映了这种风潮，直接展现了自然和人类的真实一面。

"全新的观察得到全新的方法"，绘画方法也一直在不断改变。人在看一个对象的时候，视线是一条直线，如果中间存在障碍物，视线就会受阻。绘画的时候也一样。

但是，中世纪的绘画非常重视宗教上的意义，所以这个法则并不适用，视线到达不了的地方也被描绘了出来。

若要在移动视线的同时来描绘对象，就需要寻找一种全新的方法。前面我们提到的那些画家们就是潜心研究透视法的大家。后来透视法对几何学也有了很深的影响，也为一种叫做射影几何学的全新数学的产生打下了

达芬奇的《西斯廷小教堂》 | 前面的人和后面建筑的大小体现了透视法。

很好的基础。

眼睛的位置固定时，画处在眼睛和描绘对象的中间。眼睛、画和实物三者之间形成了一种几何关系。人们对这种关系进行

丢勒在用自己设计的工具绘制透视图。

研究，并最终形成了一种全新的几何学。这在一定程度上受到了透视法的影响。

透视法并不仅仅是一种绘画方法，在数学（几何学）上也占有重要的地位。

随着人类生活环境和思考方式的不同，透视法也会有不同的呈现。所以，这也是我们说数学是人类文明的重要因素的一个原因。

卡瓦列利原理

为什么四棱锥的体积是长方体的$\frac{1}{3}$

底边长为a，高为h的平行四边形面积与底边和高分别为a和h的长方形面积相等。即

$$S=ah（S 是平行四边形的面积）$$

这是我们在小学就学过的知识。

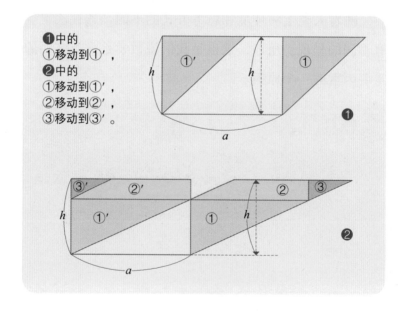

❶中的
①移动到①′，
❷中的
①移动到①′，
②移动到②′，
③移动到③′。

我们也可以通过下列方法来说明。

首先，我们将一个长方形看成是无数个平行于底边的平行线的集合。接下来将这些平行线按照下图示意方式移动，得到一个与原来的长方形底边相等、高度相同的平行四边形。可以看出，这两个四边形的面积相等，所以前面的等式成立。

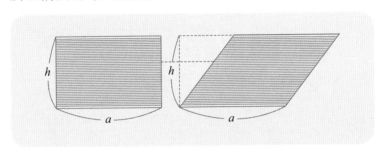

这个方法中用到了"夹在两条平行直线之间的两个平面图形，被平行于这两条直线的任意直线所截，如果所得的两条截线长度相等，那么，这两个平面图形的面积相等"的"卡瓦列利（B. Cavalieri, 1598~1647）原理"。

中学的时候，我们学到棱锥和圆锥等立体图形的体积。棱锥和圆锥体积 V 的计算公式是

$$V = \frac{1}{3} Sh \ (S\,是底面积，h\,是高)$$

从这个公式中可以看出，棱锥和圆锥的体积分别是同样底面积和高度的长方体或圆柱体体积的 $\frac{1}{3}$。

从下面图片显示的实验我们可以看到，棱锥（圆锥）中所装的水倒入有相同底面积和高的长方体（圆柱体）中刚好达到 $\frac{1}{3}$ 的高度，上面的公式得到了验证。但是只有实验结果是不够的，我们还需要一个更加详细的说明。

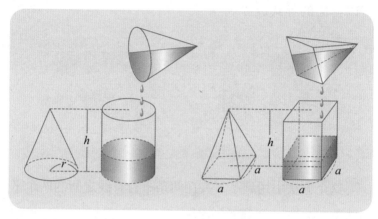

设一个立方体边长为 a，中心 O 到达各顶角的线将这个立方体分为 6 个棱锥，因为立方体的体积为 a^3，所以每个棱锥的体积 V 是

$$V = \frac{1}{6}a^3$$

可以写成：

$$V = \frac{1}{3}a^2\left(\frac{1}{2}a\right)$$

因为 a^2 就是底面积 S，$\frac{1}{2}a$ 刚好是棱锥的高 h，所以下面公式成立。

$$V = \frac{1}{3}Sh$$

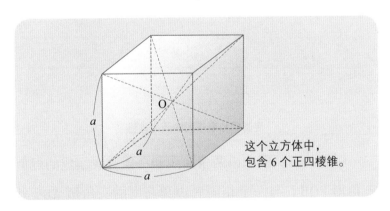

这个立方体中，
包含 6 个正四棱锥。

很多人会认为上面的说明说服力不够。因为这个公式对应的不仅仅是正四棱锥和立方体之间的关系，它是用于任意棱锥和圆锥的。上面的例子确实是特殊情况下的例子，没有说服力。

如果上面的例子不能进行解释，那么我们来看一看前面我们提到过的"卡瓦列利原理"。

卡瓦列利求积法内容为："夹在两个平行平面之间的两个立体图形，被平行于这两个平面的任意平面所截，如果每次所得的两个截面面积都相等，那么，这两个立体图形的体积相等。"通过这个方法，我们可以将复杂的图形与简单的图形相比较来计算面积和体积。

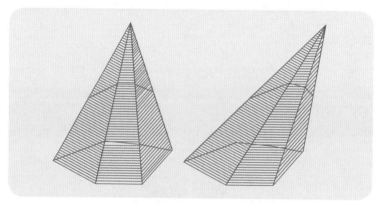

底面积和高相同的两个棱锥

例如，下页图中由两条曲线和一条直线组成的疑似三角形 PQR，与一个相同底边和高度的三角形 ABC 处在同一个水平线上。若任意一平行于底边的直线经过两个三角形形成的两条线段都相等，那么这两个图形的面积相等；如果两条线段比例总是为 $a:b$，那么面积比也为 $a:b$。

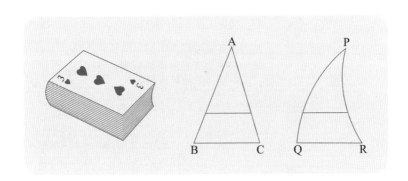

体积也同样遵循这个道理。比如一摞扑克牌,无论怎样左右倾斜,体积都是不变的。

卡瓦列利不懈的追求

原本线段或者平面的厚度都是 0,无论数量多少,它们的集合都不会有体积。或者说除了 0,没有哪个数字可以用来表述线段或平面的集合的体积。所以,卡瓦

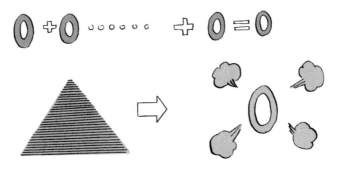

厚度为 0 的平面,无论累积多少,也都不会有高度。

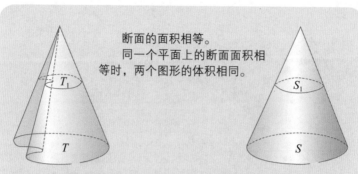

断面的面积相等。
同一个平面上的断面面积相等时，两个图形的体积相同。

设 S 是圆形，T 是与 S 面积相等的图形。如果两个椎体的高度相等，因为同一个高度上 S_1 和 T_1 的相似比，分别与 S 和 T 之间的相似比相同，所以 S_1 和 T_1 面积相等。

列利没有拘泥于线段是平面的"不可分子"，平面是空间的"不可分子"的界限，而是另辟蹊径地利用了"比较"的方法。

卡瓦列利的胳膊和腿都有炎症，常年受痛风的折磨。他埋头于天文学、物理学、数学等研究之中，以求忘记身体上的痛楚。他身边的人们深深为这位意大利数学家心痛，不，应该说是为之感动。也许正是因为他的这种忍耐力，才让他得到了如此高的成就吧。

牛顿和莱布尼茨

微积分学的诞生

　　关于牛顿，我们这里就不过多介绍了。他的《自然哲学之数学原理》（Principia,1687）这本书，在近现代物理学上占有相当重要的地位。牛顿生活在一个政治非常混乱的时代，那时清教徒革命、王政复辟、光荣革命相继发生。对于英国人来说，牛顿的名字给当时黑暗的时代带来了光明，是当时英国的光荣象征。

　　这本书中记录了利用积分法来计算面积的过程。书中略去复杂的理论，用图说的方法阐明叙述，即使不是很擅长数学的人也可以掌握这种计算方法。

　　下页图❶中，两条垂直相交的直线和一条曲线组成了一个扇形。图❷中扇形的一边被等分成 4 个部分，以每个部分为边向上做出 4 个大小不一的长方形，4 个长方形组成了阶梯状。图❸中用同样的方法画出阶梯状长方形，但是与图❷中不同的是，这些长方形左上角的顶

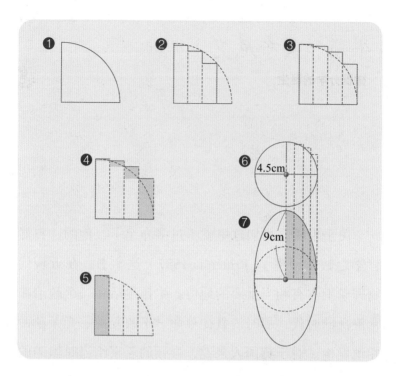

点在弧形上，而图❷中长方形是右上角的顶点在弧形上。所以图❸中的长方形有一部分超出了弧形在扇形的外面。

通过上面的图形可以说明牛顿的公式，证明过程如下。

证明：❷、❸中等分底边时，将底边等分边数无限增大，那么每一个底边的长度就是无限小。那么图❷、❸中长方形的面积和就无限接近图❶扇形的面积，直到❶、❷、❸面积相等。

可以看出，❶的面积处于❷与❸之间。而❷与❸的面积差刚好是图❹中蓝色的部分。将这些部分移动到同一个长方形中，刚好是图❺中最左边的长方形面积。若这个长方形底边长随着扇形底边等分数无限大变得无限小，那么这个长方形面积最终变为 0，成为一个只有高度没有宽度的图形。此时，❷与❸面积相等，同时，❶的面积也与❷、❸相等。

如果你充分理解了上面的内容，那么你就算是领悟了积分学这个数学中非常重要的一个内容。接下来再看一个问题。

> **Q** 根据牛顿的公式进行如下计算。图❻是半径为4.5cm的圆，将这个圆纵长变为原来的2倍，宽度不变，就得到椭圆面积。

如图❼，分割出的长方形都是对应的图❻中长方形面积的 2 倍，根据牛顿的公式，得出答案为：

答案：$3.14 \times \dfrac{81}{4} \times 2$

当然，这种理论应该不是突然间出现在牛顿头脑中的。有很多先人的思想给了牛顿很大的启发，牛顿将其整理成了人们容易懂的方法。也就是说，人们在黑暗中摸索出来的知识碎片被牛顿整理成了完整的知识体系，呈现给人们一个伟大的作品。

给牛顿铺垫了一条康庄大道的先驱者包括我们前面曾经提到的莱布尼茨，他发现的面积计算原理（莱布尼茨原理）比起牛顿的公式更简便，可以将任何图形进行转换后求出面积。下图中清晰表示出他的"极限"思想。

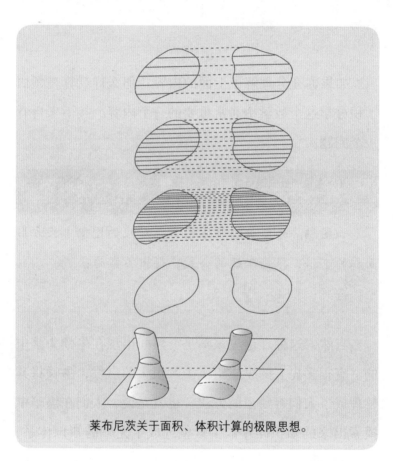

莱布尼茨关于面积、体积计算的极限思想。

发现微积分学原理，并将其转换成便利的符号的微积分学创始人牛顿和莱布尼茨。

牛顿的微积分理论在现在看来还有很多不完整的地方，但是他确实找到了一种可以精密计算的方法，将误差减少到最小。而后来的学者虽然有了完整的微积分知识，出现失误的情况却不在少数。19世纪出现的严格的理论数学就是以对这些人的批判为契机发展起来的。由此来看，牛顿是一个非常谨慎的人。

莱布尼茨和牛顿一起分享了微积分学发现者的荣耀。莱布尼茨的学说比牛顿稍微晚一点，但是因为他使用了非常简单的符号，因此受到了更高的评价。

莱布尼茨还是一个哲学家，他非常重视符号的作用，从年轻时代开始就执著于使用符号来进行计算。现代微积分学也秉承这一思想。现代微积分中的符号

$$\frac{dy}{dx}, \int dx$$

就是莱布尼茨创造的。

另外，"无穷小"和"分析"组成的"无穷小分析"也是莱布尼茨命名的，后来发展成"微积分学"这个名字。这里面莱布尼茨的功劳不可忽视。

牛顿和莱布尼茨都是独立完成的微积分学研究，但是两个人并不单单是凭自己力量完成的。牛顿受到自己的老师华莱士很大的影响，莱布尼茨也受到了荷兰物理学家、数学家、微积分学的先驱克里斯蒂安·惠更斯的指点。

作为微积分学的创始人，牛顿和莱布尼茨之间的最大区别在于，牛顿一直秉承物理学研究相关的运动观念，而莱布尼茨则从原子论出发，站在哲学立场上进行研究。

数学的发展过程中没有飞跃

笛卡尔和伽利略的先驱——尼科尔·奥雷斯姆

一般来说，事物每时每刻都在变化着，我们可以用函数图像来表现这种变化状态。但是，为什么在笛卡尔的解析几何学出现之前，人们没有想到这种用图像来表现变量的形式呢？这是因为，人们头脑中一直认为变化的事物中无法总结出不变的规律，也就是说，真理（规律）只有在不变不动中才能总结出来。所以人们一直没有想到这种用图像表示变量的方法。

随着社会和科学的发展，运动和变量的问题引起了哲学家（物理学家）的关注，刺激了他们进行研究的决心。尼科尔·奥雷斯姆（Nicole Oresme 1325~1382）也是在这样的环境下，开始对运动和变量问题进行研究的哲学家之一。当时他的身份是大学教授，也是一个教士。

奥雷斯姆认为，"可测量的都是模拟量（像时间或者长度这种无论如何分割和截取性质都不会改变的连续的量）。"以这种思想为根本，他用图形将速度和时间表示出来。

如下图，水平方向的直线表示时间，时间上划分了刻度。

可以看出，这个图就是前面我们讲到的《关于两门新科学的对话》中的图形放倒以后的样子。更准确的说法是，伽利略的图形是从这个图形中演变而来的。

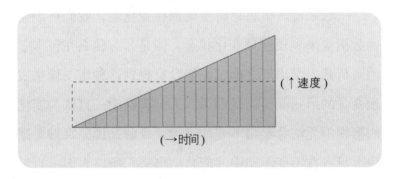

（↑速度）

（→时间）

奥雷斯姆有这样一个新发现：若用竖直方向的长度表示速度，那么这些速度的顶端连接起来也是一条直线。如果运动是从静止开始的，那么速度和时间的线可以形成一个直角三角形，这时三角形的面积就是物体运动通过的距离。此时所需时间的中点处的速度是最后速度的一半。

这个图像可以清楚地表示出伽利略的运动定理，我们从图像中也可以看出，所需时间的前半段对应的面积与剩下一半时间对应的面积的比为 $1:3$。

如果将所需时间三等分，那么用面积来表示的通过距离比为 $1:3:5$。如果将所需时间四等分，那么这个比例为 $1:3:5:7$。一般情况下，比例都是单数。而从 1 开始连续 n 个单数的和是 n 的平方，所以通过的距离与时间的平方成正比。这就是伽利略的自由落体定律（91 页命题❷）。

奥雷斯姆使用的方法已经与现在的解析几何学非常接近，他所用的"纬度"和"经度"就是现在的"横坐标"和"纵坐标"。当然，坐标的应用并不是从奥雷斯姆开始的，在他以前的阿波罗尼斯等人就已经使用过了。但是，奥雷斯姆是将变量用图像表现出来的第一人。

虽然奥雷斯姆具有这么不凡的独创性，但是他却仍旧无法摆脱物体下落与物体质量有关的想法。从这一点上来看，他比起伽利略就略有不及了。其实，科学的发展不是一时的飞跃形成的，是一步一步地发展起来的。正如平静湖面上平稳前进的鸭子，其实正在用力地划着水。

神话中，希腊的太阳神阿波罗突然出现在宙斯的头脑中。但是真实世界与神话不同，没有人可以突然出现，每一个人都是由母亲孕育出来的。伽利略伟大的自由落体定律，最开始是在中世纪的修道院中孕育出来的。

提到中世纪，很多人会想到那个很多人沉浸在盲目的信仰和罗马教皇的专制下的"黑暗时代"。其实，这个时代也存在着光明。

伽利略在欧洲引领了一场耀眼的科学运动，我们称之为"科学革命"。而这场革命的火种，已经在14世纪的经院哲学家们——基督教哲学家们——对运动物体进行研究时埋下了。

因为，第一，速度的发现；第二，伽利略研究中将速度用几何图形表示出来；第三，这种图像为笛卡尔的解析几何学打下了基础；第四，预知相关的"无限的数学"等都对微积分的诞生有着深远的影响。

生活中的几何学

一味省略和单纯的抽象不是几何学的性质，几何学要有更广阔的应用范围，这才是几何学的本质。

2

桌腿与数学

生活中的中间值定理原理

　　我们在餐厅吃饭的时候，有时会遇到桌子不稳的情况。这种情况一般不是因为 4 个桌脚不一样长，而是因为地面不平，有一条桌腿没有挨到地面而产生的。

　　这种时候，我们怎样能让桌子稳固起来呢？当然，我们可以在悬空的桌腿下面塞一些纸，但是我们也可以用另一种更酷的方法——旋转桌子。抓住桌面，向左边或者右边一点一点旋转，在旋转 $\frac{1}{4}$ 圈，也就是 90° 之内，必有一个位置让桌子的 4 个桌腿全部挨到地面。无论谁，用这个方法都会成功。

　　那么，为什么使用这种方法可以让桌子的 4 个腿全部挨到地面从而让桌面更加稳固呢？如果追寻其原因，我们会发现一个很重要的数学知识。

　　看下页图，我们假设 4 个桌腿分别对应地面上的 A、B、C、D 四点，其中对应点 D 的桌腿没有挨到地面。那么，另外3点就一定在一条平面上。而桌子或者椅子如果只有三条腿，那么它们一定可以处在同一平面上，不会晃动。

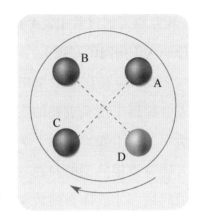

这时，在保证 D 的对角线位置的 B 不抬起的情况下，一只手按住 A 和 B 的中点上方的桌面，另一只手按住 C 和 D 中点上方的桌面。若顺时针进行 $\frac{1}{4}$ 圈的旋转，那么 D 点对应的桌腿在到达 C 点之前一定可以接触到地面，$\frac{1}{4}$ 圈内一定可以挨到地面。

下面的微积分相关重要定理可以解释上面的情况。

"连续的曲线（不间断的曲线）"和 x 轴之间，a 和

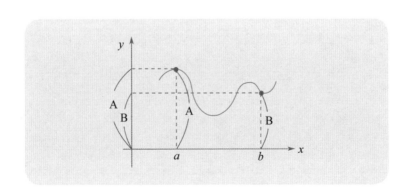

b 相互靠近的过程中，A 和 B 之间所有的数值都会被经过一次（中间值定理）。

微积分是高等数学中的一个重要定理。也许有些人会惊讶于这么重要的定理竟会反映在这么琐屑的生活中。殊不知，书本上学习到的数学问题已经是被别人研究得很熟悉的问题。只有自己在生活中寻找到新的问题，才能体会到数学的美，也只有这样的问题才是真正的问题。

旋转的圆盘

深蕴数学合理性的猜谜游戏

第一个问题

下图中有两个大小相同的圆盘 A 和 B，使圆盘 B 固定，若将 A 沿着圆盘 B 滚动一圈，那么 A 自身旋转了几圈？

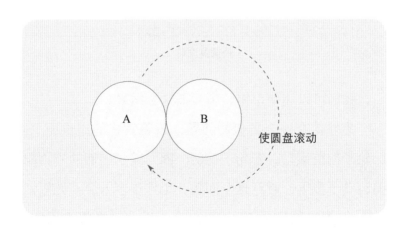

使圆盘滚动

因为两个圆盘的周长相同，所以很容易想到 A 绕着 B 滚动一圈 A 就自身旋转了 1 周。但若实际动手用两个硬币做实验，你会发现不一样的结果。

设当圆盘 A 处于原始状态时，最左边一点为 P。那么当 A 从 B 正左方运动到正右方时，即运动经过了 B 的半周，此时的 P 点就再次回到了圆盘 A 的最左边。也就是说，此时的圆盘 A 刚好旋转了 1 周。当 A 绕着 B 滚动刚好 1 圈时，A 的自身旋转数刚好为 2 周。

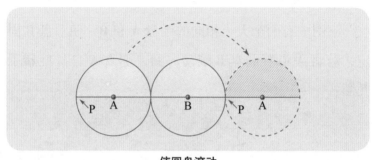

使圆盘滚动

我们可以用硬币实验来验证这个结果。

此外还有一个类似的问题，载着货物的周长为 1m 的轮子向前滚动，若轮子旋转一圈，轮子上面的货物向前运动了多远？看到这个问题，也许很多人会首先想到 1m，但答案其实是 2m。若在轮子运动时将圆心固定，那么轮子上的物体向前运动的距离为 1m。

若轮子在向前运动的同时还在旋转，那么轮子旋转

1 圈后圆心向前运动 1m，那么轮子上的货物运动的距离就是轮子转动的距离加上轮子圆心运动的距离，也就是 2m。

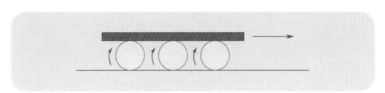

轮子和搬运的货物

让我们再回到第一个圆盘问题上。我们刚开始是站在第三者的角度上来看圆盘 A 绕着圆盘 B 滚动，若我们以圆盘 A 的角度来看，圆盘 B 相对圆盘 A 来说滚动了多少圈呢？这个答案就别有洞天了。因为圆盘 A 与圆盘 B 的周长所有的点只接触了 1 次，所以答案也可以说是 1 圈。

那么，让我们将目光再放远一些。当月亮绕着地球转了 1 圈时，它自身旋转了几周呢？人们站在地球上，永远只能看到月亮的一面。所以，月亮相对地球来说旋转了 0 周，即月亮没有进行自身旋转。

现在让我们再站在地球和月亮之外来看这个运动。如果假设地球为静止状态，没有旋转，那么我们从下页图中可以很容易看出，月亮自身旋转了 1 周。

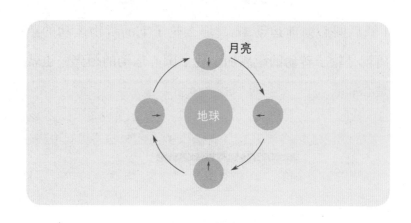

月亮

地球

第二个问题

下图中，最左侧的圆盘紧贴地面向右沿着地面的曲线和直线前进，前进过程中，圆心的运动轨迹是什么线？

乍一看，你也许会说运动轨迹是一条由线段和曲线组成的线，但其实答案没有这样简单。

这里要注意的是，这些直线和曲线有些地方是特别的。当曲线进行变化、直线开始折弯的时候，变化的点要特别注意，那么答案也就水落石出了。

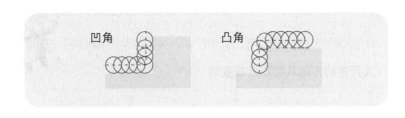

数学感不强的人很容易犯下图中的错误。

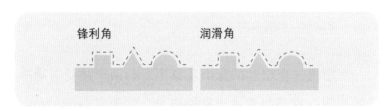

但其实正确答案如下图。

　　也许有人会在心里对这种"哄小孩"的"数学游戏"嗤之以鼻。但是，我们要铭记，从"知识的惊喜"中发展出哲学、并拥有人类古文明的古希腊人当初就是通过这种数学问题培养出自身正确的数学精神的。

罪犯因何不能逃脱

人行走的方向其实不是笔直的

　　在距离村庄很远的深山监狱里，有两个接受劳动改造的罪犯一直寻找着逃出来的机会。终于有一天，在一个伸手不见五指的夜里，两个人成功越狱了。他们仓皇逃出，奔走了很长时间，盘算着应该见到村庄了的时候，隐约看到前方似乎有人烟。但是他们很快发现前面的建筑非常眼熟，定睛一看竟然是自己逃离的监狱。两个人吓得魂飞魄散，却不得不重新定神再次离开这个鬼地方。但是，逃出一段时间后竟然又不知不觉站到了监狱的铁丝网面前。两个人第三次撒腿试图逃离，但是最后还是一样回到原点。就这样，这一场越狱大逃亡莫名其妙落下了帷幕。

　　从此以后，这个监狱里再没有人敢做越狱的打算了，因为监狱里不知不觉有了这样一个传闻：没有人能成功逃离这个监狱。那么，这个监狱真的有什么特别的装置令罪犯不能越狱吗？答案是否定的。

　　从很久前就有这样的说法：在伸手不见五指的夜里或者雾气很大的天气里，即使试图走出一条直线，都会不知不觉走出一个圆圈，最后回到原点。根据实验，这个"圆圈"的半径大概有 60~100m，走的速度越快，这个"圆圈"的半径也就越短。

　　那么，无论是人还是动物，在漆黑的地方不能自主地按直线轨迹行走，而会走出圆圈轨迹的这个奇妙现象，是怎样产生的呢？让我们先来思考一下，动物走路走出直线的必要条件是什么呢？答案是首先需要动物是节肢动物。如果动物左右肌肉完全平衡，那么毫无疑问，一定可以不需要眼睛的帮助就可以走出直线。

　　但是，大部分人类或者动物左右的肌肉的发达程度都是不同的。走路的时候，右脚的步幅比左脚大一点的人，走不成直线就是必然的了。如果没有眼睛来帮助辨识方向，那么就会

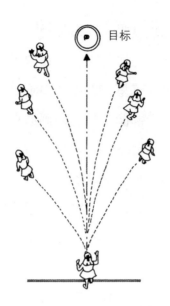

目标

走出一个圆圈形的轨迹。同样，在漆黑的环境下划船，不能辨识方向的时候，若人的左臂比右臂有力，船就一定会朝右边偏离。因此，行走中不知不觉朝左边或者右边偏离的现象，不是鬼神在作怪，而只是单纯的几何问题而已。

那么，现在让我们来实际计算一下左右脚的运动情况。我们首先要了解到，人走路时，左右脚之间的平行间距一般在 10cm 左右。

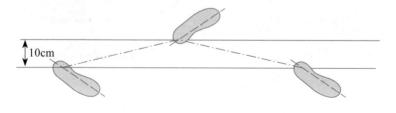

10cm

首先假设，有一个人行走时向右面方向走了一个完整的圆圈。然后设右脚画出的圆圈轨迹半径为 rm，则右脚路线全程为 $2\pi r$，可知左脚的圆周长为

$$2\pi(r+0.1)(\; \text{※}\; 10\text{cm}=0.1\text{m})$$

那么两脚行走的距离差为

$$2\pi(r+0.1)-2\pi r=2\pi\times 0.1=0.63\text{m}\; (=630\text{mm}，\; \pi\approx 3.14)$$

这个数值，便是左脚的步幅乘以左脚的步数与右脚的步幅乘以右脚的步数的差值。

　　现在，让我们再回头看看故事刚开始罪犯逃脱的路径情况。假设这两名罪犯逃跑的路径形成的圆圈直径大概 4km，那么可以计算出路径是周长约为 13000m 的圆圈，如平均的步幅为 0.7m，走完这条路径则需要

$$13000\div 0.7\approx 19000\; （步）$$

那么，其中左右脚平均各走约 9500 步。按我们上面计算所得的两脚行走距离差，左脚比右脚多走了 630mm，因此，可计算出左脚的步幅比右脚要长

$$630\div 9500\approx 0.07\text{mm}$$

可以看出，这个步幅差值连 0.1mm 都不到，但是这样一个几乎可以忽略不计的步幅差，竟然可以导致圆形路径的产生，可见，"千里之堤，溃于蚁穴。"

1m 的定义

长度单位是如何被定义的

1m 的纪元

1m 这个长度尽人皆知。但是，这个长度当初是以什么为基准被定义的呢？很多人并不清楚。我们现在使用的长度单位是在 1790 年的法国国民会议上被提出的。当时的法国刚刚进行了一系列革命，国内秩序混乱，特别是测量仪器的使用非常不统一，只在法国国内就出现了 400 多种尺子，因此，统一长度单位就成了当时迫切要解决的问题。

当然，朝鲜王朝末期，韩国长度单位混乱的情况有过之而无不及，有文献可考证："殆至村村不同斗，家家不同尺"（《文献备考，光武六年 1902》）。

回到法国当时长度单位严重混乱的时期，如何整顿长度秩序就成了革命后首次议会上重要的课题，统一的长度标准也就在议会上应运而生，当时有 3 个方案被提出。

方案 1：周期为 1 秒的钟摆的长度

方案 2：地球赤道的长度

方案 3：地球子午线长度的 4000 万分之 1

其中，第一个方案虽然可以确定长度，但是将时间单位牵扯了进来，所以不妥。第二个方案虽然也可以确定长度，但是长度标准本身测量起来非常困难。只有第三个方案是可行的。并且，当时很多议员认为，这个方案不仅仅应该在法国国内执行，还应该传到世界各国。第三个方案以绝对优势胜出。

法国人选择以西班牙的巴塞罗那和法国的敦刻尔克之间为基准对子午线进行测定。这个测量从 1792 年 6 月开始，历时 6 年。由此开始，长度单位也以子午线的 4000 万分之 1 为基准确定下来。

这就是现在的 1m 的由来。最开始用来表示 1m 长度的测量工具是用 90% 的铂和 10% 的铱混合制作而成的，形态如下页图。这在当时是理论上最不受温度和其他因素影响而变形的材质。

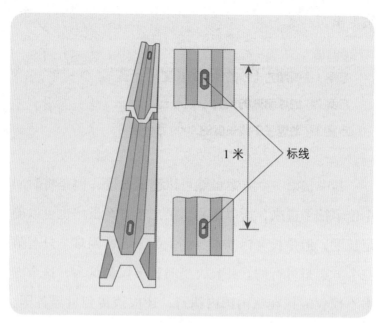

米原器

1 米的全新定义

最初的米原器的刻度有 7 ~ 8 微米（1 微米等于 1/1,000,000 米）宽。因此，无论测量有多精细，都避免不了有大概 0.1 微米的误差。

此外，米原器会被反复使用而不是原封不动地保管，暴露在空气中后，米原器会产生一些化学反应，如果再遇到火灾或者一些意外事故的话就更糟糕了。于是人们开始考虑，如何不使用这种米原器，而是用其他方法来表示 1m。

波长最先取代了米原器。1960 年，人们对单位长度做出了下列定义。

氪 86 原子真空中辐射线波长的 1650763.73 倍为 1m。

上面定义中之所以会出现一个非常复杂的数字，是为了让波长能够刚好配合到 1m 的长度。由此，测量的精密度又往小数点后挪了两位，但是也不过 10 亿分之 4 米而已。

近年来，人们对测量的精确度要求越来越高，全新定义 1m 再次成为课题。人们寻找到了另外的途径，用光在真空中的速度来定义米。1m 是光在真空中于 $\dfrac{1}{299,792,458}$ 秒的时间间隔内前进的行程的长度。1983 年 10 月，国际度量衡会议上的再一次全新定义，将米的精确度提升到了 1 兆分之 1 米。

此后，根据这个用光速来定义"米"的方法，只要具有激光装置，测定出光的波长（0.6 ~ 10 微米），从而测定出速度，就可以轻松求出 1m 的长度了。

今后，也许 1m 的精确度还会有所提高，但是误差永远无法小到 0。

对于图形的测量，追求精确无可厚非。但是也有一些人认为，生活中做到这么精密，就有些多此一举了。

"为什么要那么费心呢？大概测量一下就可以了。

就算道路有一点坑坑洼洼，就算地砖不平整，就算家里不整齐，就算衣柜底下没有完全贴到地面也不会碍什么事啊……"

此话不错。但是，如果带着这种思想去研究飞机或者核反应堆，会出现什么结果呢？现在的航天技术里，长度精确到了1千万分之1米，质量精确到了10万分之1克，时间精确到了1百万分之1秒。如果没有这些精确度，那么航天技术也不会有现在的发展。现在的认真探求并不是一种偏执的行为，而是信息化时代人们所需要具备的一种姿态。总体来说，就是现在研究的精确性问题并不是为了今天的问题，而是为了迎接未来技术高度发达的时代。所谓必要的知识，要在需要之前就准备充分才可以。

火柴棍与几何（1）

从火柴棍中学习几何原理

　　我们在教科书中学习到的几何学，都被严格的理论武装过。在现实生活中解决问题的时候，比起那些理论性的东西，洞察力更加重要一些。现在，让我们通过日常生活中经常接触到的小小火柴棍组成的图形来学习几何，锻炼一下重要的思维能力吧。

Q1 | 下图中，16根火柴组成了5个正方形。请尝试挪动其中2根火柴，让图形中出现4个相同大小的正方形。

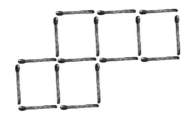

Q5 | 请尝试在下图中增加2根火柴，让图形中出现两个一模一样的图形。

Q6 | 下图中，12根火柴组成了6个正三角形。请尝试每移动2根火柴，就减少1个图形中的三角形。但要保持三角形大小不变。

答案：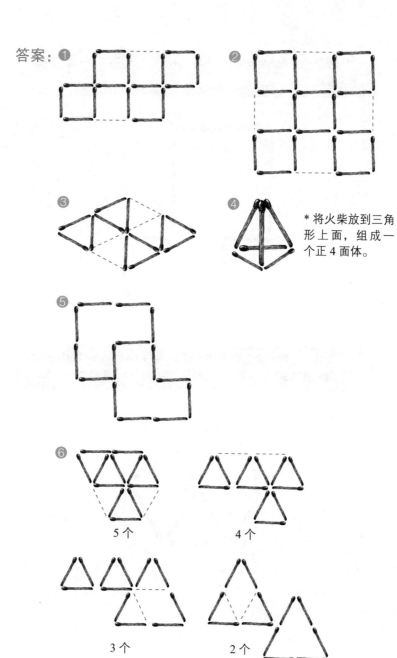

❶

❷

❸

❹ * 将火柴放到三角
形上面，组成一
个正4面体。

❺

❻

5个

4个

3个

2个

很久以前，人们在计算物体的数量时，会用到一种叫做"算木"的小木棍。现在看起来有些幼稚，但在当时可以进行很复杂的计算。右图就是用这种算木表示数的图形。

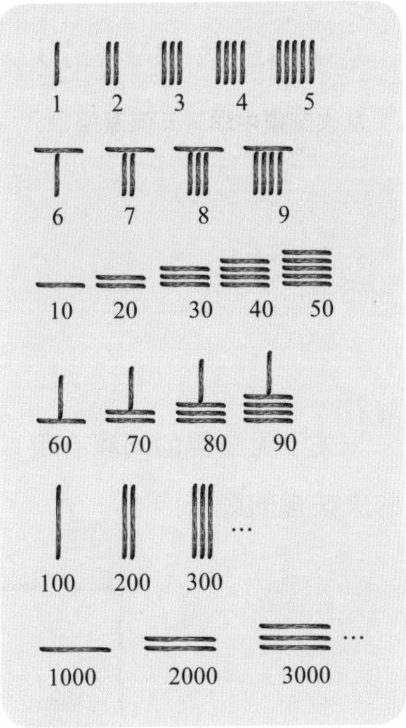

所以，通过前面的问题，我们可以说，火柴棍的几何学，也是一种算木几何学。

算木和火柴棍本身都是很简单的工具，但是在解决问题的时候却可以给我们很大的帮助。

火柴棍与几何（2）
从火柴棍中学习几何原理

关于火柴棍的问题有很多，下面就是一个非常著名的火柴棍问题。

"上面图形中，12 根火柴棍组成了一个面积为 9 的正方形。请尝试每次移动 2 根火柴，使图形的面积依次变为 8、7、6、5。"

答案参考下页图。

一次移动 2 根火柴可以得到以下几种面积。如果每次移动 4 根火柴，还可以制造出面积为 4 和 3 的图形。

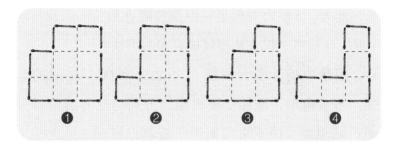

①　②　③　④

具体方法是，首先，通过上图中的图❸得到下图中的图❺，接下来再按照图❻和图❼的步骤移动就可以了。

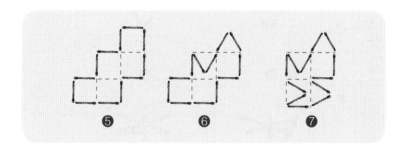

❺　❻　❼

下面我们研究一下用火柴棍摆放直线的方法。因为3根火柴棍可以摆放出正三角形，所以，用下图的方法就可以摆放出一条直线了。

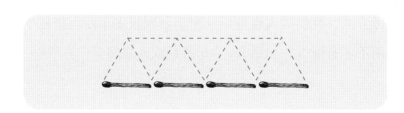

此外，2 根火柴棍也可以摆放成直角。下图就是用 4 根火柴棍将 2 根火柴摆放成直角的方法。

图❶中用 2 根火柴摆一个 60° 和 90° 之间的角度。步骤❷中，增加 2 根火柴，分别与已有的两根火柴一端相接。接下来按照图示就可以得到 2 根火柴形成的直角。

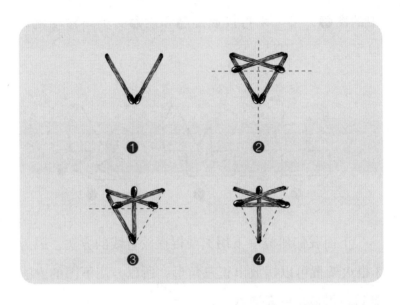

通过游戏，孩子可以形成一种有的放矢的创造性思考方式，我们大人也可以从中学习到很多东西。华兹华斯不是有那么一句话么，"儿童是成人之父。"

从正方形着手求图形面积

求一个图形面积时，先将多边形转换成三角形

右面图形中长方形 S 的面积为

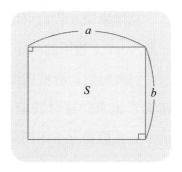

$$S=ab$$

a 和 b 分别表示长方形边长单位长度的个数，那么长方形就可以看成是由 $a\times b$ 个以单位长度 1 为边长的正方形组成的。

若上述长方形面积可求，那么同样边长为 a、高为 b 的平行四边形的面积也就可以求出了（参考下页图❶）。

若此平行四边形面积可求，那么同样可以计算出底边为 a、高为 b 的三角形面积。计算方法如下（参考下页图❷）。

$$S=\frac{1}{2}ab$$

因为多边形可以分解成几个三角形，所以，若要求多边形的面积，只要先将其分解为三角形就可以了（参考图❸）。

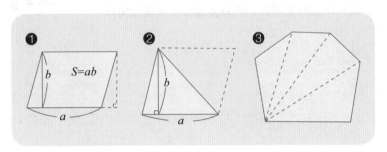

总体来说，我们可以通过长方形 → 平行四边形 → 三角形 → 多边形的顺序来求图形的面积。

但有时候，有些图形的面积并不能像多边形一样被精确求出来，这时我们就可以用这种方法来求出近似值。若我们要求下图图形的面积，可以先将其分解成无数极小的三角形，来将面积 S 一步步精确。

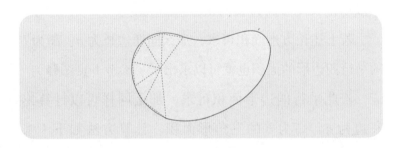

如果求圆形的面积，也可以将圆形周长 n 等分，将圆形分成 n 个三角形，求面积和。

$S=\frac{1}{2}(a_1+a_2+\cdots+a_n)r$（※ a_1，a_2，…，a_n 是各个三角形的底边）

n 代表的数字越大，三角形底边的长度越小，从而 $a_1+a_2+\cdots+a_n$ 越接近 $2\pi r$，此时三角形面积和 S 也越接近 πr^2。

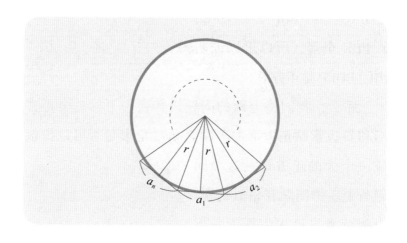

把多边形转换成三角形

是不是任意两个正方形都可以转换成一个正方形呢？换一种说法，如果有两个任意大小的正方形，是否可以通过裁切组合的方式将它们变成一个正方形呢？

早在 4 世纪的希腊，数学家毕达哥拉斯就已经给出了这个问题的答案。

两个正方形按照下页图❶形式摆放，就可以很容易拼接成一个正方形。即将两个正方形摆放成图中的 ABCDEF，在 AF 上确定一点 Q，使 $\overline{FQ}=\overline{AB}$。此时原有的两个正方形刚好可以拼合到虚线组成的大正方形中去。稍微动一动脑筋，就可以发现，△ BAQ、△ BCP、△ QFE、△ PDE 全等，所以可以证明出□ BQEP 是正方形。

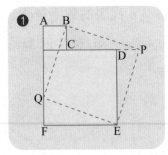

那么，我们将上面的问题再转换一下，一个正方形和斜边紧贴正方形的等腰直角三角形是否可以拼接成一个大的正方形？这个问题与上一个问题有相似之处，也请读者自己先去探索一下答案。

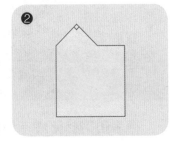

如果你已经有了自己的答案，那么请往下看。

与正方形相贴的三角形是"等腰直角三角形"这一点是很重要的条件。参照下页图片，这个等腰直角三角形可以被拆分组合成正方形（AK′BK），接下来的方法就与上面两个正方形的方法相同了。

也许有些人觉得这样的问题表面看起来很无趣。但是请牢记，包括韩国在内的很多东方国家在图形问题上几乎没有什么历史遗产。这种数学图形谜题体现了欧洲

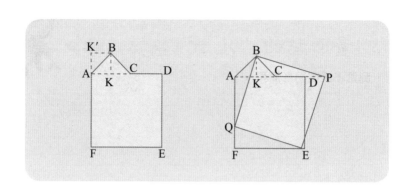

从古希腊以来的欧洲式精神。古希腊人很注重并且很擅长将不规则的问题转换成有规律的问题，对于图形问题更是如此。他们想通过这种精神来证明宇宙秩序井然的一面。在古希腊人带着这种精神探索发现的过程中，他们的数学也有了长足的进步和发展。

测量面积的"尺子"

一个中学班级的数学课上，数学老师和学生聪聪进行了下面的对话。

老师：什么是面积？

聪聪：面积就是底边乘以高。

老师：那这种图形的面积呢？

聪聪：是里面的大小。

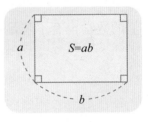

老师：可是你刚才不是说面积就是底边乘以高么？

聪聪：嗯。可是这种图形没有底边也无所谓高啊……啊，我知道了！这种图形无法计算面积，所以它没有面积！

老师：想一想圆形的面积吧，圆形的面积是怎么求
　　　出来的？

聪聪：半径 × 半径 ×3.14！这个图形也可以用这
　　　个公式求出面积么？

老师：可是这个图形没有半径啊！

聪聪：那我就没有办法了。

从上面的对话中，我们可以看出学生聪聪只知道用
"底边乘以高"或者"半径 × 半径 ×3.14"这样的方法
来求图形面积。在聪聪的眼里，只能求出直角三角形和
圆形的面积，或者将三角形、平行四边形转换成正方形
来求面积。

那么，这种不规则图形的面积到底该如何来求呢？
这种图形的面积大小又应该如何来比较呢？

为了寻找答案，我们先来看一看长度的测量方法。在
比较长度的时候，线段之间的长度比较是最容易的，只要
对齐放在一起，就可以看出长短了。那么，曲线的长度该
如何来比较呢？这时，我们只要利用一个圆规，用圆规
将曲线截成许多段再进行比较就可以了。看到这里，测
量不规则图形面积的方法可以说已经露出了一点点线索。

测量曲线的长度，只要使用非常小的尺子就可以

了。这里所谓的"非常小的尺子"就是圆规标出的刻度。而测量中最重要的线索就是"将曲线看作是非常小的长度的线段的和"。圆规标出的长度越小，组成的线段越小，线段的长度和就越接近曲线的长度。

同样，我们可以用这个方法来测量不规则图形的面积。测量曲线时将其转换成无数个极小的线段，同样，测量不规则图形面积时，我们也要选择一个"极小的刻度"。

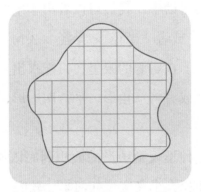

方格构成了测量面积的 "尺子"。

测量长度的极小单位是长度单位，同样，测量面积的极小单位也应该是面积单位。即为了测量面积，我们要用面积非常小的正方形作为"标尺"单位。将需要测量面积的图形内填满这种小正方形，通过正方形的个数可以看出不规则图形的面积。

当然，也许会有人觉得这种测量方式很马虎，非常不妥。

"由小正方形组成的多边形肯定无法与实际图形完全吻合，用这种方法是无法准确计算出图形面积的吧？！"有人会这样想。

但是，在测量曲线的时候，如果圆规标出的线段长度越来越小，那么测量出的结果也就会无限接近真实曲线的长度。同样，如果用来测量面积的小正方形的面积越来越小，那么由无数个小正方形组成的不规则图形的面积也就越精确了。

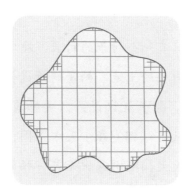

用来测量面积的"尺子"越小，测量出来的结果就越精确。

也许有人会不在乎地说，这又不是什么伟大的想法。那这个人不是伟大的天才，就一定是对数学毫不关注。因为，这个方法里包含着我们之前讲过的微积分的思考方式。

贪婪的帕霍姆

托尔斯泰笔下的几何问题

　　托尔斯泰的短篇小说《一个人需要多少土地》中，讲了这样一个故事。

　　从前，有一个村子的村长，决定用一种独特的方式卖出自己的土地。帕霍姆听说会很便宜，也前来凑热闹。村长提议说，只要帕霍姆先交付1000卢布，他就可以拥有在1天之内圈出的土地。

　　第二天太阳刚刚露出光芒，帕霍姆就来到了约好的地方。村长和村民们已经等在了那里。

　　村长说："太阳落山前，你要走过你想要的土地的路程，在转角处挖出标记回来，这片地就属于你了。但是，如果你在太阳落山前没有回到这里，那么你就将白白失去那1000卢布。好，那现在请出发吧。"

　　帕霍姆将铁锹背在肩上，走向了那片土地。他向前挖了 5 里又 5 里，到了一定的地方。"这地方差不多了"他想着，在这里做了标记，然后转了个直角，又开始向左走去。走了一段时间，做了标记又向左转了个直角走去……他抬起头，向自己出发的地方望去，不知道是不是因为距离太远了，或者是因为地上太多热气，村长的身影变得有些模糊了。他朝着这个方向走了 2 里后，又转了个方向，朝着距离自己 15 里的出发点挖去。

全身都被汗水浸透了，双脚被荆棘刺得又疼又肿，双腿开始不听使唤。他渴望休息一会儿，他的

心脏开始激烈地向他抗议身体的超负荷。但是这个时候，太阳也开始往下落了。他用尽所有力气向村长和村民们所在的地方奔跑，跑到没有了知觉，耳朵里似乎听到了他们说话的声音："你真是太厉害了！现在，这些标识出来的土地都是你的了。"

但是，这句话却是帕霍姆听到的最后一句话了。他劳累过度，转眼间便咽了气。

可怜的农夫帕霍姆，在我们为他感到悲伤前，先来思考一下这个故事中隐含着的集合问题。

帕霍姆标记出来的土地图形如下图。首先，他朝着初始方向走了10里，然后向左边拐了个直角，走了 x 里（故事中没有明确表明这一段的路程）。之后，他再

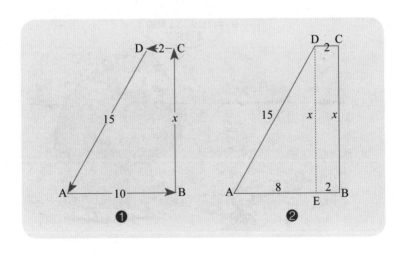

次向左边拐了一个直角，前进了 2 里后转向，朝着出发点走去。参考上页图❶。

了解了这些数据，我们就可以通过图❷标注的方式求出帕霍姆圈出的土地面积了。首先，我们可以求出

$$\overline{ED} = \sqrt{15^2 - 8^2} \approx 13 \quad （里）$$

梯形 ABCD 的面积可以用下面的公式求出：

$$\frac{\overline{AB+CD}}{2} \times \overline{BC} \approx 6 \times 13 = 78 \quad （里^2）$$

大概托尔斯泰在提笔讲述这个故事前，头脑中就已经构思了这样一个图形。如果故事中的帕霍姆懂一点几何知识，也许就不会落得这么悲惨的结局了。要知道，周长一定的四边形中，正方形面积最大。

这一天，帕霍姆一个人走了 10+13+2+15=40 里，而若走一个周长为 40 里的正方形，那么圈出的土地面积就会是

$$10 \times 10 = 100 \quad （里^2）$$

另外，拥有同样周长的正多边形中，边数越多，面积越大。也就是说，在边长一定的情况下，可以圈出最大面积的图形是圆形。

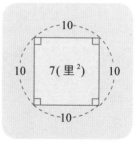

如果帕霍姆这 40 里路走了一个圆形，那么他圈出的面积就会是

$$S=\pi\left(\frac{40}{2\pi}\right)^2 \approx 127 \quad (\text{里}^2)$$

无疑，托尔斯泰这个故事旨在告诫人们远离贪婪的欲望。但是有一点我们也要留意到，为什么托尔斯泰选择了通过一个数学题来说明问题？是因为托尔斯泰本身有一定的数学造诣吗？不是的。在韩国，将数学问题作为小说或者诗歌的素材的也只有《鸟瞰图》的作者——诗人李湘而已。也正因为如此，李湘常被人们称为"一代鬼才"。

而在欧洲，诗人、小说家、美术家、音乐家等等，或者说有一定知识的人，都懂一点数学。

这归功于古希腊"数学的力量可以帮助你有效地处理事情"的传统思想。古希腊的大哲学家柏拉图的《对话录》中，随处可见与数学有关的内容。

看来，托尔斯泰也不例外。

分解后再结合起来进行计算

右图是一个椭圆形，若想计算这个图形的面积，你可以通过 l 和 r 来反推出角度再进行计算。但是还有一个更加简单的（更加酷的）方法，请想一想。

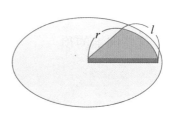

这个方法就是下图中的方法：将椭圆形分成很多个小部分，再将这些小部分结合起来进行计算——也就

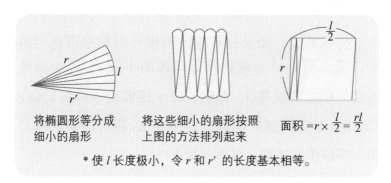

将椭圆形等分成细小的扇形

将这些细小的扇形按照上图的方法排列起来

面积 $= r \times \dfrac{l}{2} = \dfrac{rl}{2}$

*使 l 长度极小，令 r 和 r' 的长度基本相等。

是"分解"与"综合"的方法。所谓分解，就是将所求图形彻底分成细小的部分，这也是这种计算方法的关键所在。

用这种方法，我们很容易就可以求出面积为 $\dfrac{rl}{2}$（l 是周长）。

分解与综合的方法同样适用体积问题。例如，我们知道半径为 r 的球形体积为 $\dfrac{4}{3}\pi r^3$，求球体的表面积 S，只要将球体分解成极多的圆锥形就可以了。当然，圆心是这些圆锥的顶点。

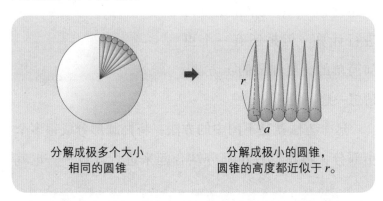

分解成极多个大小
相同的圆锥

分解成极小的圆锥，
圆锥的高度都近似于 r。

也就是说，如果分解成的圆锥底面积尽可能的越小，那么圆锥的高就越接近球体的半径 r。每个圆锥的底面积之和就是 S。此时，每个圆锥的体积是 $\dfrac{1}{3}\pi a^2 r$（其中 a 是各圆锥底面圆心的半径），所有圆锥的体积和，即球体的体积，可表示为：

$$\frac{1}{3} \underbrace{(\pi a^2 + \pi a^2 + \cdots)}_{S} r = \frac{rS}{3} = \frac{4}{3} \pi r^3$$

即

$$S = 4\pi r^2$$

上面的计算过程，就是一个将体积进行分解后根据体积求出表面积的例子。

所谓微分，就是将物体分解成极小的个体，积分就是将这些分解后的个体综合起来的过程。将体积 $\frac{4}{3} \pi r^3$ 微分，求出表面积为 $4r^2$。将圆形面积 πr^2 微分求出圆周 $2\pi r$。这就是微分。

如果上面的内容理解了，那么下面的问题也就很容易了。

Q 将一个内胎中注入50l(50000cm^3)气体后救生圈完全涨起，求此内胎表面积。

俯视这个内胎的时候，可以将其看成极多个极小状态的圆饼形状。参考下图中的"圆饼形状"。

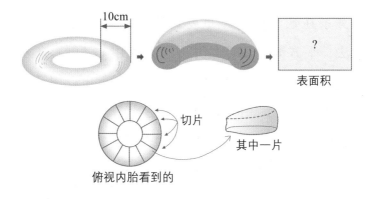

将分解后的切片按照下图左边的图形垒起来，每一片的厚度若无限小，那么垒起来后的图形就成了右面图中的圆柱。

这个圆柱的表面积就是内胎的表面积，圆柱的体积就是内胎的体积。

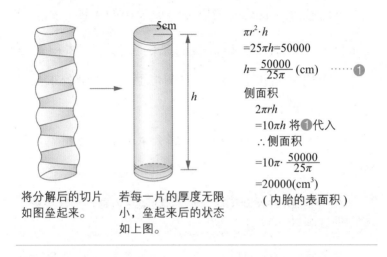

将分解后的切片如图垒起来。

若每一片的厚度无限小，垒起来后的状态如上图。

$\pi r^2 \cdot h$
$=25\pi h=50000$
$h=\dfrac{50000}{25\pi}$ (cm) ……❶

侧面积
　$2\pi rh$
　$=10\pi h$ 将❶代入
　∴侧面积
　$=10\pi \cdot \dfrac{50000}{25\pi}$
　$=20000(\text{cm}^3)$
　（内胎的表面积）

"加法"与"减法"是互逆的演算过程。这种互逆关系在数学中非常重要。比如，乘法的逆演算是除法，平方的逆演算是开方。如果用 $y=f(x)$ 来表示 $x \to y$ 的对应关系，那么反过来 $y \to x$ 就可以用反函数 $x=f^{-1}(y)$ 表示，称为 $f(x)$ 的逆演算。如果一个演算有逆演算存在，那么这个演算为可逆的。所有可逆演算都蕴含着强大的力量。单行道有时候很不方便，同样，数学中不可逆的演算也几乎没有什么用处。

　　"分解与综合"也是一种可逆演算。将图形转换成计算方便的三角形或正方形，然后再将其综合为整体进行计算就是一个例子。分解与综合互为逆演算。韩语中"ㄱ、ㄴ、ㄷ……"这些字母也是一个很好的例子，它们分解后再综合，就可以重新组合成不一样的句子，分解与综合的关系在这里表现得淋漓尽致。如果我们早一些将这种分解与综合的精神运用到数学上，那韩国的数学应该已经站在世界的最高峰了吧。

将复杂的问题转化为图形

将无限转化为有限的数学灵感

请看下面的问题。

A 以 25% 的年利率从一个富翁那里借了 1 亿元，并提议按照下面的方式还款：

"1 年后，将 1 亿本金还清，利息 2500 万再借 1 年。第 2 年将这 2500 万还清，这一年的利息为 625 万（2500 万的 25%）…… 一直用这种方式，每年都会将上一年的利息还清。"

那么，当 A 还清所有欠款的时候，他一共还给富翁的利息相当于本金的多少倍呢？

如果这是高考卷纸上的问题，也许有一部分人会列出很多复杂的计算过程。确实，如果详细计算起来将非常复杂，或者可以说，这是一个永远都还不完的债。

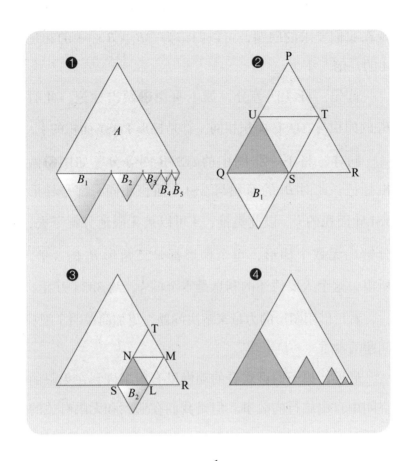

但是，每年都会偿还去年的 $\frac{1}{4}$ 的债务额却又是事实，所以，现在我们来将这个问题转换成三角形来计算一下。上图的三角形中，明确表示出了每年偿还的债务额为上一年的 $\frac{1}{4}$。

　　把三角形 A 的面积看作是 1 亿元，那么 B_1、B_2……就分别代表第 1 年、第 2 年积累债务的三角形的边长。

现在我们要求的问题，可以归结为"B_1、B_2……的和是A的几倍"了。

首先，将 A 四等分，如上页图 ❷ 做出标记。此时 B_1 的面积与 △QSU 面积相同，都是梯形 PQST 面积的 $\frac{1}{3}$。

同样，将下一张图中的 △STR 四等分，如图 ❸ 做出标记。此时 B_2 的面积与 △SLN 面积相同，都是梯形 TSLM 面积的 $\frac{1}{3}$。以此类推，A 可以被无限地分解下去，分解出无数个梯形，每个梯形都是三角形 B_n 的 3 倍。所以，这个人要偿还的利息是本金的 $\frac{1}{3}$，约 3333 万元。

看！借用图形的力量来解决问题，更加简单明了吧！问题的本质"一目了然"。

最近，孩子们喜欢看的动漫里有很多讲到在无限的空间中自由旅行的故事。但是我们在遇到和无限有关的问题时，就要倒吸一口凉气了。"无数多的"、"无限的"这样的词让很多人望而生畏。如果要克服这种对无限的心理恐惧，就要掌握将无限转换为有限的技能。数学里面有很多问题需要我们在解答的时候将无限转化为有限，所以这种技能，也是一种数学灵感吧。

生活中的相似比

和相似比有关的故事

　　有些人，平时学习一般，但是突然有一天顿悟了，在学习方面茅塞顿开，一鸣惊人。

　　比如，发现了微积分学的牛顿因为被村里的一个人拳打脚踢后发奋学习，才成为了后来的天才。也正因为如此，有历史学家称，"这个打了牛顿的人的拳头是伟大的拳头，因为它才有了后来的微积分学和万有引力。"

　　爱因斯坦直到 3 岁才开口说话，小学的时候，老师曾经以为他智力存在障碍。但是，到了 11 岁，爱因斯坦突然对科学书籍产生了兴趣，从此一发不可收拾，对科学的热爱与日俱增。

　　20 世纪初有一个数学家叫希尔伯特，他从小记忆力就很差，学习也不好。记忆力一生都对他造成一些困扰。有这样一则趣闻，说希尔伯特有一日读到一篇论文，夸赞道："这篇论文写得真不错。作者是谁？"其实，这是他自己的作品。

上面讲述的是历史上伟大数学家的故事。当然，有很多数学家从很小的时候就显现出了数学天分，但是我们也不用因为现在学习不好或者记忆力差而灰心丧气。也许某一天，你会突然茅塞顿开，对数学有了极大的兴趣也说不定。

第一个故事

不知道你是否有这样的感觉，一块肥皂，或者一卷卫生纸刚开始用的时候怎么用都不见变化，但是用到后来，却发现使用的速度越来越快。如果仔细琢磨一下原因，你就会发现其中数学的奥秘。

以上两种现象都与一种原理有关，就是相似比。下面我们研究一下面积比和体积比之间的关系。

一块肥皂，若长、宽、高都变为原来的一半，那么体积就会变为原来的 $\frac{1}{8}$。当一卷卫生纸的半径变为原来的 $\frac{1}{2}$，长度（纸卷圆形的面积）就会变为原来的 $\frac{1}{4}$。

如果你懂得了这个道理，再去水果店挑选水果的时候就知道怎么挑了。比如买西瓜的时候，一个西瓜的

半径如果是另一个的 $\frac{1}{2}$，那么体积就只有 $\frac{1}{8}$。如果小西瓜比大西瓜的 $\frac{1}{8}$ 价钱多，那么小西瓜就不如大西瓜合算了。看，这些数学原理可以给生活带来这么多的便利，真是让人欲罢不能啊。

第二个故事

相似的三角形有很多种。两个比例不是 1 的相似三角形，其中的小三角形慢慢变大，直到与大三角形可以重合时，我们称这两个三角形全等，二者之比为 1∶1。

从某种意义上来说，两个全等的三角形也是相似形。因为，各边长比例关系为 1∶1 的两个相似三角形全等。

所有的正方形都是相似形。如下图左边两个正方形，经过移动，总会让两个正方形成为相似形。其他的正多边形也都一样。

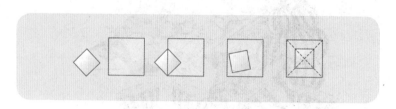

这个道理在曲线图形中也行得通。比如两个圆形，无论大小，总是相似的。

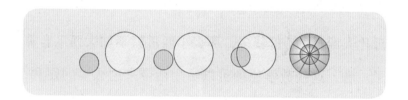

一般情况下，若图形 F 以 O 为中心扩大 m 倍变为 F_1，我们称 F 与 F_1 成"相似形"，O 点为"相似中心"，m 就是"相似比"了。当 $m>1$ 时，图形一般都是扩大的。

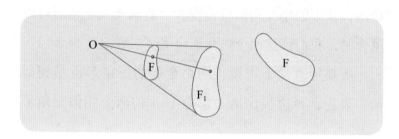

老师：请思考这样一道问题。下图中有一个箱子，用左右两种方法各装满两种不同大小相同材质的球，那么，装满大球的箱子和装满小球的箱子哪一个更重一些呢？

学生：这个，嗯……应该是一样重吧！？仔细想一下，大球和小球是相似形呢。

老师：嗯，不错。你真是个聪明的孩子。

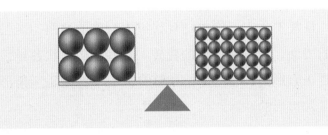

自然中的正多边形

为何大自然如此偏爱正六边形

为何没有正五边形的瓷砖

日常生活中，你也许观察过人行路的地面、高层建筑的墙面、盥洗室地面的瓷砖。这些瓷砖形状各异，有些是正方形的，有些是长方形的，有一些是正三角形或者正六边形的。

但是，我们基本上看不到正五边形或者正七边形的瓷砖。这是因为，单一的正五边形或者单一的正七边形瓷砖无法完整地覆盖住墙面或者地面。

下面让我们从数学角度来研究一下。

从下页图❶中我们可以看出，正 n 边形的一个内角度数为

$$180° \times \frac{n-2}{n} \ (n \geq 3)$$

如果正 n 边形可以覆盖住一个地面或者一个墙面，就要求正 n 边形的一个顶点应该刚好围绕着 x 个正 n 边形。如图❷。此时，x 必须是大于等于 3 的整数，并且 x

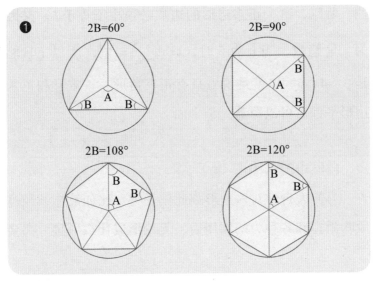

❶

2B=60°

2B=90°

2B=108°

2B=120°

个内角和刚好为 360°。

$$x \times \text{正 } n \text{ 边形的一个内角度} = x \times 180° \times \frac{n-2}{n} = 360°$$

$$x = \frac{2n}{n-2}$$

因为 x ≥ 3

$$\therefore 2n \geqslant 3(n-2)$$

$$\therefore n \leqslant 6$$

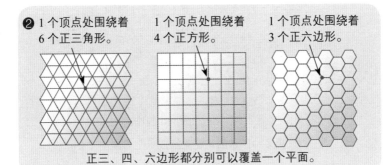

❷ 1个顶点处围绕着
6 个正三角形。

1个顶点处围绕着
4 个正方形。

1个顶点处围绕着
3 个正六边形。

正三、四、六边形都分别可以覆盖一个平面。

所以，这个正多边形的边数必须小于等于 6。又因为 x 是整数，当 n 为 5 时，$x=\dfrac{2\times 5}{5-2}=\dfrac{10}{3}$，所以 x 只能是 3、4、6。也就是说，只有正三角形、正方形和正六边形平铺后可以覆盖一个平面。

自然中的六边形

为何大自然对六边形如此偏爱呢？比如液体，经过风吹雨打和各种力的作用后，无论形成什么形状，都会

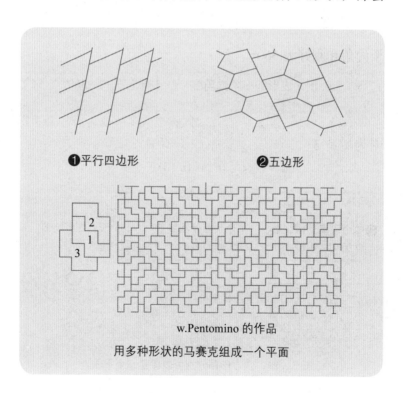

❶平行四边形　　　　　❷五边形

w.Pentomino 的作品

用多种形状的马赛克组成一个平面

自然形成的六边形雪花

是一种六边形。大自然是如此神秘。

　　如果想用一种图形平铺一个平面，应该采用什么样的多边形呢？

　　答案有很多。比如前面第 176 页图❶中的平行四边形，或者图❷中的五边形。但是，如果我们给这个图形加上一个正多边形的限制，即这个图形的各边相等、各角相同，那么答案就只有正三角形、正方形和正六边形这 3 种了。

而大自然中，平铺一个平面的正多边形，大都被鬼斧神工地造成了正六边形。

比如，你可能也曾经注意过，很多个大小相同的肥皂泡紧挨在一起时，它们的形状是正六边形的。这是因为正三角形、正方形和正六边形中，如果周长相等，正六边形的面积是最大的。

蜂巢为何是六边形的

公元 3 世纪，希腊数学家帕普斯（Pappus，290~350）的作品《数学汇编》中讲到"关于蜂巢"一个章节时，记录了下列内容：

> 蜜蜂将天堂的食物——蜂蜜带给了人类。蜂蜜是一种珍贵的食物，所以它不应该被随便地保存在地面上或者树干上面。因此，蜜蜂特意为蜂蜜制造了一种容器。这种容器要结实，没有缝隙才可以。
>
> 因为可以紧密相连平铺成平面的正多边形只有

由正五边形连接平铺的图形（有很多缝隙）

正三角形、正方形和正六边形 3 种，蜜蜂本能地选择了顶角角度最大的正六边形。上述 3 种形状中，相同周长的情况下，正六边形的面积最大，容积也最多。

蜻蜓的翅膀

蜂巢

蜜蜂之所以选择了正六边形为基础图形来建筑蜂巢，是因为这种图形可以用最少的材料造成最大的空间。面对大自然中这样神奇的几何图形和其中的奥妙，伽利略曾经惊叹道"宇宙是由数学文字组成的。"

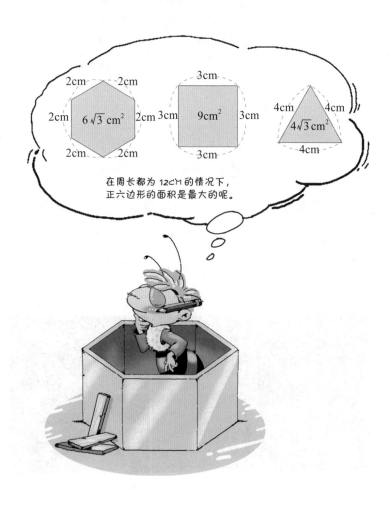

在周长都为12cm的情况下，正六边形的面积是最大的呢。

平面中的多边形有三角形、五边形、十二边形等等。这些图形一看名字就知道是什么样子的。但是多面体的情况却复杂多了。当然，也许一说到四面体，你就马上会联想到下面的特征：

> 所有的面都是三角形。
>
> 由 4 个顶点和 6 条边组成。
>
> 是个凸图形。

五面体又有怎样的特征呢？说到五面体，我们就无法像四面体一样直接在脑中构造出它的样子了。从下页表格中我们看到，五面体有四棱锥和三角柱两种，单纯提到五面体，我们无法判断是哪一种。

为了进行区别，我们要分别赋予它们一个名字。其中，5 个顶点的五面体因为有 5 个顶点和 5 个面，我们称其为"五点五面体"，而 6 个顶点的三角柱则叫做

"六点五面体"。

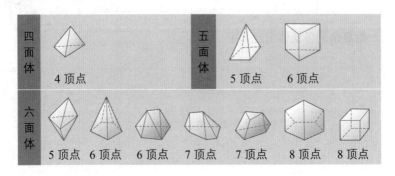

四面体	4顶点	五面体	5顶点	6顶点
六面体	5顶点　6顶点　6顶点　7顶点		7顶点　8顶点　8顶点	

但是这个方法在提到六面体的时候就行不通了。上面表格中列出了 7 种六面体。其中有 6 个、7 个和 8 个顶点的六面体各有 2 种。为了进行区别，我们就要再用别的方法来突出特点。比如，"六点六面体"就分 5 个三角形和 1 个五边形的图形、4 个三角形和 2 个四边形的图形。

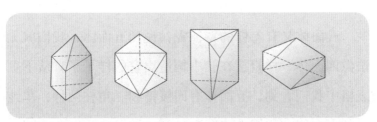

凸七面体（都是 x 点 x 面体，都有4个三角形的面和3个四边形的面）

再看七面体，种类超过了 30 个，更加复杂。但是无论有多复杂，我们都可以区别出来。

那么，下图中的两个八面体又应该怎样区别呢？也

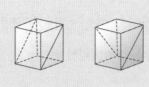

许有人对给图形命名的事情嗤之以鼻，认为此种做法无足轻重。其实不然，数学的世界，没有命名便无法发展。比如这区区一个图形，如果不叙述出来，就无法想象具体的模样。

最后，让我们看下面两个图形，分别都是多少面体呢？

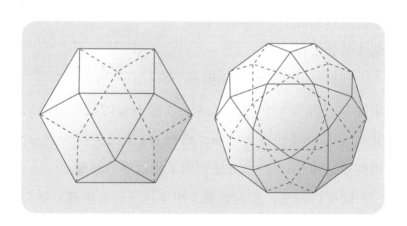

生活中的毕达哥拉斯定理

将图形转换为数字计算的实用性

为何毕达哥拉斯定理如此重要

右图是 6 个长 2m、宽 1m 的长方形床垫，摆放方式如图。这种情况下，该如何求对角线的长度呢？

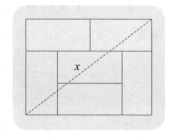

我们可以按比例缩小图形来计算。首先制作一个长 4cm、宽 3cm 的模型，然后测量出对角线长度为 5cm，再将 cm 按比例扩大为 m，得到答案为 5m。这个方法利用了相似形的原理。

同样的问题，我们如果采用毕达哥拉斯定理，就会更加容易了。因为长方形可以被对角线分成两个直角三角形，所以对角线的长度 x 可以这样来求：

$$4^2+3^2(=25)=x^2$$

$$\therefore x=5$$

再来看右图，图中有一个沉重的木头箱子。若要求底面一顶角 B 到上面一顶角 C 的长度，就要采用下面的方法。因为我们无法直接测量 $\overline{BC}$ 的长度，所以在 AB 的延长线上取与 $\overline{AB}$ 同样长度的线段 $\overline{AB'}$，测量出 $\overline{B'C}$ 的长度就是我们要求的长度。

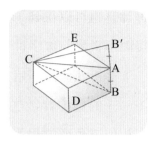

如果使用毕达哥拉斯定理，$\overline{BC}$ 的长度就可以更简单地计算出来了。

$$\overline{BC}^2=\overline{AB}^2+\overline{AC}^2$$
$$\overline{AC}^2=\overline{AD}^2+\overline{CD}^2$$

所以，

$$\overline{BC}^2=\overline{AB}^2+\overline{AD}^2+\overline{CD}^2$$

假设

$$\overline{AB}=3，\overline{AD}=4，\overline{CD}=5 \text{ 那么}$$
$$\overline{BC}^2=9+16+25=50$$
$$\therefore \overline{BC}=\sqrt{50}\approx 7$$

当然，对于已经对毕达哥拉斯定理了如指掌的你来说，上面的问题并不复杂。真正的问题现在才刚要开始，希望你认真阅读下面的内容。毕达哥拉斯定理的伟大之处在于，原本需要通过测量才可以得到的结果，经过计算也可以得到了。总而言之，毕达哥拉斯定理是连接图形世界与数字世界的桥梁。

解析几何的创始人笛卡尔在给一名弟子——瑞典女王——的信中曾经这样写道："……我所用的定理，只有相似三角形的相关定理和毕达哥拉斯定理而已。"

可见，在综合了图形和数字进行研究的解析几何学中，毕达哥拉斯定理起着重要的作用。

很多证明都要用到毕达哥拉斯定理，这也在一定程度上说明了毕达哥拉斯定理的重要性，将图形转化为数字的重要性也正在于此。

毕达哥拉斯定理的应用

毕达哥拉斯定理经常被用于求两点间距离的问题上。比如，一座高山，我们有了垂直距离和水平距离，就可以求出斜面的距离了。

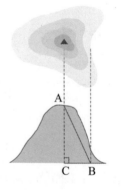

古代希腊人也经常用到由这条定理衍生出来的定理：

若三角形三条边关系为 $a^2+b^2=c^2$，那么这是一个直角三角形，$\angle C$ 为直角。

古时候，人们经常用标示着3、4、5的线来做直角，甚至产生了一种职业叫做"直角先生"，专门给人做直角，可见直角在当时生活中是多么的重要。

　　毕达哥拉斯定理是通过这种生活经验总结出来的，但是经验与定理还存在一定的差异。定理包含了相关的所有正确的经验，而反过来经验却没有定理那样缜密。就像我们可以说生物里包含人类，但是不能将人类与生物画上等号。

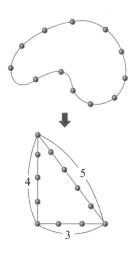

《格列佛游记》中的数学

巨人国故事中的谬误

说到乔纳森·斯威夫特（J.Swift, 1667~1745）的《格列佛游记》，你一定马上会想到"小人国"和"巨人国"的故事。也许你还记得书中描述的"在小人国中的1英尺相当于正常世界的1英寸；而在巨人国世界，1英寸相当于正常世界的1英尺"。因为1英尺等于12英寸，所以小人国国家的所有东西都是正常世界的 $\frac{1}{12}$，而巨人国世界的东西则是正常世界的12倍大小。

从故事中，我们可以看出斯威夫特为了换算各种数字花费了不少心思。

"格列佛的饭量应该是小人国里的人的多少倍？"

"小人国给格列佛做衣服需要花费小人国多少人衣服的布料？"

"巨人国的一个苹果有多重？"

大部分的故事情节中，斯威夫特都给出了比较精确

0.05kg×1728=80kg

的数字。比如，小人国的身高是格列佛的 $\frac{1}{12}$，那么小人的体重应该是格列佛的 $\frac{1}{1728}$（12×12×12=1728），所以格列佛的饭量也应该是小人国人的 1728 倍。

在讲到小人国的裁缝给格列佛做衣服的时候，斯威夫特应该也经过了一番计算。格列佛的身体表面积应该是小人国人的 12×12=144 倍，所以裁缝也需要 144 倍的人数。斯威夫特在书中写道"有 300 名裁缝来给格列佛做衣服"，看来是为了增加进度所以采用了 2 倍的人数。

在《格列佛游记》中，数字确实计算得比较精确，但是讲到巨人国故事的时候，作者还是犯下了一个谬误。文章内容大致如下：

有一天，我和一个宫殿里的人一起去庭院里，经过一棵大树的时候，这个巨人抓着树枝在我的头上荡了起来。树上的苹果被他摇晃得纷纷落到了地上，其中一个砸到了我的背上，把我砸翻倒在地上。

这段故事过后，格列佛并无大碍。但是，事实上这么大一个苹果很有可能将格列佛砸死或者砸成重伤。假设正常的苹果有 50g，那么 1728 倍的苹果就有大概 80kg 了。这么大的物体在正常苹果树 12 倍高的树上掉落下来，冲击力是普通苹果掉落下来的 20000 倍，堪比一枚炮弹的威力。

虽然书中存在这样一处谬误，但是并不足以让我们对这本书失去兴趣。斯威夫特并不是一个写数学教材的数学家，我们谁也不会去抓着这样一个谬误计较不停。但是若读者是一个研究数学的人，"发现错误"却是无可厚非的。

正四面体和正四棱锥

正四面体和正四棱锥

大学教授也会出现失误的几何问题

　　在美国的一次数学竞赛中，有一道问题引发了很大的争论。出题人是一名大学教授，在这道题上，却败给了一个 17 岁的中学生。这道题的内容如下：

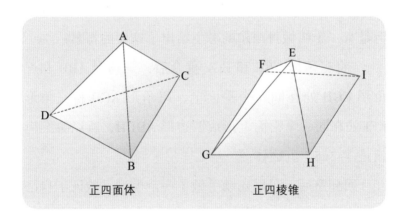

正四面体　　　　　　　正四棱锥

正四面体ABCD和正四棱锥EFGHI的每条边都相等，除正四棱锥的底面GHIF，其他所有面都是全等的正三角形。使正三角形ABC与正三角形EGF点对点重合，形成的新立体图形是几面体？请在下面答案中选择。

①五面体　　②六面体　　③七面体

④八面体　　⑤九面体

当时出题人的思路是这样的：

"将四面体的 1 个面与五面体的 1 个面完全重合，结果就是 4 个面加上 5 个面减去 2 个面，答案是 4+5−2=7，七面体。"

当时的出题人和大部分考生都认为答案是七面体，但是有一个叫做丹尼尔的考生给出了这样的答案：

"将三角形 ABC 和 EGF 重合后，三角形 ABD 和三角形 EGH 处在同一个平面上，三角形 ACD 和三角形 EFI 处在同一个平面上形成四边形 ADBH，所以答案应该是 7−2=5，五面体。"

回到家后，丹尼尔动手做了一个模型，验证了自己的答案，是一个五面体。

但是考试结果出来后，答案是按照七面体来定的。丹尼尔又对自己的答案产生了怀疑，于是他向自己研究

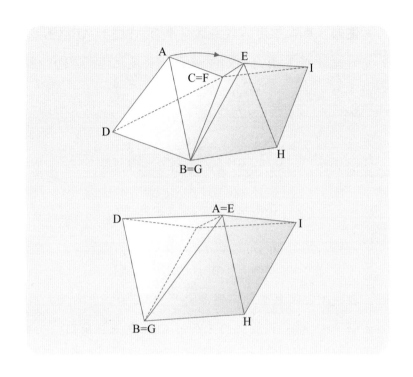

人造卫星的父亲求助。父子二人从理论上进行了证明，结果确实是五面体。父子二人向考试主办方表述了自己的想法，这个事情还在业内引发了争论。

那么，丹尼尔的父亲是怎样从理论上证明这个答案呢？这个证明过程我们无从得知了。下面是一种比较简单的证明方法，聪明的读者，尝试一下用自己的方法来进行证明吧。

证明：参考下图，只要证明平面 ABC 和 ABD 形成的角度与平面 EGF 和 EGH 形成的角度之和为 180° 就可以了。

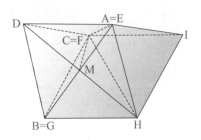

在 $\overline{AB}$ 上取中点 M，因三角形 ABC 为正三角形，所以 $\overline{CM}$ 垂直 $\overline{AB}$。同样，因三角形 ABD 是正三角形，$\overline{DM}$ 垂直 $\overline{AB}$。

所以，平面 ABC 和 ABD 形成的角度与 ∠CMD 的角度相同。同样，平面 EGF 和 EGH 形成的角度与 ∠FMH 的角度相同。

设正四面体每条边和正四棱锥每条边长度为 1，那么，$\overline{CM}$ 就是一边为 1 的正三角形的高，长度为：

$$\overline{CM}=\frac{\sqrt{3}}{2}\ (\text{图}❶)$$

那么三角形 MCD 就如图❷中显示的，是一个底边长度为 1，腰长为 $\frac{\sqrt{3}}{2}$ 的等腰三角形。

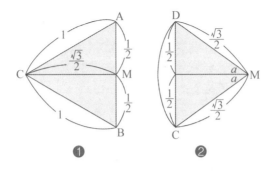

❶ ❷

取 $\overline{CD}$ 的中点 N，则

$$\overline{CM}=\sqrt{\left(\tfrac{\sqrt{3}}{2}\right)^2-\left(\tfrac{1}{2}\right)^2}=\tfrac{1}{\sqrt{2}}$$

设∠CMD=2a，那么

$$\tan a=\cfrac{\tfrac{1}{2}}{\tfrac{1}{\sqrt{2}}}=\tfrac{1}{\sqrt{2}}$$

再看三角形 MFH 的底边 $\overline{FH}$，$\overline{FH}$ 是边长为 1 的正方形的对角线（参考图❸），所以长度为

$$\overline{FH}=\sqrt{2}$$

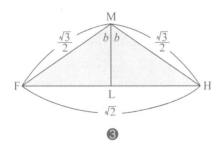

❸

$\overline{MF}$ 和 $\overline{MH}$ 都是边长为 1 的正三角形的高，所以

$$\overline{MF}=\overline{MH}=\frac{\sqrt{3}}{2}$$

取 $\overline{FH}$ 的中点 L，

$$\overline{ML}=\sqrt{\left(\frac{\sqrt{3}}{2}\right)^2-\left(\frac{\sqrt{2}}{2}\right)^2}=\frac{1}{2}$$

设

$$\angle FMH=2b$$

那么

$$\tan b=\frac{\frac{\sqrt{2}}{2}}{\frac{1}{2}}=\sqrt{2}$$

因为 $\tan a$ 和 $\tan b$ 互为倒数，所以

$$a+b=90°$$

$$\therefore\ 2a+2b=180°$$

即

$$\angle CMD+\angle FMH=180°$$

另外，绘制一个两条直角边分别为 1 和 $\sqrt{2}$ 的直角三角形，那么斜边的长度为

$$\sqrt{1^2+\left(\sqrt{2}\right)^2}=\sqrt{3}$$

斜边的中点到三角形 3 个顶点的长度都为 $\frac{\sqrt{3}}{2}$（图 ❹）。

可以看到，底边为 1，腰长为 $\frac{\sqrt{3}}{2}$ 的等腰三角形与底边为 $\sqrt{2}$、腰长为 $\frac{\sqrt{3}}{2}$ 的等腰三角形的顶角和为 180°。从这个图中就可以看到，丹尼尔的直觉是正确的！

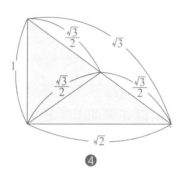

❹

但丁的《神曲》中，炼狱的入口处写着："入此门者当放弃一切希望！"若数学王国也有这样一个入口，"放弃一切希望吧"这样的警句也是必不可少的。你看，一些聪明的教授也会输给一个 17 岁的中学生。若在研究数学的过程中不严格遵守各项规则，那么注定会成为落伍者。请铭记在心。

诞生于卫生间的几何题

挂谷宗一的问题

　　长度为 1 的线段在平面上旋转 1 周形成的图形中，最小面积的图形是什么样的？此时的面积是多少？

　　这个问题看起来并不复杂，但是它在 1917 年被日本的数学家挂谷宗一提出后，直到 11 年后的 1928 年才被苏联的数学家贝塞克维奇解出。这是一个国际上非常著名的数学问题。

　　这个问题之所以如此著名，大概是因为它的结果是很出人意料的。

　　那么，让我们设一支铅笔长度为 1，来旋转看吧。

　　首先，将线段（铅笔）的一个端点固定，线段以此端点为中心旋转，得出的图形面积为

$$S_1 = \pi \times 1^2 \approx 3.14 \quad \cdots\cdots \text{图} ❶$$

　　若以线段（铅笔）的中点为中心进行旋转，就会得到一个半径为 $\frac{1}{2}$ 的圆形，面积为

$$S_2 = \pi \cdot \left(\frac{1}{2}\right)^2 = \frac{1}{4}\pi = \frac{1}{4} \cdot S_1 \approx 0.785\,(<S_1) \quad \cdots\cdots \text{图❷}$$

可以看出，S_2 的面积是 S_1 的 $\frac{1}{4}$。

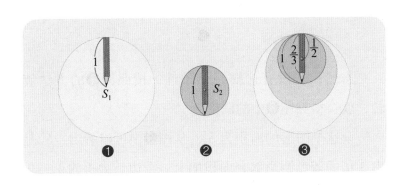

若将旋转加上一个"以线段（铅笔）上一点为中心旋转"的条件，那么 S_2 将是最小的面积，这一点不容置疑（图❸）。

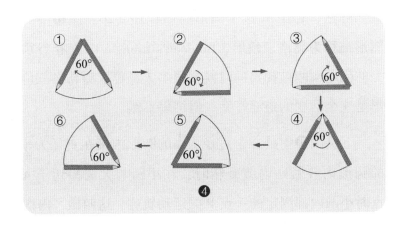

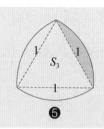

❺

当然，若没有这样一个条件，按照图❹的方法旋转，就会得到图❺中的图形。

设这个图形的面积为 S_3，从图❺中可以看出，S_3 是由 3 倍的蓝色阴影部分面积加上一个边长为 1 的正三角形的面积的和。

$$S_3 = \left(\frac{1}{6} \pi \times 1' - \frac{1}{2} \times 1 \times \frac{\sqrt{3}}{2} \right) \times 3 + \frac{1}{2} \times \frac{\sqrt{3}}{2}$$

$$= \frac{1}{2} (\pi - \sqrt{3})$$

$$\approx 0.704 (< S_2)$$

可见，S_3 比 S_2 这个圆形的面积还要小。图❺中的图形被称为勒洛三角形（Rouleau's triangle），在挂谷宗一的问题刚刚被提出的时候，很多人都曾推测勒洛三角形是这个问题的最终答案，但结果不然。

下页图❻中是一个直径为 $\frac{1}{2}$ 的圆形内接在直径为 $\frac{3}{2}$ 的圆形内并紧贴内壁旋转时，在小圆与大圆相切于 A 点时小圆内部固定的一点 P 的运动轨迹。这叫做"内摆线"。长度为 1 的线段在这个图形（内摆线）内沿着图形边缘运动，刚好可以旋转 1 圈。参考图❼。

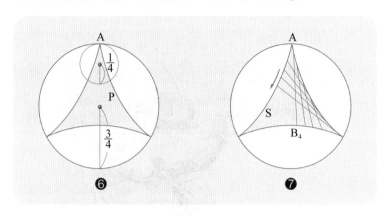

❻　　　　　　❼

这个圆形摆线中，用积分法计算面积 S_4 为

$$S_4 = \frac{\pi}{8} \approx 0.3925 \, (<S_3)$$

可以看出，S_4 比 S_3 的面积更小了。

那么，这种图形的面积最小可以达到多小呢？答案就是："挂谷宗一的问题的解的图形中，可以达到最小面积的图形有无数多个！"

看过了挂谷宗一的问题，你一定也被吸引了吧。通过上面的问题，我们应该整理心情，在数学的海洋中扬帆起航了。

首先，数学（广义上的自然科学）是一种寻找意外中的事实的学问。

其次，数学中，提出一个高质量的问题，比解决一个问题更加难能可贵，更加有价值，也更加困难。

　　最后，数学中重要问题往往有一个意料之外的开始。事实上，当初挂谷宗一教授之所以想到这个问题，是因为"古时候日本武士无论做什么都有着十分警觉的心理，就连解手的时候也要提着长矛护身。但是因为茅房空间很小，挥动起来并不是很顺畅……"所以才引发了教授天马行空的数学构思。

　　有人也许会说，只有这种武士精神十足的国家才会想出挂谷宗一的问题。那么，难道没有苹果树的国家的人就无法发现万有引力定律了么？

长度为 1 的木棍在一平面内转 360° 需要面积可以足够小。

首先我们考虑旋转 90° 的情况。

下图❶中，木棍在等腰直角三角形中进行了 90° 旋转。

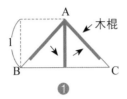

❶

下面，将等腰直角三角形 ABC 的边 BC 等分成 2^n 份，每一个等分点都与点 A 相连，形成 2^n 个三角形。将这 2^n 个三角形汇聚在中间，形成的图形 S_n 的面积随着 n 的无限变大而无限变小。

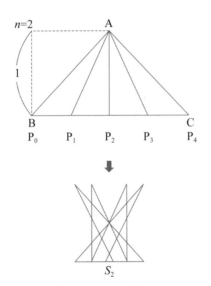

从右到左三角形顺序如下

$\triangle AP_3P_4$，$\triangle AP_2P_3$，$\triangle AP_1P_2$，$\triangle AP_0P_1$

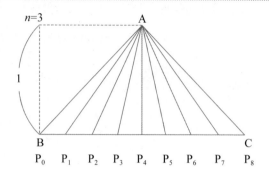

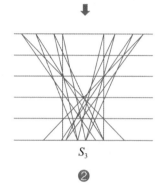

S_3

❷

从右到左三角形顺序如下

△AP₈P₇，△AP₆P₇，△AP₅P₆，△AP₄P₅

△AP₃P₄，△AP₂P₃，△AP₁P₂，△AP₀P₁

但是，这个图形（图❷的下半部分）中却无法容一个木棍做 90° 旋转。这里如果容许木棍在图形（S_n）外稍微露出（只要一点点），只要 S_n 的面积再稍微变大一点，就可以容下木棍做 90° 旋转了。在形成 S_n 前，将木棍在三角形 ABC 内相邻的三角形中按照图❸的方式移动，将移动时扫过的部分添加到 S_n 中去就可以了。

从这个过程中可以看到，若要将长度为 1 的木棍做 90° 旋转，所需要的面积可以达到无限小。

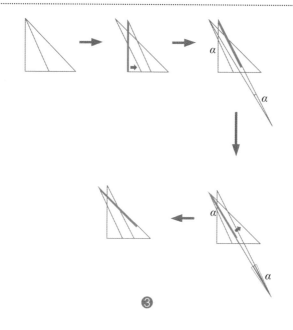

❸

为使木棍做 360° 旋转，只要将木棍在下图❹中平行的边中进行反转移动就可以了。

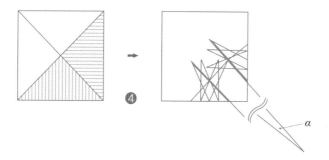

❹

我们可以用现实生活中的例子对上面的情况做一个比喻。这就像玻璃被打碎时候的碎片，或者，就像在狭小的空间内倒车时，要前后左右进行调整的情况一样。

镜像原理

利用镜子的原理进行计算

不可思议的镜子

照镜子的时候，原本戴在右手上的表，在镜子中戴到了左手上；原本在右边胸口上的口袋也移动到了左面的胸前……镜子的世界是相反的。但是奇怪的是，镜子中只有左右是相反的，上下还是正常的。如果你对此有了好奇心，你的这种好奇心应该受到称赞。

镜子中映射出来的样子为什么只是左右相反，上下却不会互换呢？因为眼睛在鼻子两侧？那为什么盖住一只眼睛看到的现象还是这样呢？

人在照镜子的时候，看到的自己好像站在镜子后面一样。说到原因，用诗意一点的语言表述，就是与无意中丢失在镜中世界的自己的镜像一体化了。如果在无重力状态下，摆出向镜面后方跳水的姿势，那么上下就完全颠倒了。

实际上，我们在镜子中看到的像，并不是真的左右调换了，而是前后调换了方向，所以我们会看到实像的左侧变成了镜中像的右侧。如果我们身体的前后也是难以区分的样子，那么实像的左边还会是镜中像的左边，不会调换。

包括人类在内的动物们，一般都是上下和前后区分后，才会有左右区分。首先，受到重力作用，上下区分开来，然后用头部吃东西和分清方向，前后也有了区别。接下来，才会在左右中产生习惯用的一边，加以区别。

但是，从外观上来看，上下分为头和脚，前后也有嘴巴和后背之分，但是左右却没有什么明显的区别。虽然我们从身体内部构造上可以分清左右脑，并且心脏通常位于身体的左边。但是从外观上来看，我们还是无法精确地区分。

日常生活中的左右区分也并不是非常明显。比如道

只能分清楚前后的蚯蚓和只能分清楚上下的海星。

路上的行车规则，韩国曾经实施英国式的左侧行车，解放后为了配合人们右边挂抢的习惯，改为美国式的右侧行车。但是经过几次反复改革，人们发现交通习惯真的是不容易改变的。虽然人们行走的习惯可以改变，但是如果要改变机动车的行车习惯，就需要很大一笔费用，这一点引起了不小的混乱。

左右并不是完全没有区别。1956 年哥伦比亚大学的华裔物理学教授吴健雄（女）通过钴 -60 的 β 衰变实验证明了"自然界并不是完全左右对称的，而是稍稍有些'左撇子'的"。钴 -60 原子核在 β 衰变时释

放出的电子的出射方向都和钴 –60 原子核的自旋方向相反，朝向南极方向的电子个数比朝北极方向的电子个数要多很多。在左右之分上，这个结果给出严密的定义："钴 –60 原子核中 β 衰变的电子出射方向定为左边。"

当然，生物的左右或者上下是在胎中就定下来的事实，生物学者称其为"极性"。

生活中，有些人是左撇子，有些人是右撇子。但是这些是来自手部、手指上的机能性差异，形态上并无不同。面部表情中一些显示基本感情的表情比如喜怒哀乐是左右对称的，但是如果遇到强笑、害羞、媚眼等表情，左右就不对称了。这是很有意思的。

镜像原理相关问题 1

镜子的结构可以帮助我们解决很多问题，下面列举一例。

下页图中牛棚和牧场都处在小河的一侧。先要牵牛从牛棚出来到小河边喝水后再去牧场，那么怎样走距离最近？

答案很简单。将小河边看成一面镜子，连接点 A（牧场）和点 B′（牛棚 B 在镜中的像），交小河边于点 C, 箭头标出的路程就是最近距离。

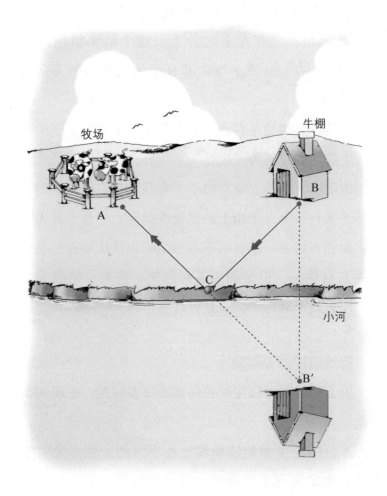

牧场

牛棚

A

B

C

小河

B′

　　若牛在喝水后行进速度会加快, 为了节省时间, 可以将 C 点稍微向 B 点挪动一些; 相反, 如果牛在喝水后行动变慢, 为了节省时间, 可以将 C 点稍微向 A 点

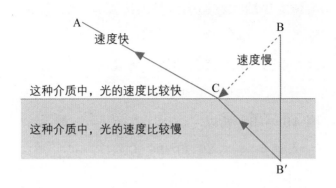

A 速度快

这种介质中，光的速度比较快

这种介质中，光的速度比较慢

B 速度慢

C

B′

挪动。这就好像光的折射问题。光从 B 点射向 A 点时，后半段速度快，前半段速度慢。这种利用照镜子的原理解决对称图形的问题就是"镜像问题"。

镜像原理相关问题 2

利用镜像原理，我们也可以测量大树的高度。前提是大树所处的地面是一个平面。

如下页图，在距离大树一定距离的一点 C 处地面上水平放置一面镜子，人后退到刚好可以看到大树的顶端，此时的位置为 D。这个时候，大树的高度 AB 和人的身高 ED 的比，刚好等于镜子到大树的距离 BC 与镜子到人的位置的距离 CD 的比。即

$$\overline{AB} : \overline{ED} = \overline{BC} : \overline{CD}$$

解法如下：

大树的顶端 A 在镜中成像的位置为 A′，所以

$$\overline{AB}=\overline{A'B}$$

因△BCA′ 与△CED 相似，所以

$$\overline{A'B}:\overline{ED}=\overline{BC}:\overline{CD}$$

因 $\overline{AB}=\overline{A'B}$，所以

$$\overline{AB}:\overline{ED}=\overline{BC}:\overline{CD}$$

$$\overline{AB}=\overline{BC}\times\frac{\overline{ED}}{\overline{CD}}$$

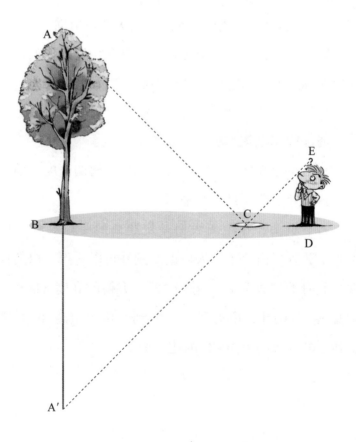

所以，大树的高度可以表示为

（大树到镜子的距离）×

（人的身高和从镜子到人的距离的比）

这种方法使用便捷，不受天气影响，但是缺点在于测量时周围的地面必须是平地。

从上面的两个生活问题中我们可以看出，镜像原理确实可以解决很多问题，是人类伟大好奇心的产物。有些人遇到类似于镜中左右之分的问题时也许会说："不就是左边还是右边的问题么，就算不去追究，也不会影响生活的呀！"但是要知道，科学（数学）精神在这样不求甚解的学习态度中是无法养成的。

黄金分割
美的完美比例

艺术中的黄金分割

黄金分割在公元前 4700 年左右建造的埃及金字塔上就已经有所体现。因相关数学文献（纸莎草）而著名的雅赫摩斯曾经写道："神圣的比例'sect'被用在我们的金字塔建造上。"

但是，"黄金分割"或者说"黄金比例"这个名字却是希腊数学家欧多克索斯第一个使用的。而代表黄金比例的符号

$$\phi \,(\text{Phi})$$

是为纪念将黄金比例运用到雕刻中的菲迪亚斯（Phidias），摘取其希腊语名字的开头字母而成的。希腊人十分热衷于黄金比例，从陶器到服装饰品，再到绘画和建筑，黄金比例被广泛运用其中。

数学中，黄金比例 ϕ 减去 1，刚好与其倒数 $\frac{1}{\phi}$ 相等。

即

$$\frac{1}{\phi}=\phi-1$$

将这个等式两边同时乘以 ϕ，

$$\phi^2-\phi-1=0$$

得出

$$\phi=\frac{1\pm\sqrt{1+4}}{2}=\frac{1\pm\sqrt{5}}{2}$$

计算出数值为：

$$\phi=\frac{1+\sqrt{5}}{2}=1.61803398\cdots$$

将下面的线段 AC 按照 $\phi:1$ 的比例分成 $\overline{AB}$ 和 $\overline{BC}$，那么 $\overline{AC}$ 与 $\overline{AB}$ 的比例也是 $\phi:1$。

达芬奇的画和帕特农神殿都与黄金比例密切相关。

$$\frac{长线段\,(AB)\,的长}{短线段\,(BC)\,的长}=\frac{全线段\,(AC)\,的长}{长线段\,(AB)\,的长}$$

即

$$\phi=\frac{\overline{AB}}{\overline{BC}}=\frac{\overline{AC}}{\overline{AB}}$$

制作黄金比例的过程如图❶。在线段 AC 的一端 C 做线段 CD 垂直于 AC，并且 CD 等于 AC 长度的一半。

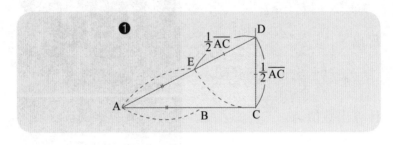

❶

$$\overline{CD}=\frac{1}{2}\overline{AC}$$

连接 A 和 D，在线段 AD 上取一点 E，使

$$\overline{DE}=\frac{1}{2}\overline{AC}$$

在 $\overline{AC}$ 上取一点 B，使 $\overline{AE}=\overline{AB}$。则点 B 是 $\overline{AC}$ 的黄金分割点。即

$$\frac{\overline{AB}}{\overline{BC}}=\frac{\overline{AC}}{\overline{AB}}=\phi \quad \begin{cases} *设 \overline{AC} 为 1，则 \overline{AD}=\frac{\sqrt{5}}{2} \\ \overline{AB}=\frac{\sqrt{5}-1}{2} \\ \therefore \frac{\overline{AC}}{\overline{AB}}=\frac{2}{\sqrt{5}-1}=\frac{\sqrt{5}+1}{2}=\phi \end{cases}$$

再看下页图❷，在圆形内画一个内接正五角形，则

$$\frac{\overline{AB}}{\overline{BC}}=\frac{\overline{AC}}{\overline{AB}}，\frac{\overline{AC}}{\overline{CD}}=\frac{\overline{AD}}{\overline{AC}}$$

所有线段与线段的交点都是黄金分割点。

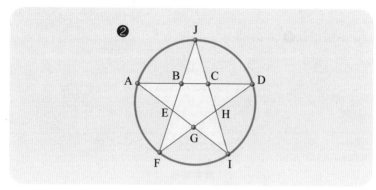

圆形内接正五角形

自然界中存在无数的黄金分割（图❸）。

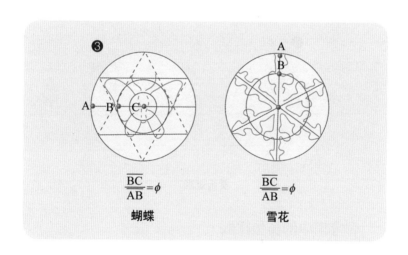

$$\frac{\overline{BC}}{\overline{AB}}=\phi$$

蝴蝶

$$\frac{\overline{BC}}{\overline{AB}}=\phi$$

雪花

下页图❹中，有一横一竖两个长宽比为 ϕ（≈ 1.6）的长方形，我们称其为"黄金矩形"。

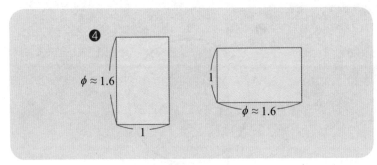

黄金矩形

从黄金矩形中切掉一个正方形 ABEF（图❺）后，剩下的长方形 DFEC 还是一个黄金矩形。

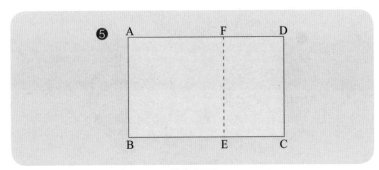

黄金矩形

金字塔中的黄金比例

前面我们提到过，黄金比例是

$$1 : \frac{1+\sqrt{5}}{2} \approx 1 : 1.618 \approx 5 : 8$$

从下图中可以清楚地看出，埃及金字塔底面是一个正方形，任意一条边的中点到金字塔底面正中心的距

离（OM）与母线（PM）
的比为

$$1 : 1.616$$

埃及建造金字塔是公元
前 2500 年以前的事情
了，这着实令人惊讶。
这到底是人类赋予黄金
比例以美的标准，还是

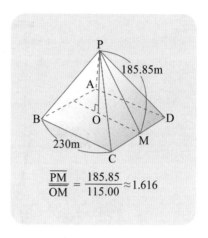

$$\frac{\overline{PM}}{\overline{OM}} = \frac{185.85}{115.00} \approx 1.616$$

自然界将黄金比例暗中传授给了人类呢？我们无从得
知。但是不可否认的是，黄金比例确实是一个让人类心
灵为之撼动的数字。

斐波那契数与黄金分割

一个数列，开头两个数都为 1，然后将这两个数字
的和 2 作为下一个数。同样，1 与 2 的和为 3，2 与 3
的和为 5……这样一直将两个数的和写在下一位形成的
数列，叫做斐波那契数（列）。1 1 2 3 5 8 13 21 34
55 89 144 233……斐波那契（Fibonacci, 1180~1250）的著
作《算经》（Liber Abac·1202，又译《算盘书》）中曾经
描述过这样一个问题：

"一对兔子每个月能生出一对小兔子来，刚出生的

小兔子第二个月就有了繁殖能力。如果所有兔子都不死，那么一对兔子一年以后可以繁殖多少对兔子？"

如果计算起来，斐波那契数列相邻两个数字的比为

$$\frac{1}{1}=1, \ \frac{2}{1}=2, \ \frac{3}{2}=1.5, \ \frac{5}{3}=1.666\cdots\cdots$$

$$\frac{8}{5}=1.6, \ \frac{13}{8}=1.625, \ \frac{21}{13}=1.615\cdots\cdots$$

可以看出，所有的解都在渐渐接近一个数字。这个值，就是二元一次方程式 $x^2-x-1=0$ 的解，

$$x=\frac{1+\sqrt{5}}{2}\approx 1.61803\cdots\cdots$$

植物的茎部上一圈叶子长度也分别为 $\frac{1}{2}$，$\frac{2}{3}$，$\frac{3}{5}$，$\frac{5}{8}$……可见，斐波那契数列表现了相邻数字的比例关系。

向日葵花盘中的斐波那契数列

看到这儿，我们不得不感叹大自然那无法理解的神秘，是那么令人折服。

黄金分割真能代表美吗

让我们再来看一个正五边形中的黄金比例问题。下图中的正五边形中，$\overline{AB}$ 与 $\overline{EC}$ 平行，$\overline{AE}$ 与 $\overline{BD}$ 平行，$\overline{BE}$ 与 $\overline{CD}$ 平行，所以三角形 ABE 与 FCD 相似。所以

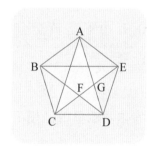

$$\frac{\overline{BE}}{\overline{AB}} = \frac{\overline{CD}}{\overline{FC}}$$

设正五边形的边长 $\overline{AB}$ 和 $\overline{CD}$ 长度为 1，对角线 $\overline{BE}$ 的长度为 x，那么 $\overline{FC}$ 的长度就是

$$\overline{FC}=\overline{CE}-\overline{FE}$$

$\overline{\text{CE}}$ 也是对角线，长度也为 x，$\overline{\text{FE}}$ 处于一个平行四边形 ABEF 中，长度为 1。所以 $\overline{\text{FC}}$ 的长度为 $x-1$。所以

$$\frac{x}{1} = \frac{1}{x-1}$$

即

$$x^2 - x - 1 = 0$$

从这里我们可以看出，黄金比与斐波那契数是一致的。$\overline{\text{FE}}$ 与 $\overline{\text{FC}}$ 的比即是黄金比，也是斐波那契数。

正五边形的每一条对角线，都存在黄金分割，可以说正五边形是黄金分割的完美诠释。

关于这个惊人的数理关系，15 世纪的意大利数学家帕西欧里曾经用下面这种方式称赞。这绝不是夸张。

……第二，它的本质上的用途……第三，它的惊人的用途……第四，它的无法形容的用途……第十，它的最大的用途……第十一，它的最卓越的用途……第十二，它的无法想象的用途……

那么，黄金分割真代表着美的精髓吗？我们生活中最常见的黄金分割就是名片了。但是，我们真的能称名片的比例是美的吗？在面对这样的疑问的时候，我们一时很难做出回答。事实上，历史上对"美"的科学阐述是通过图形来分析的，并最终得出了黄金分割的答案。所以，黄金分割这个概念，比起真正的美丽，倒不如说是优秀的数理之美。

　　或许我们可以说，是因为希腊人迷恋于黄金分割的数理之美，所以将这种迷恋流传了下来。亲爱的读者朋友，你怎么认为呢？

生活中的数学公式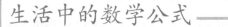

走出迷宫的数学方法

欧拉示性数

"长 10m 的街道上，每间隔 1m 栽一棵树，那么一共需要多少棵树苗？"

如果在街道两边的端点都栽上树苗，那么总共需要 11 棵树苗。总长度为 10，结果应该再加 1。

1m

图❶

那么，如果在一个周长为 10m 的湖边栽一圈树会是什么情况呢？看了下页图❷就明白了，一共需要 10 棵树苗，不多也不少。

那么，下面这种情况呢？图❸中，两个周长均为 5m 的水坑边，有两点非常靠近。如果在这一处栽一棵

图❷

树，间隔 1m 栽下去，总共需要树苗数量就是 9 棵了。
这个数字比起总长度少了 1。

图❸

　　下图❹❺❻中，更加清晰地表示出了图❶❷❸中的
树苗分布情况。

　　❹中线段的数量比点的数量少 1；❺中线段的数量
与点的数量相等；❻中线段的数量比点的数量多 1。我

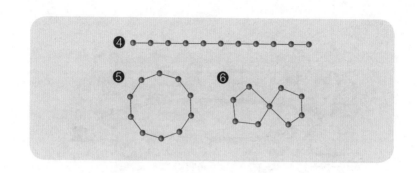

们将这种顶点的数量减去边的数量

（顶点的数量）－（边的数量）

得到的数叫做"欧拉示性数"。

图❹中，没有简单闭曲线——像圆形或者三角形一般只有一个内部空间的（曲）线的图形叫做"树形图"。树形图的欧拉示性数为 1，所以第一个问题的答案就要在 10 的基础上加 1，为 11。

这个问题看似简单，但是却会在后面的第四册书中讲到"拓扑几何学"时起到作用。

地图与颜色

英国数学家凯莱（Cayley，1821~1895）1879 年在伦敦地理学会上对绘制地图时最少需要几种颜色的问题进行了有趣的说明。

大家都知道，绘制地图的时候，如果每一个不同的国家都用不同的颜色区分开来，看起来虽然清楚，但是会大大增加印刷的费用。所以人们尝试用尽量少的颜色，将相邻的国家区分开来，这样就会节约很多经费。

下图中，图❶甲中 b、c 两国相邻而 a 地区全部为海洋时，就可以这样涂色：比如 a 涂蓝色，b 涂红色，c 涂黄色。这样只需要 3 种颜色就够了。

乙中 a 是蓝色，b 是红色，c 是黄色，d 用绿色，需要 4 种颜色。丙中中间部分与最外面的部分同样选用蓝色，总共最少也是 4 种颜色。

更复杂一点的，图❷中只需要 3 种颜色就够了，图❸则需要 4 种颜色。

现在，还没有人发现需要用 4 种以上颜色才可以区

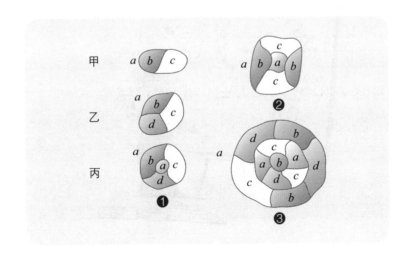

分的地图，但是，要证明这一点也不是容易的事情。这个"地图四色问题"（证明只需要 4 种颜色就可以将地图上所有区域区分开）被阿佩尔与哈肯两名数学家用计算机证明出来，已经是 1976 年 6 月 25 日的事情了。

这个"地图四色"问题的证明，并没有给其他数学问题的解决带来更多的帮助。如果说一道数学问题的解决能给数学带来什么帮助的话，那就是像这道问题一样"被解决"这一点。即使这样，投身数学问题的热情却是非常必需的。

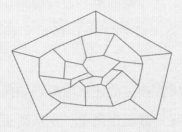

上面的地图如何用 4 种颜色区分呢？

迷宫与数学

希腊神话中有这样一个故事。

公元前 2000 年前后，克里特岛的米诺斯王妃生下了一个牛头人身的怪物"米诺陶洛斯"。米诺斯王下令建造了一个异常复杂混乱的迷宫用以困住米诺陶洛斯，每隔一段时间还要向这个怪物献上 7 名童男童女。听说了迷宫和怪物的事情后，很多年轻的勇士都尝试进入迷宫讨伐怪物，但是都失败了。最后，英雄忒修斯成功了。

在混乱的迷宫中，忒修斯是如何找到出口的呢？原来，米诺斯王的女儿——公主阿里阿德涅给了忒修斯一个线轴，线的一边系在迷宫的入口，另一边由忒修斯握在手里。他进入迷宫后放开上面的线，回来的时候收起线便走了出来。说到底，这不过是一个善良的公主与勇猛的英雄之间的浪漫故事。数学故事现在才刚刚开始。

在欧洲，王宫等地的地下通道通常连着迷宫。其中最著名的就是英国威廉三世于 1690 年建造的汉普顿宫的迷宫。

下图就是汉普顿宫的迷宫图形。如何才能从入口走到中间的广场呢？其实很简单。在从箭头表示的入口处进入迷宫后，一直用手触摸着左边的墙壁，沿着左边墙壁一直走下去就可以了。

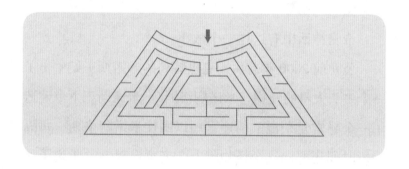

维纳（N. Wiener, 1894～1964）潜心用数学方式来研究这种"沿着一面墙走下去"的方法，并最终证明出"沿着一面墙一直走下去一定能找到出口"。

很多人一听到"证明"这个词就手心出汗眉头紧蹙，但是其实这个证明过程非常简单，无须多虑。

现在，让我们假设我们在迷宫中用左手触摸墙壁，沿着墙壁一直走下去。如果我们途中回到了曾经经过的一点，设这一点为 A，参考下图，那么我们再继续往前走就可以回到入口了。

假设前进过程中没有回到曾经走过的路，怎么办呢？别担心，无论路线多么复杂，距离都是一定的，所以沿着一面墙走，就算在迷宫中绕来绕去，最终也一定能够走出来。

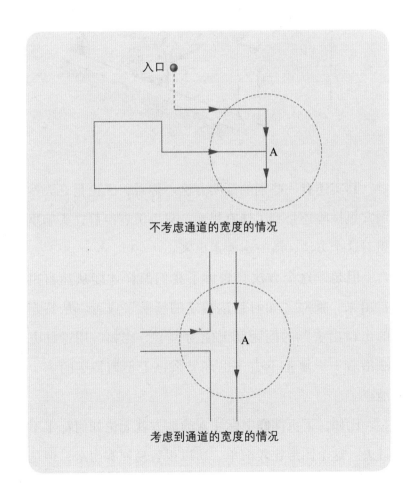

不考虑通道的宽度的情况

考虑到通道的宽度的情况

　　其实还有一些别的证明方法。你看，无论是在天然洞穴里探险还是到了迷宫里面，只要沉着冷静，头脑里想着这个方法，就一定能走出来。

　　但是，这个方法只告诉了我们怎样才能从迷宫里走出来，面对"如何到达特定的场所"或者"从特定的出口出去"的问题就无能为力了。比如，用这种方法沿着一面墙走下去，也许怎么也走不到特定的一个地点。

　　比如，下页图❶中标注▲的地方就无论如何都走不进去。这个图形比较简单，所以很容易回答出来，但是如果再复杂一些我们就无法很快看出来了。

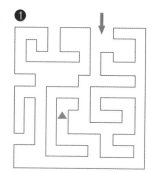

密封迷宫——"乔丹曲线"

图❷中，一个圆形在不产生交叉点和不被切断的前提下逐渐变形，最后生成一个复杂的图形。与图❶一样，这幅图形中▲标识的位置从外部是如何都走不进去的。

像这样由圆形变换、不被切断、不经过交叉得到的曲线叫做"乔丹曲线（Jordan Curve）"。

乔丹（Jordan，1838~1922）是一名法国数学家，研究看似简单的圆形内外点的关系。

乔丹曲线有一个非常重要的性质，就是可以将平面上曲线内和曲线外的点分开来。有趣的是，如果想要从内部一点到达外部一点，就一定要与曲线交叉单数次。

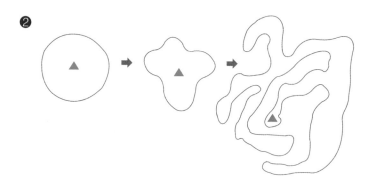

如果从内部回到内部，或者从外部回到外部，一条线与乔丹曲线交叉的次数为双数（包括0）。这有趣的现象看似简单，证明起来却非常繁琐。

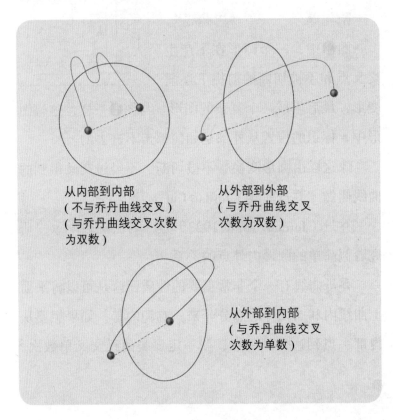

从内部到内部
（不与乔丹曲线交叉）
（与乔丹曲线交叉次数
　为双数）

从外部到外部
（与乔丹曲线交叉
　次数为双数）

从外部到内部
（与乔丹曲线交叉
　次数为单数）

因为乔丹曲线有上面的性质，所以如果想要知道从入口到达▲标识的位置，只要在这两点间连一条直线，如下页图❶，然后数一数与曲线交叉的次数就可以了。如果是单数，就可以到达；如果是双

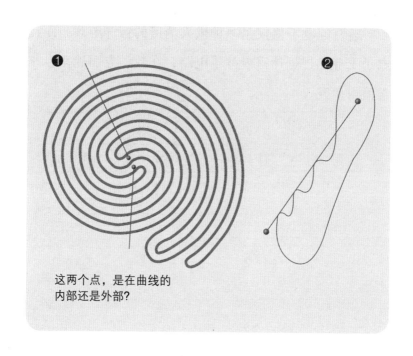

这两个点，是在曲线的内部还是外部？

数，就无法到达。

当然，图❷中虽然交叉 4 次（双数次），但是因为有 3 次都是与弯曲顶点相切，所以这 3 次不算真正的交叉。

当看到一个迷宫（乔丹曲线）的平面图时，只要先从迷宫内确认一点，然后向外画一条线，与迷宫墙壁交叉的次数为单数时代表这一点可以走出去；与迷宫墙壁交叉的次数为双数的时候，从这一点无法走出迷宫。

迷宫问题不仅仅是一种供人消遣的猜谜游戏，而且电子工业还根据迷宫设计了电路，在数学方面迷宫也非常值得研究。

何为向量

物理学与数学的混血——向量

　　力学，是物理学中研究均衡与运动的一个领域。向量的概念，在这个领域的计算中应运而生。

　　若一个物体受到两个力的作用，这两个力会相互合成。若两个力作用于同一点，合成起来当然简单，但是并不是所有的力都会作用在同一点。因此，我们要在计算时将力移动，然后合成。此时，就需要一个"既有方向又有大小，可以平行移动的"量，这就是向量。

　　向量既有大小又有方向，我们通常用有向线段来表示。有向线段的箭头指向的方向代表向量的方向，有向线段的长短代表向量的大小。

　　因为向量是由大小和方向决定的，所以平行移动时不会改变。比较下页图中平行方向移动的两个向量，大小与方向都是相同的。

　　这里需要注意的是，向量只针对运动形成问题。即向量是用来描述运动的，与运动的结果毫无关系。

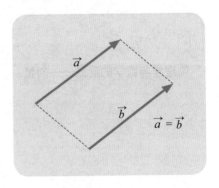

我们常说向量处于数学与物理学的交界处，上述内容就是原因所在了。向量，源于物理学，离不开数学。

向量被广泛运用于数学中。我们研究数学的时候，往往提倡去粗取精、去伪存真。向量也是这样，只保留了大小和方向。

归根结底，向量产生的原因还是因为其能够拓宽使用范围罢了。

向量的数学意义

两个向量和一个向量比较大小时，可以先将两个向量合成一个向量，也就是说，向量是可以相加的。

是的，向量是可以相加的，运算规则如下。

下页图中，用两个向量 $\vec{a}$ 和 $\vec{b}$ 组合成一个平行四边形，对角线的向量就是 $\vec{a} + \vec{b}$。

或者我们可以将 $\vec{b}$ 平移，使 $\vec{b}$ 的起点与 $\vec{a}$ 的末端重合，连接 $\vec{a}$ 的起点和 $\vec{b}$ 的末端得到一个新的向量

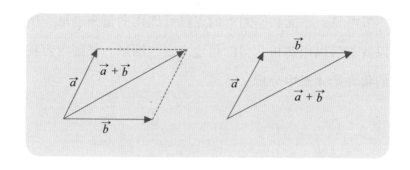

为 $\vec{a} + \vec{b}$。

　　向量之间的"加法"与数字之间的加法全然不同。比如，数字加法运算中，1+1 等于 2，但是力与力相加时却不能这样运算。因为，就算向量的长度可以相加，但是如果方向不同，得出的结果还是不正确的。两个向量之间，如果夹角不大，那么这两个向量的和通常会变大；如果夹角稍大，那么合成的向量就会变小。如果夹角为 180°，那么两个向量就要相减了。

　　向量与坐标平面密不可分。如果向量在坐标平面的出发点移动到原点，那么末端的坐标就可以用向量来对应表示，这叫做"向量的坐标表示"。

　　根据毕达哥拉斯定理，这个向量的坐标表示 $\vec{a}$ = (x, y) 的大小为 $\sqrt{x^2+y^2}$，因为

$$(x, y) \pm (x', y') = (x \pm x', y \pm y')$$

所以计算起来就方便多了。

可见，平面和空间上的点都可以用向量来表示，所以我们可以用解析几何的角度来观察图形。详细内容我们将在第 4 册中分析。

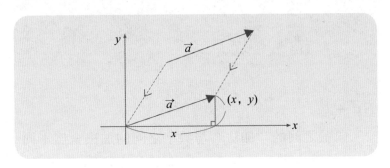

复合效应的气压计——"内积"

有两个向量分别为 $\vec{a}$，$\vec{b}$，

$$\vec{a} \cdot \vec{b}$$

叫做 $\vec{a}$ 与 $\vec{b}$ 的内积。要注意的是，内积并不是向量，而是用来表示两个相互作用的力的程度的数字。

移动物体时，如果沿力的方向用力，如位移为 3、力是 2 的话，那么内积为 $3 \times 2 = 6$。所以，内积可以这样表示：

$$\vec{a} \cdot \vec{b} = |\vec{a}||\vec{b}|$$

如果力的方向和位移方向互相垂直，这时的内积是 0，即

$$\vec{a} \cdot \vec{b} = 0$$

那么，两个方向相反的力的内积呢？这个时候，负号要开始发挥作用了。比如，如果力 2 和位移 3 方向相反，则内积为 $3 \times (-2) = -6$。所以，此时的内积表示为：

$$\vec{a} \cdot \vec{b} = -|\vec{a}||\vec{b}|$$

将上面的内容整理一下，可以看到，a 与 b（$\vec{a}$ 与 $\vec{b}$）的内积可以表示为：

$$\vec{a} \cdot \vec{b} = |\vec{a}||\vec{b}|cos\theta$$

现在我们引入笛卡尔的坐标，用几何学方式表示正数、0 和负数。这样，思想就自然而然向平面坐标和空间坐标跨出了一步。通过坐标，笛卡尔将曾经全无关系的两个领域——代数学和几何学——紧密相连，创造了解析几何学这个全新的数学领域。同样，向量通过有向线段表示力的方向和大小，并且将其转换到坐标轴

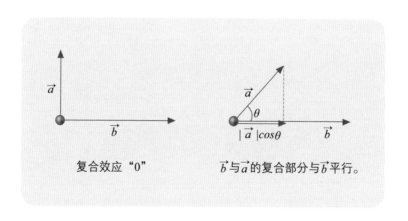

复合效应 "0"

$\vec{b}$ 与 $\vec{a}$ 的复合部分与 $\vec{b}$ 平行。

上表示出来，这样，物理学问题就可以用数学方式来解决了。

伟大的发现往往形式简单，但又是高度浓缩的精华，所以才能结出丰硕的果实。从这一点上来说，向量的思想确实是一个伟大的发现。

熵(entropy)与数学

最混乱的状态就是最有秩序的状态吗

　　"比较有秩序的状态"和"比较没有秩序的状态"是否可以用数学方式表现出来呢？答案是肯定的！这就涉及到熵（entropy）的概念。

　　体积相同的两杯水，一杯为50℃，一杯为0℃。将两杯水掺和到一起后，温度变为25℃。但是，我们却无法反过来将25℃的水分成50℃和0℃的水。这种物体变化后无法变回原来状态的变化叫做"不可逆变化"。

　　自然界有一条定律叫做"能量守恒定律"，上述过程中，能量总和并没有发生变化。所以，从能量上来说，50℃的水与0℃的水分开时的状态属于一种"较高程度的不均衡的状态"。

　　为了表示这种"高级"的程度，我们需要引入"熵"这个概念。熵的值越小，说明能量越不均衡。水

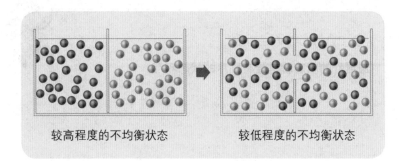

较高程度的不均衡状态　　　　　较低程度的不均衡状态

力发电所水坝上方的水的熵值低，所以处于较高程度的不均衡状态，而处在水坝下面的水已经无法再发电，即水坝下方水的熵值最大，但是能量最低。石油烧成灰烬后熵值变高，但是能量值却变低了。

熵的数值可以这样来运用：

度量事件 A 发生的概率为 p，不发生的概率为 q，那么 A 的熵为

$$-(p \log p + q \log q)$$

可以看出，当 $p=q=\dfrac{1}{2}$ 时，A 的熵值最大。

比如，我们将 $p=\dfrac{1}{4}$，$q=\dfrac{3}{4}$ 时的熵值与其相比，

当 $p=q=\dfrac{1}{2}$ 时，熵值约为 0.301

$$-\left(\dfrac{1}{2} \log \dfrac{1}{2} + \dfrac{1}{2} \log \dfrac{1}{2}\right) \approx 0.301$$

当 $p=\dfrac{1}{4}$，$q=\dfrac{3}{4}$ 时，熵值约为 0.244

$$-\left(\frac{1}{4}\log\frac{1}{4}+\frac{3}{4}\log\frac{3}{4}\right)\approx 0.244$$

所以当 $p=q=\frac{1}{2}$ 时，熵值最大。

这个情况在表述两种气体 A 和 B 混合时的熵时同样适用。两种气体的量相等时，混合后的熵最大。因为，当从混合气体中挑出一个的时候，选中 A 的概率为50%。

当熵值变高，代表着"有序"、"倾向"、"高级能量（熵值低的状态）"向"混沌"、"均衡"、"低级能量（熵值高的状态）"变化。因为"彻底混合"也代表着"无秩序"，所以，熵也可以用来表示混乱程度。

下面让我们来思考一个问题。将 100 个围棋棋子放到棋盘上，怎么摆放能摆出最没有秩序的状态呢？

答案令人惊讶，就是将这个棋盘等分成100个小格子后，每个小格子正中间放一个棋子的时候是最没有秩序的状态。

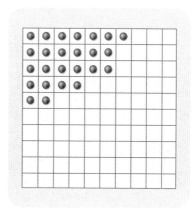

为什么呢？因为，当你胡乱摆放棋子的时

候，总会有一种秩序和规则——比如每个人都有一种习惯——不可避免地产生。为了避免倾向——也是一种"秩序"——所以每一个棋子都要放进一个小格子里。

但是，这样下来，100个棋子不就是被有序摆放了吗？真是让人糊涂了。其实不然。

让我们设想棋子是墨水，棋盘是清水，棋盘上的棋子就好像清水中的墨水。我们前面说过，"无秩序"就是"彻底混合"，所以水中的墨水最无秩序的状态就是彻底混合的状态，也就是间距均等的状态。从这一点上推理，所谓无秩序，也是一种极端的秩序井然。

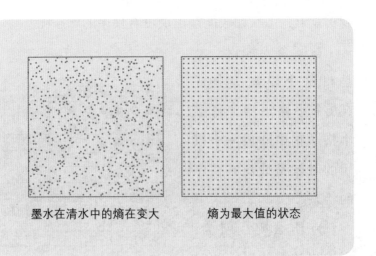

墨水在清水中的熵在变大　　　　　熵为最大值的状态

熵增原理

定义： 封闭系统内，能量均衡化，熵值一直不减少。

热力学的定律：
第一定律：封闭系统内能量总和不变化。
第二定律：热能从高温物体转给低温物体时，能量可只转换一部分。

　　热力学第二定律中显示："热能可以由温度高的物体传给温度低的物体，但是反之则不可行。"也就是说，虽然热能总和不变，但是可用热能一直在减少。

　　所谓"不可用热能"，也可以用"熵最大值状态"来表示。所以，热力学第二定律可以这样表示："封闭系统内能量均衡化，熵值有最大化倾向。"这就是熵增原理。

　　这个定理不但在热力学领域有很大用处，在包括人类社会的自然界中也同样适用。熵就是这样一种用来衡量"无序状态"的标尺。

　　比如，人类在进行呼吸、用餐等日常行为时吸收消耗能量，那么同时也会向外界排出不可用的物质和能量；人类死亡，生理机能停止后，身体的组织变化为单纯的物体，分解成二氧化碳，回归大自然。也可以说，这是人从有秩序状态转换成了无秩序状态的过程。所谓"生存"，只不过是努力生活的生命体内部的"熵值增大"的过程罢了。

近代文明生活中，很多人的生活理念开始转换到以消费为中心，这不过是将自然界可用资源集中起来加速消耗，变为不可用资源的过程而已，结果就是会增大可用资源的熵值，让可用资源越来越少。路边、农田、山中到处都是废弃物，大海和江河严重污染，城市排出大量废气，温室效应严重，这些现象就在我们周围。亲爱的读者，你生活的城市怎样呢？

有趣的
数学旅行

〔韩〕金容国　〔韩〕金容云 著

杨竹君 译

4

空间的世界

九州出版社

JIUZHOUPRESS

图书在版编目（CIP）数据

有趣的数学旅行. 4，空间的世界 ／（韩）金容国，
（韩）金容云著 ； 杨竹君译. -- 北京 ： 九州出版社，
2014. 7（2024. 8重印）

ISBN 978-7-5108-3162-1

Ⅰ. ①有… Ⅱ. ①金… ②金… ③杨… Ⅲ. ①空间—
普及读物 Ⅳ. ①O1-49

中国版本图书馆CIP数据核字（2014）第179496号

开始一段全新的数学旅行

韩国学生的数学分数很高，经常在国际数学大赛上获奖。但是有国际数学教育专家认为，韩国学生的学习动机和好奇心在世界上不占上风，这是无法用分数计算的。这个问题被提出后受到关注，韩国学生的创造性能力令人堪忧。

关于国家各领域创造能力，经常在诺贝尔奖上有所体现。但是，一直以掀起世界顶尖教育热潮为傲的韩国，却从来没有人摘得过诺贝尔科学奖。而犹太人中，获得诺贝尔医学、生理、物理和化学奖项的共有119人，诺贝尔经济学奖获奖者也超过了20人。这个现象和与创造性有很大关系的深度数学教育息息相关。

中国有一句古话："授人以鱼，不如授之以渔。"有创造性的数学便起到了一个"渔具"的作用。笔者着笔写这本书，也是由衷地希望能有后来人通过阅读本书走上一条正确的数学学习之路。

之前有过很多学生对我说："读过老师的书后，在数学方面大开眼界。"这对我来说是最大的鼓励，也是我最珍惜的。从此，我似乎感觉到身上的责任又重了一些。

本书于1991年初版，作于16年前，虽然这许多年数学的基本方向没有改变，但是数学，尤其是电脑方面的很多新知识如雨后春笋般不断为人所掌握，之前困扰着我们的一些难题也已经被解开了。因此，笔者对原版进行了修改和完善，希望阅读本书后，能有读者成为可以"驾驭渔具，垂钓大鱼"的人才。

金容云

2007 年

　　登山过程中，越往高处攀爬，氧气越稀薄，登山者很容易患上高山病。同样，日趋复杂的数学体系随着时间的推移，变得愈发抽象。如果是一般人，绝大部分开始接触到现代数学的时候，会像患高山病一样患上一种抽象病。

　　但是，无论多高的山都会有树木丛生，都会有生命存活并奔跑。即使空气稀薄的悬崖陡峭，还是会有潺潺流水，生机盎然。

　　之前大家在学校学到的数学，就好像高地的山峰被局部扩大，仅仅是一个夸张了的构造。如果给一个人缓缓呈现陡峭的山崖和高不可攀的山峰，他必然会心生恐惧，掉头而去。这是因为他们没有看到在那山崖之外，存在着的清澈溪水和那生机勃勃的一片景象。

　　笔者常看到很多学生不明这座"山"的本来面目而受到打击和挫折，不由心生遗憾。

　　笔者执笔此书的最大动机，是想要尽最大能力将数学的整个面貌展现出来。目前，有太多暂时只是靠将数学公式熟记于心而掌握了数学的学生，他们还无法领略数学文化的博大精深。笔者希望通过本书，帮助学生最大程度理解数学的本来面貌。

　　并且，本书将站在一个比较高的层次，以俯瞰的角度讲解各个阶段的意义。这样可以向读者展示很多课堂上学习不

到的重要内容和活生生的数学知识。

　　对于心中没有想法的人，夜空虽然神秘，也只不过是有一些星星在没有秩序地闪耀罢了。其实，每颗星星都有自己的轨道，遵循着自己在世界上起到的作用而前行。而整个宇宙，却是一个神秘的难以完全破解的谜。

　　数学，就是一个人工的宇宙。它可以与自然界的宇宙媲美，隐藏着无数秘密。这其中的秘密又与真实世界紧密相连，蕴藏着深深的智慧，被广泛应用。

　　本书既适合数学专业的学生阅读，同时也能给有着深深好奇心的数学爱好者带来乐趣。在这样一个信息化时代，人们越来越需要一个合理的思考方式，本书可以培养读者的数学素养，在这一方面带来帮助。

　　如若读者能从本书中对数学的真相有进一步的了解，作者也就别无所求了。

金容国　金容云

1991 年

1. 线的故事

为何自然界没有直线？直线和曲线的意义是什么？本章中，我们将通过学习曲率来区分各种各样的曲线（曲线的种类，曲率）。

2. 何为次元 | 3. 五花八门的几何学

曲率的定律在空间中同样适用，并且可以区别不同空间。通过这一章，我们会对非欧空间与欧氏空间的差别产生思考，并开始了解包括这些空间的拓扑空间。

从 1 次元到 2 次元，通过本章，我们会对次元的意义有更深一步的了解。次元是区分空间的数字，通过学习，我们可以了解到不同次元中的不同现象。

4. 几何学与证明

为何证明在几何学中是必须的？证明的态度为什么可以促使学问的发展？本章通过学习证明的方法，让我们对公理产生思考。

5. 东方数学与西方数学

通过本章，我们不仅可以对希腊之外地区的几何有一点了解，更可以学习到艺术和现实生活中的几何学。我们以证明方法及其适用范围为中心，来研究东方人和西方人不同的思考方式。同样处于东方文化圈，韩国人有着和日本人、中国人不太一样的思考方式。认识到韩国人的优点，并对韩国数学今后的发展进行了展望。

这本书用浅显的例子讲述了一些比较深的数学知识，同时我们也了解到次元、空间、合理的思考等都属于哲学的范畴。

线的故事

　　我们所处的这个世界是由无数种类的曲线、曲面构成的。也正因为如此，这个世界是如此的美丽并且具有对称性。

关于螺旋线

自然更倾向于曲线

　　生活中的房子、电线杆、高速公路、桥等等，大都被建成了直线，但是那些人类没插手建造的山谷、大海中，却鲜见直线。

　　无论是远方的海岸线还是地平线，或者是田野中矗立的高大树木，看似很直，仔细观察就会发现其实并不笔直。大海中的惊涛骇浪，天空中飘逸的云朵，或者一个橘子或者苹果，蜻蜓或者蝴蝶，雪花或者水滴……这些生物或者非生物的形态几乎都是由曲线构成的。你看，其实直线只是人类造出来的东西。

　　一般情况下，我们将曲线与直线看为一对反义词。但是曲线的种类有多种多样，而直线却只有一种。

　　我们所处的这个世界是由无数个种类的曲线、曲面构成的。也正因为如此，这个世界是如此的美丽并且具有对称性。13 世纪的伟大神学家、哲学家托马斯·阿奎

纳（Thomas Aquinas，1225~1274）曾经说："人类，乐于探索物体形态间的比例关系。"可见，美与数学之间有着很深的关系。

现在，让我们按照这位哲学家的话，去寻找物体形态间的比例关系吧。

神秘的曲线，螺旋线

每到春节的时候，我们经常可以看到一些年轻的姑娘玩一种游戏，她们在一块宽厚而且长的木板下面放一根圆滚滚的木头，然后在上面跳来跳去，这就是有名的"翘翘板游戏"。这种翘翘板的板子在上下移动的时候，板子两边任意一点画出的线都是曲线。如图❶。

再来看这样一个问题，三只小狗分别站在一个正三角形的 3 个顶点处，如果它们同时以相同的速度向各自前方的小狗走去，那么它们的行动路线就会像图❷中标注的一样，并且最终汇合于三角形的中心位置。当然，任何一个瞬间，小狗们都会感觉自己的运动方向

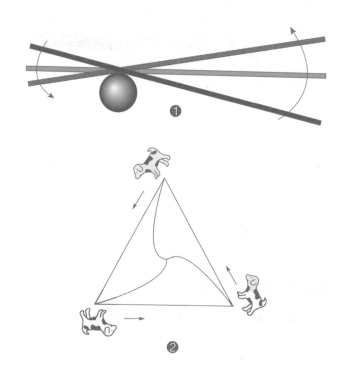

❶

❷

是直的。

留声机上的黑胶唱片旋转的时候，在正中间放一只小虫子。如果小虫子匀速向一定的方向爬行，那么小虫子走出了一条什么样的线呢？这似乎应该是一条不规则的奇怪的曲线。但是如果仔细想一想，会发现这是一条美丽的几何曲线。这种翘翘板上的板子、互相追逐的小狗和黑胶唱片上的小虫子运动时形成的美丽曲线，都是"螺旋线"。

拴在木桩上的羊绕着木桩转圈的时候，脖子上的绳子缠绕在木桩上，绳子越来越短，这样羊走出的路径也是一条螺旋线。你看，在我们平凡的生活中，隐藏着如

此美丽的数学知识。

古希腊的数学家阿基米德（Archimedes，B.C.287?~B.C.212）曾经对螺旋线有过研究。这位天才科学家也是数学史上著名的最初开始研究螺旋线的人。

阿基米德制造了一个类似黑胶唱片形状的纸板，让纸板匀速旋转，然后以纸板中心为起点向外画一条线，螺旋线就出现了。如果你仔细观察，会发现黑胶唱片上的纹理就是一条螺旋线。

再来看我们上面提到的正三角形上 3 只小狗互相追逐最后在圆心汇合时画出的螺线，这样的螺线叫做"等角螺线"。等角螺线是螺线上任意一点到中心的线段与该点上的切线的夹角处处相等的螺旋线。下图中∠A=∠B=∠C=⋯⋯所以这个螺旋线是等角螺线。

如果是 3 只以上的小狗在正多边形的顶点出发，向前面的小狗走去，那么路线也是等角曲线。比如，想画 5 条等角曲线，就可以利用正五边形。也就是说，若想让 n 只小狗走出等角螺旋线，就要利用正 n 边形。

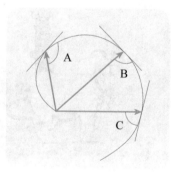

关于到底用几只小狗来研究螺旋线的问题，对人类

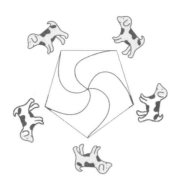

来说当然是不痛不痒的。但是如果研究的对象换成导弹，这就是一个非常危险的研究了。所以到目前为止，世界上的科学家们对这个问题仍然抱以非常关注的态度。

现在的导弹都使用了一种高感知度的电子装置，对目标物体的感知力非常敏感。如果互相敌对的国家的导弹互相对准，就会互相追逐。假设现在有 5 个导弹互相监视，其中一个稍微有一点动静，这 5 个导弹就会互相追逐。因为速度非常快，如果互相碰撞起来，将是非常可怕的事情。

下面让我们回到和平的世界中。

如果这个问题中，小狗的数量是 2 只，那么路线将会是直线。如果小狗的数量无限多，那么将会是一个圆形。所以，从理论上来看，直线和圆是等角螺旋线的两个极端形式。因为直线上任意一点到中心线段与直线的角度总是 0°，圆周上任意一点到圆心的线段与这一点上圆的切线总是 90°。

自然界中的螺旋线与人工螺旋线

在大自然的动植物身上，我们经常可以看到螺旋线。龙卷风中的空气运动路线是螺旋图形，大海中的涡流是螺旋图形，家中的洗衣机内涡轮中旋转的水的运动路线也是螺旋图形。羊角、蜗牛壳，还有一些贝壳，每年都会长，形成的纹理也是螺旋线。不仅如此，如果你仔细观察在天空中轻舞的蜻蜓，会发现它们飞行的路线也是螺旋线。

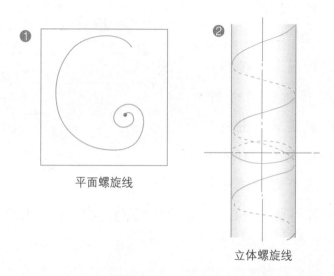

平面螺旋线

立体螺旋线

螺旋线的英文有"spiral"和"helix"之分。"spiral"代表的是上面图❶中的平面螺旋线，而"helix"则是图❷中的立体螺旋线的意思。

平面上的螺旋线"spiral"也有很多种类之分。其中最有代表性的有"阿基米德螺旋线"、"等角螺旋线"

木螺钉与植物的茎 | 被做成 helix 模样的木螺钉与自然界中生成 helix 模样的植物的茎。

和"羊角螺线"等。

"阿基米德螺旋线"因阿基米德曾经计算其面积而得名。右图就是著名的阿基米德螺旋线。有趣的是，这个螺旋线中标

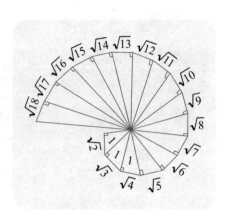

出的等距点到中心的距离分别为 $\sqrt{2}$，$\sqrt{3}$，……大自然中的蜗牛壳的螺旋方式就非常接近阿基米德螺旋线。

我们前面曾经提到的"等角螺旋线"这个概念，是螺线上任意一点到中心的线段与该点上的切线的夹角处处相等的螺旋线。各点到中心的长度成等比数列变化。

"羊角螺线"常被用在高速公路的转弯处。这是因

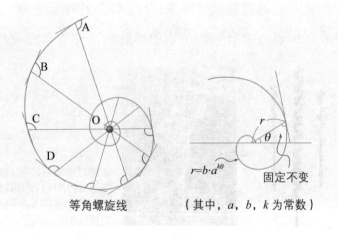

等角螺旋线

$r = b \cdot a^{k\theta}$　固定不变

（其中，a，b，k 为常数）

象牙和鸟爪 | 等角螺旋线在自然界中的样子。

为，在路径为羊角螺线时，汽车的手柄可以自然转动。用数学用语来解释，就是"曲率（曲线上某个点的切线方向角对弧长的转动率）正以一定的比率增加。"

人的脐带是由 3 条 helix 结合的三重螺旋线。其中一条是静脉，剩下两条为动脉，朝左侧盘旋。helix 在生物学中随处可见。树叶、花果中时常可见 helix。

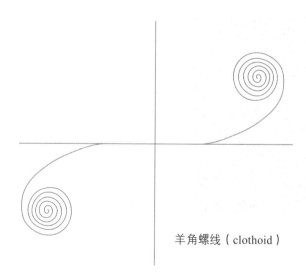

羊角螺线（clothoid）

楼梯与 DNA 结构 | 螺旋形楼梯与双螺旋分子结构的 DNA

传递生命信息的 DNA（脱氧核糖核酸 Deoxyribon-ucleic acid）由数千个 4 个种类的分子构成。其分子的结构如上图，为双螺旋结构。

日常生活中我们经常见到的螺旋形楼梯，也是一种 helix。电话线、灯丝和弹簧等也是立体螺旋结构。

蜘蛛网 | 仔细观察你会发现，蜘蛛网的结构也是螺旋形的。

平面螺旋和立体螺旋都是旋转结构。蜘蛛网也是一种螺旋线。

很早以前的东方，普通人很难观察到隐藏在生活中的美，只有"圣人"才能够理解这些美的东西。可是，当时那些所谓的圣人不但不将这些心得分享出来，还当做秘密守护在心里。而西方正相反，古希腊人很乐于将美丽的东西用简单易懂的方式说明出来，让更多的人见到。人们也一直在不懈努力，让这些美丽传播出去。螺旋线这种美丽曲线的发现，也是当时人们努力的结果。

曲线的分类
追踪曲线与摆线

　　自然界中的线大都是不规则的。当然，也有例外。比如肥皂泡泡或者水中的气泡因为表面的张力，会形成球形，这一点大家都知道。又比如水晶或者雪的结晶会形成比较规则的形态。但是比较规则的曲线，大多数还是人为造出来的。

　　在比较规则的曲线中，最有代表性的是"圆锥曲线"。这个名称来源于圆锥横截面曲线，包括圆形、椭圆形、抛物线和双曲线等。其中的抛物线，顾名思义就

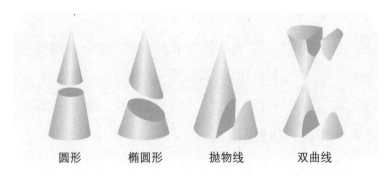

圆形　　　　椭圆形　　　　抛物线　　　　双曲线

是"地面上物体被抛出的运动轨迹"。

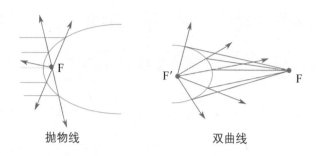

抛物线　　　　　　　双曲线

此外，规则曲线还有下面几种。

某人从 A 点出发沿直线匀速前进，一只小狗从 B 点出发追向这个人。小狗的运动轨迹叫做"追踪曲线"。

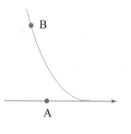

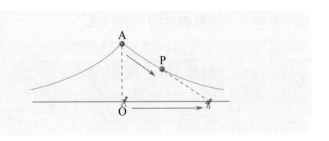

平面上一点 A 处物体上系一条长度为 AO 的绳子，绳子某段握在一人手中。此人以直线轨迹运动时，绳子末端系着的物体经过的路径就是一条"曳物线"，我们常称为"tractrix"。

将绳子或者铁链的两端固定在天花板上，绳子因自身的重量向下悬垂。此时绳子的样子就是一条"悬垂线"。

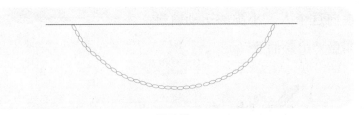

悬垂线

如果在漆黑的夜里骑自行车，自行车车轮上有灯光，那么灯光就会在自行车运动的时候划出一条美丽的曲线。这条曲线是一条"次摆线"。如果这盏灯挂在轮子的边缘处，那么这条曲线就是一条"摆线"。

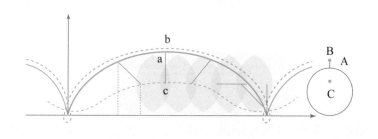

摆线（实线）与次摆线（虚线）

还有一些曲线是由一定的曲线变化而成，具有代表性的有"渐伸线"和"渐屈线"。

下页图❶中，环 K 上粘着一条带子。将环固定，将带子从 A 点剥离，带子的一端 C 的运动轨迹为一条曲线，叫做曲线 K 的"渐伸线"。图❷中也同样，是一条圆形的渐伸线。前面我们讲过的悬垂线和曳物线，就如图❸的关系，它们互为渐屈线和渐伸线。

渐屈线与我们前面提到的"曲率"——简单地说，就是"弯曲的状态"——有着密切的关系。如果我们只

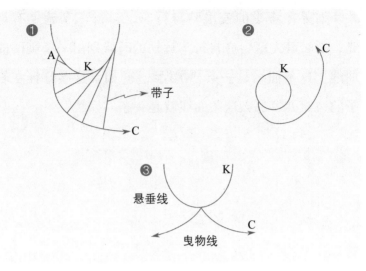

看一条曲线的非常短的一部分，那么这一部分也可以看成是圆形的一部分。这"圆形"的圆心就是这条曲线的"曲率中心"，也是圆形的渐屈线的中心。

　　古巴比伦人和我们的祖先们对神秘的行星运动都非常关注，希腊人却不然，给行星起名为"漫游者（Planet）"。这是因为当时行星的运动非常不规则，这非常不对看重规则性的希腊人的胃口。哲学家柏拉图一直认为天体的运动应该是规则性的，也提出了寻找证明方法的课题。在这种传统下，人们开始相信自然现象中的曲线都应该遵循某种规则的支配。如果没有这种信仰，也不会有现在这么多种类的曲线了。

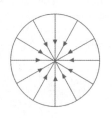

点的渐伸线都是圆形，
也就是一个平面整体。

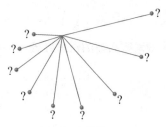

点 = 平面整体？！

点没有大小，
怎样展开呢？

圆形的渐屈线是点吗？
那么反过来点的渐伸线
是圆形吗？

关于曲率（1）

大数学家高斯的奇思妙想

如果一条曲线被画在一张纸上，当然一目了然。但是我们的视野毕竟有一定的局限性，如果曲线延伸到我们视野之外，我们是否也可以对其进行把握呢？

对于一小部分曲线，我们是否能够准确分辨出这是圆形的一部分，还是椭圆形、抛物线，或者其他什么曲线的一部分？答案是肯定的。对于这一部分，它到底是直线还是曲线，弯曲的程度严重还是不严重，我们是可以知晓的。

前面我们曾经提到，如果一段曲线足够短，那么这一小段可以看成是圆形（圆弧）的一部分。圆形的半径就是这一部分曲线的"曲率半径"，倒数

$$\frac{1}{曲率半径}$$

就是"曲率"了。

从这个定义中，我们可以看出，曲率的值越大，曲率半径就越短。比如，下图中 A 点和 C 点的曲率比较大，而 B 点和 D 点的曲率就比较小。

为研究空间几何，独创性地引用曲率进行研究的人是大数学家高斯（F.Gauss，1777~1855）和他的弟子黎曼（G.F.B.Riemann，1826~1866）。高斯曾经因为黎曼对曲率的理论进行了发展而过于兴奋，掉到了水沟里也毫不在乎。而更令人惊讶的是，黎曼在发表这个理论的时候，几乎没有用到一个数学式。

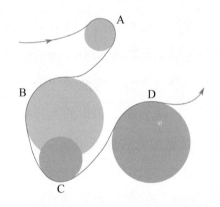

A 点和 C 点的曲率大于
B 点和 D 点的曲率。

不仅如此，这个理论在未来还成为了非欧几何原理的基石。黎曼的这个理论是在进行讲师职位就职演讲时发表的，而这个演讲的主考人正是高斯。在演讲中黎曼提出，对于几何学的基础——空间构造的研究，曲率是不可或缺的概念。他将高斯的三维空间的曲率研究拓展到了更高一个次元的空间中。

当然，理解曲率的重要性质，低次元空间就足够了。

曲率的值　求曲率的简单方法

曲线可以看成圆形（圆周）的一部分，找到这个圆形的圆心就可以求出曲线的曲率和曲率半径。但是，找到这个圆形，就像"老鼠要在猫咪的脖子上系铃铛"一样，说起来容易做起来难。比如，空白的一张纸上画有一条接近直线的曲线，现在要找到这条曲线的曲率中心，也就是说，当把这条曲线看成圆周的一部分时，我们要找到这个圆形的中心。但是，圆形的中心很可能早已超出这个纸的范围了。如果这条曲线弯曲的程度（曲率）非常的小，那么曲率半径就会非常非常的大，那么圆心就更加无法找到了。

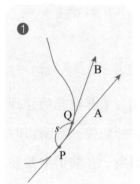

其实，这时还有另一种方法可以代替曲率半径这个量来求曲率。

左图中，过曲线上一点 P 朝着曲线方向画一条有向线段 A 与曲线相切，如图❶。再在曲线上 P 点外取点 Q 接近点 P，同样做有向线段 B 与曲线相切于点 Q。设 P 和 Q 之间的距离为 s。如果 P 点和 Q 点之间是弯曲的，那么有向线段 A 与 B 的方向也会是不同的。

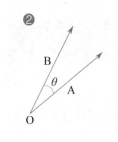

按图❷所示，将有向线段平移，令点 P 和点 Q 重合于点 O。如果点 P 和点 Q 距离不远，同时两个有向线段的方向差很大，那就说明这段线段的弯曲程度很大。根据这个现象，我们将两个有向线段的夹角设为 θ，那么

$$曲率 = \frac{\theta}{s}$$

即两个有向线段的方向差（θ）和两个有向线段之间的距离（s）的比就是曲率。设曲率为 K，那么倒数

$$\frac{1}{K}$$

就是曲率半径了。也许一提到曲率半径，你就会想到要测量很长的距离，实际上是不需要的。

曲率，看起来似乎并不起眼的一个概念，实则非常重要，它是"非欧几何原理"的基石，开创了一个全新的数学世界。可见，这真是一个令人肃然起敬的概念。那么，曲率还有哪些令人惊奇的绝妙性质呢？

在高斯之前，人们一提到曲面的研究，第一时间想

到的就会是三维空间和观察图形外表的研究方法。而高斯却认为曲面应该是独立的，并且引用了坐标来研究曲面。他从曲面内部对其进行观察，将曲面与空间独立开来进行研究，引出了曲率的概念。"曲面的内接性质"就是高斯证明的。将对曲率的研究从二维空间扩展到高次元空间，当然不是容易的事情，但是高斯的弟子黎曼完成了这个任务。

你看，具有革新意义的思想核心内容也可以是很简单的。非欧几何原理的核心，就源于曲率这个概念。

关于曲率（2）

曲率是研究几何学性质的关键钥匙

曲面的种类

"曲面"，顾名思义，就是"弯曲的面"。从字面上乍一看，有很多人会误认为曲面中肯定不存在直线，其实不然。曲面可以分为"可以画出直线的面"和"不能画出直线的面"。

其中，不能画出直线的面叫做"复曲面"。在一个球面上绝对画不出直线来。虽然大圆线（经过球体中心的平面与球体相交成的圆）算是球体上的"直线"，但并不是真正意义上的直线。同样，椭圆体、子弹表面的抛物体面，鸡蛋、橘子、苹果或者土豆的表面都是复曲面。

相反，可以画出直线的面就叫做"单曲面"。在我们日常生活中最常见到的就是圆柱体的侧面，它可以由直线平行运动而成。圆锥的母线也是直线。

有些单曲面用适当的方式切断展开会成为一个平面，有些则不可以。其中可以切断展开成为平面的叫做"可展曲面"。圆柱体的侧面（展开后是长方形）和圆锥的侧面（展开后是扇形）都是可展曲面。下图中的两个曲面也是可展曲面。

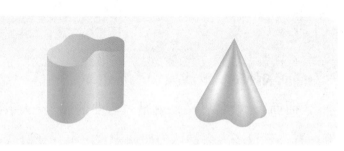

单曲面中，包含直线但是无法展开成为平面的面叫做"斜曲面"。如下图。

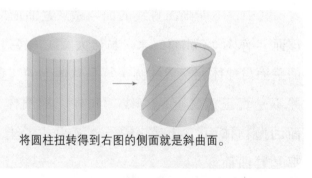

将圆柱扭转得到右图的侧面就是斜曲面。

那么，土豆的表面又是什么曲面呢？

从上面的说明中我们大概了解到，2 次元空间的曲面比起 1 次元空间的曲线要复杂得多。那么，3 次元和

4 次元空间，这些空间的曲面随着次元的增加，状态也会愈加复杂。

曲率决定空间（几何学）的状态

研究曲面弯曲的状态，我们可以参考曲线的性质，但是不能完全照搬。比如，鸡蛋表面有一点 P，用一个数字无法表示弯曲的状态。因为通过这一点的曲线有无数条，向着四面八方弯曲。在这一个方向的曲线弯曲的程度不大，但是在另一个方向上的曲线弯曲程度就可能非常大。同样经过 P 点的直线也有无数条，每条曲线都有一个曲率。

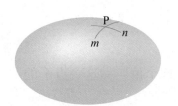

设经过 P 点弯曲度最大的曲线的曲率为 m，弯曲度最小的曲线的曲率为 n，那么这两条曲线恰好垂直相交。

且看图中 P 点的曲面弯曲的状态，弯曲度最大的曲线的曲率为 m，弯曲度最小的曲线的曲率为 n，两条曲线垂直相交。也就是说，若曲面上南北方向弯曲度最严重，那么东西方向的弯曲度就最轻。比如马鞍或者古建筑的飞檐上，一面是凸面，那另一边就会是凹面。m 是凸面中最大的曲率，n 是凹面中最大的曲率

（负数）。

有一种特别的情况，就是 $m=n$ 的情况。此时曲面上所有方向的曲率都相等，这一点叫做"曲面脐点"。球面上所有的点都是曲面脐点。

下面给大家介绍几个用语。曲面上一点的 m（曲面上经过这一点的曲线中弯曲度最严重的曲线的曲率）和 n（曲面上经过这一点的曲线中弯曲度最轻的曲线的曲率）的平均值为

$$H=\frac{1}{2} \times (m+n)$$

这个值叫做这一点上的"平均曲率"，m 与 n 的乘积

$$K=m \times n$$

叫做这点上的"全曲率"——或"高斯曲率"。若一个曲面上所有点的全曲率都相同，那么这个曲面叫做"定曲率曲面"。球面是定曲率曲面，但是鸡蛋的表面不是。

下面，让我们来全方位了解一下曲面和曲率的关系吧。

柱、椎等侧面可以展开的曲面叫做可展曲面，可展曲面的全曲率为 0。因为母线方向的

鸡蛋的表面不是定曲率曲面。

曲率为0，并且与母线垂直方向的曲线一般都是最大曲率（正数），所以两者的乘积为0。

球面上全曲率 K 的值是正数——球越小，K 的值越大——并且所有点上 K 的值相等。那么，若 K 的值是负数并且不变的情况下，曲面是否存在呢？答案是肯定的。这就是伪球面了。

将我们之前提到的曳物线按照下图所示方式旋转360° 后得到的曲面就是伪球面，是全曲率为负数的定曲率曲面。这个曲线的最中间部分的断面（圆）方向的曲率比起其他方向的要小，与其垂直的方向（虚线所示方向）的曲率非常大。越往左右两端，圆的半径越小，这个方向的曲率越大，而垂直方向的曲率也随之

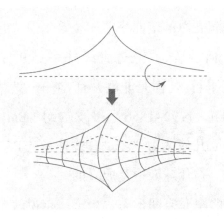

所有点上K值相同，为负数的曲面。

变小。所以，两个方向曲率的乘积——全曲率——大小是不变的。

"伪球面"这个名字来源于与其性质相似的球面。即球面和伪球面都是"定曲率曲面"，但是前者的全曲率是正数，后者的全曲率是负数。伪球面的外表看起来并不是圆润的。3次元空间中，并不存在全曲率为正数，并且圆润光滑的定曲率曲面（希尔伯特的证明）。

欧氏几何认为，"经过直线外一点 P 有且只有一条直线与其平行。"但是非欧几何学——罗巴切夫斯基（Lobachevskii，1792~1856）和波尔约（Bolyai，1802~1860）的非欧几何认为"经过直线外一点 P 有无数条直线与其平行"在伪球面中是成立的。

可见，曲率对空间形态，更远一点说就是对几何学的形态上都起着重要的作用。

用几个数值表示并且区分图形，这就是"次元"。

2

何为次元

用数字表述外观

图形的scale

今天的科学研究，经常用数字来表述，然后做出精确的比较，得出结论。两个图形哪一个更大一些，模样是否相像等这样的内容在用数字表现出来后，会更加清晰。

关于图形，最直观的就是大小和长度，英文表示为"scale"。"scale"的意思就是用数字表示的量。

在众多种类的图形中，只用一个scale就可以表示的只有球体、圆形和线段。球体和圆形只要知道直径（或者半径）的scale就可以确定了，线段只需要知道长度。

除此之外，所有图形都需要两个或者两个以上的scale。比如，下页图❷中椭圆形有2个scale，a叫做"长轴"，b叫做"短轴"。

正方形虽然只要有"一边的长度"一个数据就可

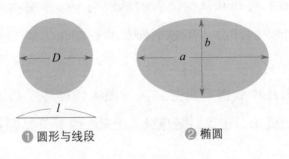

❶ 圆形与线段　　　　　❷ 椭圆

以确定，但是还要有边数为"4"这个 scale 才能被确定。

　　一般情况下，正多边形由"边的数量"与"一边的长度"2 个数字来决定，正方形也不例外。

　　正方形若稍作变形，变作平行四边形，那么还需要一个"角度"（图❸中的角 a）这个量。图形越复杂，就需要越多的 scale。

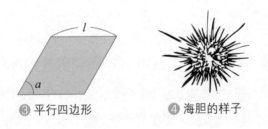

❸ 平行四边形　　　　　❹ 海胆的样子

　　还有像图❹这样更加复杂的形态。这里我们暂时忽略刺的部分，关注躯干部分。这一部分的形态类似一个"旋转椭球面"即椭圆旋转而成的图形。这个形态由从上面看的直径和从侧面看的厚度两个数值来决定。如果算上刺的部分，还要掌握刺的长度和尖端部分的尖锐程度。

　　用几个数值表示并且区分图形，就涉及到了"次元"的概念。让我们展开对"次元"的全面探索吧。

何为次元

韩国人的思考方式是几次元呢

1 次元的世界

在直线上确定一点后，其他所有的点都可以用到这一点的距离来表示。这种单一量确定的世界叫做 1 次元的世界。

1 次元的世界在现实生活中随处可见。高考中最重要的是成绩，虽然学校里有很多种方法可以测定成绩，但是基本上还是按照分数来分出 1、2、3 名。你看，学校分明就是一个 1 次元的世界。

在生活工作中，人们也经常用 1 次元的方式来思考。比如，开车的人看到遵守交通规则的行人就会觉得很善良，酒吧的老板最喜欢爽快付账的客人，老师最看重学习好的学生，等等。

韩国人对别人的收入也特别关注。初次见面后，没聊几句，就开始追问对方的收入，以此来衡量对方的身份地位。这种思考方式，不是 1 次元思考方式又是什么呢？！

2 次元的世界

平面上任意一点确定后，只要确定另外一点到达这一点的横向和纵向距离，就可以确定另外一点的位置。即平面上的独立标准分为"横向"和"纵向"2 个，这归属于 2 次元世界。同样，标准为 3 个时，归属于 3 次元世界，标准为 4 个时就是 4 次元世界。也就是说，有 n 个标准的，就属于 n 次元世界。

名片上一般印有持有者的所属单位的名称、持有者的职位。收到名片的人，首先会看名片上印着的"○○公司"这样的单位名称和"○○○科长（或者部长）"这样的职位，这两点是相对独立的标准。你看，名片也是属于 2 次元世界的。所以可以说，现在韩国的职场人士都处在 2 次元世界中。

异次元的世界

3 次元或者 4 次元也不例外。根据互相独立的标准（或指标）的数量而被称为 3 次元或者 4 次元。比如，"4 次元空间"这个词经常在科幻小说中出现，4 个标准分别为纵轴、横轴、高度和时间。一个家庭中，常常追看丈夫收入的妻子和试图寻找人生真谛的丈夫生活在不同的次元空间中。经常在外与年轻人讨论哲学理论的苏格拉底在"聪明"女性赞西佩这个妻子眼中，是一个只知道来回踱步的"无聊人"。处在不同次元的男女的结合，真是不幸的事情，苏格拉底就是一个例子！

从2次元到3次元

用2次元的视角观察3次元的世界

在桌子上放一个一元硬币，从正上方观察时会看到一个圆形。如果将目光挪到桌子的边缘，硬币就会变为一条直线。

在纸上画一个三角形四边形或者任意一个其他的平面图形，平放在桌子上也会是这个效果，只要将视线挪到桌子边缘，就会看到一条直线。这就是2次元世界里"成员"的样子。

没有了上下之分的2次元世界中也没有太阳和影子，同样也就没有了光芒。

在3次元世界中正常的一个三角形，到了2次元世界就变成了另外的样子。我们将它比作"2次元世界的成员"，当它向另一个"成员"移动时，距离越近，外观线条越大，距离越远，线条外观就越小。3次元空间中的三角形、四边形，或者五边形、六边形，放到2次

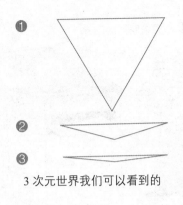

3 次元世界我们可以看到的

元世界中，都会变成线条。

　　生活在这样不方便的 2 次元世界中，连将朋友与其他人区分开来都很困难。那么，我们再来看看 3 次元世界是什么样子的呢？

　　也许，眼前是在 2 次元世界没有听过也没有见过的景象，也许还有些恐怖的东西也说不定。眼前看到的不再是单一的线，而是一个丰富多彩的世界。你也不再是原来的你。如果这时候你叫喊出来，那声音一定在说"我疯了么？要么我就是来到了地狱！"

　　在这个 3 次元的世界中，你碰到了一个球。这个球是一个还算温和的家伙。你初次来到这个世界，不知所措的时候，球对你说："我以为我能看到你，其实不能。我的内部什么都看不到，也看不到你。我和你不一样，

我不是2次元世界的生物。你生活的2次元世界是另一个世界。如果说我是一个圆形，你也许就可以看到我的内部了。但是我不是圆，我是很多很多圆累积起来的，我在这个世界中被叫做'球'。就像正六面体的表面是一个正方形一样，我的表面是一个圆形。"

听到这一段话，从2次元世界来的入侵者也许更加难过了吧。

异面直线

空间与平面的差异

　　同一平面上相互不平行的两条直线必定相交。但是在空间中，两条直线除了平行和相交，还存在第三种位置关系，这就是"异面直线"。生活中的立交桥就是利用了异面直线来建造的。

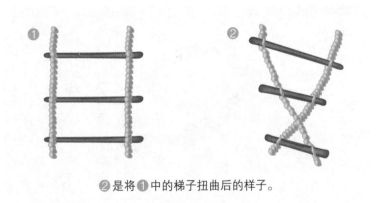

❷是将❶中的梯子扭曲后的样子。

　　如果两条道路互为异面直线，那么这两条道路形成的曲线在一个平面上，也就是"平面曲线"。

立交桥 | 处于扭曲位置，不在同一平面上的曲线，不会相交，是空间曲线。

　　下图的曲线叫做"空间曲线"。这条曲线若处于一个平面，必会相交。

空间曲线

　　平面曲线与空间曲线最大的差别在于扭曲的位置。因此，在分析空间曲线的时候，要计算扭曲的程度，也就是挠率。平面曲线的挠率为 0。反过来，提到挠率为 0 的曲线，我们就知道是平面曲线了。

如果生活在平面世界，你就无法避免与不喜欢的人相见。回家路上胡同的转角处，每天都会遇到令人胆战心惊的恶犬，虽然被拴住，但还是让人感到恐慌。也许你曾经幻想出现一个超人解救你于这水火之中。

　　在这种时候，如果你懂数学，利用空间的扭曲关系就可以解决问题了。天马行空地想象过程也是学习集合的一大乐趣。

2次元：曲率

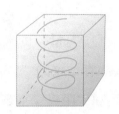

3次元：曲率，挠率

再谈向量

空间中的点并不是独立的，与其他"点"关联时，就产生了"向量"的概念。以一点为基准，空间中其他的点都有一定的"方向"和"距离"，像这样可以用"方向"和"距离"来表现的量叫做向量。

将一点的位置（原点）设为 O 点，另一点的位置设为 P 点，那么这个向量写作：

$$\overrightarrow{OP}$$

空间中所有的点 P 都可以用有向线段（向量）$\overrightarrow{OP}$来表示。因为空间中所有的点都对应一个有向线段，所以空间中点的数量和向量的数量相等。

这就是向量的定义。让我们再看看下面这些关于向量的计算法则。

下图中，有两个向量 $\overrightarrow{OP}$ 和 $\overrightarrow{OQ}$，在向量 $\overrightarrow{OP}$ 和向量 $\overrightarrow{OQ}$ 所在的平行四边形中，点 O 与对角点 R 构成向量 $\overrightarrow{OR}$，此时，$\overrightarrow{OP}$ 与 $\overrightarrow{OQ}$ 相加的和等于 $\overrightarrow{OR}$。即

$$\overrightarrow{OR} = \overrightarrow{OP} + \overrightarrow{OQ}$$

带有雷达的飞机的位置＝以原点为起点的向量。

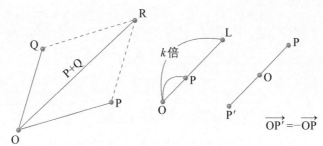

下面一个演算法与向量 $\overrightarrow{OP}$ 的倍数有关。设 $\overrightarrow{OP}$ 方向上，从 O 点出发的，线段长度为 $\overrightarrow{OP}$ 的长度的 k（$k>0$）倍的向量的一点为 L。

此时，向量 $\overrightarrow{OL}$ 是向量 $\overrightarrow{OP}$ 的 k 倍，即

$$\overrightarrow{OL} = k\,\overrightarrow{OP}$$

另外，与 $\overrightarrow{OP}$ 方向相反长度相等的位置点 P′ 的向量

$$\overrightarrow{OP'} = (-k)\overrightarrow{OP} = -k\overrightarrow{OP}$$

可见，（-1）$\overrightarrow{OP}$可以写作 - $\overrightarrow{OP}$。原点 O 到自己本身没有方向和距离，但是可以写作

$$\overrightarrow{OO} = \vec{0}$$

并且

$$\vec{0} + \overrightarrow{OP} = \overrightarrow{OP} + \vec{0} = \overrightarrow{OP}$$

$$\overrightarrow{OP} + (-\overrightarrow{OP}) = \vec{0}$$

$$0 \times \overrightarrow{OP} = \vec{0}$$

从上面可以看出，$\vec{0}$ 在空间中，相当于 0 在数字中的位置。

综上所述，空间上所有点都可以用向量$\overrightarrow{OP}$来表示，向量之间存在加法与乘法的运算。

关于"空间是 3 次元的"的证明

下面让我们用刚刚说明过的向量来证明空间是 3 次元的。

利用不在同一个平面上的三个向量$\overrightarrow{OP}$、$\overrightarrow{OQ}$和$\overrightarrow{OR}$，可以表示任何一个向量$\overrightarrow{OM}$，表现为

$$\overrightarrow{OM} = k\overrightarrow{OP} + l\overrightarrow{OQ} + m\overrightarrow{OR}$$

参考下页图。

但是，只利用两个向量就无法完成这个任务。比

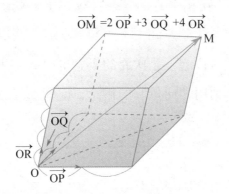

利用 3 个向量可以表现空间中任意一个向量。

如，有两个向量 $\overrightarrow{OP}$ 和 $\overrightarrow{OQ}$，用 $k\overrightarrow{OP}+l\overrightarrow{OQ}$ 表现一个向量，但是 $\overrightarrow{OP}$ 和 $\overrightarrow{OQ}$ 只能在一个平面上。

通过上面的证明，我们可以整理出：

> 空间上的某个向量（点）可以用三个向量经过运算表现出来，但是两个或两个以下的向量，无论如何运算都无法表现空间中所有的向量。

这个定理看似并不那么高深，甚至不过是在生活中感受到的如同东南西北上下的观念一样。如果用更加简练的语言表现上面的定理，那么伽利略总结的"空间上互相垂直的直线最多不超过 3 条"还算精辟。

但是我们的方向感是有些模糊的。方向不仅有东南西北，还有东南、东东南、南东、南南东等等无数个方向。要在这无数个方向中选出 3 个方向来并不是一件简单的事情。"互相垂直的 3 条直线"这个概念虽然很鲜明，但是如果说到空间上一点与这 3 条直线有什么关系的话，就无从说起了，次元的概念也由此无法延伸。

因此，利用"向量"的概念，空间上任意一点就都可以用

$$k\overrightarrow{OP} + l\overrightarrow{OQ} + m\overrightarrow{OR}$$

的方式表现出来。简写为

$$(k,\ l,\ m)$$

用"3 个实数的组合"表示出来。

同样，"4 个实数的组合"，"5 个实数的组合"，……甚至"n 个实数的组合"表示出来的就更加复杂了。像这样，将空间中的几个点用数字坐标的形式表现出来的方法，属于笛卡尔的解析几何范畴。

笛卡尔的坐标思想，即直线上的点用 1 个数，平面上的点用 2 个数的组合，空间上的点用 3 个数的组合来表现的想法，也就是一个点到底需要用几个数来表示的想法，在他的梦幻"分析（解析）方法"中有具体体现。这个发现是人类历史上的一个里程碑。

在笛卡尔的眼中，世界是由理性的方式构成的，这种构成方法就是全新的解析方法。空间也不只有一个，还有之前的感性的世界像、空间像等在等待着理性视角

的审视。也就是说，经过理性的审视后，空间是丰富多彩的。最终，欧几里得的几何学演变出了另一种空间学说——非欧几何的基础。

也许连笛卡尔自己都不知晓，他的解析几何学中不仅仅有欧几里得的空间学，还包含着更多的思想。

笛卡尔的伟大之处，绝不仅仅在于解析几何学的发现。

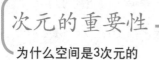

次元的重要性

为什么空间是3次元的

我们生活在一个 3 次元的空间中，因为这个空间是由前后、左右和上下 3 种方向构成的。只存在左右的世界是 1 次元空间，只存在前后、左右两种方向的世界是 2 次元空间。

希腊的哲学家亚里士多德对空间为何有 3 个次元做过下面的说明：

> 线虽然没有宽度，但可集聚成面。空间却无论如何无法超越长、宽、高这 3 个次元集，所以空间是由 3 个次元构成的。

正如亚里士多德所说，所谓次元，就是一种"自由度"，也就是能够自由移动的方向的个数。直线上只能前后运动，用一条坐标轴就可以表示，所以从亚里士多德的角度可以称为"1 次元"。曲线虽然是弯曲的，但是行动方向也只能选择前后——自由度为 1，所以属于

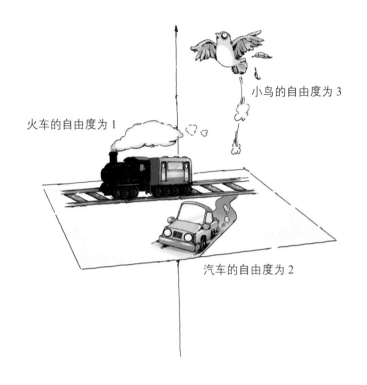

火车的自由度为 1

小鸟的自由度为 3

汽车的自由度为 2

1 次元的范畴。

　　那么，平面上的点就无法满足于一个变数了。因为平面上不仅存在前后移动，还存在左右移动。也就是说，如果要表示平面上一点，就需要有 2 个变数，自由度为 2，称作"2 次元"。曲面的变数同样为 2，因此属于 2 次元范畴。比如地球的表面，就用经度和纬度来标记。

　　空间中，除去前后、左右，还存在上下的移动。所以如果要表现空间中的位置，就要引用空间坐标，需要

3个值来表述。这种有 3 个自由度的空间当然也就是 3 次元了。

如果给 3 次元空间再加上 1 个自由度，就变成了 4 次元空间。假设全新的自由度是时间，那么这个 4 次元的世界就可以自由自在地调节了，如可以乘坐时间机器回到过去。但是如果一个死刑犯得到了时间机器，他回到过去，帮助自己逃脱追捕的话，几乎就是一个越狱的过程了。那么，这个世界就要被改得乱七八糟了。

这与我们之前提到的 2 次元与 3 次元的关系有些相似。如果有一种 2 次元世界的生物，也许就是平面上的一个圆形，它遇到了 3 次元世界的生物，那么就会引发极大的混乱。比如遇到一个 3 次元世界生物的手或者脚来夺走了贵重的财产后，像一股烟一样消失，那么这将是一个晴天霹雳，让人措手不及。

再举一个生活中的例子。比如，牧场的栅栏内的牛是 2 次元的生物，那么空间中的鸟或者可以钻入地下的兔子就是 3 次元的生物。

次元数越高，图形种类就越复杂。比如，平面上两条直线不是平行就是相交，但是在空间中，两条直线还可以互为异面直线。是不是越来越有趣了呢？

再举一个例子。下页图中是一个克莱因瓶，后面我

们会有详细说明。这
个图形看似一个疙
瘩，但却是一个 4 次
元空间的 3 次元方法
展示。仔细观察瓶子
会发现，瓶子中曲

克莱因瓶 | 用 3 次元方法展示 4 次元图形

面相交的时间就存在重复。也就是说，交叉部分可以看
成罪犯乘坐时间机器逃脱监狱的过程。

埃舍尔的画

将4次元图形画在2次元平面上

　　大家都知道，利用透视画法可以将 3 次元图形画在 2 次元平面上。在这个一切都高速发展的年代，这种不瘟不火的方法明显已经跟不上前进的脚步，于是另一种方法登场了，就是我们下面看到的"凸出来的画"。人类就是这么奇怪，遇到不可能的事情，非要努力让它变得可能才觉得舒服。

不可能三角形

无限阶梯 | 欧几里得空间中不可能存在，但是其他空间可以存在。

看到这儿，大概你马上想到了埃舍尔（M.C.Escher，1898~1972）的"无限阶梯"和"不可能三角形（潘罗斯三角形）"。那么，这个所谓的"不可能"，是指在我们生存的这个欧几里得空间中不可能存在，而在其他的空间内是可能存在的。那是一个局部属于欧几里得空间，整体看并不属于的空间——比如"黎曼空间"这种非欧空间。

我们前面说到，3 次元空间的物体可以表现在 2 次元平面上，那么 4 次元物体是否同样可以表现在 2 次元平面上呢？也许你会对这个想法嗤之以鼻，甚至觉得是

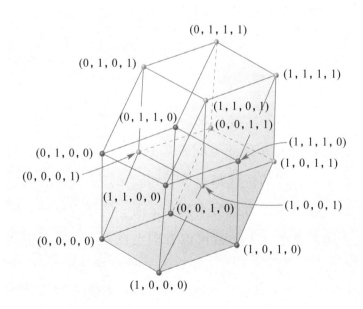

无稽之谈。但是并非不可。前面的图案就是一个 4 次元的立体，也就是"超立方体"的平面图形。这个图形乍一看似乎普通，但是不要浮躁，请仔细观察。现在我们就要一起去未知的"超空间"世界开始一段探险之旅了。

3 次元正六面体可以用 2 次元平面表现出来。那么，4 次元的正六面体也应该可以用 3 次元正六面体来表现：8 个 3 次元的正六面体前后衔接在 4 个坐标轴上。前面图中的图案就是从正面观察到的 4 次元图形。仔细观察，你会发现在 x、y、z、w 这 4 个次元中，有 8 个 3 次元的正六面体前后相连。

这个图形的前提是"一个生活在 4 次元空间的人观察到的 4 次元图形"。你也需要用这样一种视角去观察。

这个图中，实线的部分是"可以看到的"棱线，正如我们处在 3 次元空间来观察正六面体，一面（2 次元）上所有的棱线都会被看到。比如，处在 3 次元空间的我们可以看到骰子的 3 个面。同样，处于 4 次元空间的 4 次元人类就可以看到大概 4 个 3 次元空间的立体。

3次元人类观察到的3次元立体如图❶中的图像，有一部分可以看到，有一部分是看不到的。这个图中实线部分就是可以看到的棱线，虚线部分是看不到的棱线。

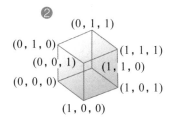

　　但是，4次元人类观察3次元立体的时候，不但可以看到正六面体的背面，还可以看到内部的每一个角落。这就像我们观察2次元平面图形一样。虽然实现起来困难，但是从上图中正六面体的棱线虚实中，你会有所了解。

4次元的房间

　　"4次元世界"这个概念在爱因斯坦提出相对论以后突然变得流行起来。所谓4次元，并不是由空间中的4个次元构成的，而是3个空间次元加上1个时间次元构成的。相对论将时间与空间相提并论，将时间看作了继长宽高后的"第4个坐标"。

　　只由空间构成的4次元空间，现实世界中是不存在

的。黑洞（Black hole）经常在科幻小说中出现，让 4
次元更加神秘。这个宇宙中有一种地方，一旦进去就永
远无法出来。并且，这个地方无法被直接观察到，无论
多么强烈的光射过来也没有用，所有的光线、电波都被
吸引过去无法反射。这个恐怖的洞，就是黑洞。

我们生存的这个世界是长宽高 3 个方向无限延伸的
3 次元空间，不存在同时垂直于这 3 个方向的另一个方
向。但是人类的想象力是无穷的，若 "3" 是存在的，
就一定要想一想 "4" 的可能性。黑洞就是人类无休止
的想象力的产物。

那么如果存在 4 次元空间的房子，里面会是什么样
的呢？让我们先通过观察前面（65 页图）的图形（4 次
元超立方体）思考一下。

这个房子从外面看是一个立体建筑，房间内部似乎
也没有什么异常。只是，这个房间的 4 个正方形边，甚
至天花板和地板都有相邻的房间，进入一个相邻的房
间，你会发现这 6 个面也各自有相邻的房间；相邻的房
间也同样。如果你不停地从这个房间走到那个房间，你
会发现是无法走出去的。

无论是走向侧面的、上面的还是下面的门，都会走
到另一个房间。"这是什么样的房子啊？"也许你会问。

如果你仔细观察一下，你会发现你只不过是在 8 个房间中来回地进进出出而已……看起来很诡异吧。这种事情会出现在电影里，4 次元世界的故事也会刺激着年轻人在做类似的梦。其实，我们并不只是因为好奇或者是有趣才做这样的研究，上面的研究对我们理解我们生活的 3 次元空间世界有很大的帮助。

无限阶梯 | 将 4 次元图形画在 2 次元平面上，引起视觉假象。

自相似图形

请看上面图片。最开始有一个正五边形，连接所有对角线，正中间形成一个小的正五边形，在最开始的正五边形中剩下的部分可以分成与这个小正五边形全等的 5 个正五边形。再将这 6 个小一些的正五边形所有的对角线相连，重复上面的步骤。现实中因为没有更多的地方，所以无法一直画下去，但是在头脑中想象这个过程，就知道这是一个无限循环的过程。

这样的图形叫做"自相似图形"。若某个图形可分割为若干个与它相似的图形，则称这个图形是自相似图形。在复杂的自然现象中，有很多自相似图形的例子。如地形、云朵、彩虹、植物、金子、烟气……

比较有趣的利用自相似的例子就是法国生产的一种奶酪商标上有一幅"微笑的牛"的画。仔细观察这幅画，你会为"法国人的幽默"折服。这头"微笑的牛"的两只耳朵上各挂了

一只耳环，而耳环的图案刚好是这个"微笑的牛"的商标！图案上微笑的牛的两只耳朵上仍旧挂着商标耳环……这样暗示着商标将一边变小一边循环

下去。当然，实际印刷的时候能看清楚的不过两头牛而已。

"科赫曲线"是数学上比较著名的"自相似图形"。科赫曲线是 1890 年由科赫（H. von Koch, 1870~1924）画出来的有趣图形。首先将一个线段三等分，用一个边长为等分部分长度的等边三角形的两边替代第一步划分

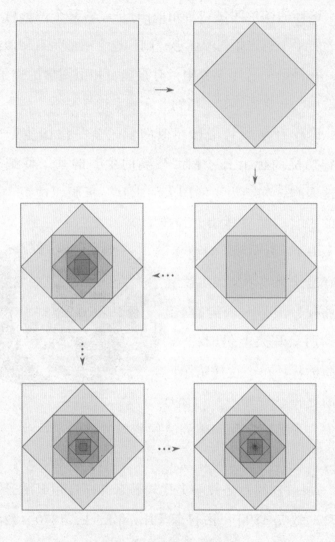

玫瑰花（这也是自相似图形）

三等分的中间部分。此时总长度就变为了原来的 $\frac{4}{3}$，接下来在每一条线段上重复这个过程（见下图）。

如果持续下去，这个线段的样子就会越来越复杂，被分得越来越细致，看起来像雪花一样美丽。因此，科赫曲线又称为"雪花曲线"。有时人们也会用"科赫曲线"来形容大海中的嶙峋的岬。

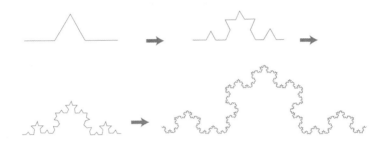

"不规则碎片形"

相似形具有的性质我们已经熟知。

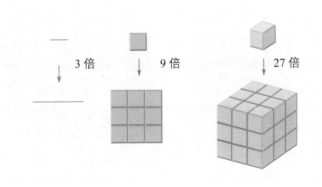

前面图中，相似比都为 3，长度为 3^1，面积为 $3^2=$ 9，体积为 $3^3=27$。1 次元中的长度为 3^1，2 次元的面积为 3^2，3 次元的体积就是 3^3 倍了。每一个量的比都是相似比的幂次方。

让我们再详细点思考：下图❶中，线段 AB 被 N 等分，等分后每一段长度为 l。所以，l 与 N 的乘积就是 AB 的长度。l 的长度无论如何改变，AB 的长度都不会变。同样，图❷中的大正方形一边被等分成 N 个边长为 l 的小正方形，此时，N 与小正方形的面积 l^2 的乘积就是大正方形的面积。这里 l 的长度被等分成多长都不会影响大正方形的面积。同样，图❸中的大立方体被等分

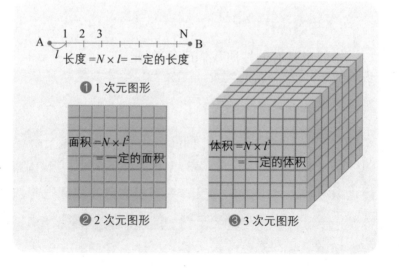

A ●—1—2—3———————N—● B
l 长度 $=N \times l=$ 一定的长度

❶ 1 次元图形

面积 $=N \times l^2$
$=$ 一定的面积

❷ 2 次元图形

体积 $=N \times l^3$
$=$ 一定的体积

❸ 3 次元图形

成 N 个体积为 l^3 的小立方体，N 与 l^3 的乘积与 l 的长短无关。

可见，l 的幂指数就是图形的次元数。上面线段是 1 次元图形，正方形是 2 次元图形，立方体则是 3 次元图形。

再看我们前面提到的科赫曲线，相似比为 3，倍数却为 4。设次元数为 x，那么两个量的比就是 3^x，

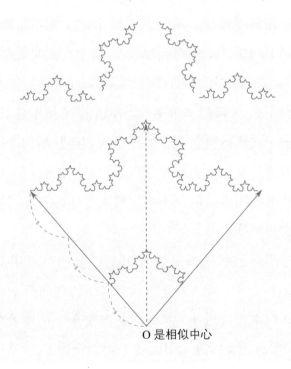

O 是相似中心

相似比为3，倍数为4

$$3^x=4$$

取两边的对数，

$$x\log3=\log4$$

$$x=\frac{\log4}{\log3}\approx1.26$$

所以，科赫曲线是约为 1.26 的非整数次元。里亚斯型海岸线也是非整数次元的。海岸线形态可以用下面等式表示，

$$N\times l^{1.33}=\text{一定的数}$$

自相似图形中，从相似比推出的次元不是整数时，这个图形叫做"不规则碎片形"，这个次元叫做"fractal次元"。原本"不规则碎片形（fractal）"这个词来自"fraction"，也就是"分数"。普通的次元本应该是 1、2、3……这样的自然数，但是不规则碎片形的特征就是次元数不是整数。生活在 3 次元世界中的我们，理解起来虽然有些困难，但是不用想得太复杂，只要了解图形的性质和特征就可以了。

将图形形状用数量表现出来的方法可以用来研究 fractal 次元。比如，里亚斯型海岸线这样曲折不断的曲线，如果次元接近 1，那么就会比较光滑；如果次元接近 2，那么就是接近无限曲折下去的状态了。

"不规则碎片形"这个概念是美国的科学家曼德布

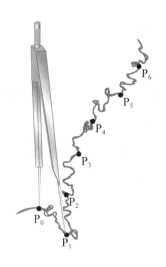

洛特（Mandelbrot）提出来的，他用一定的量来表现图形的不规则形态。他的研究最有代表性的用处就是用来测量海岸线的长度。不规则碎片形的理论最近已经被应用到了更广泛的地方。

不规则碎片形不会令人生厌，它让曲线无限地进行着美妙的变化，暗示着无限。无限对我们来说，魅惑力实在是太大了。

Fractal 次元

对于不规则碎片形的研究，也就是"fractal 几何学"，与我们之前研究的几何学的不同之处在于前者引入了非整数次元的概念。

　　1 次元的直线，2 次元的平面，3 次元的空间……
都是整数次元的。这是由坐标的个数决定的。比如，没
有宽度只有长度的直线上，只用一个数字就可以表示一
点的位置，所以直线是 1 次元的。在有长度也有宽度的
平面上，要确定一点需要 2 个坐标，所以平面是 2 次元

　　生物学中有一个"个体发生是系统
发生的简单而短暂的重演"的生物发生
律。就是说，在生物进化时，一些个别
现象属于整体中的一个部分。比如，大
海中从单细胞生物到高级哺乳动物的进
化过程，和从羊水中的卵子中分裂形成
的人类也存在相似之处。

　　这也是一种自相似图形的概念体
现。通过这个概念，便可以将两种不
同事物上发生的现象关联起来提出假
设了。

的。同样，在空间中，确定一点需要 3 个坐标，因此空间是 3 次元的。

在那些高次元的空间中也一样，表达一点的坐标的数量，就是次元的数量。

但是，在 fractal 几何学中，却存在像 1.3 次元或者 3.2 次元这样的非整数次元。比如，我们前面曾经提到科赫曲线的次元大约为 1.26。

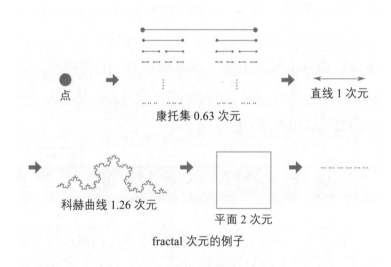

fractal 次元的例子

本书中反复强调，fractal 次元与之前我们接触的次元是不同的，意义更加深远。相对于这全新的次元，我们之前接触的狭义上的次元都叫做"拓扑次元"。一般情况下，一个图形的 fractal 次元比拓扑次元的价值更高。

自古希腊的欧几里得以后的 2000 年时间里，次元的概念几乎没有大的变化。一直到 19 世纪末，集合论的创始人康托（G.Cantor，1845~1918）提出"一条直线上的点能够和一个平面上的点一一对应"，给数学界带来一场革命，次元的概念也被人们重新审视。

接下来，"次元上的差异到底意味着什么呢？""次元又应该如何定义呢？"这些问题成为人们思考的课题。人们研究次元概念的过程中，"fractal 次元"浮出水面，引发了数学上的一次思想革新。利用图形的面积、体积等性质，加上 fractal 次元的概念，复杂图形的形态也可以用数学方法解决了。

Q 可以填满一个正方形内部的皮亚诺曲线是1次元图形还是2次元图形？

前面我们曾经提过次元的意义，1 次元的线段是直线的一部分，2 次元的图形是平面的一部分，3 次元的图形（立体）是空间的一部分，那么，皮亚诺曲线到底是 1 次元图形还是 2 次元图形呢？

答案是，皮亚诺图形是处于 1 次元和 2 次元中间的图形，也就是一个"fractal 次元"的图形。

中学时，我们学过一些曲线，比如弧形、线段，或者2次曲线、3次曲线、三角函数、对数函数、指数函数等等图形，都是1次元图形。而像里亚斯型海岸线这样复杂的图形，虽然也是曲线，但是并不是1次元的，而属于1次元和2次元中间，次元数是一个分数值。皮亚诺曲线的次元数也是一个接近2的分数值。这个数值从数字上说明了皮亚诺曲线与面积的接近程度。

	大小	如果按比例扩大 n 倍
线段	长度	n 倍
平面图形	面积	n^2 倍
立体图形	体积	n^3 倍

次元与空间

经验式空间·物理式空间·数学式空间

　　"次元"的概念与"空间"的概念有非常紧密的联系。或者我们应该说，3 次元空间、4 次元空间这些概念本身就体现了空间的属性。

　　而空间，又分为经验式空间（知觉空间）、物理式空间和数学式空间等等。一般情况下我们并不对其进行区分，只是用"空间"一词概括，所以有时也会产生混乱。就连大哲学家康德（I.Kant，1724~1804）面对这 3 种空间的时候也会产生混乱，更别说我们了。

　　康德在《纯粹理性批判》中写道，"几何学的知识是先天综合知识。"从这句晦涩的话中，我们可以看出，康德认为空间只有一个（欧几里得空间）。我们先不讨论他所谓的"先天的综合性判断"到底是否存在，就从目前我们发现的各种空间，比如"欧几里得空间"、"非欧几里得空间"、"射影空间"、"拓扑空间"、"函数空

间"、"距离空间"、"希尔伯特空间"、"巴拿赫空间"等
等来看，康德的这个说法都是不正确的。

我们平时也经常将物理式空间与经验式空间搞混。
比如，我们无法分清"4次元是可见的么"和"可以看
到4次元么"这两个问题。其中第一个问题的前提是物
理式空间为4次元空间，提问4次元是否可以被我们的
视线捕捉到。而第二个问题是从我们视线的角度出发，
询问我们的视线空间是否是4次元的。

物理式空间与我们生活中感知的空间不同。生活

中，时间可以用数字表示，但是时间与数字却是完全不同的两个东西。在爱因斯坦发现相对论前，物理空间是用 3 个一组的实数（x，y，z）表示的欧几里得空间。这个空间与我们感知的空间也有一定的距离。

这个物理学空间从 3 次元延伸到 4 次元之后，衍生了很多难题。以 4 次元空间为基础展开的相对论引发了很大关注，但是普通人仍很难完全理解这个 4 次元空间的概念。因此，"4 次元"、"4 次元世界"这些字眼似乎就带上了一些神秘的气息。

但是，数学家们却可以轻易地跨过从 3 次元空间到 4 次元空间的障碍。因为，在数学家眼中，所谓 4 次元空间，不过是 4 个一组的实数的集合罢了，更高次元的空间都可以理解。因为同样，一般的空间，即 n 次元欧几里得空间不过是 n 个一组的实数（x_1，x_2，$\cdots$，x_n）组成的集合而已。

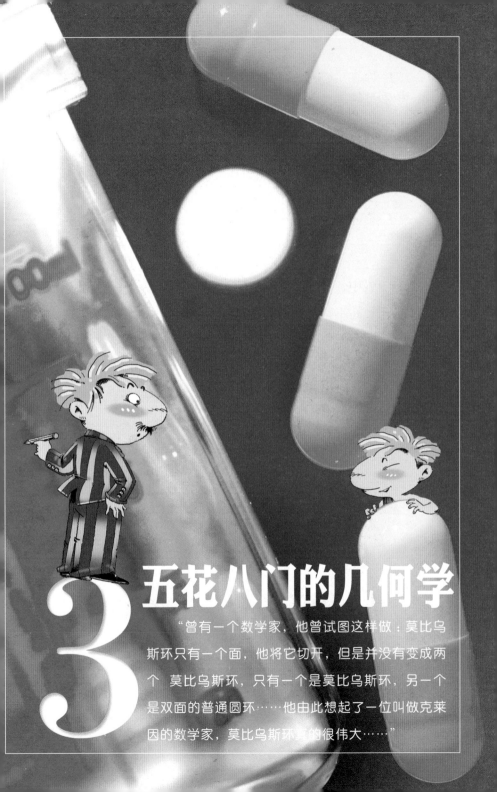

3 五花八门的几何学

"曾有一个数学家，他曾试图这样做：莫比乌斯环只有一个面，他将它切开，但是并没有变成两个 莫比乌斯环，只有一个是莫比乌斯环，另一个是双面的普通圆环……他由此想起了一位叫做克莱因的数学家，莫比乌斯环真的很伟大……"

直线与大圆

两点之间的最短距离

下图中，小河的两边有 A 和 B 两个房子，如果想要在距离两个房子最近的地方造一座桥，位置应该怎样选定呢？

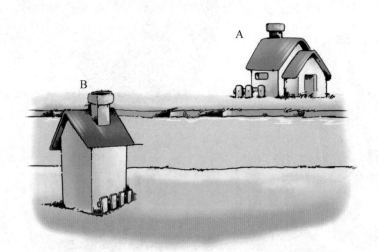

当然，这座桥的宽度并不是非常宽，而且是垂直于小河的走向。

位置的选定参考下图。从 A 点往小河方向做一条垂直于小河的线段，长度与小河宽度相同。另一端点为 A′，连接 A′ 与 B，与小河南岸相交于点 C。C 点就是选定的造桥位置了。

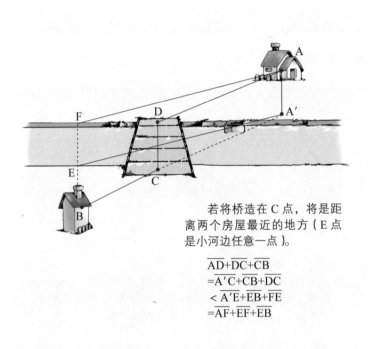

若将桥造在 C 点，将是距离两个房屋最近的地方（E 点是小河边任意一点）。

$$\overline{AD}+\overline{DC}+\overline{CB}$$
$$=\overline{A'C}+\overline{CB}+\overline{DC}$$
$$<\overline{A'E}+\overline{EB}+\overline{FE}$$
$$=\overline{AF}+\overline{EF}+\overline{EB}$$

上面解题过程中，利用了"两点之间最短距离"的概念。牢记"三角形一边长小于另两边的和"，观察一

下 △ EBA′ 吧！

这道题的解题关键在于，两点之间直线最短。

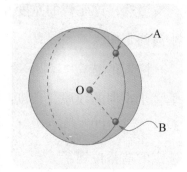

如果将"直线"更换为"线"，那么这个性质在球面上同样适用。球面上两点 A 和 B 之间的最短距离就在球面上经过这两点的大圆（经过球心的面与球体相交产生的圆）上。

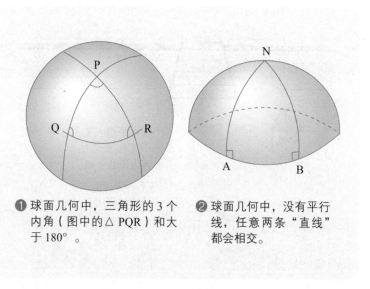

❶ 球面几何中，三角形的 3 个内角（图中的 △ PQR）和大于 180°。

❷ 球面几何中，没有平行线，任意两条"直线"都会相交。

研究球面上图形的几何学叫做"球面几何"。在球面几何的范畴中，没有平行线。

让我们拿一个大苹果来研究一下球面几何。将苹果放到桌子上，将苹果想象成一个球，在苹果表面取两点 A 与 B。如何确定这两点之间最近的距离呢？这个问题并不难，在 点 A 和点 B 上分别插入两个大头针，用线连接起来，这条线的距离就是两点间的最短距离。

经过这一条线将苹果等分成两半，切面就是一个圆形，此时圆形的中心就是苹果的中心。

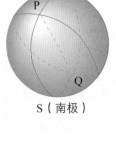

若将苹果看成一个球，那么这个断面就是一个大圆。经过球心的平面与球心相交的轨迹永远都是大圆。

地球上经过南北极的大圆叫做子午线，将地球南北半球平均分开的大圆叫做赤道。子午线与赤道垂直相交。

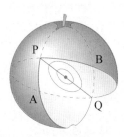

如果苹果表面一点 P 关于中心与点 Q 对称，用水果刀经过 P 和 Q 两点将苹果切掉 $\frac{1}{4}$，可以看到大圆 PAQ 与 PBQ 垂直于 P 点。如上图。

孔子有一天外出途中路过一个市场，让弟子仲由去找些吃的。仲由找到最近的一处酒馆，酒馆老板知道来意后说，"我写一个字，你若会念，我才能免费提供给你们食物。"

然后写下了一个"真"字。

"嗯，这个字念'真'。"

"您错了。"

仲由空手而归。孔子听说了来龙去脉后，再次去了酒馆。不久后，酒馆老板免费招待了孔子师徒吃饭。仲由非常奇怪，在孔子耳边问道，"请问，刚才您是怎么回答他的？"

孔子压低声音说，"这个字不是'真'，我读成了'直入'。"

"为何？"

"现在这个世界，'真'是行不通的。人们在念着'真'字的时候，哪个不是似是而非的呢？主人的意思也正在于此。"

"……"

类似上面小故事中说的，平面上的"直线"到了曲面上，就不是笔直的了，如果不能意识到这一点，就无法跳脱欧式几何。首先跳出欧式几何的英雄，只是在全新几何世界中推翻了"两点之间直线最短"这个概念。现在，我们如果要继续了解非欧几何，就需要铭记这一点。

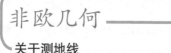

非欧几何
关于测地线

所以地球是圆的

平面上，两点之间直线最短。但是，在球面上，两点之间最短距离是"大圆"的一部分。大圆，就是经过球面上两点和球心的平面与球面相交形成的圆形。这一点之前已经讲过。

两个大圆总会有两个交点。比如，地球上的两条子午线永远相交于南北极。

球面上两个大圆相交会出现一个三角形，也就是球面三角形。比如，赤道的 $\frac{1}{4}$ 与两条子午线的北半部分相交成一个三角形。这个球面三角形的内角和是

$$90°\times 3=270°。$$

那么，我们是如何得知地球表面是一个球面的呢？希腊的天文学家们发现，在希腊的土地上看到的北极星

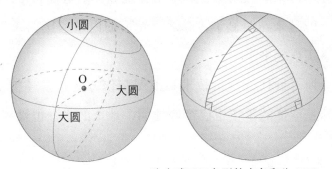

这个球面三角形的内角和为 270°。

比在埃及的土地上看起来的位置更高，因此推测出地球表面是一个球面。通过航海时看到的一些现象也会发现地球是一个球面。近现代发达的航海技术让我们得知地球的表面没有边缘，但是我们也由此获知地球的面积是有限的。这个事实也正好说明了，地球并不是一个平面。因为如果是一个平面，那么表面不会有尽头，面积也是无限大的。

人们运用更加科学严谨的平面几何学，解释了地球表面是球面的事实。

生活中有一些比较大的三角形，比如 1 个边长为 10m，甚至 100m、1000m 的三角形，它们和画在书本上的三角形几乎没有差别。三个内角和也许比 180° 要大，但是这个差几乎是人们无法察觉和测量的。但是如果考虑再大的三角形，那么所在地球面的弯曲程度（曲率）就越来越明显了，随之三角形的内角和比180°大的事实也越来越明显。

到了近代，测量技术和地图制作方法越来越精密，地球是球体的事实也已经被证明，地球的半径也被人们求出。

曲面上A和B两点之间的最短距离可以用一个保持竖直位置前进的摩托车的轮子滚出的线来测量。这条线就叫做曲面的"测地线"。让我们将测地线看成曲面上的"直线"，去探索一下绘制曲面三角形与绘制一般的三角形，也就是欧几里得空间中的三角形有什么不同吧。

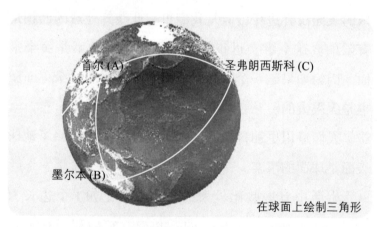

在球面上绘制三角形

比如，将地球想象成一个正球体，以首尔、墨尔本和圣弗朗西斯科为3个顶点绘制一个三角形。三角形的三条边都是球面上的测地线，所以"角"的概念也要延伸一下。比如，这个三角形的角 C 是经过点 C 的与球面相切的平面上贴紧曲线 CA 的直线与贴紧 CB 的直线的夹角。

那么，球面上的三角形 ABC 的内角和就要比 180° 大了。

球面上的直线，比如图中从点 A 到点 C 的测地线，其实是经过 A 和 C 的大圆的弧。因此，球面上的直线就是大圆，球面上的线段就是大圆上的弧。

那么，球面上是否存在平行线呢？所谓平行，就是直线 l 和直线 m 永不相交（图❶）。球面上任意两个大圆都会有 2 个交点，因此球面上不存在平行线（图❷）。

相反，罗巴切夫斯基和波尔约想法中的负数曲率曲面几何学中，经过一点可以有无数条直线与已知直线平行（图❸）。

| 欧几里得 | 黎曼 | 罗巴切夫斯基 |

❶ 经过直线外一点，有且只有 1 条直线与已知直线 l 平行。　❷ 经过直线外一点，没有直线与已知直线 l 平行。　❸ 经过直线外一点，有无数条直线与已知直线 l 平行。

直线与圆弧

想象这样的一个世界，这个世界是一个半径为 1 的圆盘。这个 "1" 究竟是 1km，还是 1 万 km，还是 1 亿光年，就由读者自己设定。只是，从这个圆盘世界的正中心往边缘方向，所有物体都在一点点变小，比例是身高以 m 为单位的人以

$$(1-x^2)\,m$$

（其中，x 是距离中心点的距离，m 是身高）

的方式慢慢缩小。所以，距离中心点最远处的边缘地区的人身高无限接近 0。

但是，这是从外界观看的情况，生活在这个世界上的人是无法察觉的。因为，向边缘地区迈进一步，周边的物体也就同时缩小，测量用的刻度也随之按比例缩小。就算匀速向边缘地区前进，因为人总是在缩小，步伐也在缩小，所以永远也无法到达真正的边缘。

现在，让我们看一下从这个圆盘世界的 P 点到另一点 Q 的距离。连接 PQ，线段 PQ 却不是最短距离，经过 P 和 Q 两点，并且与圆盘的圆周垂直相交的圆弧 PQ 是最短距离。其实，前面提到的线段和圆弧也都是我们从外界看到的模样。其实从这个世界内部来看，反而线段 PQ 是弯曲着的。

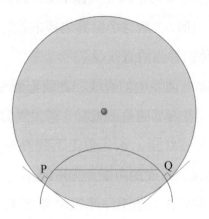

P 点和 Q 点之间的最短距离是线段 PQ，还是圆弧 PQ？

比如，这个世界上的人类以一定的步幅前进，假设线段 PQ 需要 7 步走完，因为越靠近中心位置，人的步

幅随着人的身高变大，因此圆弧 PQ 只需要大概 5 步就可以走完了。所以，从这个世界内部来看，我们看到的圆弧反而是他们看到的直线。

同样，这个世界中的直线，在我们看来是有限的；但是从这个世界内部的角度来看，是无限的。在这个世界内部，沿着直线走，永远也走不到真正的边缘（圆周），也就是说，直线的两端是无限的。

在直线 *l* 外取一点 P，经过 P 点不与 *l* 相交的直线——与 *l* 平行的线——有无数条。原因如下：

下图中圆弧 APS 与 BPR 从外界看来与 *l* 相交于圆周。但是在这个圆盘世界中，从圆心到圆周距离无限，无法到达圆周。因此，交点 AB 是不存在的。也就是说在圆盘世界中，圆弧 APS 与 BPR 是与 *l* 不相交的直线；

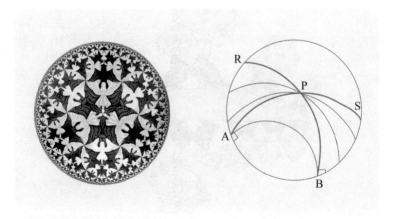

都是经过 P 点，平行于 l 的直线。

由此可见，这个世界中，经过直线 l 外一点 P，有无数条直线与 l 平行。

我们在学校接触的欧式几何中，有这样一条定理：

过直线外一点，只能有一条直线和已知直线

相平行（第五公理＝平行公理）。

这条公理在日常生活中是常识，但是又过于绝对了。

在这个奇妙的圆盘世界中，除了与"平行公理"相关的定理之外，欧式几何中其他的所有定理都是成立的。其实，也许有些人会有这样的想法：我们生活的这个世界中欧式几何并不适用，这是一个奇怪的几何学世界。

非欧几何

前面谈到的奇怪的几何学世界并不是空想出来的。19 世纪初期就有 3 位几何学家专门研究"非欧几何"、"假想几何学"、"绝对几何学"等奇特的几何学。他们分别是德国的高斯、俄罗斯的罗巴切夫斯基和匈牙利的波尔约。

几乎在同一个时期，三个人同时接近了蒙着神秘面纱的陌生世界。每一个人都对自己的发现产生了质疑：

"这难道是一个海市蜃楼？"之前虽然有很多人也发现了这个陌生的世界，但是因为都不相信自己的发现而错过了。现在看来，这些确实不是幻想，而是确凿的事实。

但是，被誉为数学王子的高斯，在发现了这个未知世界后，因为自己的退缩而没有将自己的研究成果公布。于是，波尔约和罗巴切夫斯基就成为了这全新世界的最初发现者。天生聪颖的年轻的波尔约不仅仅涉足了这个未知的世界，还全身心投入其中。罗巴切夫斯基也相信自己的发现有非常伟大的发展空间，终身投入到了研究中。

这之后不久，黎曼出现了。就像我们前面提到的，黎曼在进行讲师职位就职演讲中发表了关于空间有很多种类的论文，令当时在场的老师高斯非常震惊。当时黎曼在论文中指出，空间是根据"弯曲的程度（曲率）"而被区分成各个种类的，其中最简单的就是弯曲的程度（曲率）恒定的空间。

黎曼｜主张根据曲率的大小，可以将空间分为很多种类。

从这个角度来看，完全不

弯曲的空间，也就是曲率为 0 的空间就是欧几里得空间，朝内弯曲的空间，也就是曲率为负数并且恒定的空间是罗巴切夫斯基空间。前面提到的"圆盘世界"就是罗巴切夫斯基空间的一个模型。还有朝外弯曲的空间，也就是曲率为正数的空间，黎曼研究的就是这个空间。

欧几里得平面中的模型所有部分都是平坦的水平面，这一点无人不知。罗巴切夫斯基的非欧平面看似一个马鞍，无论何处都是恒定的曲率。这个曲面上有无数平行线，三角形内角和小于180°。但是，这个空间的模型无法完全造出。另外，球面上每一点的曲率都是恒定的正数，三角形内角和大于180°，不存在平行线。由此看来，黎曼的球面是一个很好的非欧几里得平面的模型。

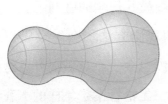

葫芦瓶模样的曲面，凹进去部分的曲率是负数，其他部分的曲率是正数，连接部分曲率为0。

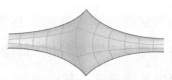

这个"伪球"上一部分三角形内角和小于180°。这样的曲面并不完全是非欧几里得曲面。

那么，适用于非欧几何的空间（物理空间）是否存在呢？高斯为了搞清楚我们生活的自然界到底是欧式几何的世界还是非欧几何的世界，从德国的霍恩哈根山、布罗肯山和英舍耳堡山 3 大山头进行测量，但是并没有成功。因为在这个测量中的"三角形"还是太小了。

　　天文学家们最近认为，宇宙的所有部分都由星云均衡地填充着，数量大概有几百万，其中几个星云聚集到一起时叫做星云团。用最新的仪器观测到的宇宙空间内，所有星云和星云团组合成了一个"星云宇宙"这个构造复杂的大集团。

　　星云宇宙非常庞大，可见宇宙空间是具有非欧几里得性质的，并且最近发布的资料显示，宇宙空间的曲率是一定的。下面的课题就是要研究这个一定的曲率的数值了。曲率是负数的话就是一个罗巴切夫斯基几何学空间，如果是正数，那么就是黎曼几何学的胜利了。

　　今后，宇宙观测工具和观测方法仍会继续得以改良，这个"星云宇宙"的面纱也会一点点被揭开。这个宇宙到底是哪一种形态的呢？无论答案是怎样的，我们现在生活的这个自然空间中，欧式几何仍旧会不断地完善下去。

拓扑空间几何学

映射的对应关系

映射

在走进"映射空间"之前，我们首先要了解一下"映射"的概念。现代数学的基础有很多概念，其中"函数"与"映射"是非常重要的。用映射可以将各式各样的对象分类并且对应起来，非常便利。在观察映射空间的性质时，映射就是非常必须的知识。

映射看似复杂，实则不过是帮助我们整理思路的一个概念而已。

总结成一句话，所谓"映射"，就是一种对应关系。面对两个事物的时候，谁都会在心里暗自比较哪一个更大、哪个更漂亮、哪个更聪明、哪个国家人口多、哪个国家更强大、哪个国家更富有……

映射就是在这种直观的比较中诞生的。当然，从直观的比较到映射要经历好几个阶段，现在就让我们来看看映射到底是什么吧。

让我们来想象一下，有一群未婚男女青年。如果每一个男生都要向女生送一束花，那么送出去和收进来的关系就形成了一种映射（或者函数）关系。

同样，有 A 和 B 两个集合，A 的所有元素全部能与 B 集合的元素对应上（B 的元素也许有一部分是与 A 对应的，也许是全部与 A 对应的，或者也许一个元素多次与 A 对应上）的关系叫做

集合 A 到集合 B 的映射（或者函数）。

让我们再回到青年男女送花的例子上。男生队伍向女生队伍送花的"映射"关系分下面 3 种：

第一种，女生队伍中所有成员都收到了花（也有可能有些女生收到不止 1 束花）。

第二种，每个女生最多只收到 1 束花（也有可能有些女生没有收到花）。

第三种，女生队伍所有成员都收到了 1 束花。

第一种情况叫做"满映射"，第二种情况叫做"单映射"，第三种情况叫做"双射"。

从集合 A 到集合 B 的映射中，如果集合 A 的元素 a 与集合 B 的元素 b 对应，那么 b 就叫做集合 A 的元素 a 的 "象"，反过来集合 B 的元素 b 对应的集合 A 的元素 a 叫做关于这个映射的 "原象"。上面的例子中，如果男生 a 送花给女生 b，那么女生 b 是映射中男生 a 的 "象"，反过来男生 a 是女生 b 的 "原象"。

用 "原象" 这个词重新定义单映射：

单映射就是每一个象都对应一个原象的映射。

双射 "既是单映射又是满映射"。因此，如果有一个从集合 A 到集合 B 的双射，那么反过来讲 B 的每个元素与其原象对应，就形成了一个从集合 B 到集合 A 的双射。这个映射是最初的映射的 "逆映射"。请将 "逆映射" 与 "原象" 的概念区分开。因此，双射也可以这样定义：

双射是有逆映射的映射。

关于双射，让我们来看这样一个例子。如果一个男生送一个女生 1 束花，每一个男生都送出 1 束，每一个女生都收到 1 束，那么男生和女生数量相同，双射成立。有限集合中，如果两个集合元素数量不同，那么不能成为双射。但是无限集合的情况就不一样了。

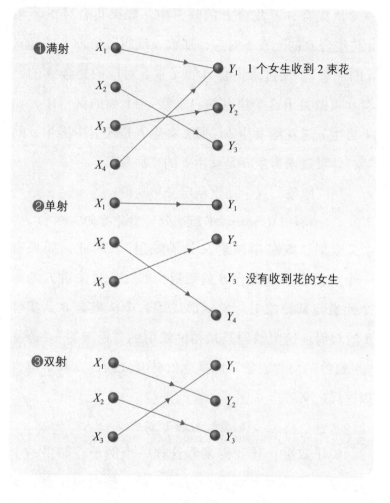

❶满射　X_1　Y_1　1 个女生收到 2 束花
　　　　X_2　Y_2
　　　　X_3　Y_3
　　　　X_4

❷单射　X_1　Y_1
　　　　X_2　Y_2
　　　　X_3　Y_3　没有收到花的女生
　　　　　　　Y_4

❸双射　X_1　Y_1
　　　　X_2　Y_2
　　　　X_3　Y_3

　　比如下页图中，自然数的集合与双数的集合或者
整数的集合都可以成为双射关系。单数和双数之间也
存在双射关系。同样，任意两条线段之间双射关系也
是成立的。

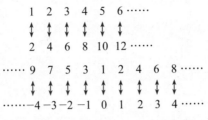

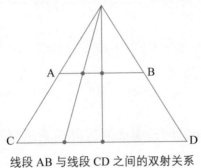

线段 AB 与线段 CD 之间的双射关系

若两个集合存在双射关系，那么两个集合的元素数量一定是相同的。无限集合并不存在个数的问题（但是可以用"浓度"来表示），因此，无论是长还是短，所有线段都一样，有同样"个数"的点。

邻域与连续映射

数学中，图形上一点的周围，就是这一点的"邻域"。下页图中，任意一点的邻域不是圆弧就是折线或者线段，没有尽头，这就叫做"开区间"。一般来说，

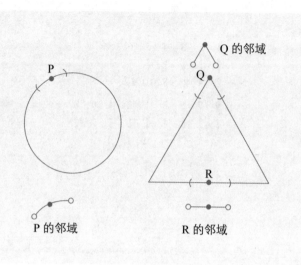

① Q 的邻域

P

P 的邻域

Q

R

R 的邻域

某个点若有开区间，那么开区间的数量就不止一两个，而是无数个。某一点的全部邻域的集合叫做"邻域集"。上图中，包含点 P 在内的没有两端的圆弧（P 的邻域）有无数多个，同样，包括点 Q 和点 R 在内的没有两端的折线或者没有两端的线段也是无数多的。

三角形、圆形也可以看成是点的集合。让我们看右图，研究一下从三角形到圆形（集合之间）的映射。图中，从三角形内任意一点画一条射线，这条射线与三角形和圆形各有 1 个交点。无

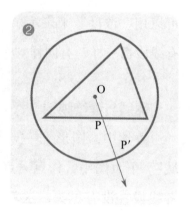

②

O

P

P′

论射线朝向哪一个方向，或者旋转一圈，与三角形和圆形都是各相交 1 次。因此可以看出，三角形上的每个点都可以与圆形上每个点一一对应起来。

因此，三角形上的点与圆形上的点都可以根据射线一一对应，是一个双射。即三角形上所有的点都可以与圆形上的点一一对应；将射线反过来看，圆形上所有的点也都可以与三角形上所有的点一一对应。

从图（109页图❷）中可以看出，当三角形上一点P与圆形上一点 P′ 对应时，新的一点 P′ 的周围也有全新的邻域集。这个邻域集中的任意一个邻域，都有一个P的邻域相对应。

像这样，当点 P 对应点 P′ 时，P 的邻域上的点也可以与 P′ 邻域上的点对应时，这个映射叫做"连续映射"。在神话《阿拉丁神灯》中，灯神在主人的要求下将宫殿和周围的民宅全都搬走了。联想这则阿拉伯神话，有助于我们学习连续映射的概念。

同胚

前面我们讲到从三角形到圆形的双射，现在让我们再来看一下这个映射的逆映射。如果集合 A 到集合 B 存在双射关系，那么就可以说集合 B 到集合 A 有逆映射。逆映射属于双射。

右图中，三角形和圆形之间也形成双射关系，那么逆映射就是从圆上任意一点 P′ 到三角形上原

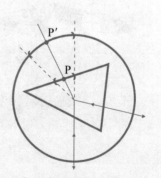

三角形与圆形之间是"双射、双连续映射"的映射关系，因此这两个图形同胚。

来那一点的映射。这种情况下，点 P 的邻域可以与点 P′ 的邻域对应上。

前面我们说到从三角形到原象的双射是连续的，那么这里也可以看到，逆映射也是连续的。如果一个连续映射的逆映射也是连续的，那么我们称这个映射为"双连续映射"（两个方向都是连续映射）。

如果两个图形之间存在"双射、双连续映射"的关系，那么这两个集合的元素个数相同，无论从哪一个集合开始到另一个集合的元素都是连续映射，那么我们称这两个图形互相"同胚"，这个映射叫做"同胚映射"。不仅仅三角形与圆形是同胚，四边形、五边形、六边

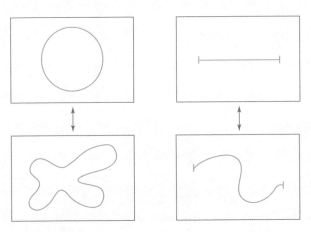

互相同胚的图形（橡胶膜上可以互相变形的图形）

形、七边形……还有其他的多边形、椭圆形、葫芦形等等图形与原象都是同胚。

这意味着，现在我们看图形的视角发生了很大的变化。"没有两端且不相交的一条线形成的图形（简单闭曲线）"都可以看成圆形。在高性能的橡胶膜上让圆形变形，可以得到我们刚才提到的那些图形。因此，从某种意义上说，这些同胚图形都是一样的图形。也就是说，同胚图形就是在特殊的橡胶膜上可以互相变形的图形。

反过来，不同胚的图形是在特殊的橡胶膜上也无法互相变形的图形。比如，没有端点的圆形和有两个端点的线段放在橡胶膜上也无法互相变形，或者说一方如何

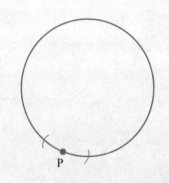

圆形与线段之间不存在同胚映射。

变形也不能变成另一方。

　　现在让我们去研究一下到底圆和线段之间是否可以形成同胚映射——也就是"双射、双连续映射"。圆形上所有的点的邻域都相同，但是线段就不一样，线

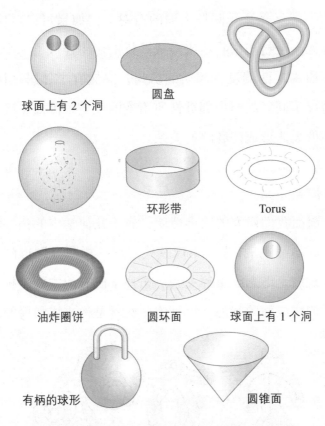

球面上有 2 个洞　　　圆盘

环形带　　　Torus

油炸圈饼　　　圆环面　　　球面上有 1 个洞

有柄的球形　　　圆锥面

在拓扑数学中的各种各样的空间
拓扑数学研究上面这些各种各样形态空间的同胚关系。

段两端的点和线段上除去两端的点的邻域是不同的。后者的邻域是包含这一点的没有尽头的线段，但是端点处无论如何取邻域，都不能将这一端点包含在内部。因此，这两点的邻域只有一边是开放的，另一边是闭合的。

因此，从线段到圆形不能形成双射。这是因为线段的两个端点无法与圆形上面的点对应。如果可以对应，就好像一个村庄中将本来连成一排的房屋连成了一个环形，原本在两端没有邻居的房间，突然有了邻居一样。这违反了同胚映射中邻域性质不变的性质。因此，线段与圆形无法形成同胚映射关系。

何为距离

前面我们研究的图形性质，属于几何学中的拓扑学（Topology）。拓扑学并不像欧式几何一样研究图形的大小、长度、形态、量等关系。拓扑学研究的主题是构成图形的线或面的状态，更具体一些就是构成线和面的点

"拓扑行星"上的外星人是由点连接成的！

在图形中处于一个什么位置。

如果将图形比喻成一个城市，那么点就是构成城市的建筑。将这个城市看作建筑的集合，更有利于我们把握建筑是处于路边，还是在丁字路口，还是在十字路口或者胡同的尽头等详细的城市构造。

像这样将图形看成一个个微小部分的集合来思考的方法，就是拓扑学。因为在研究构成图形的最小单位点的状态时，我们要对包括这一点的各个部分的状态进行研究。也可以说，拓扑学是研究"邻域"性质的数学。

让我们再看一下前面圆形和三角形。上面各点的邻域就是内部包含这一点的开区间线段（线段除两个端点外的部分）。也就是说，这一点周围一段距离内的所有点的集合就是这一点的邻域。

提到"距离"或者"邻域"，我们很容易想到"一点点接近"和"越来越远"这两个状态。可见，"距离"是一个用来形容空间的很方便的概念。

但是，"距离"却仅仅是日常生活中的一个词语，代表远近。如果将这个概念带入图形的性质，反而对数学研究造成一定的障碍。

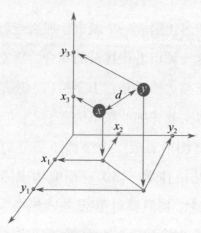

用线段将坐标轴分解

因此，我们在这里就需要将"距离"这个概念看成数学道具，将其变得广义并且平常化。当然，还是要以日常生活中的距离的概念为基础。

首先，让我们进入欧几里得空间的舞台。

两点 x、y 之间的距离写为

$$d(x,\ y)$$

（d 是 distance 的首字母），那么在 2 次元空间中

$$d(x,\ y) = \sqrt{(x_1 - y_1)^2 + (x_2 - y_2)^2}$$

（x_1，x_2 是点 x 的坐标，y_1，y_2 是点 y 的坐标）

那么在 3 次元空间中，

$$d(x,\ y) = \sqrt{(x_1 - y_1)^2 + (x_2 - y_2)^2 + (x_3 - y_3)^2}$$

（x_1，x_2，x_3 是点 x 的坐标，y_1，y_2，y_3 是点 y 的坐标）

因此，一般情况来说，n 次元的欧几里得空间 E^n 中，任意两点 x 和 y 之间的距离可以表示为

$$d(x, y) = \sqrt{(x_1-y_1)^2 + \cdots + (x_n-y_n)^2}$$

由此可知，两点 x 和 y 之间的距离 $d(x, y)$ 满足下面三个条件：

第一，若 $d(x, x) = 0$，并且反过来 $d(x, y) = 0$，那么 $x = y$（即若两点之间距离为 0，那么两点为同一点）。

第二，$d(x, y) = d(y, x)$（方向调换，两点之间距离不变。）

第三，$d(x, y) + d(y, z) \geq d(x, z)$

上面的三个条件，是我们从日常生活中的距离中推想出来的。其中的第一、第二条是理所当然成立的。第三条中只要想到平面上两点之间直线最短就明白了。上面的内容是用符号来解释的，看似复杂，实则为非常简单的尝试。比如你想要去一个地方，当然会选择直线这个捷径。

我们已经搞清楚了"距离"这个概念。现在，以距离为基础，让我们研究一下 n 次元欧几里得空间 E^n 的点之间"远"与"近"的关系。

举例来说，设 x、y、O 是 E^2（欧几里得平面）上

的点，

$$O=(0, 0), \quad x=(1, 2), \quad y=(0, 3)$$

那么 $d(O, x)=\sqrt{5}$，$d(O, y)=\sqrt{9}=3$，所以可以看出，x 到 O 点的距离比 y 到 O 点的距离要近。

将距离 E^n 上一点 x 小于 a 的点的集合写作

$$Ua(x)$$

读作

以 x 为中心，a 为半径的领域。

在 E^2 中，上述内容可以用下面的图形来表示。那是一个以 a 为半径、以 x 为中心的圆盘的内部。

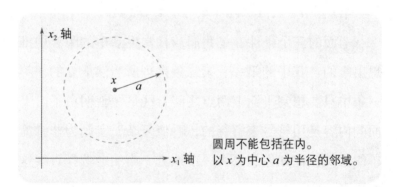

圆周不能包括在内。
以 x 为中心 a 为半径的邻域。

距离空间

前面我们提到了 n 次元欧几里得空间内的距离的概念。现在，让我们扔掉"欧几里得空间"这根拐杖，去研究一下一般集合条件下集合中距离的问题。

面对集合 A 时，无须研究集合的具体内容。A 的任意两个元素 x，y 是非负实数，也就是 0 或者正实数。这个实数用 $d(x, y)$ 表示。d 是 A 与 A 的直径 $A \times A$（A 的任意两个元素组成的有序的集合）到所有非负实数 R^+ 的映射。

若此映射 d 符合前面的 3 个条件，也就是下面的条件，其中，x，y，z 是集合 A 的任意元素。

第一，若 $d(x, x) = 0$，并且反过来 $d(x, y) = 0$，那么 $x = y$；

第二，$d(x, y) = d(y, x)$；

第三，$d(x, y) + d(y, z) \geq d(x, z)$。

那么，集合 A 中就有一个距离确定，映射 d 叫做 A 的距离函数。这个 d 看似与前面讲到的欧几里得空间差不多，但其实两者有很大的差别。

我们暂且以"距离"命名，未来还会以此为基准来研究距离。在距离这个概念上，常识中的意义与数学中的意义差别很大。

目前，我们心中"距离"的概念就是欧几里得空间内两点之间直线的距离。但是全新的"距离"概念却不限于此。满足上述条件的映射 d 成了"距离函数"，于是集合中也就有了距离的概念。

有了距离概念的集合叫做"距离空间"。

这样一来，空间这个概念就又变得广泛。这是空间的泛滥，更别提我们前面讲到的其他空间。

在欧几里得空间中，除了直线距离，还有很多距离符合上面三个条件。

比如，两点 x 和 y 之间的距离，可以用坐标差值的绝对值来表示。平面上两点的距离可以用

$$x=(x_1,\ x_2),\ y=(y_1,\ y_2)$$
$$d(x,\ y)=|x_1-y_1|+|x_2-y_2|$$

来表示。

如右图，我们在这两点的坐标上做了一个直角三角形，斜边就是两直角边的和。可以看出，这个距离满足上面的条件。并且，平面上

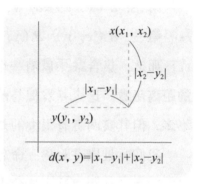

$$d(x,\ y)=|x_1-y_1|+|x_2-y_2|$$

两点 x 和 y 的坐标差中较大的一个决定距离。

也就是说，在 $|x_1-y_1|$ 和 $|x_2-y_2|$ 中，选择比较大的一个，令其满足前面的条件，就可以成为距离。在欧几里得空间中，无论两点距离多远，都可以用 0 和 1 之间的实数将其表现出来。

这个内容看似与笛卡尔的解析几何关系不大，但仔细琢磨后会发现这正是最最根本的笛卡尔精神的产物。因为，

　　将一个自然分为多个种类，将分解的部分附以相应的"工具"的研究

才是广义上的解析几何学。

何为拓扑空间

在欧式几何中，全等的图形是无差别的，被看作"相同"的图形。所谓"全等"，就是稍作移动就可以重合的意思。在欧式几何中，图形前后模样大小不变的运

螺丝扳手的刚体运动与音叉的弹性运动

动叫做"刚体运动"。而拓扑空间中，图形大小和模样改变的运动叫做"弹性运动"。

就像前面提到的，假设图形是由可以自由伸缩的橡胶做成的，这些自由伸长弯曲（不断，不重叠）可以变为其他图形的图形可以看作"相同"的图形（同胚）。

图形的拓扑性质，就是同胚图形拥有相同的性质。从这个意义上说，同胚就是拓扑空间中的"相同物质"。因此，拓扑世界中，无论是圆形还是方形，无论长还是短都不是问题。无论是 $13m^2$ 的小民宅还是 $100m^2$ 的豪华居室都是没有区别的。甚至，不过 $1cm$ 长的线段与左右无限的直线都是相等的。这就是拓扑世界。

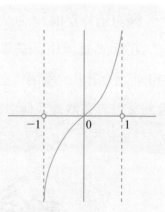

$y=tan\dfrac{\pi}{2}x$ 的曲线图
$(-1,1)$ 之间的线可看作与直线整体相同。

可见，拓扑世界中的"空间"与自然界的空间是有很大差异的。拓扑几何的空间世界中，有没有空气和水都不是问题，是否能够表现一定的领域（远近感），才是一个事物（集合）在拓扑空间中最重要的。

这样的空间区别于自然界空间，我们称之为"拓扑

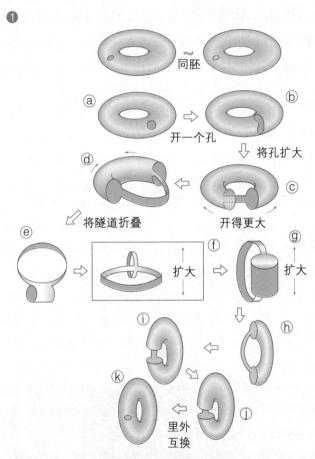

上面从ⓕ开始，深色部分在外的图形变成了浅色部分在外的图形。这两边图形是对称的。

因此，ⓕ步骤之后的部分就是将ⓕ之前的部分反过来做了一遍。

空间"。当然，我们现在接触的内容都是拓扑几何中最基本的部分。

最后，让我们再来看一个拓扑空间中"相同的"也就是"同胚"的图形的例子。如果这个例子看得轻松，说明你是个脑筋灵活的人。

上页图❶中有一个带孔的轮胎，可以将这个轮胎里外翻转，令表里互换。当然，我们要将这个轮胎看成一个可随意拉伸的高柔韧性的轮胎。

同样，图❷中是一个双人用橡皮筏，若表面上有一个孔，便也可以里外翻转。3人用、4人用的也同样。

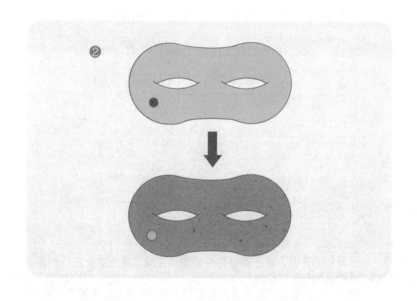

拓扑学 ————————

在橡胶膜上变形吧

一般来说，一种物体向另一种物体转换的过程叫做"变化（transformation）"。因此，如果我们说到图形变化，就是指一个图形 F 变成了另一个图形 F′。如果将图形看成是点的集合，那么图形的变化就可以看成集合 F 对应变成了集合 F′。也就是说，变化就是图形之间的映射关系。虽然不能说变化一定是双射映射，但是"橡胶膜（拓扑空间）"上的变化一定是双射映射。

现在，让我们进一步了解一下橡胶膜上的变化（也叫做拓扑变化）吧。

橡胶膜上的几何学"拓扑几何"

拓扑几何非常有趣。在拓扑几何学中，三角形、四边形和圆形都可以看成是相同的图形，这些图形互为"同胚"。

在拓扑几何中，圆形与线段是不同的。因为无论是伸长还是缩短，线段都无法变成圆形。同样，圆形也无法变成线段。因此这两个图形不相同，不互为同胚。

因为前面也曾经提到，在拓扑几何中，完全不用注意长度、面积、体积、角度等问题，这是拓扑几何学的一个特征。因此，在原本没有这样基准的一个几何世界中，无论对图形如何伸长或者缩短，也都不成为问题。

你只要记住，四面体、五面体等多面体都是

$$（面的个数）+（顶点的个数）-（棱线的个数）=2$$

就可以了。因此，只要给多面体充气，就都会成为一个球形。比如，在足球上画一些任意的多边形，并将其连

接起来，就可以验证上面的公式是成立的。这个关系其实就是立体图形表面上显现出来的拓扑性质。

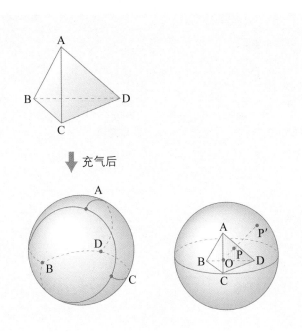

充气后

拓扑学是研究连续状态的几何学

多面体的面、顶点和棱线的个数经过一定的计算总是等于2，那么，别的曲面经过

（面的个数）＋（顶点的个数）－（棱线的个数）

会得到怎样的数字呢？有些人一定对这个问题非常好奇。

这个关系得出的数字叫做"欧拉常数"，这个数字

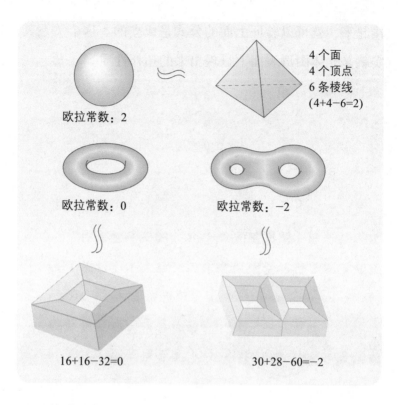

欧拉常数: 2

4 个面
4 个顶点
6 条棱线
(4+4−6=2)

欧拉常数: 0

欧拉常数: −2

16+16−32=0

30+28−60=−2

可以将曲面进行分类。因此,"欧拉常数"在几何学中
有着非常重要的作用。

之前曾经提到,线段与圆形之所以不"相同",即
不互为同胚,是因为"不连续"的问题。这个问题是非
常重要的。拓扑学就是研究这样"连续的状态"的几何
学,是几何学中一个庞大的分支。如果说欧式几何是用
显微镜研究组织的学问,那么拓扑几何就是用望远镜研
究宏观宇宙的学问。

1608 年秋天，在意大利的帕多瓦大学任教的伽利略自行研发出了 30 倍的望远镜来观察月球。这是人类历史上值得铭记的瞬间。从那一刻起，一直以来占据人们头脑中的亚里士多德宇宙观"宇宙有限论"完全被推翻。正如望远镜的发明成为了推翻陈旧宇宙观的契机，"同胚"的概念也推翻了陈旧几何学观，带领人们走进了拓扑数学这个更加宽广的数学世界。而过去的几何学不过是这其中的一部分而已。因此，可以说拓扑几何起了一个"望远镜"的作用。

空想数学游戏

假设衣服、绳子这些道具可以自由伸缩，来看下面这些问题。这些问题看似简单有趣，实则蕴含着数学（拓扑）的一些重要概念。

Q1 下图中的罪犯带着手铐，他想将自己脏了的背心反过来穿，可能吗？

答案：①首先将两手高举。

②通过 A 袖口抓住 B 袖子。

③都抓住后拽紧。

④将背心放下。

Q2 A与B两个人的手如右图被两根绳子系住，不能剪断，也不能将绳子从手腕上解开，如何让两个人分开？

答案：①两个人的线交叉。

②将自己的线穿过对方手腕上的扣内。

③将线穿过扣内绕对方手一圈。

④拉直绳子，两个人手分开。

Q3 右图是外套的一个扣眼。有一支铅笔和绳环如图系住。绳环比铅笔要短，在不破坏扣眼，不解开绳子，绳结在铅笔上的位置不动的前提下，如何让铅笔与扣眼分开？
（右图中没有画出外套整体，只画出了扣眼。）

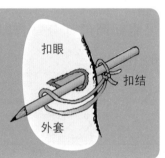

提示：假设外套是由可以随意折叠的柔软的布料做成。将这个问题与前面的问题联系起来进行思考。答案很简单哦。

答案：将外套扣眼的边缘拉到铅笔的末端（提示中提到这是可行的），接下来，将铅笔从洞中抽出就可以了。

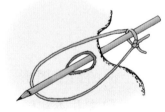

将外套扣眼拉到铅笔末端，穿过即可。

拓扑的意义

欧几里得空间中的同胚映射

拓扑学中间断和粘贴都会产生新的图形，但是如果将间断的部分贴合回去就又变成了与原来"相同"的图形。

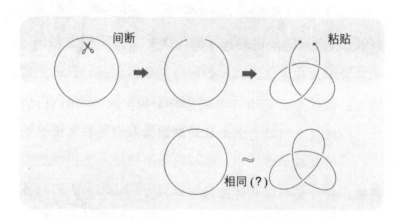

间断　　　　　　　　　　粘贴

相同 (?)

上面的两个图形，一个圆形与一个扣结一样的图形看起来并不相同。让我们将视角变换一下。在 4 次元空间中，这两个图形伸长或者收缩后可以一致。

因此，这两个图形在 3 次元空间中只是"位置"不同而已。

那么，对位置进行研究时，就涉及到了"位置的问题"。像这样对伸长或缩短图形进行研究的问题叫做"同胚问题"。

扣结圆环 (充气后的橡皮圈表面)
这与一般的圆环是同胚图形，与一般意义上的圆环只是"位置"不同。

4 次元的绳子

"拓扑几何"中的"拓扑"一词，也有"位相"的意思。所谓位相，就是研究"位置与同胚"。

用同胚的视角来看，下图中奇妙的曲线与线段是相同的。图❶的曲线 C_1 是 3 次元欧几里得空间内的曲线，与线段同胚，但是在这个空间内位置不同。

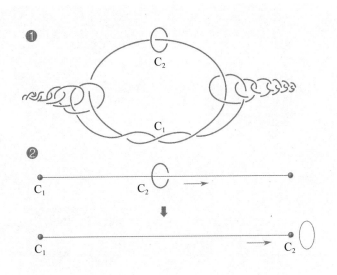

　　也就是说，3 次元欧几里得空间中的同胚映射（不断、不重合的前提下，图形的连续变化）过程中，C_1 不能直接变为直线。证明很简单，就是变化过程中，闭合曲线 C_2 无法从 C_1 中脱出。但是当图❷中 C_1 与线段位置相同时，C_2 就可以脱出。

"同胚"但"位置不同"的图形
(❶与❷的ⓐ、ⓑ、ⓒ、ⓓ、ⓔ中,哪一个位置不同?请思考。)

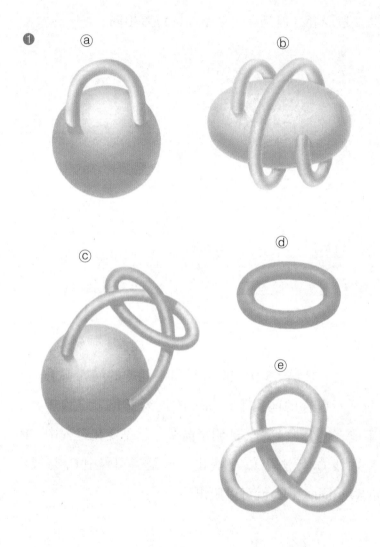

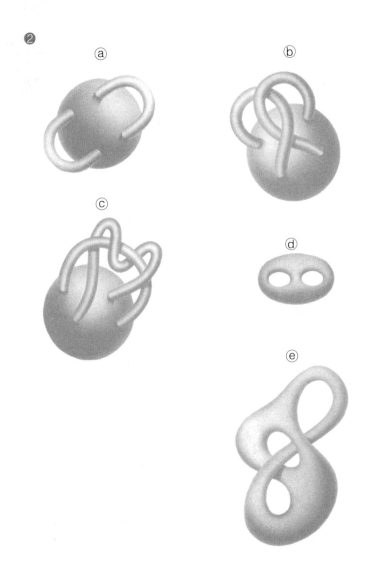

拓扑空间中的曲面

莫比乌斯环

莫比乌斯环

将一条长方形长条带一端翻转 180° 后首尾相连，就是一个"莫比乌斯环"。这个环的奇特之处在于它没有正反面之分。

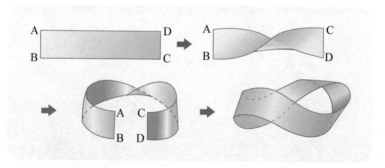

这个环是由德国的数学家和天文学家莫比乌斯（A.F.Mobius，1790~1868）发现的。虽然将一段扭转再首尾相接会出现一个奇特的曲面，但是，多扭转几圈却并不会出现全新的其他的曲面。这着实令人遗憾。

　　如果将莫比乌斯环拆开一端再朝同一个方向扭转一圈后粘贴，那么这就会变回普通的圆环。就算再多扭转几圈，得到的要么是普通的圆环，要么还是莫比乌斯环。

　　接下来，将莫比乌斯环按照下图所示方法，在中间画一条线，然后沿线剪开，会得到什么图形呢？如果画两条线再沿线剪开，又会得到什么图形呢？画一条线剪开会得到一个莫比乌斯环的圆环，画两条线剪开会得到一对互相套在一起的普通圆环和莫比乌斯环。仔细回想一下莫比乌斯环的性质，也就是只有一个面的性质，就很容易明白了。

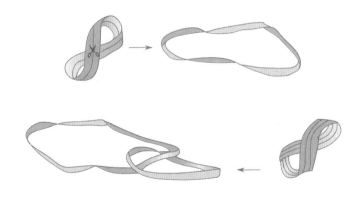

Q. 下图中，从A点出发，能否到达B点呢？请思考。

　　莫比乌斯环与普通圆环不互为同胚。莫比乌斯环只有一个面，而普通的圆环有两个面。面的个数与模样、大小等无关，而是位相方面的性质，因此莫比乌斯环与普通圆环不互为同胚。

　　莫比乌斯环最大的特征就是只有一个面。如果在一般的圆环上涂色，可以一面涂红色一面涂蓝色将两个面区分开来，但是莫比乌斯环却无法区分，只能涂一种颜色。让我们来做一个比喻。

　　假设莫比乌斯环是一个有生物生存的世界。生物也分左右方向，左右手也是通过拇指朝向来区分，如下页图。

　　但是有一天早上，一个生物睁开眼睛，发现右手手套不见了，只剩下左手的手套。这个聪明的生物沿着莫比乌斯环走了一圈，就会发现左手手套变成了右手手套。当然，左手也变成了右手，右手变成了左手。

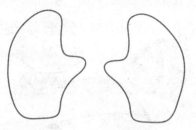

莫比乌斯环上的生物这样区分左右手。

对于莫比乌斯环上的生物来说，区别左右的意义就在于没有绕圈的时候，对于圆环来说，是没有左右之分的。因此，莫比乌斯环是一个"没有方向的"世界（空

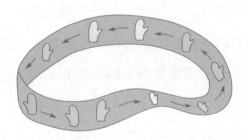

在这个莫比乌斯环的世界中，左手手套不知不觉变成了右手手套。

间）。而我们生活着的这个世界，是一个无论走到哪里都可以区分左右的"有方向的"空间。

克莱因瓶

除了莫比乌斯环，还有一种"只有一个面"的图

形，就是我们前面曾经介绍过的克莱因瓶。这个瓶子的概念是德国数学家克莱因（Klein，1849~1925）最先提出的。为了更好地理解这个 4 次元空间图形，让我们来想象一下这样的情形。

首先，剪断一节轮胎，做一个长筒，一边宽一些，一边细一些。接下来将细一些的那一端插入圆筒侧面的孔中，再从宽的那一端深处伸出，令边缘处自然连接如下页图。

这就是一种克莱因瓶。但是从拓扑几何的角度来看，克莱因瓶应该是一个没有孔的、连续的面。这个面

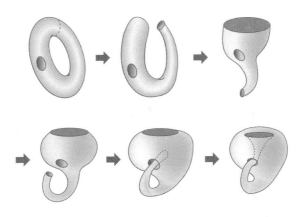

在我们生活的 3 次元空间中无法实现，但是在数学家们眼中，这个瓶子却有很大的用处。

那么，让我们再来尝试做一下这个想象中的位相之瓶的模型吧。

模型 1

让我们先从下图中号角一样的管子开始。

怎样能让这个管子的细细的一端按照下页图的方式连接到宽阔的一端呢？

打通

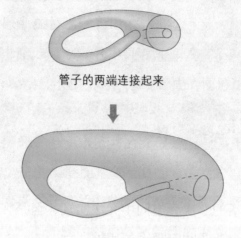

管子的两端连接起来

如果要将两端连接起来，就要在管子上打通一个孔。但是打通孔之后，这个图形与管子就不再是同胚图形了。因此，我们就要想一个办法，在不打孔的前提下让两端连接起来。

为了让想法更加真实，让我们先在头脑中想象一个下页图中的气球，气球上有两个孔。很明显，这个有孔的气球和没有孔的气球位相上是存在差异的。

我们将气球的口穿入距离较近的一个孔中，再将其从较远的孔中穿出来。这时，这个"瓶子"的表面上哪里是里哪里是外就无法分辨了。也就是说，这个瓶子只有一个面。

在气球表面打孔

最后要意识到，这个模型只不过是模仿克莱因瓶的一个模型，因为上面打了孔，所以并不是真正的克莱因瓶。

模型2

克莱因瓶与莫比乌斯环最大的差别在于，前者没有边缘，但是后者有。让我们先记住这一点，开始着手准备模型。

首先要准备 2 个对称的莫比乌斯环（图❶），将一处折弯（图❷）。

接下来，将这两个环的边缘用胶带粘到一起，这时，折弯处就变成了克莱因瓶的"入口"。但是，这只在想象世界中存在，在实际操作中，"入口"部分无法真正地用胶带粘贴到一起。只有在想象的世界中，才能完成这个任务。

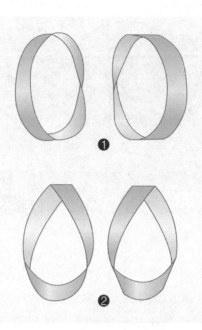

①

②

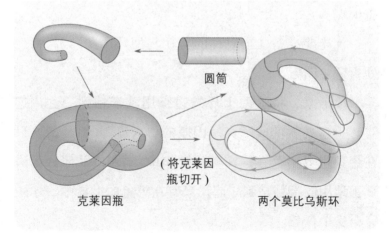

圆筒

（将克莱因
瓶切开）

克莱因瓶

两个莫比乌斯环

关于莫比乌斯环与克莱因瓶的特征，有下面这样一首诗歌。

曾有一个数学家，他曾试图这样做，

莫比乌斯环只有一个面，

他将它切开，但是并没有变成两个，

只有一个莫比乌斯环，

另一个是双面的普通圆环……

他想起了一个叫做克莱因的数学家，

莫比乌斯环真的很伟大……

这是这位叫做克莱因的数学家的话，

他说，如果将两个莫比乌斯环的边缘连接到一起，

就会神奇地出现一个绝妙的瓶子。

同莫比乌斯环一样，克莱因瓶中没有方向。但是莫比乌斯环有克莱因瓶没有的边缘。克莱因瓶在 3 次元空间中无法实现。

但是在 4 次元空间中，"可以遇见自己"这种事情见怪不怪，克莱因瓶也就可以实现了。克莱因瓶在 4 次元空间中，就像一个圆形在 3 次元空间中一样，内部与外部是相通的。

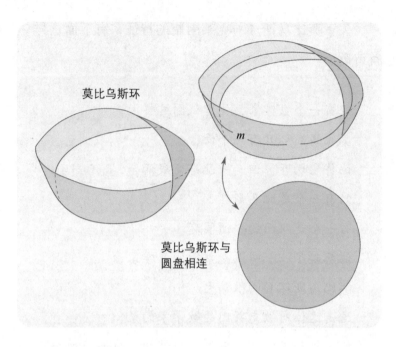

莫比乌斯环

m

莫比乌斯环与
圆盘相连

射影平面

让我们再发挥一下想象力。设想有下图中的莫比乌斯环和圆盘。

将莫比乌斯环的边缘（只有 1 个）与圆盘的边缘粘贴到一起，将莫比乌斯环的顶端封上，于是产生了下页图片上的图形。如果你已经动手操作，那么不要因为实验的失败而灰心。因为这个任务本来在 3 次元世界中就是无法完成的，只是在数学世界中可以存在而已。

这个实验完成后的，由莫比乌斯环的边缘与圆形边缘粘贴形成的图形叫做"射影平面"。

莫比乌斯环的
边缘与圆形粘
贴到一起。

将这个孔用平面
盖住，就形成了
一个射影平面。

能够领会上图中含义的人一定
有着卓越的数学天分。

射影平面是一个奇妙的空间世界。沿着莫比乌斯环的中间部分转一圈，左右就会变换。沿着一条线走下去，原本在左边的心脏就会挪到右边。这一点我们前面已经提到。

可以自由自在地创
造空间，是数学的
一个特征。

如果你以为这个空间是数学家们随便想出来的游戏，那你就错了。在如今被看作"科学之王"的数学中，有着可以像这样随意创造空间的特征。创造出来的空间可以在别的学科中派上用场，别的学科中如果想要创造一个空间也要用到数学知识。

　　数学这一个创造的工厂，绝不会生产出卖不出去的商品。虽然很多现在还派不上用场，但是总有一天会发挥作用。

绳结的几何学

系绳子的数学学问

　　从前的渔夫们都很擅长打结。他们在扬帆、捆绑行李和将船靠岸时都要将绳子打绳结，或者解开绳结，因此他们对打结这件事比谁都要娴熟。

　　"绳结"这个词的英文是"knot"，这个词也是一个航海速度单位。这是因为，古时候人们航海时在绳子上隔一段距离就系一个绳结，插入木棍后抛入海中。用这种方法，人们只要数一数在一定时间内抛入了多少个绳结，就可以计算速度了。

　　系绳结有很多种方法，其中最简单的就是"婆婆结"了。婆婆结不容易解开，因此人们经常选用容易解开的"8字结"。

8 字结　　婆婆结

　　在数学中也有绳结，但是这个绳结与我们平时说的绳结有不同之处。数学中的绳结指的是，一根绳子可以做出很多种样子的绳结的时候，将两端连接起来，形成一个圈形。这个圈，这个空间中的闭合曲线就是数学中的"绳结"了。

数学中的各种绳结

绳结有很多种，其中，像下图中❶和❷的两种绳结一样，适当挪动就可以变成同一个样子的绳结，其实是

"相同的绳结"。相同的绳结之间没有区别。

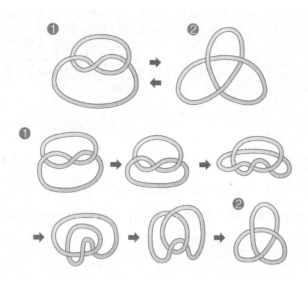

但是，两个绳结是否在挪动后就相同呢？判断起来是很麻烦的。就算这样那样挪动了也没有变成一样的，我们也不能判断这两个不是相同的绳结。

比如，下页图❶的绳结适当挪动是否可以变成图❷中的绳结呢？

答案是肯定的。但是这个肯定的答案，经过了80年的验证！

判断两个绳结是否是相同绳结的问题叫做"绳结的问题"。研究这个问题的学问叫做"绳结的数学"。

"绳结的数学"是19世纪初期开始的，已经有了

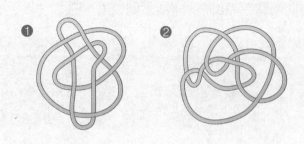

100 余年的历史。在 19 世纪末，确切地说，到 1890 年已经发现了将近 800 种互相不同的绳结。最近，在计算机的帮助下，又发现了一个下图中的有 11 个交点的绳结。

在这么多绳结中，最简单的就是右图❶中完全没有交点的绳结。这个绳结叫做"clear knot（一目了然的绳结）"。

最初，"绳结的数学"始于渔夫的工作中，是日常生活中鲜见的技术。经过发展，它最终成为了拓扑几

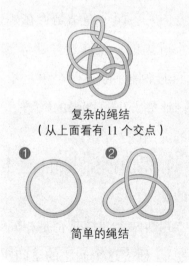

复杂的绳结
（从上面看有 11 个交点）

简单的绳结

何的研究对象。

下面介绍一个与绳结有关的定理。

下面图中❶的绳结沿着一个包含一个线段的平面展开，最终会得到❻中的麻绳。将❻中的线按照❼的方法连接起来，就又变成了最初的绳结❶。用定理总结如下：

|定理 |绳结（图❶）是麻绳（图❻）上下连接形成的图形。
　　　（亚历山大定理）

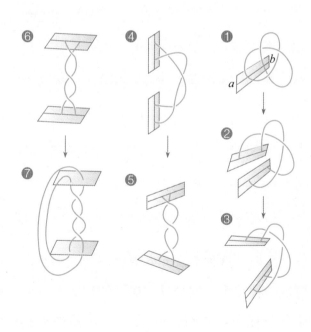

麻绳编制的群

麻绳有很多种。下图❶中只有 1 根绳子的是 1 次元麻绳，由 2 根绳子编成的麻绳叫做 2 次元麻绳，用 3 根绳子编成的麻绳叫做 3 次元麻绳……就 2 次元麻绳来说，交叉 1 次，交叉 2 次，交叉 3 次……都会形成不同的麻绳。因此麻绳的种类有无数多种。

现在，让我们将图❷中ⓐ、ⓒ两种麻绳同时顺时针扭转一次，那么就形成了ⓑ和ⓓ。

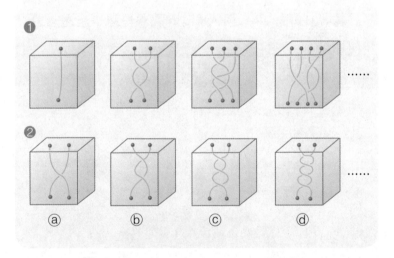

也就是说，这种 2 次元麻绳之间的差别就在于扭转的次数这一种关系。这就是"群"的构造。

让我们通过 4 次元麻绳来了解一下这种构造吧。

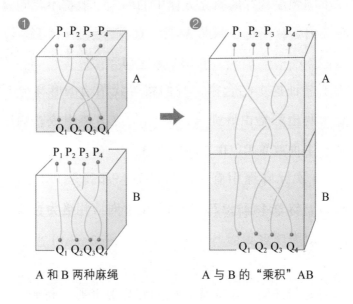

❶ P_1 P_2 P_3 P_4

A

Q_1 Q_2 Q_3 Q_4

P_1 P_2 P_3 P_4

B

Q_1 Q_2 Q_3 Q_4

A 和 B 两种麻绳

❷ P_1 P_2 P_3 P_4

A

B

Q_1 Q_2 Q_3 Q_4

A 与 B 的"乘积"AB

上图❶中，立方体中的两种麻绳 A 与 B 的 P_1、P_2、P_3、P_4 与 Q_1、Q_2、Q_3、Q_4 分别相对应连接，然后将中间的面消除，形成图❷中的 1 根麻绳。

这个全新的麻绳可以看成是

"A 与 B 的乘积"

写作

AB

更加直观地说，就是"乘积 AB"这根麻绳就是麻绳 B 所在的立方体与麻绳 A 所在的立方体合并后的样子。

麻绳的"乘积"没有交换律。因为 AB 与 BA 两个以不同顺序合并的新立方体中的麻绳一般都不相同。

但是，任意 3 麻绳 A、B、C 符合乘法结合率

$$(AB)C=A(BC)$$

为了验证这个结合率，我们将等式两边的麻绳分开调查。两边都是由麻绳 A、B、C 的立方体组成，顺序都是 C 上面放置 B，B 上面放置 A。

4 次元麻绳中有一种很特别。那就是 P_i（i=1，2，3，4）与 Q_i（i=1，2，3，4）全部对应相连为直线的麻绳。记为

$$E$$

如果 E 与任何一个麻绳，比如麻绳 D 相乘，得到

$$DE=D，ED=D$$

如下图。这与数字乘法中任何一个数字乘以 1 得数不变

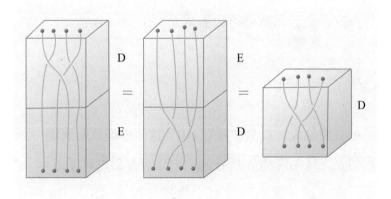

的原理一样，被乘数不受影响。

这样的麻绳 E 叫做 4 次元麻绳乘法中的"单位元"。

麻绳乘法中还会出现下面这种现象。假设麻绳 A 的立方体底面是一个镜子，下面的立方体是 A 的像 A' 的话，这两个麻绳的乘积 AA' 和 A'A 都等同于"单位元" E。

这种情况下，A' 叫做"A 的逆元"，写作 A^{-1}。A 与 A^{-1} 这一对如下图，有

$$AA^{-1}=E, \quad A^{-1}A=E$$

上面内容可以整理出下面这 3 条 4 次元麻绳集合"乘法"的性质。

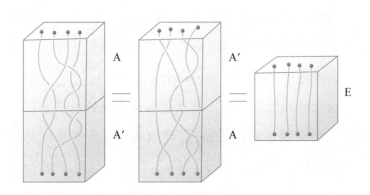

① 任意两个元素（麻绳）A 与 B 都可以得出乘积，结合律
$$(AB)C=A(BC)$$
成立。
② 这个集合关于乘法存在"单位元"E，E 具有
$$AE=A，EA=A$$
的性质。
③ 各元素 A 都存在对应元素 A^{-1}，令
$$AA^{-1}=E，A^{-1}A=E$$
A^{-1} 叫做 A 的"逆元"。

符合上面 3 条性质的集合在数学中称为"群"。因此，4 次元的麻绳集合是一个群。严谨地说，就是 4 次元麻绳关于

"乘法"

的集合是一个群。

当然，不仅仅是 4 次元麻绳，n 次元麻绳关于乘法符合上面 3 条定律，都可以称为群。麻绳关于乘法的群在群的理论中是很重要的一部分内容。

看似游戏的绳结中，竟然存在这么奥妙的法则！就像牛顿曾经说过的，"面对真理的海洋，人类就像是一个在海边拾着贝壳玩耍的小孩。"

不动点与奇点
断层扫描原理中的"突变理论"

断层扫描照片的效果 1

　　医学上有一个新技术叫做断层扫描（CT）技术。这个技术就好像精肉店将有问题的肉切成薄片来检查一样。X光片在癌症检查上有很好的用途。下图就是利用断层扫描拍摄的照片。

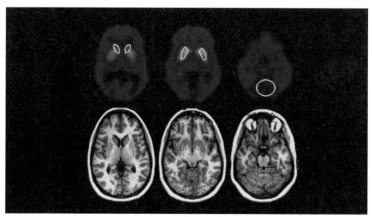

大脑断层扫描片

下面让我们来思考一个问题吧。

如果不看答案，只看下面的断面照片就可以猜出物体样子的人，一定是洞察力超群的人。

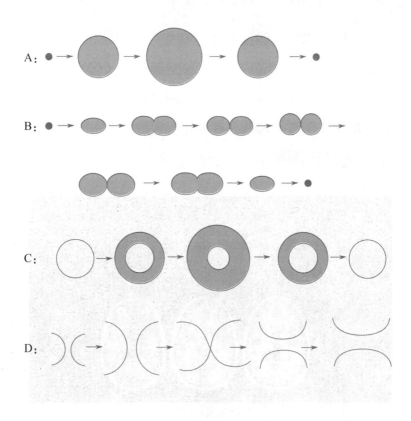

答案： (A)

(C)

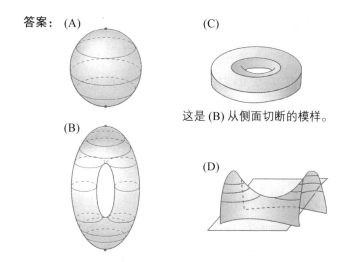

这是 (B) 从侧面切断的模样。

(B)

(D)

断层扫描照片的效果 2

在数学中，我们都尽量保持图形线条的光滑，尽量避免出现尖角部分，这是很重要的。学过微分学的人都知道，有尖角形状就无法求导函数。这种时候，我们就

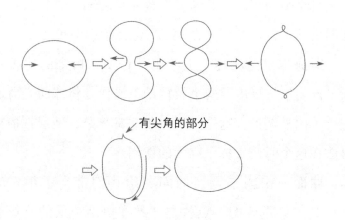

有尖角的部分

默认为是两个图形交叉，或者穿过了其他图形的内部。

比如，若将一个平面上的圆形内外调换，那么就像前面的图形一样，一定会产生有尖角的部分。这种情况无法让图形在内外调换时保持光滑。

那么，在空间里，将球面内外调换的时候会怎么样呢？按照下图的方法进行内外调换的话，会出现一个尖角的部分，成大圆形状。所以人们一度认为"无法让图形在内外调换时保持光滑"。

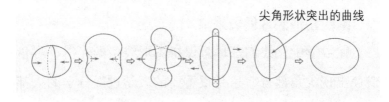

尖角形状突出的曲线

当时美国年轻的数学家斯梅尔（S.Smale，1930~？）证明出了可行性。那是在 1959 年，斯梅尔 29 岁。

斯梅尔只是在理论上给出了证明，后来的尼古拉斯·吉波尔与夏皮罗两个教授动手操作，将球面光滑地进行了内外调换。这个变形过程非常复杂，断层扫描拍摄法在这个时候发挥了巨大的作用。

球面光滑内外调换的问题给我们带来了很多教训，其中最重要的一点就是"站在更高一层的立场上

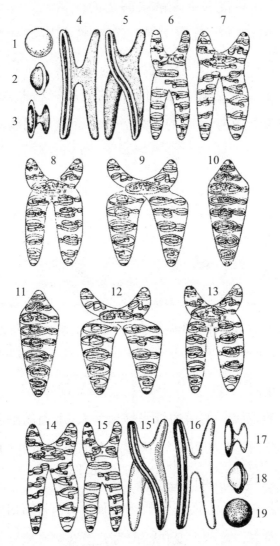

　　如果可以一眼就理解上面的图形，那你一定是个数学天才。上图是"将球面光滑地进行里外翻转的过程"的断层扫描照片。

去思考"，会带来更多解决问题的线索。当一个球放在你的面前，你就想"这真的可以内外调换么"的话，当然不会有什么绝妙的想法。首先要带着"可以做到"的信念去做，在抽象化的高层立场上去思考，才可以解决这样复杂的问题。在上面这个问题的解决过程中，盲人数学家献出了很大一份力量，值得人们深思。

不动点定理

"不动点"，顾名思义，就是不动的点。搅动咖啡时产生的漩涡的中心就是一个不动点。确切地说，这个不动点（漩涡的中心）在任何一个瞬间的移动速度都是0。

让我们用数学方式来思考一下。假设面前有两张完全重合的纸张，上面的纸张标记为 l，下面的纸张标记为 m。此时 l 上的点 x 与下面 m 上的点有重合的一点，于是 m 上这一点也标记为 x。

接下来，将上面一张纸向侧面移动，将露出来的部分再叠回去，将这个变化标记为 f。

此时 $f(x)$ 的值，也就是 m 上面的点 x 对应的 l 上的点 x' 有着怎样的性质呢？

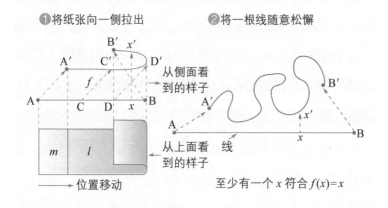

❶将纸张向一侧拉出　　❷将一根线随意松懈

从侧面看到的样子

从上面看到的样子

位置移动

至少有一个 x 符合 $f(x)=x$

上图❶中我们看到，至少存在 1 个 x 令 $f(x)=x$。就算将上面的纸张移动，也一定至少有一点是不动的。这一点就叫做"不动点"。如果用数学方式表示就是：

从 A 到 A′ 的映射 f，如果 A 的某点 x 是 f 的不动点，则记为

$$f(x)=x$$

| 定理 | 当线段 AB 上某点 x 存在线段 AB 上的连续映射 $f(x)$，则一定至少有点 x 符合 $f(x)=x$。

当两张圆盘重合，令上一张在不挪出下面圆盘位置的前提下旋转，那么不动点就是圆盘的中心。

让我们看更加复杂的例子。上图❷中，将一条线 AB 拉直固定。将一条与 AB 一模一样的线 A′B′ 与 AB

重合，使 A′B′ 松懈但不出 AB 上方范围，那么此时一定至少存在一点 x 令 $f(x)=x$。

下图❶的 2 次函数 $f(x)=2x^2$ 中，不动点是 $f(x)=x$ 中的 x 的值，因此从这个方程式中可以推出 x 的值为 0 与 $\frac{1}{2}$。

现在我们讲到的，都是和搅拌咖啡时的漩涡，或

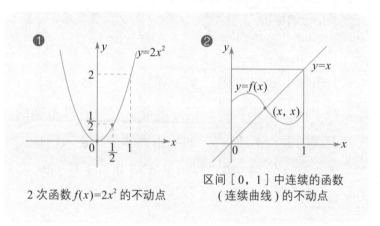

❶ 2 次函数 $f(x)=2x^2$ 的不动点

❷ 区间 [0, 1] 中连续的函数（连续曲线）的不动点

者人头上的旋儿，或者一些其他的连续映射上的一个不动点有关，看似并没有什么用处。但是"不动点定理"对从自然科学到社会科学等科学研究都有很大的帮助。

比如，经济学中有一个概念叫做"均衡点"，这个概念就是根据不动点来测定的。数学中一个比较重要的定理"中间值定理"也是不动点的简单表现。

另外，微分方程解的"存在定理"也是一种不动点的定理。

数学中有一个比较有名的"代数学基本定理"——n 次方程式存在 n 个解。但是，并没有给出具体哪一种方程式应该怎样求解的方法。

不动点定理也是这样，虽然我们知道不动点是存在的，但是计算不动点的位置，却并不简单。

在压缩映射，也就是一点一点缩小的映射中，一点 x 在映射 f 中一点一点移动，无限接近不动点。

因此 x，$x_1 = f(x)$，$x_2 = f(x_1)$，$x_3 = f(x_2)$，……的极限 $\lim x_n$ 就是不动点。

在巨大的照片上，放一张压缩了的照片，一定有一点是相对的。这一点可以根据上面的原理来寻找。

突变理论

在数学中，有一个关于"奇点"的知识也是非常重要的。例如，在高中学到的微分学中，函数 $y=f(x)$ 的图像中的"最大值"与"最小值"是非常重要的。这是因为，这样的点是 $f(x)$ 的导函数 $f'(x)$ 变换符号时比较关键的一点。

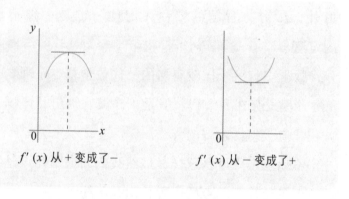

$f'(x)$ 从 + 变成了 −

$f'(x)$ 从 − 变成了 +

在 163 页有几个断层扫描图，其中图 B 就是下页图（图❶）的样子。下图中写着"奇"字的点就是"奇点"。奇点与奇点之间的位置部分可以用曲面形态来把握。

让我们思考一下，下图（图❷）中的断层扫描图应

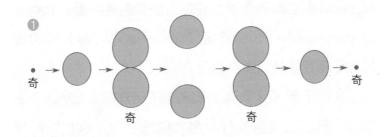

该怎样表示呢？首先要找到几个奇点，下图中我们找到了两点。我们暂且忽略这些特异点之间在模样等方面的差异，会出现形态几乎相同的断面。

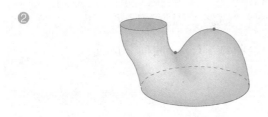

接下来，将两个奇点在断面部分上表现出来。

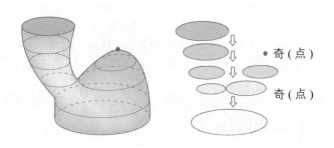

在对奇点的研究中，有一个数学理论叫做"突变理论（catastrophe）"。这个理论是由法国的托姆教授和英国的奇曼教授最先提出的。

举一个例子，奇曼教授对狗的心理和行为做了下面的分析。假设狗的行为由"愤怒"与"惊恐"两种因素决定，那么狗的心理状态就可以用平面上的点来表现。

下图中，在这种平面上的一点 A 上"愤怒"和"惊恐"两个因素势均力敌。在 B 点上"惊恐"因素更强烈一些，C 点上"愤怒"因素更强烈一些。在这个平面上方，画了一个叫做"Cusp 曲面"的曲面。

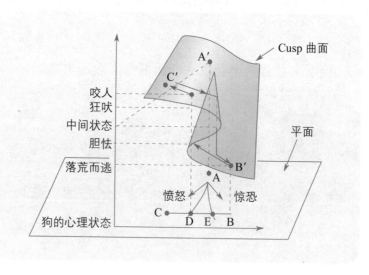

在这幅图中，狗的行为趋势一目了然。比如狗的心理状态处在 A 点的时候，A 在曲面上的点 A′ 就是狗的行为趋势。狗的心理状态处在 B 点的时候，曲面上对应的 B′ 就是此时的状态——"落荒而逃"。而点 C 对应曲面上的行为状态就是"咬人"了。

如果狗受到惊吓，心理呈惊恐状态，就会夹着尾巴逃走。但是如果你此时紧紧跟随直到一个死胡同里，狗就要愤怒咬人了。因为在这个过程中，狗的心理状态从 B 连续变化到 C，然后又从曲面上跳跃变化到 D。但

是如果反过来，也就是狗的心理状态从"愤怒"变化到"惊恐"，那接下来跳跃到的就不是 D 点，而是 E 点了（从狂吠到落荒而逃）。这个情况与现实中狗的行动相似。这种有不连续的"Cusp 型奇点"的复杂曲面，可以用突变理论详细说明。

突变理论在国防问题甚至男女感情问题上都有体现。人们对突变理论很有兴趣，希望将其用到社会的各个层面，但是目前仍不完善，只在自然科学领域发光发热。

一板一眼的德国人十分看重研究，在他们眼中，教授比任何人——甚至比总统都值得尊敬。大文豪歌德的《浮士德》讲述主人公浮士德为了探寻宇宙的真理而将

TIP | 突变理论的创始人雷内·托姆（Rene Thom 1923～2002，法国）的习惯

托姆在研究数学理论的时候有一些比较独特的特点。比如，他要在研究室里一整天慢慢地来回踱步。还有，在第一次发表新理论的演讲时，定义还不明确、他讲的内容也不确定的时候，听众每一次提问他都无法明确回答，因此曾经重新讲了六七次。最后他自己都受不了了，问道，"我讲到现在还有不正确的么？"

几年后，他的理论已经完善，虽然最初他的演讲是不完整的，但是最后也到了"除了这个没有更好的表达方式"的程度。这就是托姆的学术态度。他对数学的"严谨性"与"明确性"如此执著，因此才有了这么伟大的理论。

自己的灵魂卖给了恶魔靡非斯特的故事。可见德国人对真理的执著。

大概正因为受到了这样的尊敬，德国的教授是世界上所有教授中最傲慢的。

小时候我们喜欢做游戏，在接触到"莫比乌斯环"、"绳结游戏"或者要去研究为什么人的头上有旋儿，为什么狗生气了要咬人等问题的时候，会烦躁，会质问大人，"研究了就有牛奶喝，有面包吃吗？"确实，有一些研究对生活或者其他领域是有很大作用的（有时候并不是当时就产生作用，要等一段时间），但是数学研究

TIP 突变理论在管理囚犯、把握骚乱等方面也很有用处！

一直努力将突变理论运用到生活中的奇曼教授曾经在 1976 年与在看守所工作的心理学家一起，分析了看守所囚犯发生骚乱的原因。

调查结果显示，看守所内部骚乱的势头分为"排外"与"紧张"两种因素。比如，当"排外"因素过高而"紧张"因素又变高时，就会出现集团性的骚乱。相反，当在"紧张"因素过高的骚乱状态时降低"排外"的程度，骚乱就会被镇压下去，罪犯们就会有秩序地行动。

当人们发现突变理论对看守所内的人员管理上很有帮助后，也将其运用到了把握市民运动方向上面。今后，这个理论也许也会被用到革命上面。从这一点上看，突变理论可以算是一个比原子弹还要可怕的武器了。

者对研究却不抱这样的想法。数学是最高的学问，虽然枯燥，但是我们热情满满。

　　"真理令你获得自由！"（《约翰福音》8章2节）

几何学与证明

　　数学家绝对不会因为一个现象是明显的而不去研究。即便一个现象非常明显，如果不经过证明，就算所有人都点头认同，也不能被数学这门学科所认同。

4

证明的精神

说服与对话的技术：证明

中学时代我们学习几何学的时候，应该有一些人一听到"证明"这个词都会头疼。抗拒心理会说，"为什么这件事情要去证明呢？这个也要证明，那个也要证明，真是烦。"高中刚开始学习微积分的时候，会从极限值与连续性这一部分入门。比如：

$$\lim_{x \to a}(x-a)^n=0$$

当 x 无限接近 a 的时候，$(x-a)^n$ 就无限接近 0。

"ε-δ 法"即"任意一个正数 ε 都对应一个数字 δ……"这些有关（连续）极限的比较困难的定义对于大部分学生来说是比较枯燥的，甚至有些学生由此对数学产生了敌意。

但是，之所以会对复杂的数学证明产生厌烦心理，是因为没有理解真正的数学。

"这两个角为什么相等？"

"因为这两个角可以重合。"

"为什么可以重合就是相等？"

"因为……"

"原来如此。"

所谓证明，就是消除他人疑问的对话精神的产物。柏拉图学园的门口竖着一块牌子"不懂几何者不得入内"。意思就是，没有"消除他人疑问"的"证明精神"，就没有学习哲学的资格。

面对数学的3种视角

"这有什么用"的态度

　　数学这门学科的发展，要归功于那些对明显的事实也要深入探究的先驱者的认真和努力。

　　如果牛顿对树上落下的苹果没有深究，那么就不会有万有引力定律；如果当初哥白尼没有对太阳从东边升起从西边落下进行深入探索，也就不会有日心说。

　　数学，是一门研究生活中很明显的现象的学问。数学家比起物理学家或者化学家等科学家来，对明显的现象的探索要深入得多。

　　数学家绝对不会因为一个现象是明显的而不去研究。即便一个现象非常明显，如果不经过证明，就算所有人都点头认同，也不能被数学这门学科所认同。

　　举个例子。下页图中的梯形（$\overline{AB}=\overline{DC}$）中，无论谁

看都很容易看出来这个梯形左右对称，两个对角线相等。

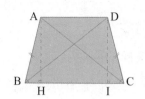

但是在数学中，就要进行证明了。因为在这个问题中，只不过知道两个条件。其一是 $\overline{AD}$ 与 $\overline{BC}$ 平行，其二就是 $\overline{AB}$ 与 $\overline{DC}$ 长度相同。看到这里，你可以自己尝试来证明一下。

回到刚才的话题上，当一个人面对一个现象，是一看而过，还是深入追究，是衡量这个人到底有没有资格去研究数学的标准。

在数学中，真正显而易见的事情只有数手指头之类的事情。怀疑自己的眼睛看到的一切，深入研究已经知道的一切并产生怀疑，是数学式思考的出发点。

但是这说起来容易，做起来却有些难度。就连牛顿，在刚开始读欧几里得的《几何原本》时，也曾经因为书本上写的都是太过明显的事实而觉枯燥无趣，将书扔到一边。

后来牛顿提到那一次轻率的事情时，也为自己不懂数学而做出了这样的行为而后悔。

面对明显的事实，有些实用主义者会说研究这个没什么用处。曾有一名学生因为不愿意只研究与生产无关的、看似浅显并且无趣的内容，而拒绝听欧几里得的几何学课程，提出"学习这个（几何学）有什么用处呢"这样的问题。

"即便知道宇宙是圆形的，对人类脚下的这片土地又有什么用处呢？"这样的疑问是会引起一些人的赞同的。事实上，无论宇宙是圆形的还是方形的，对人类物质文明的发展的影响也不会太大。但是即便是这样，人类科学的启蒙书中，天文学书籍有着超高的人气。由此

可见，并不是所有人都像欧几里得的那个学生一样，只对现实的问题产生兴趣。

被誉为 20 世纪最伟大的数学家之一的庞加莱（Poincare）在被问到"为什么研究数学"的问题时是这样回答的："因为数学是美丽的。我们被数学本身的秩序和协调性的美所吸引，为了寻找美丽而努力着。"

目前为止，很多数学理论对于学习的人来说，就像一件件美丽的艺术品。现在的数学家们几乎都在被这种数学的美丽所吸引着。

当然，实用主义者们又要反驳："就算看起来再复杂，也不能带来什么效用，研究它又有什么用呢？"也有一些数学家会这样认为："如果不进行研究，又怎么会知道最终是有用的还是没用的，是美的还是丑的呢？"

人们多认为，做学问的目的就在于追求真、善、美。在被问到"为什么要研究"的时候人们会表现出 3 种不同的立场。当然，如果人们倾倒性地拥护一个立场，对数学的发展来说也不是好事情。

希腊人的几何学

欧几里得《几何原本》中的分解与综合

古登堡（Gutenberg，1398~1468）最初发明欧洲的活字印刷技术是在 15 世纪中叶（1455）。采用这个印刷技术的第一个印刷品是一本《圣经》，大概 30 年后，欧几里得的《几何原本》在意大利付梓。这以后，代表着宗教的《圣经》和代表希腊科学的《几何原本》长期占据着欧洲书籍最畅销的位置。可见，这两本书的内容也正是当时欧洲文化的支柱。

但是，又有人要问了，"为什么数学教科书会对欧洲文化有那么大的影响呢？"事实上，《几何原本》不过是列举了几百条（465 条）定理的数学教科书而已。

一般的书，其序言部分都会对书的内容做一定的介绍。但是《几何原本》直接略过了这一部分，第一句话就是：

1. 点没有大小。

2. 线没有宽度，只有长度。

……

这样很枯燥的定义。

这本看似枯燥的数学书的真正内涵并不是里面写了什么，而是怎么写的。

我们研究图形学的时候，一眼就能分辨出这个图形是直线、圆形还是正方形，但是几乎没有人注意一个没有大小的点。因此，一般的数学书首先从我们能够看到的直线或者圆形开始，但是欧几里得却是从"点"这个概念开始的。也正是他的这种奇怪的方法，赋予了《几何原本》持久的生命力。

假设我们面前有一个随意的五边形，如下图。首先这个五边形可以分解成几个三角形，再继续分解，就要

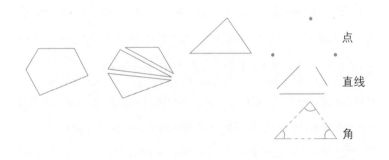

直线(线段)，角，点

德谟克利特｜认为世界上所有物质都可以分解成无法再分解的原子。

分成直线（线段）、角和点了。反过来说，也就是点、直线和角等是构成图形的"原子"。

像这样，从原子状态一点一点组成复杂的图形，就是欧几里得的数学（几何学）研究方式。这就好像用一个一个的砖头盖出高大的建筑，只是对于欧几里得来说，没有砖头或者木材，拥有的只是点、线、角这些工具。

如果将一个物质一直分解下去，最终会分解成无法再分解的最小单位。这是希腊的哲学家提出的"原子"的概念。德谟克利特（Demokritos，B.C.460? ~ B.C.370?）的"原子论"并不像现在的科学一样通过实验得来，而是冥想和讨论的结果。但是因为这一理论最先解释了分割的重要性，因此功劳不可忽视。现代物理学中的原子和基本粒子，化学中的元素，生物学中的细胞等最基本的元素，都具有这本《几何原本》中的分解精神。

但是只有分解是不够的，毕竟世界是一个原子的集合。化学家将化学物质分解成元素后，还要进行合成工作，组成新的化学物质。这不是单纯的复原，而是造出了一个原本没有的全新物质。我们将复杂的构造分解成最小单位后，还要将它们重新组合起来，于是全新的尼龙或者树脂等复杂的化学物质就诞生了。

欧几里得的《几何原本》在 2000 多年后的今天，仍旧影响着数学甚至其他学科的研究方法。甚至可以说，"分析"与"综合"的精神，也是一种研究知识的方法，散发着伟大的光芒。

分析以本质为前提

三角形由3个量决定

下面条件中如果有 1 条成立，那两个三角形就是全等三角形。

①三边长度对应相等。

②有两边和它们的夹角对应相等。

③有两角和它们的夹边对应相等。

①、②、③中每一个条件里都涉及至少 3 个边长或者角度等大小的量。而要确定一个三角形，确定边长或者角度也是必须的。比如，符合下面条件的两个三角形也是全等三角形。

④1 条边和 1 个角相等，并且面积也相等的三角形。

那么，让我们来研究一下为什么符合上述任何一个条件的两个三角形是全等三角形吧。

将一条边看作底边，如果知道三角形的高，三角形的面积就可以确定了。下图中两个三角形符合一边和面积都相等这样的条件，却不全等。此时如果有一个角相等，三角形就全等了。

"3个角对应相等"的条件并不能让两个三角形全等。比如，正三角形内角都是60°，但是可大可小。

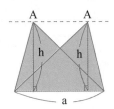

那为什么"3个角对应相等"的条件不能让两个三角形全等呢？因为三角形的内角和总是180°，也就是说，确定了两个角的度数以后，另外一个角的度数也就确定了。也就是说，"3个角对应相等"的条件中，没有确定3个量，而是确定了2个量。

反过来说，3个角的度数不是相互独立的，2个角确定以后，剩下一个角度就自动确定了。原因正是因为三角形的内角和恒等于180°。

而前面提到的①、②、③、④这几个条件中的3个量都是相互独立的，因此用这3个量就可以确定两个三角形全等。

喇叭花茎的长度

数学，就是要将问题"抽象化"

　　最近，小学生也开始学习使用电脑了。电脑并不单单是一种高级的玩具，要熟练使用电脑，需要创造力和思考能力，但对记忆力和计算能力并没有太大的要求。电脑的主要用途就是帮助人们"处理信息"，因此，人类的思考能力是非常必需的。电脑公司会任用很多学习数学的人，因为这些人的创造力和思考能力都是受过专业训练的。

　　数学，最重要的作用就是将问题"抽象化"，也就是将问题的要点寻找出来。使用电脑也是这个程序：

将问题抽象化（把握要点）

↓

决定处理方法

↓

录入资料

这个过程与数学思考方式非常相似。

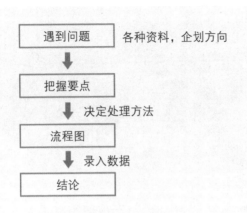

电脑的处理方式

可以看出，电脑的使用方式与数学的使用方式是有一定关系的。如果一个人有数学天分，那么电脑也可以使用得很好。

我们来看下面一个问题，测试一下自己的数学能力。解题的关键之处就在"抽象化"这个过程。

Q 下页图中是两株向斜上方30°角生长的喇叭花，分别绕着图中的圆锥生长。哪一株长一些？长多少？

答案：首先要忽视不必要的问题，只要思考"向斜上方 30° 爬 2m 的高度要爬多远"就可以了。

首先将问题这样"抽象化"后，答案就很简单了。

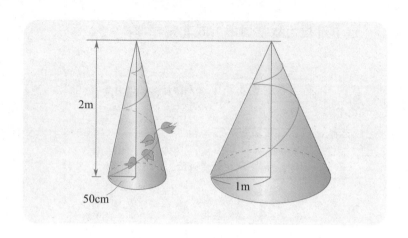

看下图很快就能明白，我们要求的不过是一个直角三角形的斜边长度而已。这个直角三角形刚好是一个正三角形的一半，两个答案都是4m。

最后得出结论，两朵喇叭花的花茎要爬的路程是一

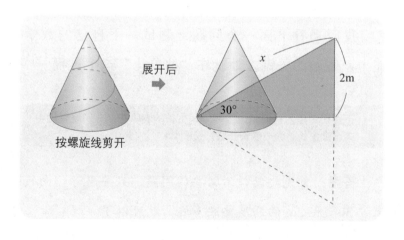

按螺旋线剪开　展开后

样的，我们不需要比较圆锥的底面大小，甚至连圆锥这个条件都可以不要。如果深入到这一点，那么你是一个很有数学天分的人。

数学的第一步，就是"抽象化"，也就是要了解面对的是什么样的问题。这在学习数学的过程中是非常重要的。

证明毕达哥拉斯定理

经验式结果与证明得来的结果

几年前，一个讲述"火星人攻击地球"的美国电影大大刺激了人们的好奇心。当时的科技还不太发达，人们用望远镜观察到火星上有一种条纹，便武断地认为那是一种文明现象。于是当时从中学生到科学家都在想象火星上的事情。在这种氛围下，有很多人以为真的会有火星人来征服地球。

当时科幻小说里描绘的火星人都是大脑袋小身子。因为人们认为火星人用脑过度，因此头脑发达，身体退化。有一位科学家认为，如果让火星人知道地球上的文明程度，火星人就不会随便伤害地球人了，因此提议用树木拼接成巨大的图形来表示毕达哥拉斯定理，这样火星人袭击地球之前就可以看到这些内容了。

那么，为什么一定要用和直角三角形有关的知识来判断文明与否呢？

这是因为，所有的天体都有一定的引力，表面上的东西也受到引力的作用而朝向中心。地球也一样。而文明国家一定会有高大的建筑，建造它们就一定要有高大的柱子，而高大的柱子一定要垂直于地面竖立起来，于是就需要一定的和直角有关的知识。所以当时人们认为，如果火星人有发达的文化，就一定知道直角三角形的知识。

希腊有一种邮票，图案是下面这幅图形。有趣的是，这个邮票并没有多少美术价值，而是象征着毕达哥拉斯定理。

这幅图非常浅显地表示出了 $5^2=3^2+4^2$ 这种情况，就算是小学生也可以看懂。

而直角三角形的 $5:4:3$ 的三边比例关系，在毕达哥拉斯之前，埃及人就已经发现并利用其做图了。

在毕达哥拉斯定理的具体例子中，除了 5，4，3 这组数字，还有以下这些组数字：

$$13^2=12^2+5^2, \quad 17^2=15^2+8^2,$$

$$29^2=21^2+20^2, \quad 41^2=40^2+9^2,$$

$$61^2=60^2+11^2, \quad 85^2=84^2+13^2,$$

$$113^2 = 112^2 + 15^2, \ \cdots\cdots$$

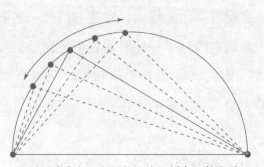

可以形成直角三角形的三边比例有无数多种。

但是，如果不进行证明，只是拿出这些例子，就不能称为定理。

所谓证明，以毕达哥拉斯定理为例，就是要清楚地给出直角三角形 3 条边无论分别多长，都符合

$$\text{斜边}^2 = \text{底边}^2 + \text{高}^2$$

这个规律的原因。

只有进行了证明，才能称之为定理，不能根据几个例子就进行猜测。

毕达哥拉斯定理原本是出现在欧几里得的《几何原本》上的，他给出了复杂的证明步骤，也正是因为想让所有人都可以了解毕达哥拉斯定理。

关于毕达哥拉斯定理的证明，包括欧几里得的方法

在内，到现在为止已经发现了 100 种左右的证明方法。这是一个很好的对同一个问题进行证明的例子。

韩国新罗时代就掌握了关于直角三角形的知识，被广泛运用到天文观测和土地测量中。新罗时代的天文台官吏们的教科书《周髀算经》中有右图一样的图案。

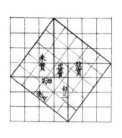

这幅图是什么意思呢？新罗人并没有向希腊人一样使用证明方法，但是仔细观察，会发现里面有着准确的直角三角形知识。也就是当直角三角形两条直角边分别为 3 和 4 的时候，斜边长度为 5，正是体现出了 $5^2=3^2+4^2$。

右图中，边长为 $(a+b)$ 的正方形里面有一个边长为 c 的正方形，此时大正方形的面积为

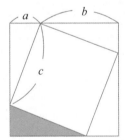

$$(a+b)^2=a^2+2ab+b^2$$

因为边上的小三角形的面积为 $\frac{1}{2}ab$，所以 4 个三角形面积就是

$$4 \times (\frac{1}{2}ab)=2ab$$

又因为小三角形的面积为 c^2，因此，

$$(a+b)^2-2ab=c^2$$
$$a^2+b^2+2ab-2ab=c^2$$
$$\therefore \ a^2+b^2=c^2$$

　　原本中国的数学书上忌讳出现图画，但是关于毕达哥拉斯定理还是出现了这样一幅图画，可见中国人对这个知识是很引以为傲的。虽然中国人在书中没有给出证明——古代中国的数学中没有"证明"的概念——但是画出这个图片的人一定很了解直角三角形的性质（毕达哥拉斯定理）。对于古代的东西方来说，直角三角形的知识是人们为之骄傲的知识。这就是"毕达哥拉斯定理"！

证明的方法

用论述的方法说明图形的性质

如果将数学分为两个部分，那么一个是计算数字或数学式，解方程式和函数的代数学；另一个就是研究图形知识的几何学。在教科书中学习到的图形的性质、图形的变换等都属于几何学范畴。

小学的时候，我们学习了关于图形的一般用语和定义这些基本性质。到了中学，我们就开始对图形的性质进行论述证明。有很多人擅长数学，但是其中有一部分人遇到几何问题就开始头疼了。而几何证明问题似乎难度更大。其实，几何证明有一种简单的方法——论述。我们将对等腰三角形两底角相等进行证明。

Q 如果三角形中有两条边相等，那么这两条边对应的两个角的大小也相等。

（1）首先，让我们画出一个两边相等的三角形，三个角分别记为 A、B、C。要尽量避免画出正三角形或者直角三角形。

（2）将命题用字母表示：

△ABC 中

若 $\overline{AB}=\overline{AC}$，

那么∠ABC=∠ACB

上面过程中，$\overline{AB}=\overline{AC}$ 为条件，∠ABC=∠ACB 为结论。

（3）下面，让我们来思考一下之前学习过的与这个问题有关的各种定理的性质，整理出下面 3 条：

· 对顶角相等。

· 平行线性质（内错角，同位角）。

· 三角形全等的条件。

其中，三角形全等条件有 3 种。

（4）为了进行证明，我们要绘制一些必要的辅助线。在这个问题中，为了证明两个底角相等，我们就要利用三角形全等的条件，在 $\overline{BC}$ 中点 M 与点 A 间连一条辅助线。

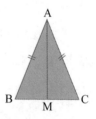

（5）现在条件都已经准备妥当，就要进行证明了。让我们再来根据图形总结一下所有证明的线索。

△ABM 与△ACM 中，

$\overline{AB}=\overline{AC}$，$\overline{BM}=\overline{CM}$

因为 $\overline{AM}$ 是共用的一条边，所以两个三角形全等的条件已经满足。

因此，$\triangle ABM \cong \triangle ACM$，

因为全等三角形对应角相等，所以∠ABM=∠ACM 被证明。

（6）让我们整理一下上面的线索，将证明过程完整表述出来：

|证明| $\triangle ABC$ 中，在 $\overline{BC}$ 中点取一点 M，连接 A、M 两点，在 $\triangle ABM$ 与 $\triangle ACM$ 中有

$\overline{AB}=\overline{AC}$（条件）

$\overline{BM}=\overline{CM}$

$\overline{AM}$ 为共同的边

∴ $\triangle ABM \cong \triangle ACM$

∴ ∠ABM = ∠ACM

（7）还有另外一种证明方法。

在这个问题中，∠A 的平分线与 $\overline{BC}$ 相交与点 L，也可以用这种方法进行证明。

（8）在一个证明结束后，要记住这个证明。这是很重要的。因为这样在对待其他的问题的时候，证明方法可以借鉴和通用。

是定理还是公理

著有《思想录》，认为"人是能够思想的芦苇"的帕斯卡从小就是一个天才。在进入小学读书前，帕斯卡就已经会证明三角形内角和为 180° 了。

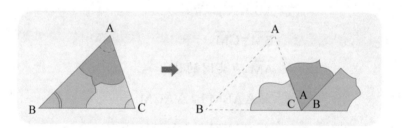

三角形内角和为 180° ！看似浅显的事实，其实是从

经过直线外一点，有且只有一条直线与之平行

的条件中得来的。

根据这个条件得出，内错角（下图中的 $\angle a$ 和 $\angle b$）相等。

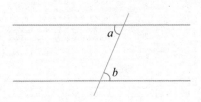

因此下图中可以看出三角形内角和为 180°。

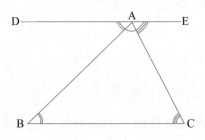

|证明|过三角形 ABC 的顶角 A 做一条直线 DE 与底边 BC 平行，两条平行线的内错角相等，因此

$$\angle B = \angle DAB, \quad \angle C = \angle EAC$$

所以，

$$\angle A + \angle B + \angle C$$

$$= \angle BAC + \angle BAD + \angle CAE$$

$$= \angle DAE$$

$$= 180°$$

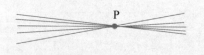

过点 P 有无数条直线与已知直线平行的情况

如果过点 P 有无数条直线与 l 平行，那么这种情况下三角形内角和要小于 180°。

相反，如果过点 P 没有直线与 l 平行，那么三角形内角和大于 180°。

"不会有这样的情况吧？"

也许有人会这样问。但是确实会有这样的情况，我们之前提到过，这是"非欧几何"中会遇到的情况。也就是说，只有在"经过直线外一点有且只有一条直线与之平行"的前提下，三角形内角和才是 180°。

即"三角形内角和为 180°"并不是真理（定理），

　　经过直线外一点，有且只有一条直线与之平行
　　的时候，三角形内角和为 180°。

这个命题才是真理，同样，

　　经过直线外一点，有无数条直线与之平行的时
　　候，三角形内角和小于 180°。

这个命题也是真理。

直观并不是万能的

对理论上可能性的思考

没有切线的曲线（看似不可能，但是从理论上是可能的）

曲线上一点 P 的切线抽象成导数，这是微分学中最基本的概念。

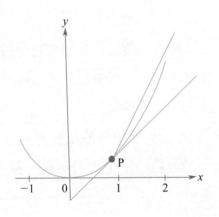

那么，是否可能有一条曲线无法做出切线呢？看似不可能，与直观概念相悖，但是其实是可能的。

下面的曲线就是。

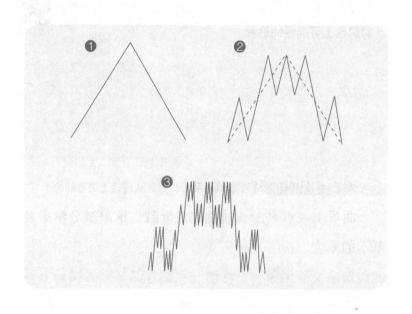

为了绘制这样一条曲线，我们首先要绘制一条图❶中的折线。接下来，按照图❷的方式，将原本的折线变为6次向上6次向下的折线。

然后将这12条长度相等的线段再折弯，每条线段折成6条相等的线段，于是得出图❸中有72条相等线段的图形。按照这个方法一直折弯下去，会得到更加复杂的图形。

这样得到的几何图形无论从哪一点开始都无法画出一条切线，也就是说，这是一条无限接近没有切线的曲线。

但是重要的是，我们无法从直观上把握这一点。事实上，这是一条无尽折弯的图形，非常复杂，我们只能从理论上加以分析。

哲学家康德曾断言包括集合在内的数学是一个直观（纯粹直观）的学问。人们相信这位伟大的哲学家以及他的见解，但是在数学发展到一定的程度后，人们发现"直观"本身就是有争议的一个字眼。如今，"直观"这个词彻底与数学脱离了关系。而"没有切线的曲线"则成为人们推翻康德权威性的一个几何学例子。

但是，这并不代表直观在数学中一无是处。直观还是很重要的一部分，经常与"证明"这个过程难舍难分。

面积与长度相等?! （虽然看似可能，理论上却不可能的事）

一提到"曲线"的概念，人们都会想到可以用直观的方式表示出来。很久以前，人们甚至将曲线定义为"曲线是点的运动形成的几何图形"。

意大利数学家皮亚诺（G.Peano，1858~1932）曾宣布证明了点的运动可以形成平面图形（填满内部）。就是说，一个点在有限时间内可以填补如一个正方形的面积。这是想起来都不可能的事情。

但是还是会有一些人坚信其可能性。那么，就让我们来说明一下皮亚诺的证明过程。

下面图中，有一个正方形，内部包含 4 个小正方形。连接每个小正方形内的点，将这条线看成是一定时间内一个点匀速的运动轨迹（图 C_1）。

接下来，将每个小正方形再分别分为 4 个小正方形，连接 16 个小小正方形的中心，将这条线看成是一定时间内一个点匀速的运动轨迹（图 C_2）……这样不断重复这个步骤，直到最终大正方形内部所有的点都被

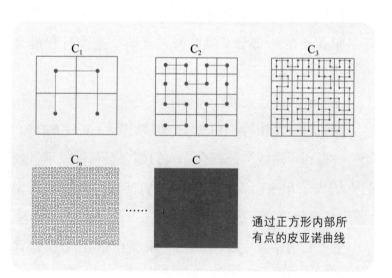

通过正方形内部所有点的皮亚诺曲线

通过。皮亚诺就是这样进行的严密的理论证明。

那么，"面积与长度相等"是否可能呢？

这条曲线（皮亚诺曲线）看似绝对可以与面积等同起来，但是仔细思考会发现这证明过程中的漏洞。

前面的证明过程中，提到正方形被无限分割下去，直到所有的地方都被点充满，而正方形便可以看成是这些点连接起来的线。

那么实际上，正方形的面是否可以用点来充满呢？

就算分解成的正方形再小，还是会有地方不会被点充满。将这个"无限"的过程看成是可以完成的事情是这个证明过程中最大的漏洞。

清楚明白的命题

关于公理

　　就像太远地方的事物我们无法看清楚，太近的东西也无法看清楚一样，非常难的命题和非常简单的命题证明起来都很麻烦。证明过程中，要从某一点引向另一点，要有"出发点（条件）"和"目的地（结论）"。因为"非常简单的命题"中，出发点与结论非常接近，辨明起来便会有些困难。比如：

❶ 任意两个点可以通过一条直线连接。

❷ 任意线段能无限延伸成一条直线。

❸ 给定任意线段，可以以其一个端点作为圆心，该线段作为半径作一个圆。

❹ 所有直角都相等。

❺ 过直线外一点有且只有一条直线与已知直线平行。

这些都是明白易懂的命题，不需要证明（实际上也

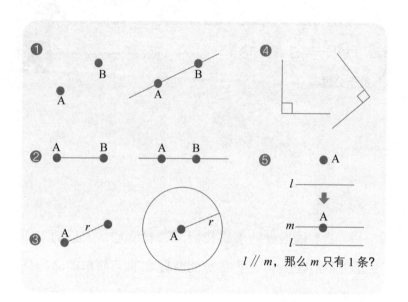

$l \mathbin{/\!/} m$，那么 m 只有 1 条？

无法证明），因此这些命题常被看成出发点。这种"出发点命题"叫做"公理"。前面 5 条公理是欧几里得在几何学中用作出发点的命题。

"定义"与"证明"，还有"公理"之间的关系就像盖一个建筑物。建筑材料中的木头和钢筋、水泥等就是"定义"，连接这些材料的黏合剂和钉子就是"公理"，用这些东西进行建筑的过程就是"证明"。

人们为了避免混乱，对用语有了一定的规范，这就是"定义"，而"公理"是将这些用语的关系明白表示出来。以这些定义和公理总结出全新命题（定理）的过程就叫做"证明"。因此，证明与公理就像是一件衣服的里外面，是无法分开的。

最先提出证明概念的人是被称为古希腊七贤之首的泰勒斯（Thales，B.C.640~B.C.546?）。他首次用证明的方法分别给出了下列命题成立的原因。

对顶角相等。

等腰三角形两底角相等。

直径平分圆周。

比希腊文明发展得更加灿烂的古埃及和美索布达米亚地区，不仅仅掌握了这些知识，还会将其运用到建筑当中去，但是他们并没有对这些知识为何成立做出探索。

我们曾经几次提到，希腊人严谨治学，不放过对任何一个命题做出深入研究，找出确凿证据（证明），最终将其认定为公理。这是希腊人的功劳。正是因为有了他们的努力，数学才被规范成现在的样子。也正因为如此，泰勒斯被奉为"数学之父"，这个名称他是当之无愧的。

但是，第一个确定出发点命题，并以这些命题为基础对其他命题进行证明的人却是欧几里得。

欧几里得提出了前面那5个命题，将其看作"任何人都应该肯定的命题"，也就是一个"标准"。这个标准起到"公理"的作用。

其后,"非欧几何"的诞生,推翻了"任何人都应该肯定的命题"。

非欧几何的产生,源于对欧几里得5大命题中最后一条(这一条常被称为"第五公理")的否定。

有人提出,这个命题与其他4个命题与其说是一个公理,还不如说是对另一个命题的证明。质疑提出后,人们对这一条标准进行了研究,最后竟然得出了下面令人瞠目结舌的结论:

- ⑤′过直线外一点,有无数条直线与已知直线平行。(波尔约,罗巴切夫斯基)
- ⑤″过直线外一点,没有直线与已知直线平行。(黎曼)

这第五条公理竟然得出了⑤′和⑤″这两条非欧几何中的概念。

无论是欧式几何还是非欧几何,都要从公理出发,给出详细证明得出定理。这叫做"理论方法",用这样的方法形成的数学叫做"理论数学"或"公理主义数学"。现在的数学都是理论数学(公理主义数学)。

有一个人后来对欧式几何的论证方法做了进一步修饰,这个人就是认为"人是能够思想的芦苇"的17世纪著名哲学家帕斯卡。他将与人对话并说服对方的方法总结成下面 8 种规则。

首先，关于定义的规则。

❶ 对最基本的浅显内容不做定义。

❷ 对即便是稍有含糊不清的内容也要做出定义。

❸ 进行定义时，要使用完全易懂的说明方法。

其次，关于公理的规则。

❶ 必要的原理，即便是非常浅显明白，无论是否相信，也要进行研究后再定义。

❷ 要完全明白的内容才可以成为公理。

最后，关于论证的规则。

❶ 不要为了证明而对那些已经明确得不能再明确的内容本身进行证明。

❷ 对即便是稍有含糊不清的内容也要做出证明，证明时，只使用已经明确了的公理或者已经被完全承认了的内容作为条件。

❸ 对已经证明了的内容的证明过程，要熟记于心。

这就是帕斯卡的"论证精神"，比欧几里得的精神更加充实，已经非常接近现代数学了。

公理就是假设 公理意义的变化

欧几里得的《几何原本》中认为，"点"无大小，

"线"无宽度。现在教科书以欧几里得精神为基础，上面提到点和线的时候也都是这样记录的。

因此在画"点"的时候，我们都会用削尖的铅笔尖点一下，画"线"的时候也第一时间想到用尺子比着来画。

被誉为20世纪最伟大的数学家的希尔伯特（D.Hilbert，1862~1943）曾经说过，"'点'、'直线'和'平面'的名称并不重要，我们甚至可以随便叫做'桌子'、'椅子'和'啤酒杯'。重要的是它们之间的关系，也就是说，它们之间的关系决定了公理的性质。"

他在自己的著作《几何基础》中实现了这个主张。在书中这一部分完全看不到点、线、面的相关定义，只是阐述了诸如它们之间的关系这样的"几何学公理"而已。

所以说，无论是点还是线，不过是一个名字，它们之间的公理决定一定的关系。以这种想法为基础，只是单纯用论证的方法展开数学理论研究的方法叫做"公理法"。在数学上，主张将数学理论用公理法进行研究的立场叫做"公理主义"。

希尔伯特认为，公理并不应该是《几何原本》中那样的真理或者我们生活中的经验表现，而应该是单纯的关于基本的概念之间的关系的假设。因此提到"点"、"线"、"面"的时候，并不应指我们直观上感觉到的点、线、面，而是那些符合特定公理的任何东西。于是，这就又回到了希尔伯特的"几何中的点、线、面可以用桌子、椅子和啤酒杯来代替"这句话。

> 数学不是研究对象的学问，
> 研究的是对象之间的关系。

这句话是对数学同样有很大贡献的庞加莱说的。

这是公理的意义在近代，特别是 19 世纪以来的巨大变化。"定义"变成了一种约束，"公理"变成了寻找新命题时的一种"假设"。这样的现代数学叫做"公理主义数学"。

从公理主义的立场来看，前面讲到的向量也可以叫做"点"，意思就是向量是叫做"点"的对象的集合。我们不需要去追究这个对象到底是什么，将向量看作"点"，将"点的集合"看作向量整体就可以了。笛卡尔认为，"确定 3 个合适的向量，任何一个其他向量都可以用这 3 个向量表示出来。"这句话的意思就是说"空间是 3 次元的"。

但是对于笛卡尔的证明，仔细研究会发现并不是完整的。因为"确定 3 个合适的向量"这句话的意思就是，已经有 3 个已知向量（公理主义的）。也就是说，这句话的意思是，"如果有 n 个"就是"n 次元空间"。当然，笛卡尔头脑中的次元就是直观的自然世界中的次元，但是公理主义的次元与自然世界的次元无关，是人工的次元。因此这个人工的 n 次元空间可以写作

$$E^n$$

那么 E^n 的全部应该是什么呢？笛卡尔没有用语言说明，而是用坐标将"3 个一组的实数"扩大到了"n 个一组的实数"。

笛卡尔认为，3 次元空间可以用 3 个一组的实数

（x_1，x_2，x_3）这个集合来表示，同样，n 个一组的实数组

$$(x_1, x_2, \cdots, x_n)$$

可以看作"点"，这些点之间的运算可以写作：

$$(x_1, \cdots, x_n)+(y_1, \cdots, y_n)=(x_1+y_1, \cdots, x_n+y_n)$$

$$a(x_1, \cdots, x_n)=(ax_1, \cdots, ax_n)$$

其中，当 $n=3$ 的时候，就是笛卡尔式 3 次元空间，与我们前面说明过的向量一致。因此 n 次元空间中，

$$E^n=\{(x_1, \cdots, x_n)|x_1, \cdots, x_n\}$$

也符合 1 次元、2 次元和 3 次元空间的情况。

由此可见，公理主义纯粹数学并不是形式化的，而是"包括一般情况的特殊情况"。

数学是抽象的学问。关于这一点，其他学科是无法相比的。特别在现代数学中，"抽象"倾向更加明显。那么这种抽象数学到底与我们的生活有什么关联呢？不仅仅是有关联，应该说是密切相关。也正因为如此，我们从进入幼儿园到大学毕业，都要学习数学知识。

一个很木讷的人，也可以认出几年没见的朋友。这并不是因为人的身高、长相、语气、穿着、肤色等与几年前那个朋友有着很多共同点，足以让人判断出是同一个人，而是因为这个人对这个朋友的印象已经深深印到

了脑子里，虽然几年没见，但是仍旧可以认出来。也就是说，这个人在脑中已经对这个朋友形成了一个概念，看到的与听到的，与头脑中的概念对应上了，便认出来了。

人类生活在一个"概念的世界"里。我们的文化、行动等，都在这个概念的世界中起着基本的作用。出色的音乐与绘画作品都在传递这一种思想（美），给人直观的感觉。

从这个层面上来说，艺术是有着高度具体化的概念。也就是说，艺术可以将一些无法准确传达的深奥思想生动地表达出来，它是这个世界的通用语言。

数学的美丽的定理也同样。理解了定理，就接触了一个全新的世界，可以感受到接触全新世界的喜悦。喜悦过后，感觉到的是更加宽广的空间。数学是一门关于概念的学问，所以，数学与人类所有文化、与人类所有行动都有着密切的关系。

5

东方数学与
西方数学

"东方数学"和"西方数学"之间的数学知识内
容是没有差别的，比如，1+2 在一边等于 3，就不会
在另一边等于 4。两者的差异在于，一个是以计算为
中心的，运用具体数字进行计算的"代数方法"数
学；另一个则是绕过具体数字，通过抽象的图形来
进行推理的"几何方法"数学。这两种方法是两种
对立的思考方式产生的，这一点值得注意。

古代中国的数学

东方的《几何原本》、《九章算术》

作为四大文明古国之一，古代中国文化非常发达，数学知识也不例外。从传说时代就有黄河治理一说，到了公元前几百年前的商朝就已经有宫殿、王陵和万里长城等大规模的土木建筑了。古代中国对天文学的研究在很早以前也已经有了很大的成果。

长城，西起嘉峪关，东到山海关，全长 6,300 公里，是中华民族的象征。

《九章算术》是中国古代最有代表性的数学书。《九章算术》从前汉（B.C.206~A.D.8）开始编撰，到后汉（25~220）时代中末才得以完成。

《九章算术》常被人与欧

几里得的《几何原本》相比较。这本书历经几个时代，经多人之手编撰而成，从这一点上来看，与《几何原本》也颇为相似。

《九章算术》中有9章，以此得名。每一章内容如下：

第1章"方田"：田亩面积计算；

第2章"粟米"：谷物粮食的按比例折换；

第3章"衰分"：按比例分配问题；

第4章"少广"：已知面积、体积，求其一边长和径长等；

第5章"商功"：土石工程、体积计算；

第6章"均输"：合理摊派赋税；

第7章"盈不足"：即双设法问题；

第8章"方程"：一次方程组问题；

第9章"勾股"：利用勾股定理求解的各种问题。

《九章算术》的体系是通过整体来将问题具体化，虽然问题有一定的难度，但是写出答案的时候不会给出说明或者证明过程。这一点不但对后来中国数学的发展有一定的影响，甚至也成为了韩国数学的一大特点。

但是在这一本书中，已经在使用方程、开平方、开立方、正负（+，−）、分母、分子、约分、通分等用语了。

通过《九章算术》的目录就可以看出，原本东方（中国、韩国）的数学都是会计、财政等下级行政管理部门或者担任天文观测的技术官吏使用的技术，并不是在民众之间流传的。因此可以说这样的数学属于一种政治数学，也就当然具有实用性了。结果导致，说明或者证明的过程从理论上不被重视，于是便与生活富足的希腊人之间的理论数学有了本质上的差异。

虽然有一定的局限性，但是同时也决定了这样的数学具有很高的实用性，中国对世界数学的发展的贡献也绝不容小觑。

东方的几何学

农田测量的虚实

　　中国和韩国还仍然处于农业之国的地位，国家财政来源首先要数农业生产。追寻原因，是因为历代政府都支持和重视农业。更准确地说，政府对税收的一大来源的农产品是非常重视的，因此，就要保证严谨的课税征收。公正的课税要求准确地进行土地测量，中国最初的数学书《九章算术》上记录了这样的内容。

　　《九章算术》的第 1 章 "方田" 中，介绍了很多种农田面积的计算方法。这些与我们在学校教科书上学到的

内容

今有田广十五步，从十六步。问为田几何？

答曰： 一亩。

又有田广十二步，从十四步。问为田几何？

答曰： 一百六十八步。

不同之处是，书中记录的内容非常有实用性，因此不可小看了这一本书。正因为存在这种差异，笔者认为有必要将现场使用内容列举出来。让我们一起去看一看吧。

・方田：正方形或者长方形，

面积用"×"直接计算。

「广从步数相乘（得积步）。」

・圭田：三角形或者直角三角形，后来称作等腰三角形。

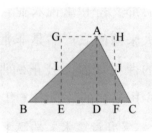

要用底边的一半乘以高来计算面积。底边的一半如图所示，用填补长方形的方法总结出来。

「半广以乘正从。」

・邪田：直角梯形。

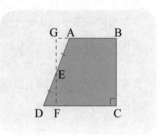

将上下底边长度相加后，乘以高，再除以2。也是用从填补长方形的方法中总结出来的。

「并两邪而半之，以乘正从。」

· 箕田：等腰梯形

将箕田从中间一分为二，分为
两个邪田，计算方法与邪田相似。
也就是将上下边长度相加后乘以高
再除以 2。

「并踵舌而半之，以乘正从。」

· 圆田：圆形的田地

圆周的一半乘以半径。圆周率定为 3。

「半周半径相乘。」

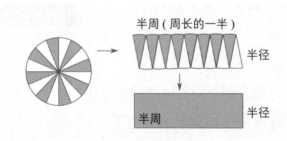

《九章算术》中的注释

· 宛田：山坡模样的田。

将底面的下周长乘以上面的直径长除以 4。

其实理由很简单，即底面土地周长是 $2\pi r$，上面直

径是 2*r*，那么面积为

$$2\pi r \times \frac{2r}{4} = \pi r^2$$

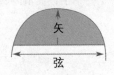

因此，山坡形的土地可以看作一个平面来计算，用圆形面积的计算方式来计算。

「以径乘周，四而一。」

· 弧田：弓形田地

弦长乘以矢长，加上矢长的平方，再除以 2。

这个计算过程中，圆周率设定为 3。只有在弓形为半圆的时候答案准确，其他情况只能得出近似值。

「以弦乘矢，矢又自乘，并之，二而一。」

· 环田：两个同心圆之间的形状。

将内外两个圆周长和除以 2，乘以两个圆之间的间距。

「并中外周而半之，以径乘之。」

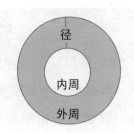

上面就是《九章算术》中记载的农田问题，此后的数学书中有记录牛角模样（牛角田，半弧田）的土地和两个梯形合起来的"鼓田"的面积计算方法。

但是，这些土地测量方法其实不过是学者们的纸上谈兵。以韩国的情况来说，朝鲜后期的实学家洪大容（1731~1783）写的《筹解需用》这本学术书中曾经记录了下面的内容。

虽然目前有很多种方法来测量农田，但是在韩国，只能用到正方形（方田）、长方形（直田）、直角三角形（勾股田）、等腰三角形（圭田）和梯形（梯田）这 5 种。

算士是属于中等阶级的下级官吏，但只要与数学稍稍沾边便可以得到很高的尊敬。而当时土地测量虽然被称为是一门技术，但不过是在书本上可以学习到的知识而已，并没有实际去农田里测量。作为中央官署的官员，享受国家公务员待遇的算士们是很自负的。

亲身到农田测量土地的官吏并不是算士，他们不懂计算这门技术，只能算是地方管理的衙前这个职位。他

们在整理分配农田时只用草绳和步子来进行测量，因此测量不过是形式，结果可谓极不准确。所以根据当时的情况和贿赂情况，测量出的土地也是时大时小的。

在推行实用技术的时候，政府也要对技术的承担者进行管理，这样技术才能得到实用。但是管理与实务相悖的这种政治风气，在 500 年前的数学上造成了虚像与实像。

中国人的生活数学

"方程式"一词的由来

　　前面提到，公元前 2 世纪左右编成的《九章算术》是古代中国具有代表性的数学书。这本书后来被翻译成韩语，流传到韩国，在韩国数学史上也占有很重要的位置，对韩国产生了深远的影响。

　　这本书第 8 章中的"方程"讲的就是我们现在所说的 1 次方程式。

　　比如，下面的方程式就是这一章中提到的问题，我们用现在的符号表示了出来。

$$5x+2y=10 \quad \cdots\cdots ❶$$

$$2x+5y=8 \quad \cdots\cdots ❷$$

　　但是在《九章算术》中并没有未知数的概念，系数和常数项都用算木（计算用的木棍）表示，如下图。

　　这就叫做"方程"。与现在的方程式有少许差异，但是解题方法却是相同的，都是先消去方程式

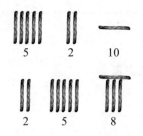

中 1 个未知数，将二元一次方程式变成一元一次方程式来计算。

《九章算术》中，解题方法是这样的。

首先将上页等式❷两边扩大 5 倍。

$$10x+25y=40 \quad \cdots\cdots ❸$$

为求 y 值，将❸中的 x 系数变为 0，等式两边两次减去❶，得到，

$$
\begin{array}{r}
10x+25y=40 \\
-) \quad 5x+\ 2y=10 \\
\hline
5x+23y=30
\end{array}
$$

$$
\begin{array}{r}
5x+23y=30 \\
-) \quad 5x+\ 2y=10 \\
\hline
21y=20 \quad \cdots\cdots ❹ \\
y=\dfrac{20}{21}
\end{array}
$$

接下来，为求出❶和❹中的 x 值，首先将❶两边同时变为现在的 21 倍，将❹的两边同时变为现在的 2 倍，令 y 的系数相同。

$$105x+42y=210 \quad \cdots\cdots ❺$$

$$42y=40 \quad \cdots\cdots ❻$$

$$❺ - ❻$$

$$105x=170 \quad \cdots\cdots ❼$$

$$x = \frac{170}{105} = 1\frac{13}{21}$$

下面的图表可以清楚地展示计算过程。

	❶	❷	❸	❹	❺	❻	❼
A	5	2	5	10	5	0	105	0	105
B	2	5	2	25	2	21	42	42	0
C	10	8	10	40	10	20	210	40	170

其中，A 是 x 的系数，B 是 y 的系数，C 是常数项。

很多人认为方程式是欧洲数学的产物，但是其实包括韩国在内的东方在很早以前就已经使用了这种计算方法，并且很早就开始使用"方程"这个用语了。

上面的计算过程中，用算木来计算方程式的时候，并不必须用 x、y 来表示未知数。算木的排列顺序就可以用来区分 x 和 y，因此并没有用 x 和 y 这样的文字来表示未知数。因此，与其说东方传统数学中的未知数问题是"代数的开始"，不如说是"接近代数的开始"。

偶然性理论，概率论

中国故事中的博弈论

战争，局部的纷争，经济之争，或者一些赌博游戏，都是要争出胜负的过程，统称为"博弈（game）"。赌博的胜负是要靠运气，是有一定偶然性的游戏，但是扑克游戏就不同了。

扑克游戏中，刚开始抓到的牌也许是有偶然性的，但接下来的游戏过程就要靠玩牌者自己掌握了。所以我们把这种游戏叫做"博弈"。

有偶然性的游戏中存在着一种"概率论"，17 世纪帕斯卡等人是这个理论的奠基人。而博弈论的研究到现在却不过只有几十年的历史。现在我们所说的"博弈论"中的博弈指的是有策略的游戏。

博弈论在中国还有一个名字，叫做"对策论"。很久以前的中国，就已经存在对策论了。

公元前 3 世纪的时候，中国的齐国有一位叫田忌的大将，他经常与齐国诸公子赛马，设重金赌注。孙膑经常在旁边观看，他发现他们的马被分为上、中、下3个等级进行比赛。于是孙膑对田忌说："用您的下等马对付他们的上等马，拿您的上等马对付他们的中等马，拿您的中等马对付他们的下等马。最终会夺得2胜1负。"（《史记》卷六十五）

这个古老的故事可谓世界闻名，里面蕴含着早期的博弈论。无论是战国时代末期的《孙子兵法》还是抗战时期毛泽东的《论持久战》，都显现出了中国人的战略战术思想。中国人将这个传统用到了社会建设中，中国也因此成为世界上对"博弈论"研究最活跃的国家。

中国人与运筹学（O.R.）运动

O.R. 这个词是 operations research 的缩写，出自二战前的美国。英国最先将其运用到战争中。英国写为 operational research。

战争中，军队请了很多科学家来研究作战策略，他们用科学的方法分析战争形势，用数学方法来帮助军事行动取得最佳效果，这些就是今天的 O.R. 的开始。后来被企业运用到了策划、组织、认识、技术策略等产业中去。目前 O.R. 的适应范围已经扩大到了社会的各个领域中，成为了一个坚挺的数学原理。

O.R. 在中国很早就已经普及。它在中国有一个好听的名字，叫做"运用学"，最近多被称为"运筹学"。

1958 年，中国为了运输粮食，寻找有效方法利用铁路，开始全面研究运筹学，并且开始尝试大规模应用。

运筹学普及运动的第一阶段，是从线形计划法（linear programming）开始的。线形计划法，是将已有资源发挥最大效果——同样的效果使用最少的资源——的方法。这种方式的函数都是 1 次元的。

运动的第二阶段（1965 年以后），各个工厂开始实施统筹方法（critical path method）。

比如，工厂要分解一个电器并进行修理，就要有一个进行的顺序。首先，要了解修理过程需要哪几个步骤以及几个步骤之间顺序关系。接下来要了解每个步骤需要的时间，然后就可以做出下页这样的流程图了。

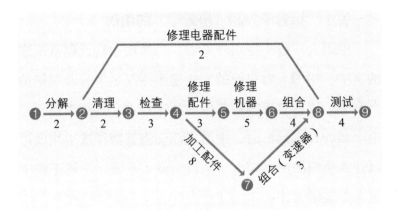

上面图中显示，❶❷❸❹❺❻❼❽❾这些步骤一共需要 23 天，这就是最长的工作时间，这个最长线被称为"关键路径（critical path）"，也叫做"主要矛盾线"。这个"矛盾"一词用得有趣，毛泽东的《矛盾论》就与矛盾有关，这是题外话。"主要矛盾线"具有最长的总工期并决定了整个项目的最短完成时间。

1959 年 10 月，在山东省举办的"运筹学"大众运动的参与者主要有工人、农民、中小学教师，以及企业管理者，人数超过 40 万。由此可见中国人对 O.R. 有多么关注和执著。就算这个统计结果是强制参加的结果，也可以从中看出中国有多么重视"实（实践，实用性）"。

关于"运筹学"和"统筹学"的用语

中国人一般不使用外来语，经常使用自己创造出来的文字。中国人对自己的文化遗产（汉字）有着很深的自豪感。这种自豪感积累成一种民族主义，每当遇到一个全新的外来词汇时，中国人都会将其翻译成很快就可以让人明白的中文词汇。从这一点上来看，不得不说中国人是文字天才。

让我们从 O.R. 和 critical path method 这些词和翻译后的运筹学、统筹学来分析一下。

运筹学的"筹"字有（用算木）计算的意思，延伸为策略的意思。"运"是运用的运，有计划的含义。因此，运筹就是

（用算木）计划策略

的意思。

古代中国有一种往坛子中投掷竹箭的游戏。韩国朝鲜时代的宫殿里和士大夫的家中都很流行这个游戏。这里的竹箭叫做"筹"，如果从这个角度来看，"运筹"这个词可以理解为将竹箭投掷到坛子里，完成目标的意思。到这里，运筹的意思就被完整地表达出来了。

中国最初接触 O.R. 的时候，曾使用"运用学"这

个翻译，后来改为"运筹学"，原因就在这里了。

另外，"critical path method"的中文译文为"统筹方法"，"统"为线（联想工程分解图），有统合的意思，加上"筹"字，得到

通过计划统合，达成目标

的意思。这个翻译也将原本的意思表达得淋漓尽致。从这一点上看，常使用外来语的韩国就相差太多了。

谁都可以解开的运输问题

当然，中国的努力不仅仅在语言上，为了将"运筹学"大众化也做了很多努力。最有代表性的就要数针对运输问题的"图上作业法"了。

为了得到最合理的运输方式，第一，要消去"对流（同一条线上往返）"与"返向流（返回的）"；第二，要缩短货物起点与终点之间的距离。首先，先不看"圈"（loop，用线连接成的路途中走过一圈形成的），研究一下比较简单的"树（tree，没有圈的线）"。

看各端点，将货物从一个端点运送到下一个端点的过程就涉及"运筹学"。

下图❶中，圆形中的数字代表站点的序号，旁边的数字代表货物的数量，负数代表在这一站留下的

数量。

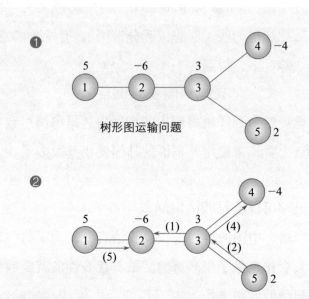

树形图运输问题

关于❶的最佳解
①向②输送了 5。
②处还差 1。
④向③输送，却还差 1。
⑤向③输送后，还剩下 1 个。
将这一个送到②。
这就是最佳解，注意①④⑤，就可以快速地准确地给出答案。

上图❷中标出了最少运输量的解，那么下页图❸中的圈应该怎样求解呢？这种情况下，要记住：

有一个圈，就消去一个圈。

有几个圈，就消去几个圈。

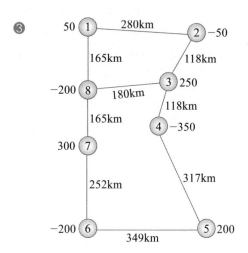

❸

下图❹中，从①到②，从⑤到⑥被消除了 1 条。首先要消去"对流"，然后消去"返向流"。

其中，流向是非常重要的。接下来要观察内外圈长是否超过了半圈，如果都没有超过，就是最佳解；如果超过了，就要进行调整了。

比如，图❹中③⑧⑥⑤的圈长为

$$180+252+317=749$$

而整圈全场为

$$1381=180+252+317+349+118+165$$

超过了半圈，因此流向从⑤~⑥改为③~⑧。接下

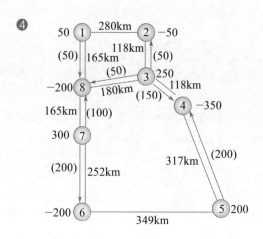

来重新连线确定是否为最佳解。连线是求最佳解的关键之处。

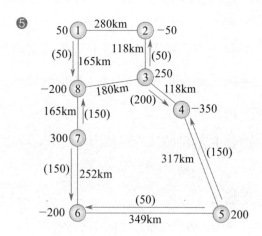

最终，我们得到了上页图❺中的最佳解。这个解比最初的运输方式要节约 5850ton/km 的运输量。

图上作业法是"运筹学运动"过程中大众智慧的结晶。无论是圈形图还是树型图，对于人们是一个谜题，让人有去解答的冲动。也正因为这种刺激，产生了很多种方案。专家们对这些方案进行整理，研讨出理论，像"乘法口诀"一样制作成可以轻易背诵的答案。这就是中国式思考。

韩国商人与数字游戏

数学有着游戏般的有趣一面。在文明古国中，韩国的数学发展较迟。但是在很早以前，韩国一部分商人之间就已经流行一种"数字游戏"了。朝鲜时代的商人，特别是开城的商人使用的一种简单明了的记账方法，就是今天我们知道的"开城簿记"，是一种复式账本。

中国商人们使用的数字

开城不仅仅是高丽王朝的首都，还是韩国国内商业最繁华的城市。这里的商人使用的数字比较接近现在的数字。一位常年在安城（译者注：安城，韩国地名）做生意的人曾经说，这里的数字受到了中国的影响。

但是这些数字都是用来写的，实际计算的时候还要使用一种长 10cm 左右的算木。下面就是商人们用算木进行的数学游戏。

Q 在长方形中，横竖各放9根算木。加入8根算木，让横竖的算木数量仍旧保持为9根。

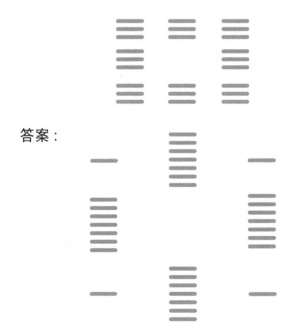

答案：

西方的数学谜题

西方也有这样一个问题。这个问题来自以盛产葡萄酒著称的法国。

Q 下图中，将24个葡萄酒瓶放入围墙中。拿走4瓶，如何摆放才能让横排和竖排的啤酒瓶数量不变呢？

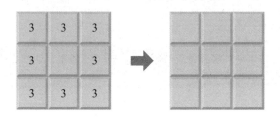

答案：

你看，虽然时间地点不同，但是人们还是在相似的情况下产生相似的想法。

在很久很久以前留下来的记录中，就可以寻见数学游戏的身影。公元前 1800 年，埃及的僧人写在莎草纸上的短篇《阿梅斯纸草书》中，有下面这样一段没有说明文字的内容。聪明的读者，你能猜出其中的含义吗？

家	猫	老鼠	麦子	麦粒	合计
7	49	343	2401	16807	19607

英国有一首童谣，与上面的内容异曲同工。

"7 个阿姨出门去，

7 个篮子各自提。

每个篮子里有 7 只猫咪，

每只猫咪都生了 7 只小猫咪。

阿姨、篮子、猫咪和小猫咪，

一共有多少？"

一共有阿姨 7 人，篮子数量是 7^2，大猫咪的数量是 7^3，小猫咪的数量是 7^4。

因此可以猜测，上面表格中数字的意思就是有 7 个家庭，有 7^2=49 只猫，有 7^3=343 只老鼠，有 7^4=2401 颗麦子，有 7^5=16807 个麦粒。加起来一共是

$$7+7^2+7^3+7^4+7^5=19607$$

疑问到这里就解开了。

斐波那契（Fibonacci，1180~1250）曾经在《算盘书》中写过类似的问题。

中国的数学谜题

中国人可以算是发明有趣游戏的天才。围棋、象棋和麻将这些我们生活中接触的游戏都起始于中国。

对于谜题，中国也从很早以前就开始涉足，并且有着丰富的记录。其中最让人惊叹的就是被称为"巧环"的益智游戏。巧环是用金属丝做成种种美丽的图形，有基架、圆环、框柄等部分，游戏过程是将其重新分解或者组合。"玉连环"、"九连环"这些被称为"中国环（Chinese ring）"的巧环的样子就如同下图所示。请看下图，思考一下如何将第一个环取下来吧。

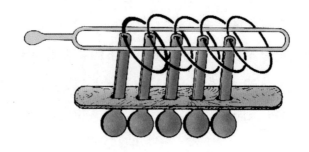

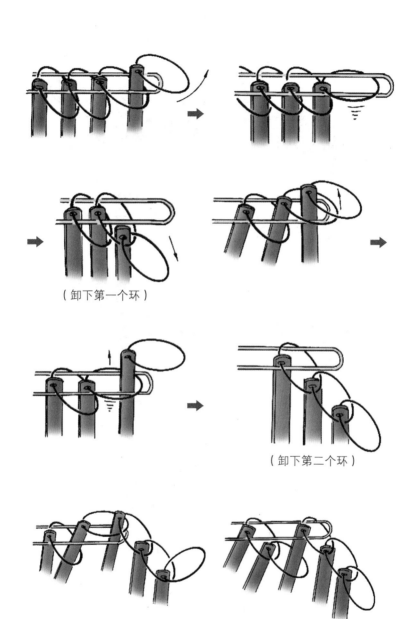

（卸下第一个环）

（卸下第二个环）

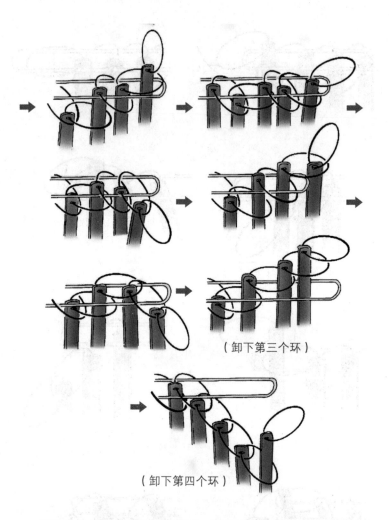

（卸下第三个环）

（卸下第四个环）

下面，让我们来正式解一道东方数学谜题吧。

以下的问题出自《九章算术》，要掌握 2 次方程式的解法，是有一定难度的数学问题。现在就去解解看吧。

Q1 有正方形的城，四面的城墙刚好朝向东南西北4个方向。每面城墙的正中间都有一道门，在北门正北方向20步（"步"是长度单位）有一棵树。从南门出来向南14步，再朝正西方向走1775步才可以看到这棵树。问这座城的每边城墙有多长？

解： 设一边的城墙长度为 $2x$，列出比例方程

$$\frac{20}{x} = \frac{2x+34}{1775}$$

得到

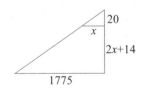

$$x^2+17x-17750=0$$

解方程

$$2x=-17\pm\sqrt{17^2+4\times17750}$$

$$=-17\pm267$$

因为 $x>0$，所以 $2x=250$

答案：250 步

　　下面这个问题出自 6 世纪前半叶一位叫做张邱建的数学家写的《张邱建算经》的书中。这个问题被称为百鸡问题。在印度这个问题也有流传，但却是出自中国的一个问题。

　　我们不得不叹服，中国的数学家们在那个年代可以提出这样的不定方程式问题，"游戏精神"可谓博大精深。因为在那个年代，不定方程式原本是为解决复杂的天文学问题而产生的。

Q2 | 1只公鸡值5钱，1只母鸡值3钱，3只小鸡值1钱。如果用100钱买100只鸡，又想让公鸡数比较多，请问一共可以买多少只公鸡，多少只母鸡，多少只小鸡？

　　解：设公鸡、母鸡、小鸡的数量分别为 x、y、z。

那么

$$x+y+z=100$$

$$5x+3y+\frac{z}{3}=100$$

消除 z，得到

$$7x+4y=100$$

$$7x=4（25-y）$$

因为 x 是 4 的倍数，所以设

$$x=4n，\ y=25-7n$$

那么

当 $n=0$ 时，$x=0$，$y=25$，$z=75$

当 $n=1$ 时，$x=4$，$y=18$，$z=78$

当 $n=2$ 时，$x=8$，$y=11$，$z=81$

当 $n=3$ 时，$x=12$，$y=4$，$z=84$

其中 x 为最大值的时候，

$$x=12，y=4，z=84$$

答案：公鸡 12 只，母鸡 4 只，小鸡 84 只。

将数学当作老年娱乐项目的日本人

一般人退休在家，都会找些娱乐项目，比如登山、高尔夫、围棋、象棋、养花等等。似乎没有人会将数学当作一种娱乐，更别说是用专业研究的方式当作娱乐了。但是，还真有这样一个国家，有一些老人们的娱乐活动就是研究数学。这个国家就是日本。他们研究的对象主要是数学历史和与数学有关的文件。这些老年人组成研究会，还会相互交流讨论。即便这样，也不过是一种娱乐方式而已。

日本的老人们组成了一个"日本数学史学会"，会员们常组织研修旅行，也经常有研究会，会员里不乏女性，甚至还会有一些夫妇。你听说过吗？在天气晴朗适合旅行的好日子里，一群喜好数学的七旬老人们聚集到一起，集体旅行。

过去，日本的平民都要具备读写算这 3 种基本常识。这里面虽然有个"算"字，但是并不能代表日本老人们对数学的狂热。古代中国要求学生掌握 6 种基本技能，其中就有一个计算能力"数"。但是数学在中国并没有得到像在日本一样的热爱。日本人对数学的热爱绝对不是源自对数学的需求。

日本是世界上惟一的具有"游戏"数学传统的国家。知道这一点，就了解日本人为何如此热爱数学了。

成为最佳畅销书的日本数学书

壬辰倭乱给日本文化带来了发展的契机。人们常说从那时起日本开始接触到瓷器、铜活字印刷和朱子学这 3 种文化，其实这里还应该加上一个数学。当时日本的"和算"刚开始起步。1627 年，日本民间数学作品《尘劫记》出版并像明星一样发出光芒，成为最佳畅销书。

1627 年此书出版后，聚敛了大量人气，并分别在 1631 年、1632 年、1634 年、1639 年、1641 年等连续出版增版、再版、修订版，甚至在出版 20 年后就有了 10 多种注释版，可见人气之旺盛。当时不仅平民喜爱这一本书，连学者们也都将《尘劫记》选为适合从孩童时期起有效阅读的书籍。

当时，为什么这样一本虽然有一些简单有趣的内容，但是讲述高深知识的书籍会受到热捧呢？即使日本人热爱数学，但是当时社会上不论地位高低身份高下，都对这本书非常狂热，就应该另有原因了。当时的日本，特别是政治经济的中心江户（现在的东京），已经发展成一个百万人口的大都市，商品流通频繁迅速。

在这种氛围下，商店里从店员到负责人要升职要符合的条件之一就是要有经营和计算商品价格的能力。还有木工、渔夫甚至粉刷匠的情况也不例外。这样具有众

请注意这幅用心绘制的插图，图片中人正在"用卫生纸测量大树的高度（日本当时就已经有卫生纸这种生活用品了）"，方法就是首先用卫生纸做一个正方形，然后改成一个等腰直角三角形，将一条直角边垂直地面进行测量。书中不但细心提示可以在末端悬挂石头，还有给出详细实用的说明。

《尘劫记》内文

多人口的社会中，经济流通是生活的中心，为了适应环境生存下来，数学知识就是必要的。

日本数学 "和算"

与圆形、正方形有关的问题

　　日本特有的数学 "和算" 的最大特点就是很多问题中都有三角形、圆形或者正方形。这些问题是没有实用性的。

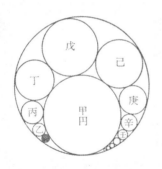

　　一个大圆内有一个内切圆，若在这两个圆形中间画一个与两个圆形同时相切的圆形，已知这3个圆的直径，求与这3个圆同时相切的圆形的直径。

　　每一个国家研究数学的时候，都会有些偏离实用性，只是偏离的程度不同而已。但是 "和算" 与西方数学不同，"和算" 没有论证的过程，并且远远偏离实用性。没有实用性的，连学问都不能算是的数学，应该叫做趣味数学吧。

其实，当初"和算"是因实用性需求产生的。《尘劫记》中记录了很多与生活有直接关系的问题，比如仓库中可以储存的粮食的数量，不同种类布料的交换，米、金、银、铜钱之间的换算，等等。可见"和算"是为解决生活上的问题而开始发展的。后来的发展过程中保持了最初程度的生活数学要素，但是再往后就慢慢偏离了原来的生活实用轨道。

可以看出，日本人研究数学纯粹出于兴趣，而不是因为数学有助于处世或者可以令人受到尊敬。所以当时研究这种"无产"的数学的人，多少都是有一些财力的人。要学习数学，就要付给数学老师报酬（当时有一些专门教授数学的老师），若要发表自己的数学成果，还要花钱定制漂亮的木框将要发布的内容挂在神社的墙壁上，这些都需要很多经费。所以当时也有一些人为了研究数学而倾家荡产。

下面这个问题出自 1727 年出版的《和国智慧较（日本智力游戏）》。

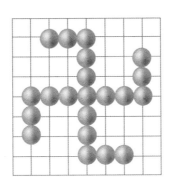

Q 下图围棋盘上棋子摆出了一定的图形。可以随便找一点开始沿线捡起棋子，直到将所有棋子捡光。
条件必须沿一条线，并且不能跳过棋子，只有在捡起棋子的地方才可以转弯。

答案：

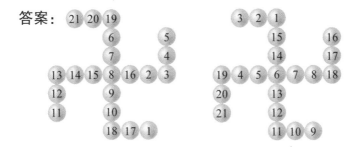

按照上面 1、2、3……的顺序捡起棋子就可以了。左边的答案是原书中给出的答案，右边的答案是转弯次数最少的答案。

也可以按照下页图示的顺序捡起棋子。除了这些答案之外，你还有其他答案吗？

答案：

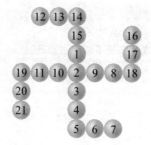

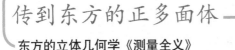

传到东方的正多面体

东方的立体几何学《测量全义》

右图是开普勒（J.Kepler, 1571~1630）在《宇宙和谐论》这本书中展示的从不同角度看的正六面体、正四面体和正十二面体。书中还将剩下的两个——正八面体和正二十面体——放入其中，来展示行星界的模型。

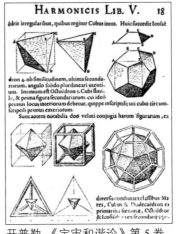

开普勒，《宇宙和谐论》第5卷第10页

在开普勒之前，意大利文艺复兴时代的数学家帕奇欧里（Pacioli, 1445? ~ 1510?）也曾投身正多面体的研究中。下面图画中，帕奇欧里正在讲关于复杂立体的课程，桌子上的用黄金做的十二面体格外引人注目。

帕奇欧里 | 数学家帕奇欧里正在讲关于立体的课。

　　有趣的是，他在编写一本《神圣比例》的书时，特地邀请达芬奇来帮忙画插图。下图就是达芬奇受

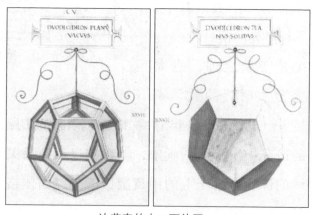

达芬奇的十二面体图

邀为帕奇欧里绘制的多面体图。这本书的读者群以建筑师为对象，详细讲述了建筑材料中的正多面体内部构造。

与达芬奇差不多同一时代的德国画家丢勒（A.Dürer, 1472～1528）绘制了一位忧郁的女性建筑家。女建筑家坐在铜版画的中间，手拿圆规，表情忧郁，视线投向远方。一个小天使坐在旁边正模仿着她的样子。后来，罗丹（Rodin.1840～1917）受到这幅画的启发，完成了雕刻作品《思想者》。

手拿圆规、表情忧郁的女建筑家

在这幅画中，背景里有一些与画的意境不符的素材，其中最让人难以理解的就是球体和多面体了。这个多面体是绘画作品中不常见的"切掉棱角部分的平行多面体"。

有人说，这象征着几何学，也有人说这象征着建

丢勒的《测量学课本》中的图

筑基本图形——立方体。这种图形的透视图画起来是
有一定难度的。丢勒在《测量学课本》中，详细绘制
了透视图。其中包括一部分正多面体的平面和立面，
还包括在当时很难见到的展开图。

在过去，韩国、中国和日本这些东方国家几乎没有
立体几何思想。当欧几里得的《几何原本》在 1607 年
被翻译成中文的时候，包括多面体等立体图形的相关内
容都被省略了。后来，引入的欧洲天文学《崇祯历书
（1631）》中有一本《测量全义》，这本书中介绍了 5 个
正多面体。

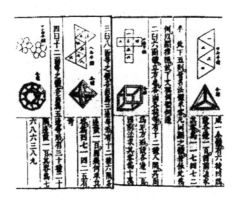

有正多面体和其展开图的《测量全义》内文

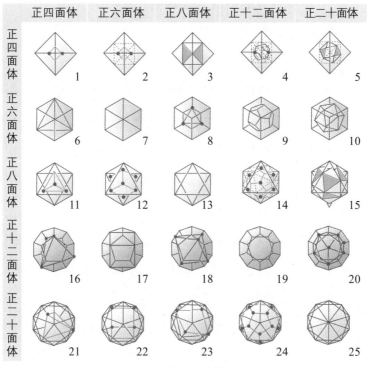

正多面体之间的关系

西方数学的源头

《几何原本》

"什么是无理数？"

"不是有理数的数就是无理数。"

"那什么是有理数？"

"不是无理数的数是有理数。"

这叫做"循环论法"。循环论法论证过程中，命题转而成为了论据。关于为什么要证明无理数是非有理数的问题，我们中学时已经从教科书上学过。编写《几何原本》的古希腊数学家也已经在 2000 多年前证明过。

在古希腊，有理数和无理数并不能算作"数"，"同一种类的比例关系"才叫做数。比如，长度与长度的比，面积与面积的比，等等。

当同种类的比 a、b 都是同类比 c 的整数倍时，即

$$a=mc,\ b=nc\ (m \text{ 和 } n \text{ 是自然数})$$

a 与 b 之间的比，可以约分（有相同约数）。如果不存在这样的 c，那么 a 与 b 互质。此时这个比值就相当于现在的无理数。

现在看来，历史上也只有古希腊人曾经彻底研究过 $\sqrt{2}$ 到底是否可以用分数表示。现在人们都知道，量与量之间的比总可以用分数（有理数）表示出来，这是常识。"有些数字不能用分数，也就是整数比表示"的发现，是古希腊数学给"人类理性"历史留下的伟大发现。

关于无理数的发现，古希腊数学可以分为下面两个阶段：

第一阶段，从理论上确定正方形对角线与斜边之间的比不能约分（证明 $\sqrt{2}$ 是无理数）；

第二阶段，通过这个不能约分的想法，确定相关数学理论。

正方形对角线与边的比不能约分

| 证明 | 运用反证法进行证明

画正方形 □ ABCD，以其对角线为边画正方形 □ ACEF。

设 $\overline{AC} : \overline{BC} = m : n$（$m$，$n$ 互质）成立 ……❶

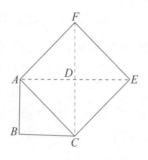

那么上图中

$$(m^2:n^2=)\overline{AC}^2:\overline{BC}^2=4S_{\triangle ADC}:2S_{\triangle ADC}=2:1$$

$$m^2=2n^2$$

所以 m 是双数，因此与 m 互质的 n 就应该是单数。

设双数 m（$=2m'$），其平方为 4 的倍数（$4m'^2$）

因此　　　　　　　$n=2m'^2$

所以 n 也应该是双数。这与前面证明出 n 应该是单数的结果相悖（其他部分的推论没有错误），因此最初的假设❶是错误的。

西方数学源于古希腊的数学。而发展环境完全不同的东方数学与西方数学有很大的差异。一提到希腊数学，我们就会想到欧几里得的《几何原本》，这本书确实将希腊数学的成果表现得淋漓尽致。

这本著名的数学书中没有序言，开篇直接为"定义

（23 条）"、"公设（5 条）"、"公理（9 条）"。下面内容就出自此书。

公设 1 任意两个点可以通过一条直线连接。
公设 3 给定任意线段，可以以其一个端点作为圆心，该线段作为半径作一个圆。
公理 1 等量间彼此相等。
公理 5 整体大于部分。

《几何原本》以这些基本原理为基础，一点一点导出全新的命题——"定理"。引出定理的方法，就叫做"证明"。这个方法之所以"正确"，就是因为定理是通过基本原理（定义、公设、公理）推理而来的。

这个方法也叫做"公理演绎法"。因为过程中每一处都根据推理来得出结果，因此这个方法无法反驳，非常具有说服力。

一般来说，一提到基本原理，就让人想到枯燥无趣的内容。有人会在心里嘀咕，"真的有那么重要么？"在一些数学研究者心中，也认为这些定理无关紧要。但是，匈牙利的数学家萨博（1913~？）曾经阐述过《几何原本》为何如此重视这些枯燥的内容。

《几何原本》中的原理在当初绝对不是浅显的内容，

甚至有些在哲学家之间还引发过激烈的争论。比如,图形因"运动"而形成,但是埃利亚学派的哲学家芝诺(Zenon)却提出了著名的悖论,来证明运动是不存在的。有人推测公理1和公理3是与运动有关的内容,是这次争论的源头。

"芝诺悖论"有4个,其中第1个就是著名的"阿基里斯追龟"的假说。内容如下:

"运动体从 A 点出发走向 B 点,设 $\overline{AB}$ 的中点是 C,$\overline{AC}$ 的中点是 C_1,$\overline{AC_1}$ 的中点是 C_2……(一直进行下去,取无数个点),那么运动体就首先要通过这些中点才能到达 B 点。因为这些中点在 B 点前是无数多的,因此运动体无法到达 B 点,甚至无法运动。"

在这个"无运动论"中,否定线段由无大小的"点"构成。因此,芝诺的悖论也提出了"无大小的点如何构成有大小的线段"的疑问。

这个"无运动"观点在当时的哲学界引发了很大的争论。所以我们说,当时看来,公设1、3,公理1、5在当时并不是浅显的内容。

古希腊数学受到哲学和严谨推理方法的影响,可以说是历史上的一种偶然。于是,自然有人产生了这样的疑问:"如果欧几里得的《几何原本》中公理演绎法这样的内容没有出现在希腊，那么人类什么时候能够发现这个方法呢？"

我们前面说的"历史上的一种偶然"与历史的本质有很深的关联，是一个复杂的问题，我们这里就不继续深究。但是可以肯定的是，我们无法想象东方数学和东方哲学传统能诞生这样的理论。

东方数学与西方数学

孕育了两种不同数学的精神世界之间的差异

我们所说的"东方数学"和"西方数学"之间的数学知识是没有差别的。比如，1+2 在一边等于 3，就不会在另一边等于 4。两者的差异在于，一个是以计算为中心的，运用具体数字进行计算的"代数方法"数学；另一个则是绕过具体数字，通过抽象的图形来进行推理的"几何方法"数学。这两种方法是两种对立的思考方式产生的，这一点值得注意。因此可以说，两者的差异在数学观上面。

这里提到的"西方"，是指基督教覆盖的范围。而古代中国文化圈所属的东方，准确地说是指东亚、西亚地区。西方文化有下面 3 个传统特点：

第一点，基督教关于神的概念。神存在于另一个世界，超越了人类世界。这两个世界并不相连。而东方人所谓的"天"和"圣人"却是与人类世界相连的，天是我们头顶上的蓝天，圣人是有特殊本领的人。

第二点，虚构文化的传统。荷马的叙事诗中的主人公是一个英雄；但丁的《神曲》中主角到达了彼岸世界；歌德的《浮士德》中讲述了人类灵魂的问题。从这些文学作品中可以看出，西方很久以前就已经有了虚构文化。而与荷马同一时代的东方的《诗经》里面写的都是平凡的人间。当然，韩国文化也不例外，文化素材都来自日常生活。如果说西方文化是一首叙事诗，那么东方文化就是一首由柴米油盐编制成的叙情诗。东方到近代才有了戏剧或者小说这些虚构文化，这是我们全面引入西方文化之后的事情了。

第三点，包括数学在内的自然科学的性质。自然科学一直在为了摆脱宗教的束缚而作斗争。西方自然科学历史是在与神学的矛盾与抗争中走过来的。而自然科学，特别是其中的数学具有的抽象性、非日常性却又与文学的虚构性和神学的非现实性密切相关。

中国第一部正史，司马迁的《史记》中的中国文明具有以下这些特征。

第一，神话在丧失。中国虽然有自己的神话，但是其中大部分在历史（正史）出现以后逐渐消失了。因为神话不是历史事实，所以被人们认为是无意义的。

第二，空想文化起步晚。戏剧在 13 世纪的元朝以后才出现，小说（长篇小说）出现在 14 世纪明朝时代之后，而此时中国已经有了 2000 年的文明历史了。

希腊人在诗中寻找的，中国人试图在历史中找到。亚里士多德（Aristoteles，B.C.384 ~ B.C.322）曾经这样说：

> 诗人的职责不是叙述已发生的事件，而在于叙述可能发生的事件。所以，诗是一种比历史更富哲学性、更严肃的艺术。诗倾向于表现带普遍性的事，而历史却倾向于记载具体事件（《诗学》）。

而中国人的想法却与亚里士多德正相反。

在有着 130 卷，共 526500 字的《史记》中，司马迁主要记录了当时中国人认为是世界的空间中发生的事情。时间是从黄帝开始到公元前 1 世纪的汉武帝时代，记录的对象几乎全部是人类的活动。从"天官书"中记录的星座，到君主、政治家、军人甚至宫廷内的女性、暗杀者、暴发户还有周边的民族。世界上每个角落里发生的事情，只要司马迁知道了，他就会努力做出记录。

当然，希腊也有历史。如修昔底德（Thoukydides，B.C.460 ~ B.C.400?），希罗多德（Herodotos，B.C.484 ~ B.C.425?）这些历史学家。

我不是为了现在得到人们的称赞，而是为了让我的著作成为所有时代的财产。

——修昔底德

如果考虑到古希腊虚构文化比现实的记录更加有价值的情况，就会明白为什么修昔底德会这样说了。在古代中国，虚构的价值却不被看好。

不仅仅在文化方面，中国的哲学也没有西方哲学的抽象性。自然观也不例外。因为对待事实的态度也会决定自然科学研究的成果，所以自然科学上存在差异，也就不奇怪了。

综上所述，我们似乎已经找到了为什么中国数学（包括韩国数学在内）与西方传统如此不同的原因。

韩国数学的未来

数学也是一种文化

新罗神文王二年，也就是公元682年，国学与算学统称为官学（管理制度下政府主导的学问）。韩国数学从这时开始，一直到朝鲜王朝末期（19世纪）维持了1300年，这在世界范围看来都令人惊叹。

在历史上被称为"算士"和"计士"的这些数学研究者，裙带关系严重，血缘、世袭等等让数学研究成为了一个阶层的事情，这是只有韩国存在的一个特别现象。朝鲜王朝时代，最严重的时候，一个家庭中的父亲、祖父、曾祖父甚至连丈人都是职业数学研究者。在这样的制度下，韩国数学产生了有别于欧洲数学的特殊性质。传统的数学是以计算为中心——不是笔算，是用"算木"这种木棍进行计算——的数学。虽然也利用图形，但是只是在计算面积或者体积的前提下才使用图形。证明问题更是被人忽视。当然，这样的特点与中国数学的影响是分不开的。

但是，韩国数学看似直接继承中国数学，其实也有着自己的特色。经过了 1300 年的独立发展，如果说没有自己的特色，才是奇怪的事情。这一点，也是我们今后研究韩国数学史的时候需要探讨的一个重要课题。

经过了漫长的岁月，如今韩国的数学似乎也开始与国际接轨，开始重视证明了。但是这个接轨过程是否成功呢？之所以这样怀疑，是有原因的。数学与其他学问一样，是人类成年累月思想的产物，怎能这么快就转变了呢？数学也一样。这里我们所说的数学，并不是教科书中的"数学知识"，而是数学思维方式。

都说韩国人擅长数学，但是那些在学校里擅长数学的学生，毕业后就将数学抛于脑后，连证明的意义都忘记的人，如何继续完善证明中对话的精神呢？

在这种情况下，韩国人应该思考一下现在应该如何发展数学，或者说应该首先思考一下，对于韩国来说，数学这个文化到底有着什么样的性质。所谓文化，就是科学、艺术、宗教、道德等人类努力的结果，数学也是人类智慧活动的产物，所以说数学也是一种文化。为了发展韩国的数学，我们有必要对"数学文化论"展开探索。